Automobiltechnische Bibliothek Band XIII

Die elektrische Ausrüstung des Kraftfahrzeuges

Erster Teil

Automobiltechnische Bibliothek

Die Automobiltechnik in Einzeldarstellungen

Band XIII

Die elektrische Ausrüstung des Kraftfahrzeuges

Herausgegeben von

Dr. Friedrich Trautmann

I. Teil: **Zündung** von *Erich Klaiber*

II. Teil: **Lichtmaschine und Batterie**
von *Friedrich Trautmann*, *Emil Blaich*, *Walter Härlin* und *Karl Hoyer*

III. Teil: **Stromverbraucher**
von *Johannes Rebentisch* und *Karl Volk*

Technischer Verlag Herbert Cram / Berlin W 35

Die elektrische Ausrüstung
des Kraftfahrzeuges

Erster Teil

ZÜNDUNG

Von

Dipl. Ing. Erich Klaiber

Dritte, völlig neubearbeitete Auflage

Mit 269 Abbildungen

1950

Technischer Verlag Herbert Cram / Berlin W 35

Berichtigung:

In der Tafel S. 96 muß die Überschrift von Spalte 5 und 6 lauten:

$$H_c \times B_r \times 10^{-6} \quad \text{und} \quad (BH)_{max} \times 10^{-6}.$$

Printed in Germany
Druck: Achilles u. Schwulera, Berlin SW 61

Inhaltsverzeichnis

Vorwort zur 3. Auflage

Die Herausgabe einer Neuauflage des seit längerer Zeit vergriffenen Werkes über die elektrische Ausrüstung des Kraftfahrzeuges hat sich durch den Krieg und seine Folgen sehr verzögert. Da aber zweifellos großer Bedarf für eine aus der Praxis kommende Darstellung des umfangreichen Gebietes besteht, sind wir der Anregung des Verlages, eine neue Auflage zu bearbeiten, gern nachgekommen, zumal die Entwicklung des Kraftfahrzeuges insbesondere im letzten Jahrzehnt beträchtlich vorwärts geschritten ist und bei vielen Teilen der elektrischen Ausrüstung zu neuen Aufgaben und Lösungen geführt hat.

Zur Kennzeichnung der Ziele des Werkes und der für die Bearbeitung aufgestellten Grundsätze führen wir aus dem Vorwort zur ersten Auflage folgendes an:

„Unsere Arbeit soll helfen, alle, die sich mit dem Bau von Verbrennungsmotoren befassen, besonders klar erkennen zu lassen, welch grundlegende Bedeutung der elektrischen Ausrüstung für Wirtschaftlichkeit und Betriebssicherheit des Kraftfahrzeugs zukommt und wie notwendig es ist, die elektrische Ausrüstung schon bei dem Entwurf des Motors richtig zu berücksichtigen; sie soll jedem, der mit Kraftwagen oder deren Zubehör umzugehen hat, sei es in der Fabrik, der Reparaturwerkstätte oder beim Kraftfahrzeugbetrieb, die Möglichkeit geben, die elektrische Ausrüstung des Wagens und ihre Bedeutung kennen zu lernen, und soll ihm praktische Winke vermitteln für das Erkennen und Beheben von Anständen sowie für die zweckmäßige Wahl des Zubehörs; sie soll endlich helfen, allen, die sich mit der Herstellung der elektrischen Ausrüstung befassen, einen Überblick über Entwicklung und heutigen Stand der Technik auf diesem Gebiete als Unterlage für die Weiterentwicklung zu geben.

Sollte unsere Arbeit diese Aufgabe erfüllen, so durften wir uns nicht damit begnügen, aus der bis heute vorliegenden Literatur alles Wesentliche herauszuziehen und zusammenzustellen; vielmehr mußte das Buch entstehen in enger Zusammenarbeit mit der Praxis, mit der die elektrische Ausrüstung herstellenden Industrie. Dabei waren in erster Linie deutsche Verhältnisse zu berücksichtigen und die ausländischen heranzuziehen, insoweit sie von den deutschen wesentlich abweichen. Die einzelnen Teile des vielverzweigten Gebietes waren von Fachleuten zu bearbeiten, die über ihre Abschnitte besondere Erfahrungen aus ihrer Tätigkeit gesammelt hatten. Die Bearbeiter der einzelnen Abschnitte sind sämtlich Ingenieure der Firma Robert Bosch G. m. b. H. in Stuttgart.

Alle an diesem Buche arbeitenden Herren haben sich bemüht, aus ihrer Erfahrung und aus den von zahlreichen Firmen des In- und Auslandes zur Verfügung gestellten Unterlagen herauszunehmen und zu verarbeiten, was immer den Wert des Buches für den Leser erhöhen kann. Freilich mußten wir uns von Anfang an darüber klar sein, daß es nicht möglich ist, jede Einzelheit in dem uns zur Verfügung stehenden Rahmen zu berücksichtigen. Vor allem widersprach es dem Zweck des Buches, für irgendeine Bauart in einer über die rein sachliche Darstellung ihrer Vorzüge und Nachteile hinausgehenden Weise einzutreten, und wir haben uns bemüht, jede Reklame von vornherein auszuschalten. Wir glaubten auch, ähnliche Bauarten verschiedener Firmen nur einmal besprechen zu sollen, und haben in diesem Falle d i e Ausführungsform zugrunde gelegt, die uns entweder besonders beachtenswert erschien, oder, wenn in dieser Beziehung ein Urteil nicht zu fällen war, d i e Ausführungsform, die als erste an die Öffentlichkeit kam."

Das Werk erscheint wieder in drei Teilen: I. Zündung; II. Lichtmaschine und Batterie; III. Stromverbraucher. Für den hiermit in dritter Auflage vorgelegten I. Teil „Zündung" wurde die frühere Gliederung, die es dem Leser ermöglicht, das ihn besonders interessierende Gebiet leicht herauszufinden, je nach dem er sich mehr die Grundlagen, die Theorie, die Bauelemente, die Zünderbauarten oder die mit dem Motor zusammenhängenden Fragen ansehen will, beibehalten und noch stärker herausgearbeitet. Wir glaubten, der Verwendung des Zünders am Motor, dem Einbau, der Wartung, der Fehlerermittlung und den Zündzeitpunktfragen noch mehr Beachtung schenken zu sollen als bisher, und haben den Abschnitt V unter der Überschrift „Der Zünder am Motor" erheblich erweitert, um dort diese Fragen geschlossen behandeln zu können. Die Zündkerzen haben wir wieder im Abschnitt VI zusammenfassend besprochen. Wir konnten dabei durch das Entgegenkommen des Verlags farbige Darstellungen des Kerzengesichts einfügen, die von der Robert

Bosch G. m. b. H. zur Verfügung gestellt wurden und noch mehr zum Verständnis der für die Beurteilung des Zündkerzenaussehens maßgebenden Gesichtspunkte beitragen werden.

Der Batteriezündung wurde der ihr gebührende Raum zugeteilt, ohne allerdings die Darstellung der grundsätzlichen Gesichtspunkte der Magnetzündung zu vernachlässigen, die auf vielen Sondergebieten nach wie vor erhebliche Bedeutung hat. Dagegen wurden ältere Einzelkonstruktionen ausgeschieden und nur noch solche Bauarten besprochen, die charakteristische Vertreter ihrer Gattung sind oder infolge besonders starker Verbreitung noch heute im Betrieb häufiger angetroffen werden. Entsprechend der Bedeutung des billigen Kleinfahrzeugs wurden Schwunglichtmagnetzünder und Schwunglichtbatteriezünder ausführlich behandelt. Auch sonst waren manche neuen Gesichtspunkte zu beachten, so z. B. die Steigerung des Verdichtungsgrades und die künftige Weiterentwicklung in dieser Richtung, die Oktanzahlfrage, der Generatorgasbetrieb sowie die neuen Zünder- und Zündkerzenbauarten, die insbesondere durch die Werkstoffentwicklung (Alnistahl, Aluminiumoxydstein, Quarzvergußmassen u. dgl.) angeregt wurden.

So wurde das Buch nicht nur umgestaltet, sondern in Umfang und Bildzahl wesentlich erweitert. Daß dies möglich war, und daß das Buch in einer guten Aufmachung herauskommen kann, erfüllt uns mit Dank gegen den Verlag. Wir möchten erneut auch allen Firmen unsern Dank aussprechen, die uns durch Überlassung von Unterlagen schon bei den früheren Auflagen des Buches und zum Teil auch jetzt wieder unterstützt haben. Durch die Kriegsfolgen ist es leider noch nicht möglich gewesen, die Mithilfe der Industrie, besonders der ausländischen, im früheren Umfange für das Werk nutzbar zu machen. Wir glauben aber doch, daß es gelungen ist, die wesentlichen Neuentwicklungen auch des Auslandes in der großen Linie aufzuzeichnen.

Wir hoffen, daß auch diese dritte Auflage eine gleich günstige Aufnahme finden wird wie die beiden ersten und ein weiterer Beitrag zur Höherentwicklung der Kraftfahrzeugtechnik sein wird. Für jeden Hinweis und jede Anregung, die zur weiteren Vervollständigung künftiger Auflagen dienen kann, sind wir herzlich dankbar.

Herausgeber und Verfasser.

I. Grundlagen

1. Geschichtliches

Die Zündung: der Herzschlag des Verbrennungsmotors! — In der Tat: Das Arbeiten des Verbrennungsmotors ist nicht denkbar ohne die rechtzeitige Entflammung des Gasgemisches, sei es, daß der rechtzeitig eingespritzte Brennstoffnebel sich selbst an der hoch verdichteten und erhitzten Luftfüllung des Zylinders entzündet — Dieselprinzip —, sei es, daß eine explosible Zylinderfüllung durch irgendeine Zündvorrichtung rechtzeitig entflammt wird — Ottomotor.

Daß der raschlaufende Dieselmotor neben dem Ottomotor im Kraftfahrzeug erscheinen konnte, verdankt man wesentlich der Lösung seines Zündproblems, der Einspritzung. Im Rahmen der elektrischen Ausrüstung des Kraftfahrzeugs wird jedoch hier nur von den elektrischen Zündvorrichtungen, der Zündung des Ottomotors die Rede sein.

Die geschichtliche **Entwicklung** dieser Zündung[1]) ist grundlegend für die Entwicklung des Ottomotors und damit für die Entwicklung des Kraftfahrzeugmotors überhaupt geworden. Ihre Marksteine sollen hier kurz verzeichnet sein. Der französische Mechaniker Lenoir schuf den ersten brauchbaren Verbrennungsmotor, betrieben mit Steinkohlengas, und machte mit ihm die ersten Kraftfahrversuche auf der Straße Paris—Joinville—Le Pont im Jahre 1860. Es ist bemerkenswert, daß schon bei diesem ersten Verbrennungsmotor, der zugleich der erste Kraftfahrzeugmotor genannt werden darf, der elektrische Funke zur Zündung benutzt wurde. Der Funke wurde erzeugt von

[1]) Ausführlicher dargestellt in: G. Lieckfeld: Die Petroleum- und Benzinmotoren, 4. Aufl., München und Berlin 1913; Baudry de Saunier: L'Allumage dans les Moteurs à Explosions, Paris 1905; M. Sainturat, Allumage Electrique des Moteurs, Paris 1910; G. Yseboodt: L'Allumage des Moteurs à Explosions, Paris und Brüssel 1909; Robert Bosch A. G.: 50 Jahre Bosch, Stuttgart 1936; Theodor Heuß: Robert Bosch, Stuttgart 1946.

dem damals schon bekannten Ruhmkorffschen Funkeninduktor mit Hilfe einer Batterie galvanischer Elemente und sprang im Zylinderinnern an der sogenannten Zündkerze über. Schon der erste Verbrennungsmotor arbeitete also mit Hochspannungszündung. Die heute weitverbreitete Batteriezündung unterscheidet sich grundsätzlich in keiner Weise von der Zündung dieses Lenoirschen Gasmotors.

Freilich stellte damals die Notwendigkeit, galvanische Elemente mitzuführen und instandzuhalten, eine recht erhebliche Schwierigkeit dar, wogegen heute in Lichtmaschine und Akkumulatoren - Batterie jedem Kraftfahrzeug recht zuverlässige Stromquellen zur Verfügung stehen. So kam es, daß diese Zündungsart sich in jener Zeit nicht allgemein durchsetzte, und daß die erste wirklich wirtschaftlich arbeitende Gaskraftmaschine von Otto (1867) nicht mit elektrischer Zündung ausgerüstet war. Beim Ottoschen Gasmotor wurde dem Gemisch durch einen vom Motor gesteuerten Schieber Zutritt zu einer Zündflamme gestattet und dadurch die Verbrennung eingeleitet.

Die Zündflamme hatte mancherlei Nachteile; vor allem gestattete sie nicht die Verwendung höheren Verdichtungsdrucks, da sie hierbei leicht ausgeblasen wurde. So kam man in den 80er Jahren des letzten Jahrhunderts zu dem durch Daimler eingeführten Glührohr, einem hohlen Metall- oder Porzellankörper, der den Zylindermantel durchsetzt und von außen her durch eine Flamme ständig glühend gehalten wird. Das Glührohr ist gegen das Zylinderinnere offen, am entgegengesetzten Ende geschlossen. Das Gemisch wird beim Verdichtungshub in das Glührohr gepreßt und entflammt sich dort, sobald es bis zur glühenden Zone des Glührohrs vorgedrungen ist. Der Zündzeitpunkt kann dabei einigermaßen durch Vor- oder Zurückverlegen der Glühzone eingestellt werden, ist aber doch sehr abhängig von den Eigenschaften des Gemisches und recht unzuverlässig. Dazu kommt ein weiterer Nachteil dieser Zündungsart: Die geringe Betriebssicherheit des Glührohres selbst.

In späteren Jahren hat man auch elektrisch durch Batterien geheizte Glühkörper verwendet. Diese elektrische Glühzündung konnte sich jedoch auf die Dauer ebenso wenig wie das Glührohr halten.

Eine Abart des Glührohrs findet sich allerdings heute noch in den nach dem Halbdieselprinzip arbeitenden Motoren (hauptsächlich landwirtschaftliche Motoren und Bootsmotoren). Es ist der Glühkopf, ein nicht gekühlter, eiserner Hohlkörper im Zylinderdeckel, der bei Inbetriebnahme des Motors von außen mit einer Lötlampe solange erhitzt wird, bis er den eingespritzten Brennstoff zu zünden vermag. Bei weiterem Betrieb des Motors wird der Glühkopf von selbst auf Rotwärme erhalten. Der Zündzeitpunkt ist bei diesen Motoren wie bei allen Dieselmotoren durch den Zeitpunkt der Brennstoffeinspritzung gegeben.

Schon vor Einführung des Glührohrs waren aber noch andere Wege zur Lösung des Zündungsproblems beschritten worden. Der Erbauer des ersten Benzinkraftwagens (1864), Siegfried Markus, ein in Wien lebender Mecklenburger, erfand auch die erste magnet-elektrische Zündvorrichtung und verwendete sie im Jahre 1875 zum Betrieb eines Fahrzeugs. Der elektrische Strom wird dabei durch die Bewegung einer Kupferdrahtwicklung im Feld permanenter Magnete erzeugt, durch den Zylindermantel geleitet und innerhalb des Zylinders durch eine mechanische Vorrichtung, die sogenannte Abreißvorrichtung, unterbrochen. Der hierbei auftretende Öffnungsfunke zündet das Gemisch. Die Bewegung der Wicklung und die des Unterbrechungsorgans im Zylinder werden vom Motor selbst gesteuert, so daß der Strom rechtzeitig auftritt und rechtzeitig unterbrochen wird. Markus machte sich durch diese Vorrichtung frei von den Nachteilen der galvanischen Elemente, der Zündflamme und des Glührohrs.

Freilich hat diese sogenannte Niederspannungs- oder Abreißzündung erst eine Reihe von Jahren später Verbreitung gefunden. Im Jahre 1880 begann die Gasmotorenfabrik Deutz Versuche mit Niederspannungsmagnetzündern zu machen — auch Siemens & Halske lieferte solche Apparate —, hauptsächlich aber griff Robert Bosch in Stuttgart im Jahre 1887 die Herstellung von Niederspannungsmagnetzündern in etwas abgeänderter Form auf und eröffnete damit die Entwicklung einer selbständigen Zünderindustrie, die dann schon um die Jahrhundertwende Tausende von Niederspannungszündern gebaut hatte.

Eine der verschiedenen Bauarten des **Niederspannungsmagnetzünders** zeigt Bild 1. Zwischen dem Bügelmagneten und den Polschuhen befindet sich der doppel-T-förmige Anker aus weichem Eisen, der die Wicklung trägt. Der Anker wird durch die Feder in einer bestimmten Stellung, der Ruhelage, gehalten und durch den auf der Steuerwelle des Motors sitzenden Nocken ein Stück aus dieser Ruhelage verdreht, bis er wieder in die Ruhelage zurückschnappt. Durch diese rasche Schnappbewegung wechselt der magnetische Fluß, der den Anker durchsetzt, rasch seine Richtung und erzeugt so in der Wicklung eine elektrische Spannung, die einen kräftigen Stromstoß durch Zündstift und Zündhebel des Zündflansches schickt.

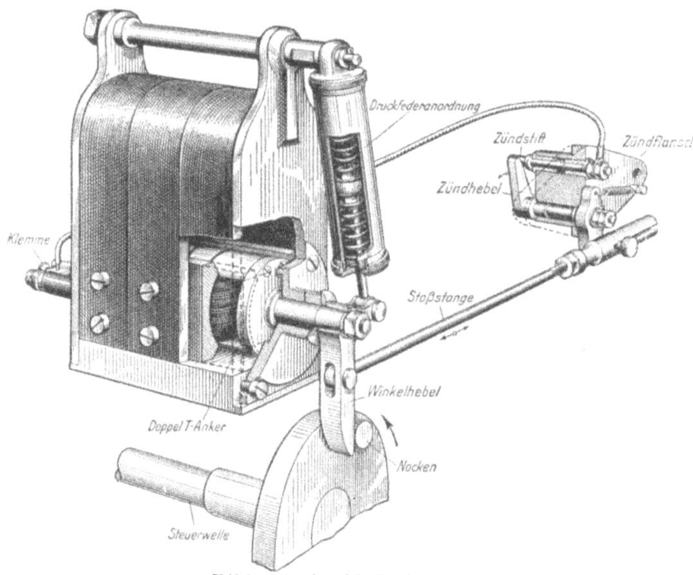

Bild 1. Abreißzündung

Die Zuleitung zum Zündflansch ist in Bild 1 durch das Kabel angedeutet, die Rückleitung des Stromes erfolgt durch die Motormasse. Die Abreißvorrichtung ist so eingestellt, daß ihre Kontakte (am Zündhebel und Zündstift) gerade in dem Augenblick geöffnet werden, in dem der Strom seinen höchsten Wert besitzt, so daß ein kräftiger Abreißfunke entsteht. Bild 2 zeigt den Zündflansch deutlicher. Der Zündstift muß isoliert durch den Flansch geführt werden, der Zündhebel beweglich im Zündflansch gelagert sein.

Die Massewirkung des pendelnden Systems stand einer Steigerung der Motordrehzahlen lästig entgegen. Die Firma Bosch stellte deshalb im Jahre 1896 Versuche mit Influenz-Mas c h i n e n an, die vom Motor betrieben wurden und Funken an Hochspannungs-Zündkerzen überschlagen ließen. Da aber diese Maschinen zu sehr von den Witterungsverhältnissen abhängig waren, kehrte Bosch nochmals zur Niederspannungs-Zündung zurück und verwandte an Stelle des pendelnden Ankers eine mit Fenstern versehene eiserne Hülse, die zwischen dem feststehenden Anker und den Polschuhen des Magnets drehbar gelagert war. Die Schnappbewegungen dieser Hülse erzeugten im Anker einen ähnlichen Flußwechsel wie die Schnappbewegungen des Ankers, die Hülse wies aber wesentlich ge-

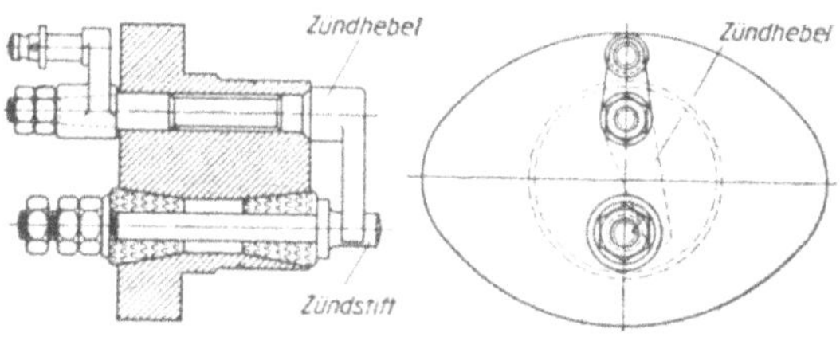

Bild 2. Zündflansch

ringere Masse als der Anker auf. Bald ging dann Bosch von dem Schnappsystem zu dem o s z i l l i e r e n d e n S y s t e m über, bei dem sich der Anker oder die Hülse, durch einen Exzenter vom Motor angetrieben, gleichmäßig hin- und herbewegte. In dieser Ausführung erlangte der Niederspannungsmagnetzünder weite Verbreitung, bis endlich der u m l a u f e n d e A n k e r und die u m l a u f e n d e H ü l s e aufkamen, wobei die Unterbrechungsorgane mit einem besonderen Abreißgestänge gesteuert wurden. Lästig blieb noch immer dieses Abreißgestänge und hauptsächlich die Durchführung des Zündhebels durch den Zündflansch, die die Abdichtung des Zylinders bei hohen Verdichtungsdrücken sehr erschwerte. Man versuchte später diese Mängel dadurch zu beseitigen, daß man die Abreißorgane elektromagnetisch steuerte. Eine brauchbare Vorrichtung dieser Art, die sogenannte M a g n e t k e r z e, wurde aber erst im Jahre 1907 geschaffen und kam nicht mehr zu großer Verbreitung, da inzwischen die Niederspannungszündung beim Kraftfahrzeugmotor durch die Hochspannungszündung verdrängt worden war.

Die Niederspannungszündung ist heute noch bei langsam laufenden ortsfesten Motoren vereinzelt im Gebrauch, teilweise als Pendeltyp, teilweise auch mit umlaufendem Anker; als Zündvorrichtung des Kraftfahrzeugmotors gehört sie aber der Geschichte an. Man erkannte bald, daß der Zylinder eines schnellaufenden Verpuffungsmotors frei sein muß von jeder mechanisch betätigten Zündvorrichtung, und wurde dadurch veranlaßt, zur Hochspannungszündung, zur Entflammung des Gemisches mit dem elektrischen Überschlagfunken zurückzukehren. Es galt, die Vorteile der Hochspannunszündung: genauer Zündzeitpunkt und Entstehung des Zündfunkens im Zylinder an nicht bewegten Teilen, auszunützen, ohne den Nachteil einer galvanischen Batterie in Kauf zu nehmen.

Schon im Jahre 1882 benutzte Karl Benz erstmals an Stelle von galvanischen Batterien Dynamomaschinen zur Speisung des die Hochspannung erzeugenden Induktors und machte sich damit unabhängig von der Batterie. Nun erregen sich aber selbsterregende Dynamomaschinen bekanntlich erst bei verhältnismäßig hoher Drehzahl, wodurch für die Zündung beim Anwerfen und bei niederer Motordrehzahl Schwierigkeiten entstehen. Benz half sich durch eine große Übersetzung zwischen Kurbelwelle und Dynamomaschine, mußte aber, um die Dynamomaschine nicht zu hoch zu beanspruchen, bei höheren Drehzahlen auf eine geringere Übersetzung umschalten.

Es wird später gezeigt werden, daß die Zweckmäßigkeit derartiger Anordnungen von Dynamomaschine und Spule unter dem Schlagwort: „batterielose Dynamozündung" in neuerer Zeit wieder in Erwägung gezogen wurde, daß aber heute wie damals dieser Zündungsart grundsätzlich der Nachteil ungenügender Leistung bei geringer Drehzahl anhaften muß. — Über „batterielose Dynamozündung" beim Kraftrad siehe Abschnitt II, 3, Seite 88.

Auch Benz behielt, um das Kraftfahrzeug nicht zu kompliziert zu gestalten, für den Kraftfahrzeugmotor die Batteriezündung bei. Die Zündspule arbeitete mit einem Neefschen Hammer und wurde von einem vom Motor betriebenen Steurer sekundärseitig bis zum Zündungszeitpunkt kurzgeschlossen. Infolge des hohen Stromverbrauchs dieser Zündung mußten für größere Fahrten — als solche galten in damaliger Zeit Fahrten über 10 km — mehrere Batterien mitgenommen werden, damit bei Erschöpfung einer Batterie auf eine zweite umgeschaltet werden konnte.

Den Nachteil der Dynamozündung: ungenügende Leistung bei niederer Drehzahl, hatte bis zu einem gewissen Grad die Niederspannungszündung dadurch vermieden, daß sie nicht Elektromagnete, sondern permanente Magnete zur Erzeugung des Erregerfeldes benutzte, daß also der Anker sich auch bei kleinster Geschwindigkeit in dem Erregerfeld voller Stärke bewegte. Erst um die Jahrhundertwende aber kam man auf den Gedanken, die Dynamomaschine durch einen Niederspannungsmagnetzünder zu ersetzen, d. h. eine niedere Spannung im Niederspannungsmagnetzünder zu erzeugen und sie in einem Transformator, der von der Batteriezündung bekannten Zündspule, in Hochspannung zu verwandeln, die dann im Zylinder an der Zündkerze zum Überschlag führt. Hauptsächlich die Firmen Bosch und Eisemann brachten solche Anordnungen heraus.

Bei der Firma Bosch wurden aber bald grundsätzlich neue Wege eingeschlagen: Gottlob Honold schuf im Jahre 1901 **die** Zünderform, die es in ein und demselben mit zwei Wicklungen versehenen Anker ermöglicht, Niederspannung zu erzeugen und in Hochspannung umzuformen[1]). Diese Anordnung, der **Hochspannungsmagnetzünder,** setzte sich rasch durch und förderte die Entwicklung des schnellaufenden Kraftfahrzeugmotors wesentlich. Zuerst wurde der neue Gedanke beim Zünder mit umlaufender Hülse durchgeführt; schon im Jahre 1902 wandte man ihn auch beim umlaufenden Anker an. Noch im selben Jahre ging die Firma Bosch dazu über, die Wicklungen, den Kondensator und den noch zu besprechenden Unterbrecher zu einer Einheit, dem umlaufenden Hochspannungszündanker, zusammenzubauen, ein Schritt, der den neuen Zünder lebensfähig machte.

Später stellte sich heraus, daß der Grundgedanke des Hochspannungsmagnetzünders schon vor Honold von Paul Winand in Deutz angegeben wurde. Winand ließ als Erster die Erzeugung der Hochspannung in einer Spule schützen, deren Primär- und Sekundär-Wicklung vom Fluß des permanenten Magneten durchsetzt werden[2]). Auffallenderweise wurde dieser

---

[1]) Lichtbogenzündung. DRP. 156 117 vom 7. 1. 1902.

[2]) DRP. 45 161 vom 17. 4. 1887.

Erfindung damals nicht die genügende Beachtung geschenkt, so daß das Patent in Vergessenheit geraten war.

Ehe der Hochspannungsmagnetzünder näher betrachtet wird, muß ein Wort über Verteiler und Unterbrecher nachgetragen werden. Als man um die Jahrhundertwende mit dem Bau von Mehrzylindermotoren begann, hatte man bei der Batteriezündung eine Summer-Zündspule für jeden Zylinder vorgesehen und diesen Zündspulen den Primärstrom durch einen Niederspannungsverteiler abwechslungsweise zugeführt. Der Schleifkontakt dieses Verteilers bewegte sich (siehe Bild 3) mit

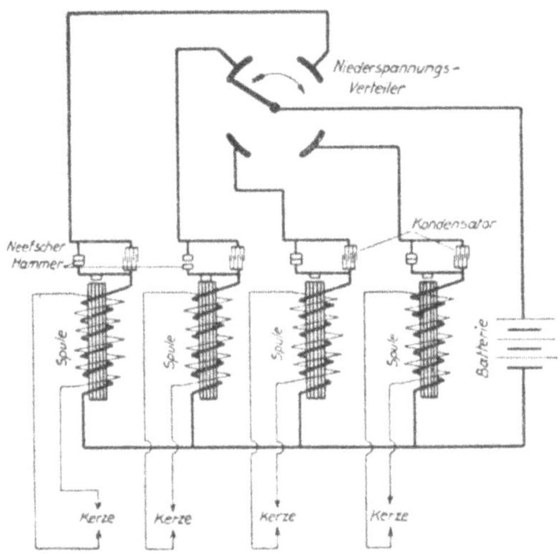

Bild 3. Schaltbild der Batteriezündung mit Niederspannungsverteiler und Neef'schem Hammer

der Geschwindigkeit der Steuerwelle auf den an die Zündspule angeschlossenen Segmenten. Das Auflaufen des Schleifkontaktes auf ein Segment bestimmte gleichzeitig den Zündzeitpunkt. Das Schaltbild einer derartigen Vierzylinder-Batteriezündung zeigt Bild 3.

Bald führte man an Stelle des Neefschen Hammers den schon lange bekannten Unterbrecher ein. Ein solcher Unterbrecher ist im Grunde genommen dasselbe wie die Abreißvorrichtung des Niederspannungszünders. Der Strom wird durch zwei mittels Federkraft aneinander gedrückte, im übrigen aber elektrisch isolierte Körper geleitet, deren einer durch einen von der Motorwelle bewegten Nocken von dem anderen kurzseitig abgehoben wird. Dadurch wird jedesmal, wenn der Nocken den Unterbrecher berührt, der Primärstromkreis unterbrochen. Ebenso wie dem Neefschen Hammer jedes Funkeninduktors muß dem Unterbrecher ein Kondensator parallel geschaltet werden, damit an der Öffnungsstelle kein Lichtbogen entsteht, da

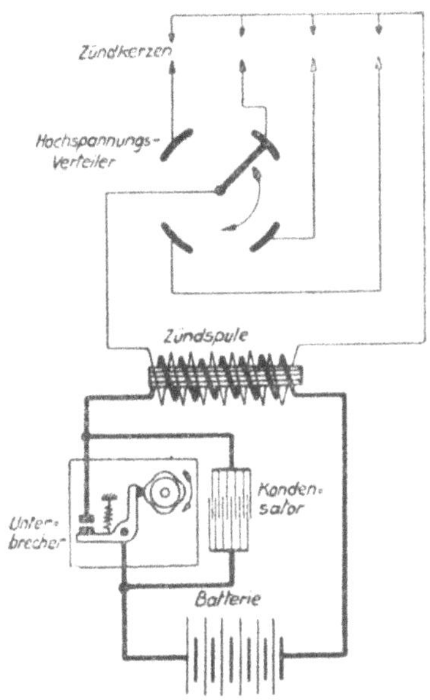

Bild 4.
Schaltbild der Batteriezündung mit Hochspannungsverteiler und Unterbrecher

der bei dei Abreißzündung erwünschte Lichtbogen bei der Hochspannungszündung dem Hochspannungsfunken die Energie wegnehmen würde.

Der Unterbrecher erzeugt für jede Zündung einen Einzelfunken an Stelle der vom Neefschen Hammer gelieferten Funkenreihe, von der in der Regel nur der erste Funke für die Zündung in Frage kommt. Der Zeitpunkt, in dem dieser Einzelfunke entsteht, ist durch den Öffnungsaugenblick des Unterbrechers genau bestimmt. Die Schleifbahn des Verteilers ist nicht mehr der schädlichen Funkenbildung ausgesetzt, die beim Schließen und Öffnen des Stromkreises durch den Verteilerarm vorhanden war, und eine bisher nicht gekannte Genauigkeit des Zündzeitpunktes ist erreichbar.

Einen weiteren Schritt vorwärts brachte die Anwendung des Hochspannnungsverteilers. Die in der Zündspule oder der Ankerwicklung erzeugte Hochspannung wird auf die einzelnen Zylinder in ähnlicher Weise wie zuvor der Primärstrom auf die Zündspulen verteilt. Dabei erübrigt sich die Anwendung mehrerer Spulen und im Primärstromkreis ist nur noch e i n e der mit Rücksicht auf die Betriebssicherheit so gefürchteten Kontaktstellen, nämlich der Unterbrecher, vorhan-

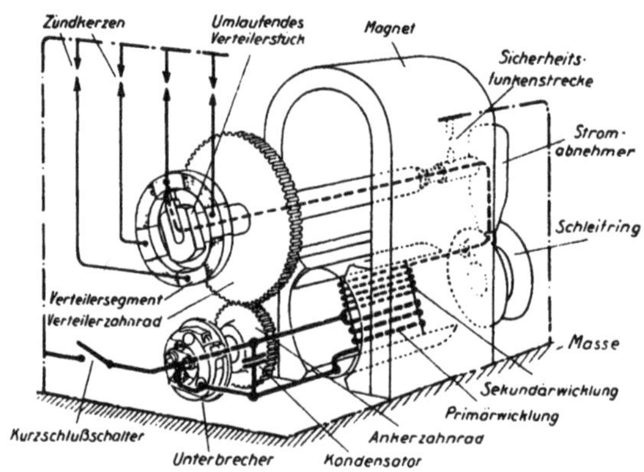

Bild 5. Hochspannungsmagnetzünder, schematisch

den. Das Schaltbild einer Batteriezündung mit Hochspannungsverteiler zeigt Bild 4. Entsprechend erfolgt die Verteilung auch beim Hochspannungsmagnetzünder.

An Hand der schematischen Darstellungen in Bild 5 und 6 soll kurz der G r u n d g e d a n k e d e s H o c h s p a n n u n g s -

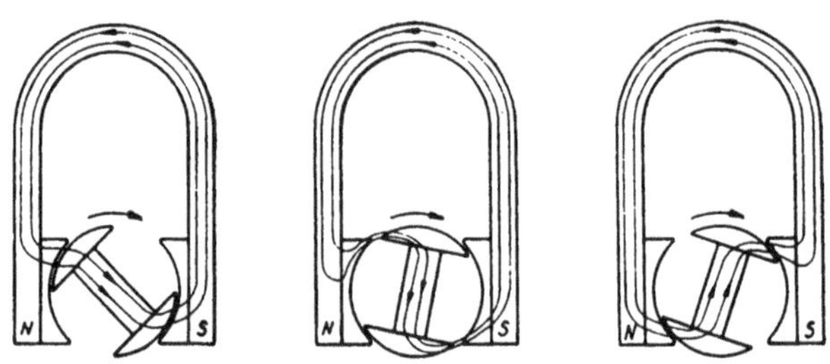

a) kurz nach Unterbrecherschließung b) kurz vor Unterbrecheröffnung c) kurz nach Unterbrecheröffnung

Bild 6. Flußverzerrung durch die kurzgeschlossene Wicklung

m a g n e t z ü n d e r s in allgemein verständlicher Form gezeigt werden. Auf die Gesetze des Hochspannungszünders wird dagegen in Abschnitt II, auf die Konstruktionsteile in Abschnitt III näher eingegangen.

Der Hochspannungsmagnetzünder besteht in seiner ursprünglichen Gestalt aus dem vom Niederspannungsmagnetzünder bekannten Magneten mit Polschuhen, dem umlaufenden Anker — das Pendelsystem eignet sich für hohe Drehzahlen nicht —, endlich dem von der Batteriezündung bekannten Unterbrecher, der bei umlaufender Wicklung ebenfalls umläuft, und dem soeben erwähnten Hochspannungsverteiler.

Der Ankersteg trägt eine Primärwicklung mit wenig Windungen und eine Sekundärwicklung mit vielen tausend Windungen. Der den Ankersteg durchsetzende Magnetfluß wechselt bei jeder Ankerumdrehung seine Richtung zweimal. Die Primärwicklung wird durch den Unterbrecher immer in dem Augenblick kurzgeschlossen, in dem der Fluß des Magneten den Ankersteg voll durchsetzt (Bild 6 links), und erst geöffnet bei der Ankerstellung, bei der der Fluß den Ankersteg schon wieder in umgekehrter Richtung durchsetzen sollte (Bild 6 Mitte). Die kurzgeschlossene Wicklung hat die Eigenschaft, jeder Änderung des Flusses im Ankersteg entgegenzuwirken, und hält den Fluß dementsprechend bis zum Öffnungsmoment fest. Bild 6 Mitte zeigt den ungefähren Flußverlauf vor der Unterbrechung, Bild 6 rechts den Flußverlauf nach der Unterbrechung. Im Augenblick der Öffnung erfolgt so ein außerordentlich rascher Flußwechsel im Ankersteg; dieser Flußwechsel erzeugt in der vieldrähtigen Sekundärwicklung einen Hochspannungsstoß, der vom Anker abgenommen und über den Verteiler der Zündkerze zugeführt wird. Wie aus Bild 5 deutlich ersichtlich ist, wird nur das eine Ende der Sekundärwicklung isoliert zur Zündkerze geführt; die Rückleitung erfolgt — ähnlich wie es beim Niederspannungsmagnetzünder bereits gezeigt wurde — durch den Motor- und Magnetzünderkörper, die sogenannte „Masse“.

Der hier in seiner Grundform dargestellte Hochspannungsmagnetzünder wird von deutschen und seit dem ersten Weltkrieg auch von ausländischen Spezialfirmen in dieser Urform und verschiedenen Abwandlungen gebaut. Er hat über zwei Jahrzehnte lang den europäischen Kraftfahrzeugmarkt fast ausschließlich beherrscht und hat heute noch als Zündvorrichtung des Ottomotors auf Traktoren, Omnibussen, Rennwagen und Krafträdern uneingeschränkte Bedeutung. Im zweiten Weltkrieg ist er in vielen Sondertypen bei allen Nationen als Panzer- und Flugzeugmotorenzünder eingesetzt worden.

Erst lange Zeit nach dem Aufkommen des Magnetzünders ließ die wesentliche Verbesserung der Akkumulatorenbatterien die **Batteriezündung** in der in Bild 4 dargestellten Form erneut aufleben und zunächst in Amerika weite Verbreitung finden, zumal nachdem die Einführung der elektrischen Beleuchtung und des elektrischen Anlassers Lichtmaschine und Batterie ohnehin im Kraftfahrzeug erforderlich machten. Dem amerikanischen Vorbild folgend wandte man sich später auch

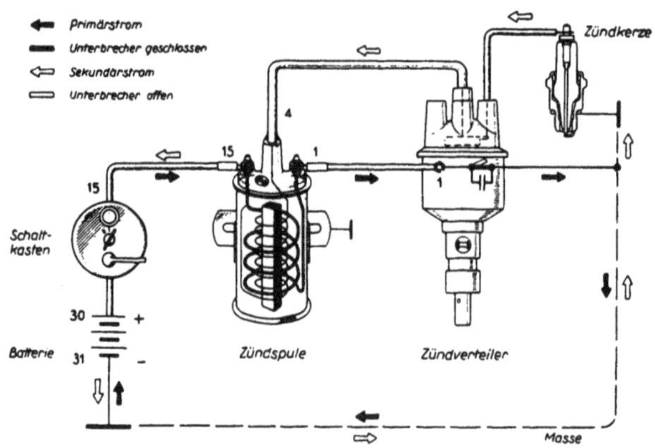

Bild 7. Batteriezündung, Stromwege

in Europa mehr und mehr der Batteriezündung zu, die vor allem wegen ihres niedrigen Preises etwa in den Jahren 1925 bis 1930 auch den europäischen Personenwagen völlig eroberte.

Bild 7 zeigt, wie bei der neueren Batteriezündung im Gegensatz zum Magnetzünder zwei räumlich getrennte Einheiten vorhanden sind: die sogenannte Zündspule mit den unbewegten Teilen, den Wicklungen, dem Eisenkreis und dem Hochspannungsanschluß, und der sogenannte Zündverteiler mit den vom Motorantrieb abhängigen Teilen, dem Unterbrecher mit Kondensator und dem eigentlichen Hochspannungsverteiler.

Die Batteriezündung und die Magnetzündung sind weiterhin in ihrer grundsätzlichen Wirkungsweise unverändert geblieben. In Aufbau, Werkstoffauswahl und Leistung wurden sie vielfach abgewandelt unter dem Einfluß der wechselnden Bedingungen der Konstruktion und der Betriebsanforderungen des Ottomotors, der Kraftstoffe sowie der für den Zünderbau zur Verfügung stehenden Werkstoffe. Die Entwicklung und Erprobung der Zündvorrichtungen wurde zu einem umfassenden Sondergebiet der Elektrotechnik, ihre Herstellung zur Aufgabe von Werken der feinmechanischen und elektrotechnischen Mengenfertigung in vielen Ländern. Die Tatsache, daß es sich um elektrische Vorrichtungen höchster Genauigkeit handelt, mit denen der Kraftfahrer und auch der Kraftfahrzeugfachmann zumeist nicht vertraut sind, führte zur Entstehung besonderer weltweiter Kundendienstorganisationen.

2. Zündzeitpunkt

Im folgenden soll zunächst über die Vorrichtungen gesprochen werden, die die Hochspannung rechtzeitig erzeugen und auf die Zylinder verteilen. Wir wollen sie kurz Zünder nennen, und zwar je nach der Energiequelle Magnetzünder oder Batteriezünder. Die Vorrichtung, die die Hochspannung durch den

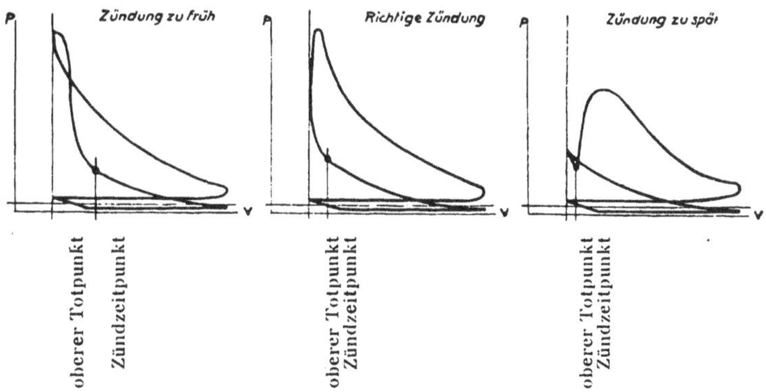

Bild 8. Druckdiagramm des Ottomotors bei verschiedenen Zündzeitpunkten

Zylindermantel führt und an der der Überschlag entsteht, die sogenannte Zündkerze, bedarf besonderer Beachtung und wird in Abschnitt VI ausführlich behandelt.

Vor allem ist die Frage zu erörtern: Welche Anforderungen stellt der moderne Kraftfahrzeugmotor an den Zünder hinsichtlich Leistung, Drehzahl und Einstellung des Zündzeitpunktes?

Wir dürfen die Wirkungsweise des Vier- und Zweitaktmotors als bekannt voraussetzen, weisen jedoch hier besonders auf die Wichtigkeit des richtigen Zeitpunkts für die Entflammung des Gemisches hin. Erfolgt die völlige Entflammung zu früh, das heißt vor dem Totpunkt, so erhält der Kolben eine rücktreibende Kraft, der Motor arbeitet stoßweise und überhitzt sich, die Leistung sinkt und beim Anwerfen erfolgen Rückschläge. Erfolgt die völlige Entflammung zu spät, das heißt nach dem Totpunkt, so ist die Verdichtung ungenügend, häufig sogar die Verbrennung unvollständig; der Motor wird ebenfalls überhitzt, der Höchstdruck und die Leistung sinken, und der Motor arbeitet unwirtschaftlich. Bild 8 zeigt die Indikatordiagramme eines Verpuffungsmotors mit zu früher, rechtzeitiger und zu später Gemischzündung. Die Zündung soll so erfolgen, daß der Höchstdruck unmittelbar nach der Totpunktstellung des Kolbens auftritt.

Die Gesetze, nach denen die Entflammung und Verbrennung eines Gasgemisches vor sich gehen, sind heute noch nicht restlos erforscht. Immerhin gibt eine Reihe wichtiger Untersuchungen aus neuerer Zeit Aufschluß über die Probleme der Zündgeschwindigkeit, der Vollständigkeit der Verbrennung, des sogenannten Klopfens, der Selbstzündungsgrenze und Anhaltspunkte über zweckmäßige Wahl von Zylinderform, Ventilanordnung, Zündkerzensitz, Verdichtung und Gemischzusammensetzung[1]). Ein näheres Eingehen auf diese interessanten und für die Zündung sehr wichtigen Fragen fällt aus dem Rahmen

[1]) Zum Beispiel: Professor Dr. E. Wirth: Die Verbrennungsvorgänge im Explosionsmotor. Automobil-Rundschau 1920, Heft 7—14 (zusammenfassende Darstellung).

Dr.-Ing. O. Enoch: Die Wertung der Ricardoschen Versuche. Motorwagen, 1923, Heft 18 und 19.

Dr.-Ing. Ludwig Richter: Das Klopfen der Zündungsmotoren. Motorwagen, 1925, Heft 32.

W. A. Whatmough: Detonation, The Automobile Engineer, 1927, Bd. XVII, Heft 225—233, 235, 236.

Dr.-Ing. W. Lindner: Entzündung und Verbrennung von Gas- und Brennstoffgemischen. Berlin, VDI.-Verlag 1931.

K. Schnaufer: Verbrennungsgeschwindigkeiten von Benzin- und Benzol-Luftgemischen in raschlaufenden Zündermotoren. Diss. T. H., Berlin 1931.

H. R. Ricardo: Schnellaufende Verbrennungsmaschinen, übersetzt und bearbeitet von Werner und Friedmann, 2. Aufl., Berlin, Springer 1932.

E. Seiler: Elektrische Zündung, Licht und Anlasser der Kraftfahrzeuge. Halle 1948. S. 17 ff.

C. Cipriani and L. H. Middleton: A Modern Approach to Ignition. SAE. Summer Meeting, French Lick, 10. 6. 1948.

S. a. Literaturangaben Seite 21, Fußnote.

unserer Betrachtungen heraus; wer sich näher damit befassen will, sei hingewiesen auf die umfangreichen Versuche von Ricardo und die klare Untersuchung dieser Fragen durch ihn, hauptsächlich auf die sehr gute deutsche Bearbeitung des Ricardoschen Werkes durch Werner und Friedmann, endlich auf den hierher gehörigen Inhalt der übrigen Literatur und der Fachzeitschriften.

Rechtzeitige Entflammung des Gemisches erfordert rechtzeitiges Auftreten des Zündfunkens in bezug auf die Kolbenstellung. Daher ist nötig:

1. ein ganz bestimmtes, unveränderliches Übersetzungsverhältnis zwischen Motorachse und umlaufendem Teil des Zünders — also Antrieb durch unmittelbare Kupplung, Zahnrad oder Kette, nicht durch Riemen!

2. beim Einbau genaue Einstellung des Zünders zur Kolbenstellung des Motors;

3. beim Zünder unbedingte Genauigkeit des Zündzeitpunktes in bezug auf die Stellung der umlaufenden Teile und Unveränderlichkeit des Zündzeitpunktes während langer Betriebszeit; endlich

4. die Möglichkeit, den Zündzeitpunkt während des Betriebes zu verändern, um ihn den wechselnden Drehzahlen anzupassen.

Auf die Frage des **Antriebs** und des Einbaus von Zündern (Forderung 1 und 2) muß gegen Ende unserer Betrachtungen ohnedies näher eingegangen werden. Hier sei nur darauf hingewiesen, daß bekanntlich beim Einzylinder-Viertaktmotor eine Zündung bei jeder Steuerwellenumdrehung, also bei jeder zweiten Kurbelwellenumdrehung zu erfolgen hat. Bei Mehrzylindermotoren erhöht sich die Zahl der auf eine Kurbelwellenumdrehung erforderlichen Zündungen proportional der Zylinderzahl, wie aus den ersten vier Spalten der Tafel, Bild 9, einfach zu entnehmen ist. Die Tafel zeigt gleichzeitig die Antriebsdrehzahl, die für Magnetzünder und Batteriezünder, von Sonderfällen abgesehen, gewählt werden muß, und zwar gesondert für den sogenannten Zweiabrißtyp, bei dem bei einer Umdrehung der Zünderachse zwei Funken entstehen, und für die Vier-, Sechs-, Acht-, Zwölf- und Mehrabrißtypen, bei denen bei einer Umdrehung der Zünderachse 4, 6, 8, 12 und mehr

Zünder-System	Anzahl der Zylinder	Taktzahl des Motors	Erforderliche Zündungs-Anzahl je Motor-Umlauf	Erzeugte Funkenzahl je Zünder-Umlauf	Uebersetzung Kurbelwelle zu Zünderwelle	Uebersetzung Verteilerwelle zu Zünderwelle	Bemerkungen
Magnetzünder	1	2	1	1	1 : 1	1 : 1	Normale Typen
	2	2	2	2	1 : 1	1 : 1	
	1	4	Alle 2 Umläufe 1 Zündung	1	1 : 1 oder 2 : 1	1 : 1	
	2	4	1	2	2 : 1	1 : 1	
	4	4	2	2	1 : 1	1 : 2	
	5	4	2,5	2	4 : 5	2 : 5	
	6	4	3	2	2 : 3	1 : 3	
	7	4	3,5	2	4 : 7	2 : 7	
	8	4	4	2	1 : 2	1 : 4	
	4	4	2	4	2 : 1	1 : 1	
	5	4	2,5	4	8 : 5	4 : 5	
	6	4	3	4	4 : 3	2 : 3	
	7	4	3,5	4	8 : 7	4 : 7	
	8	4	4	4	1 : 1	1 : 2	
	9	4	4,5	4	8 : 9	4 : 9	
	12	4	6	4	2 : 3	1 : 3	
	6	4	3	6	2 : 1	1 : 1	Sondertypen
	4	4	2	8	4 : 1	2 : 1	
	6	4	3	8	8 : 3	4 : 3	
	8	4	4	8	2 : 1	1 : 1	
	9	4	4,5	8	16 : 9	8 : 9	
	12	4	6	8	4 : 3	2 : 3	
	14	4	7	8	8 : 7	4 : 7	
	9	4	4,5	9	2 : 1	1 : 1	
	12	4	6	12	2 : 1	1 : 1	
	14	4	7	12	12 : 7	6 : 7	
	18	4	9	12	4 : 3	2 : 3	
	14	4	7	14	2 : 1	1 : 1	
	18	4	9	18	2 : 1	1 : 1	
Batteriezünder	1	2	1	1	1 : 1	1 : 1	Normale Typen
	2	2	2	2	1 : 1	1 : 1	
	1	4	Alle 2 Umläufe 1 Zündung	1	2 : 1	1 : 1	
	2	4	1	2	2 : 1	1 : 1	
	4	4	2	4	2 : 1	1 : 1	
	5	4	2,5	5	2 : 1	1 : 1	
	6	4	3	6	2 : 1	1 : 1	
	7	4	3,5	7	2 : 1	1 : 1	
	8	4	4	8	2 : 1	1 : 1	
	9	4	4,5	9	2 : 1	1 : 1	
	12	4	6	12	2 : 1	1 : 1	

Bild 9. Antrieb des Zünders

Funken entstehen (siehe Abschnitt IV). Beim Einzylinder-Magnetzünder erzeugt auch der Zweiabrißtyp nur einen Funken pro Umdrehung. Einen nicht in der Tafel verzeichneten Ausnahmefall bildet der Zweizylinder-Zweitaktmotor mit um 180° versetzter Kurbel und entgegengesetzt liegenden Zylindern. Die Zündung der beiden Zylinder erfolgt gleichzeitig, und zwar durch einen Einzylinder-Zweifunken-Magnetzünder, der mit der Motorwelle anzutreiben ist. Das Wesen des Zweifunken-Magnetzünders wird weiter unten erläutert.

Der Batteriezünder wird, wie ebenfalls aus der Tafel ersichtlich, mit Rücksicht auf die Verteilung der Hochspannung auf die Zylinder fast stets mit Steuerwellendrehzahl angetrieben. Dies ist dadurch möglich, daß man den Unterbrechernocken für jede Zylinderzahl anders ausbildet und die Zahl der Unterbrechungen pro Umdrehung jeweils gleich der Zylinderzahl macht.

Die Verteilung der Funken auf die einzelnen Zylinder geschieht, wie bereits erwähnt wurde, bei der Hochspannungszündung durch den Hochspannungsverteiler. Es ist dies entweder ein mit der Wicklung in Verbindung stehender umlaufender Kontaktgeber, der die mit den Zündkerzen der einzelnen Zylinder in Verbindung stehenden Segmente der Reihe nach berührt (Schleifbahnverteiler), oder aber eine umlaufende Schneide, von der die Hochspannung zu den einzelnen Segmenten überspringt (Überschlagverteiler). Dieser Verteiler muß seinem Zweck entsprechend mit der Drehzahl der Steuerwelle umlaufen, so daß beim normalen Vier- und Mehrzylinder-Magnetzünder eine Zahnradübersetzung zwischen dem Verteiler und den übrigen umlaufenden Teilen nicht zu umgehen ist. Das Übersetzungsverhältnis richtet sich nach der Zylinderzahl und der Antriebsdrehzahl des Magnetzünders und ist in der letzten Spalte der Tafel, Bild 9, eingetragen. Bei dem ohnedies mit Steuerwellendrehzahl angetriebenen Batteriezünder ist eine Zahnradübersetzung nicht notwendig, ebenso wenig beim normalen Ein- und Zweizylinder-Magnetzünder.

Die Empfindlichkeit der Motoren auf genaue Einhaltung des Zündzeitpunktes ist recht verschieden, häufig aber wird die Leistung schon bei Verschiebung des Zündzeitpunktes um wenige Winkelgrade verändert. Besonders bei Sportmodellen ist deshalb die Genauigkeit der Zündzeitpunkt-Einstellung von großer Bedeutung. Auch darauf, daß die Zündzeitpunkte der verschiedenen Zylinder den genau richtigen Abstand voneinander haben (sogenannte Zylinderversetzung, in der Regel am Zweiabriß-Magnetzünder 180°), ist besonders zu achten. Eine Verschiebung des Zündzeitpunktes im Laufe des Betriebes erfolgt durch Abnützung der Unterbrecherteile, hauptsächlich der Unterbrecher-Gleitstücke, Nocken und Kontakte. Gute Zünder sind so gebaut, daß bei geringer Abnützung dieser Teile die Verschiebung des Zündzeitpunktes nicht zu groß ist. Das Nachstellen der Kontakte nach längerer Betriebszeit ist jedoch nicht zu umgehen.

Für die Zündung von besonderer Wichtigkeit ist die Tatsache, daß vom Augenblick des Überschlags des Zündfunkens bis zum Augenblick der völligen Entflammung des Gemisches eine Zeitspanne, die sogenannte Entflammungsdauer vergeht, die in der Hauptsache abhängig ist von der jedem Gemisch eigenen Entflammungsgeschwindigkeit — sie beträgt für ruhendes Benzindampf-Luft-Gemisch 2 bis 6 m/sek, für durchwirbeltes Gemisch 10 bis 20 m/sek, —, von der Zylinderform und von der Wirksamkeit des Zündfunkens. Der Zündfunke muß um die Zeitspanne der Entflammungsdauer dem gewünschten Zeitpunkt der völligen Entflammung vorauseilen.

Da nun mit zunehmender Drehzahl der Motor in derselben Zeit einen immer größeren Winkel an der Kurbelwelle durchläuft, muß der Zündfunke, in Winkelgraden gemessen, mit zunehmender Motordrehzahl in bezug auf die Kurbelwelle immer früher auftreten. Dies führt zur Forderung 4: Der Zündzeitpunkt muß, wie man sagt, „verstellbar" sein. Diese **Verstellung** des Zündzeitpunktes erfolgt am Zünder selbst, und zwar in der Regel durch Änderung der Lage von Unterbrecher und Unterbrechernocken zueinander, so, daß der Öffnungszeitpunkt des Unterbrechers im Verhältnis zur Stellung der Kurbelwelle sich verändert. Dabei kann grundsätzlich die Verstellung entweder von Hand, und zwar vom Führersitz des Kraftfahrzeuges aus betätigt werden, oder sie erfolgt selbsttätig, z. B. abhängig von der Drehzahl durch einen Fliehkraftregler oder eine ähnliche Vorrichtung. (Über die elektrische Verstellung und die Unterdruckverstellung s. Abschnitt V, Seite 300 bis 309).

Die Verstellvorrichtung ermöglicht die Verstellung des Zündzeitpunktes in gewissen Grenzen, dem sogenannten Verstellbereich. Die Einstellung, die eine möglichst frühzeitige Zündung in bezug auf die Kurbelwelle hervorruft, nennt man „Frühzündung", die Einstellung, die eine möglichst späte Zündung hervorruft, heißt „Spätzündung". Diese Bezeichnungen dürfen nicht verwechselt werden mit den hin und wieder gebrauchten Ausdrücken „Vor- und Nachzündung", die zumeist angeben wollen, wieviel Grad vor oder nach Totpunktstellung des Kolbens ein Motor zu zünden ist.

Bei niederen Drehzahlen und hauptsächlich beim Anwerfen soll die Zündung in der Nähe des Totpunktes eintreten; man stellt deshalb häufig den Zünder zum Motor so ein, daß der Unterbrecher bei Spätzündung dann öffnet, wenn der Kolben sich in der Totpunktlage befindet. Mit zunehmender Motordrehzahl erfolgt dann die Verstellung gegen Frühzündung. Der erforderliche Verstellbereich ist natürlich bei den einzelnen Motortypen sehr verschieden; auch ist die erforderliche Verstellung bei hoher Verdichtung geringer als bei niedriger. Bei neueren Motoren werden etwa 20 bis 40° Verstellung, gemessen an der Kurbelwelle, verlangt. Bei der Batteriezündung hat die Verstellung keinen Einfluß auf die Zündleistung, ebenso nicht bei Magnetzündern, die mit Antriebsverstellung ausgerüstet sind, bei denen also durch die Verstellung die elektrischen Verhältnisse im Zünder nicht beeinflußt werden. Anders bei Magnetzündern mit Abrißverstellung; bei diesen werden Unterbrecher und Nocken gegeneinander verdreht, es ändert sich also mit der Verstellung die gegenseitige Stellung des feststehenden und umlaufenden Magnetfeldträgers, bei der der Strom unterbrochen wird. In diesem Falle stellen große Verstellbereiche recht hohe Anforderungen an den Entwurf von Magnetzündern für höhere Zylinderzahlen.

Die Entflammungsdauer und damit der erforderliche Verstellbereich hängt stark von der Zylinderform und der Wirksamkeit des Zündfunkens, hauptsächlich von der Anordnung der Zündkerze im Zylinder ab. Die Zündkerze soll den frischen Gasen leicht zugänglich und nicht zu weit außerhalb der Mitte des Explosionsraumes liegen. Mit Rücksicht auf das noch zu besprechende sogenannte „Klopfen" des Motors wird manchmal geraten, die Zündkerze in der Nähe des Auspuffventils anzubringen. Vom Zündungsstandpunkt aus ist davor zu warnen, da der lange Weg des Gemisches vom Ansaugventil bis zur Kerze das Anwerfen erschwert und die Entflammungsdauer vergrößert. Außerdem ist die Erwärmung der Kerze am Auspuffventil und damit die Glühzündungsgefahr besonders groß.

Bei großem oder ungünstig geformtem Explosionsraum und bei hohen Drehzahlen greift man hin und wieder zu einem besonderen Mittel, die Entflammungsdauer herabzusetzen, indem man zwei Zündstellen in einem Zylinder unter-

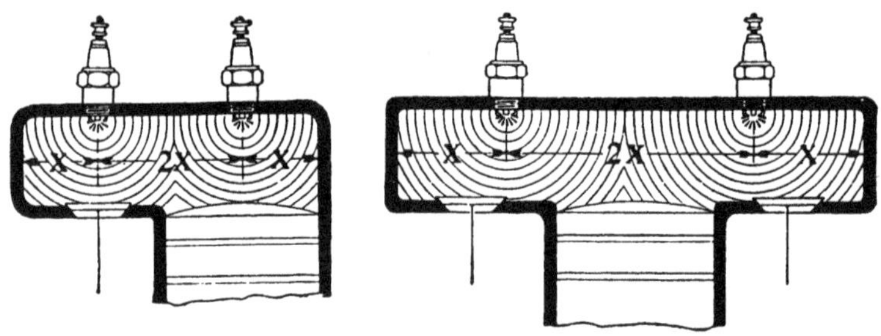

Bild 10. Anordnung von zwei Zündstellen im Zylinder

bringt; Bild 10 zeigt zwei Beispiele hierfür. Man kann dabei entweder an beiden Zündstellen gleichzeitig Überschläge hervorrufen und hat auch zu diesem Zweck besonders ausgebildete, sogenannte Zweifunken-Magnetzünder geschaffen, oder man kann die Zündstelle, die erfahrungsgemäß ein schlechteres Gemisch zu zünden hat, um einige Winkelgrade früher ansprechen lassen als die andere. In diesem Fall wird die sogenannte Zwillingszündung angewandt, bei der jede der beiden Zündkerzen von einer besonderen Zündvorrichtung gespeist wird. Diese Anordnung bedeutet zugleich eine wesentliche Erhöhung der Betriebssicherheit der Zündung. Es ist Tatsache, daß bei gewissen Motoren derartige Anordnungen nicht nur geeignet sind, den Verstellbereich wesentlich zu verkleinern, sondern auch die Maximalleistung bei jeweils günstigstem Zündzeitpunkt gegenüber der Einfunkenzündung zu erhöhen, offenbar infolge einer vollständigeren Verbrennung des Gemisches.

Bei der Konstruktion selbsttätiger Verstelleinrichtungen ist nicht nur der Verstellbereich, sondern auch die Abhängigkeit der Verstellung von der Motordrehzahl wichtig. Es ist zu beachten, daß die Verstellung bei einer bestimmten Drehzahl einsetzt und bei einer bestimmten Drehzahl, spätestens bei der Motorhöchstdrehzahl, auf volle Frühzündung kommt. Bild 11 zeigt verschiedene Verstellkurven, eine zuerst rasch, später langsam ansteigend, eine andere mehr linear, usw. Die günstigste Form dieser Linie ist bei jedem Motor wieder anders. Ist die Linie zu flach, so beschleunigt sich der Motor schlecht, ist sie zu steil, so tritt leicht das sogenannte „Klopfen" oder „Klingeln" ein[1]).

Bei der Verbrennung des Gemisches werden häufig noch unverbrannte Gemischteile bis zur Selbstzündung verdichtet.

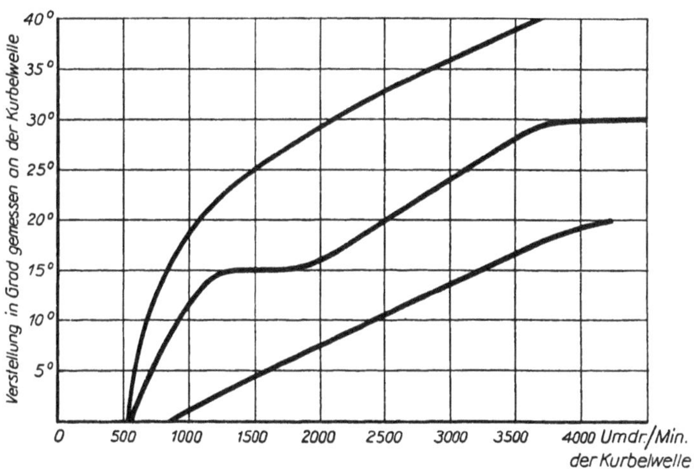

Bild 11. Verstellung des Zündzeitpunkts abhängig von der Motordrehzahl

Ihre Explosion erzeugt das schlagartige Geräusch des Klopfens, erhitzt auch die verbrannten Teile des Gemisches höher, steigert die Temperatur von Motor und Zündkerze und führt häufig bis zu Glühzündungen und Störung des Betriebes. Das Klopfen, das natürlich auch von Zündkerzensitz, Zylinderform und

---

[1]) S. a. Lindner Seite 14, Fußnote (Dort auch weitere Literaturangaben.)

J. D. Morgan: Some Experiments on Gas Explosions in Closed Tubes with Particular Reference to „Pinking", in: Institution of Automobile Engineers, Dezember 1924, Seite 254.

J. D. Morgan: Note on the Vibrational Movements which Occur During the Inflammation of Combustible Gas, in Philosophical Mag. Bd. III, S. 1161.

C. D. Miller: Roles of Detonation Waves and Autoignition in Spark-Ignition Engine Knock as Shown by Photographs Taken at 40 000 and 20 000 Frames Per Sec, SAE Summer Meeting, French Lick, 5. 6. 1946.

Brennstoff stark abhängig ist, bildet im allgemeinen die Grenze des zulässigen maximalen Explosionsdrucks, der, wie Bild 8 zeigt, durch den Zeitpunkt der Entflammung, also der Zündung, stark beeinflußt wird. Je höher der Explosionsdruck ist, desto höher ist die Leistung, und so kommt es, daß in der Regel für jede Motordrehzahl ein ganz bestimmter günstigster Zündzeitpunkt besteht, vor dem das Klopfen beginnt und hinter dem die Leistung sinkt. Bei sehr hohen Drehzahlen verringert sich in der Regel die Gefahr des Klopfens wieder, wahrscheinlich unter dem Einfluß der unvollständigen Füllung des Zylinders.

Erfahrungsgemäß nimmt die Entflammungsgeschwindigkeit eines Gases oder Brennstoffgemisches mit abnehmendem Druck ebenfalls ab. Für die beste Leistung benötigt also ein Motor bei Teilgas mehr Vorzündung als bei Vollgas. In vielen Fällen ist jedoch die erzielte Brennstoffersparnis im praktischen Fahrbetrieb zu gering, als daß eine besondere Zusatzverstellung gerechtfertigt wäre, die die Druckänderungen berücksichtigt.

Die Einstellung des Zünders zur Kurbelwelle erfolgt, wie erwähnt, häufig — bei Zündern mit selbsttätigen Verstelleinrichtungen stets — in der Spätzündungslage. Häufig aber wird auch nach der Frühzündungslage eingestellt, da die Genauigkeit des Zündzeitpunktes bei mittleren und hohen Drehzahlen, also bei Frühzündung, aus den angegebenen Gründen wichtiger ist als bei Spätzündung. Es ist dann für die Einstellung anzugeben „Zündzeitpunkt bei Frühzündung x mm oder x Grad vor oberem Totpunkt", wobei sich die Längenangabe auf den Kolbenweg, die Gradangabe auf den Kurbelwinkel bezieht.

Bei langsam laufenden Motoren und bei kleinen Schnellläufern kann unter Umständen die Verstellung des Zündzeitpunktes überhaupt entbehrt werden, bei jenen, da infolge der niederen Drehzahlen der Zündzeitpunkt stets in der Nähe des Totpunktes verbleiben kann, bei diesen, da sie sich so rasch anwerfen lassen, daß die Gefahr der Rückschläge[1]) gering ist, auch wenn die Zündung ständig wesentlich vor dem Totpunkt erfolgt. Ganz gleichmäßiges Arbeiten des Motors bei sehr niederer Drehzahl ist in diesem Fall allerdings schwer zu erreichen.

---

[1]) Die deutschen Unfallverhütungsvorschriften zur Sicherung gegen Kurbelrückschlag gelten für Motoren mit einem Inhalt des einzelnen Zylinders von mehr als 375 cm³.

3. Zündleistung

Nach diesen Betrachtungen über den Zündzeitpunkt zurück zum ersten Teil der uns gestellten Frage: Welche Anforderungen stellt der moderne Kraftfahrzeugmotor an den Zünder hinsichtlich der Leistung und der Drehzahlen? Die verlangte Leistung ist maßgebend für die Formgebung jedes Krafterzeugers, also auch des Zünders.

Nun ist freilich die von den Zündern bei den verschiedenen Drehzahlen zu fordernde Leistung so außerordentlich von den sehr verschiedenen Betriebsbedingungen der Kraftfahrzeugmotoren abhängig und so viel umstritten, daß es kaum möglich ist, eine Faustregel dafür anzugeben. Zerlegen wir die Leistung, wie dies bei jedem Erzeuger elektrischer Energie möglich ist, in ihre Komponenten Strom und Spannung, so kommen wir dem Ziel wesentlich näher, da die für die Zündung erforderliche **Zündspannung** einfacher zu bestimmen ist.

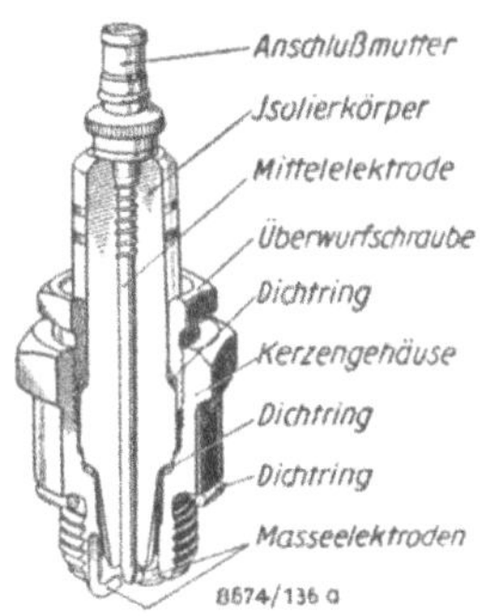

Bild 12. Zündkerze

Bild 12 zeigt die Zündkerze mit ihren sogenannten Elektroden, der isolierten Mittelelektrode und den mit dem Kerzengehäuse und Motorkörper, der sogenannten „Masse“ verbundenen Masseelektroden. Ist die vom Zünder den Elektroden zugeführte Spannung groß genug, so entsteht an der Stelle, wo das Ende der Mittelelektrode und die Masseelektroden einander gegenüber stehen, ein Überschlag: der bekannte Zündfunke. Die zur Erzeugung des Überschlags erforderliche Spannung heißt Zündspannung und ist abhängig:

1. von der Form der Elektroden,
2. vom Abstand der Elektroden,
3. von dem Werkstoff der Elektroden und der Beschaffenheit der Elektrodenoberfläche,

4. von der Polarität,
5. von der Steilheit des Spannungsanstiegs,
6. von der Beschaffenheit und den Strömungsverhältnissen der zwischen den Elektroden vorhandenen Gasschicht.

Über Form und Abstand der Elektroden wird in Abschnitt VI bei Besprechung der Zündkerze des näheren die Rede sein. Hier genügt anzuführen, daß in der Hauptsache die scharfkantige Elektrodenform und ein Elektrodenabstand von 0,5 bis 0,7 mm gebräuchlich ist. Mit Rücksicht auf die Zündspannung wird der Elektrodenabstand so klein wie möglich gehalten; er kann jedoch mit Rücksicht auf die Betriebssicherheit nicht beliebig klein gemacht werden. Auch auf die Zündfähigkeit des Funkens ist der Elektrodenabstand nicht ohne Einfluß, da naturgemäß mit Vergrößerung des Abstandes die Berührungsfläche von Funken und Gemisch vergrößert wird. Die Elektroden nutzen sich im Laufe des Betriebes ab; ihr Abstand vergrößert sich, so daß hin und wieder nachzustellen ist.

Der Elektrodenwerkstoff selbst hat einen leichten Einfluß auf die Zündspannung, z. B. ergeben Zekaselektroden höhere Zündspannungen als gewisse Nickellegierungen. Durch Aufrauhen der Elektroden wird die Zündspannung verringert, durch Polieren erhöht. Verunreinigungen durch Ruß, Eisenoxyd oder dergl. setzen die Zündspannung stark herab; aus diesem Grunde wäre eine Verrußung der Elektroden nicht unerwünscht, wenn dieser Vorteil nicht durch das gleichzeitige Verrußen des Steins mehr als aufgehoben würde.

Wenn bei Batteriezündung der Minus - Pol an der Mittelelektrode liegt, ist die Zündspannung um 1 bis 2 kV höher, als wenn der Plus-Pol an der Mittelelektrode liegt. Außerdem ist die Zündspannung um so höher, je steiler der Spannungsanstieg ist.

Wesentlich beeinflußt wird die Zündspannung durch die Beschaffenheit der Schicht zwischen den Elektroden, d. h. des Gasgemisches, hauptsächlich durch Zusammensetzung, Temperatur und Verdichtung des Gemisches. Bei Betrieb mit flüssigen Kraftstoffen beträgt das Raumverhältnis von Kraftstoff zu Luft etwa 1 : 9000, d. h. auf 1 Liter Gemisch kommen 0,111 bis 0,116 cm³ flüssiger Kraftstoff; ist weniger Kraftstoff im Verhältnis zur Luft vorhanden, so spricht man von armem, ist mehr vorhanden, von reichem Gemisch. Armes Gemisch erfordert im allgemeinen höhere Zündspannungen als reiches Gemisch; dagegen verringert sich mit steigender Temperatur und sinkender Verdichtung die erforderliche Zündspannung, so daß bei mittlerer und hoher Drehzahl, bei der der Motor warm und die Füllung häufig unvollständig ist, oft nur ein Bruchteil der beim Anwerfen des kalten Motors erforderlichen Zündspannung notwendig ist.

Ganz wesentlich für die Zündspannung ist die Verdichtung im Augenblick der Zündung. Der Verdichtungsgrad und damit der Verdichtungsenddruck wird beim Ottomotor zur Erreichung günstigsten Wirkungsgrads möglichst hoch gewählt. Bei flüssigen Kraftstoffen ist der Verdichtungsenddruck in der Regel durch die Gefahr des Motorklopfens begrenzt. Ein Kraftstoff bestimmter Klopffestigkeit[1]) erlaubt bei sonst gegebenem Motor nur eine bestimmte Größe des Verdichtungsenddrucks. Durch Wahl äußerst klopffester Kraftstoffe kann man mit dem Verdichtungsenddruck sehr stark in die Höhe gehen. Der Verdichtungsenddruck ist heute bei flüssigem Kraftstoff im normalen Motor etwa 10 Atmosphären, im Rennmotor bis zu 24 Atmosphären.

Gerade in den letzten Jahren hat, ausgehend von Erfahrungen des Flugmotorengebiets, die Frage nach erheblicher Steigerung des Verdichtungsgrads auch beim Gebrauchswagenmotor vor allem in Amerika viel von sich reden gemacht. So hat Kettering[2]) einen Verdichtungsgrad von 1 : 12,5 entsprechend einem Verdichtungsenddruck von etwa 25 Atmosphären vorgeschlagen, um den Brennstoffverbrauch bei gleicher Motorleistung erheblich zu senken. Die Zukunft muß zeigen, in wieweit der dafür nötige Brennstoff sehr hoher Oktanzahl in genügender Menge und zu nicht zu hohem Preis zur Verfügung steht, oder ob durch Einführung des sogenannten Zweistoffverfahrens (bei dem nur für Vollast der Brennstoff hoher Oktanzahl eingesetzt wird, während für das weniger klopfempfindliche Teilgasgebiet

---

[1]) Die Klopffestigkeit eines Kraftstoffs oder Motors wird bekanntlich durch die Oktanzahl festgestellt. Hat der Kraftstoff höhere Oktanzahl als der Motor, so ist kein Klopfen vorhanden, der Motor ist aber schlecht ausgenützt. Hat der Kraftstoff geringere Oktanzahl als der Motor, so klopft der Motor. Entspricht die Oktanzahl des Kraftstoffs etwa der des Motors, so ist der günstigste Wirkungsgrad erreicht. Zur Zeit sind normale Motoren und Kraftstoffe auf die Oktanzahl 74 eingestellt.

[2]) Charles F. Kettering: More Efficient Utilization of Fuels, SAE Summer Meeting, French Lick, 4. 6. 1947.

Brennstoff geringer Oktanzahl verwendet wird) oder durch Einführung von klopfhemmenden Mitteln während der Vollgasperiode das Klopfen unterbunden wird[1]). Jedenfalls geht die Entwicklung in Richtung steigender Verdichtung und damit steigender Zündspannung.

Bei Verwendung fester Kraftstoffe im Generatorgasbetrieb, der infolge des Mangels an flüssigem Kraftstoff noch immer eine erhebliche Rolle spielt, ist die hohe Klopffestigkeit des Gases und sein niederer Heizwert zu beachten. Die hohe Klopffestigkeit läßt wesentlich höhere Verdichtungsgrade zu, als man es vom Ottomotor mit Flüssigkraftstoff gewöhnt war, und diese höhere Verdichtung ist auch notwendig, will man noch eine brauchbare Leistung aus dem Motor bei dem niederen Heizwert und geringen Wärmeumsatz herausholen. Deshalb ist beim Generatorgasbetrieb die Grenze für den Verdichtungsgrad zumeist nicht die Klopfgefahr, sondern dort zu suchen, wo die zunehmenden Reibungsverluste oder zu hohe mechanische Beanspruchungen die Steigerung des Verdichtungsgrads nicht mehr zweckmäßig erscheinen lassen. Beim Umbau von Otto-Benzinmotoren auf Generatorgasbetrieb ist man bis zu einem Verdichtungsgrad von 1 : 8, entsprechend einem Verdichtungsenddruck von etwa 13 Atmosphären, beim Umbau von Diesel-Lastwagenmotoren zu einem Verdichtungsgrad von 1 : 11, entsprechend einem Verdichtungsenddruck von 20 Atmosphären und beim Umbau von Diesel-Schlepper- und Kompressormotoren mit Rücksicht auf die dort untragbare Leistungsverminderung sogar zu einem Verdichtungsgrad von 1 : 14, entsprechend einem Verdichtungsenddruck von 29 Atmosphären gegangen. Im letzteren Fall wird allerdings zum Anlassen stets der Verdichtungsgrad auf etwa 1 : 5, z. B. durch Zuschalten einer Startkammer herabgesetzt.

Während für das Anlassen des Motors die geforderte Zündspannung sich aus dem Verdichtungsenddruck ergibt, da in der

---

[1]) Edward F. Obert: Detonation and Internal Coolants, SAE National Aeronautic Meeting, New York 10. 4. 1947. — W. M. Holaday: Efficient Production and Utilization of Motor Gasoline, SAE Annual Meeting, Detroit 14. 1. 1948. — W. M. Holaday: Progress Report on the Dual-Fuel System, SAE Summer Meeting, French Lick, 11. 6. 1948. — C. H. van Hartesveldt: Antidetonant Injection, SAE Summer Meeting, French Lick, 11. 6. 1948. — R. J. Potter: Use of Antidetonant Injection in a High Compression Ratio Engine, SAE Summer Meeting, French Lick, 11. 6. 1948.

Regel beim Anlassen etwa im oberen Totpunkt gezündet wird, ist für den Betrieb mit hoher Drehzahl der maßgebende Verdichtungsdruck kleiner als der Verdichtungsenddruck und zwar um so geringer, je früher die Zündung vor dem oberen Totpunkt erfolgt, weil ja die Verdichtung noch umso weniger fortgeschritten ist, je mehr der Kolben von dem oberen Totpunkt entfernt ist (s. Bild 13). Gerade beim Betrieb mit festen Kraft-

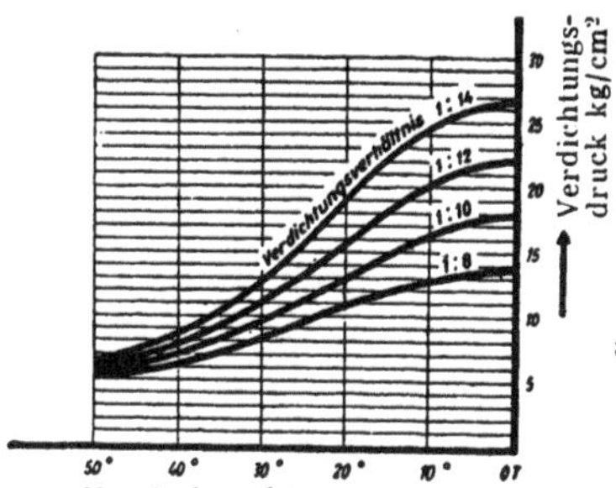

Bild 13. Verdichtungsdruck abhängig von der Vorzündung

stoffen spielt dies eine erhebliche Rolle, weil die Beimengungen der unbrennbaren Bestandteile, wie Stickstoff, Kohlensäure und Wasserdampf aus dem Schwelungsprozeß des Generators, die

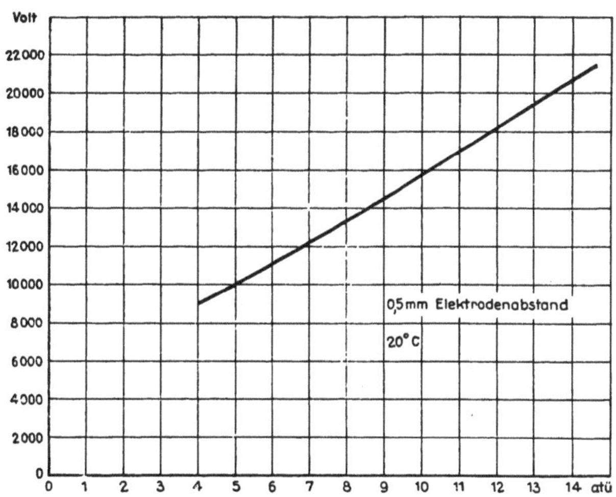

Bild 14. Zündspannung abhängig vom Verdichtungsdruck

mit an der hohen Klopffestigkeit des Gases schuld sind, eine Verzögerung des Verbrennungsablaufs herbeiführen und deshalb eine größere Vorzündung erfordern, und zwar umsomehr, je kleiner der Verdichtungsgrad ist. So ist man bei Motoren für Generatorgasbetrieb mit einem Verdichtungsgrad bis 1 : 10 zu 40 Grad Vorzündung, bei solchen mit Verdichtungsgrad 1 : 14 zu 25 Grad Vorzündung in der Regel gekommen[1]). Leider ergibt also gerade der große Verdichtungsgrad mit seiner nicht so großen Vorzündung besonders hohen Verdichtungsdruck im

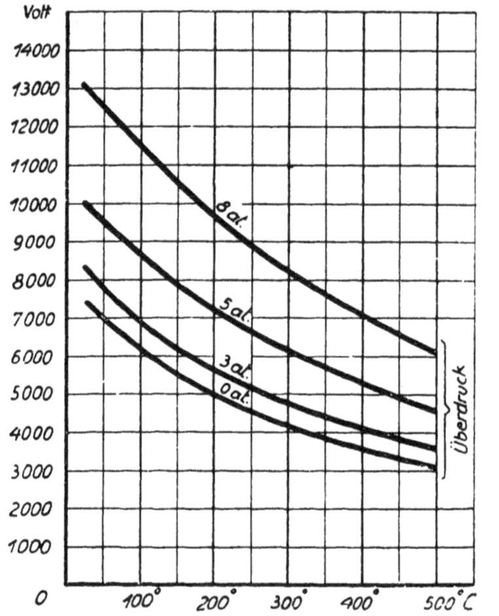

Bild 15. Zündspannung abhängig von der Temperatur

Zündzeitpunkt und damit auch Betriebszündspannungen, die ganz besondere Anforderungen an die Zündanlage stellen.

Aus Bild 14 ist die Abhängigkeit der mittleren Zündspannung vom Verdichtungsdruck und aus Bild 15 die Abhängigkeit der mittleren Zündspannung von der Gemischtemperatur bei Verwendung einer bestimmten Zündkerze zu ersehen[2]). Unter mittlerer Zündspannung ist dabei die Spitzenspannung eines Zünders zu verstehen, mit der eine normale Zündkerze bestimmter Bauart einigermaßen mit Sicherheit unter den gegebenen Bedingungen anspricht. Sie ist zur Aufnahme der in Bild 14 und

[1]) Siehe hierüber: O. Busselmeier und W. Weber: Auto-Elektrik bei Generatorgasantrieb, Verlag Johann Kasper und Co. Berlin, 1944.

[2]) Die Messungen wurden sämtlich an ein und derselben Zündkerze mit 0,5 mm Elektrodenabstand und leicht abgenützten Elektroden in Kohlensäure durchgeführt.

15 gezeichneten Schaulinien mit Hilfe eines statischen Voltmeters unter Zwischenschaltung einer Ventilröhre gemessen worden. Da man aber noch nicht lange eine zuverlässige Meßmethode kennt, um die bei der Zündung auftretenden Spitzenspannungen unmittelbar in Volt zu messen, ohne daß dabei die

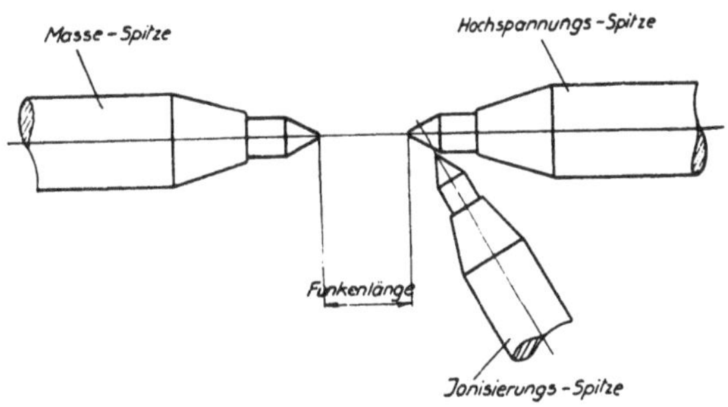

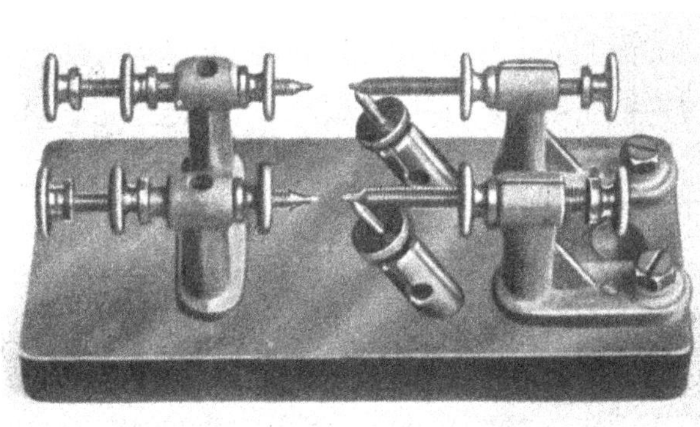

Bild 16. Ionisierter Spitzenfunkenzieher

beim praktischen Betrieb vorliegenden Verhältnisse geändert werden, und da die Methode für Messungen in größerem Umfang sich nicht besonders gut eignet, hat man sich daran gewöhnt, für die Messung der Zündspannungen besonders ausgebildete, ionisierte sogenannte Funkenzieher zu verwenden.

Die Bauart eines ionisierten Spitzenfunkenziehers ist aus Bild 16 ersichtlich. Die zu messende Spannung wird an die beiden spitzen Hauptelektroden, die Hochspannungs- und die Massespitze gelegt, während die Spitze neben der Hochspannungsspitze frei bleibt und zur Ionisierung der Funkenstrecke dient. Liegt die Hochspannung an den Hauptspitzen, so bildet sich infolge kapazitiver Übertragung zwischen der Ionisierungsspitze und der Hochspannungsspitze eine kleine Funkengarbe, die den Luftzwischenraum zwischen den Hauptspitzen für den Überschlag vorbereitet, ionisiert. Der größte Abstand zwischen den Hauptelektroden, gemessen in Millimetern, bei dem noch

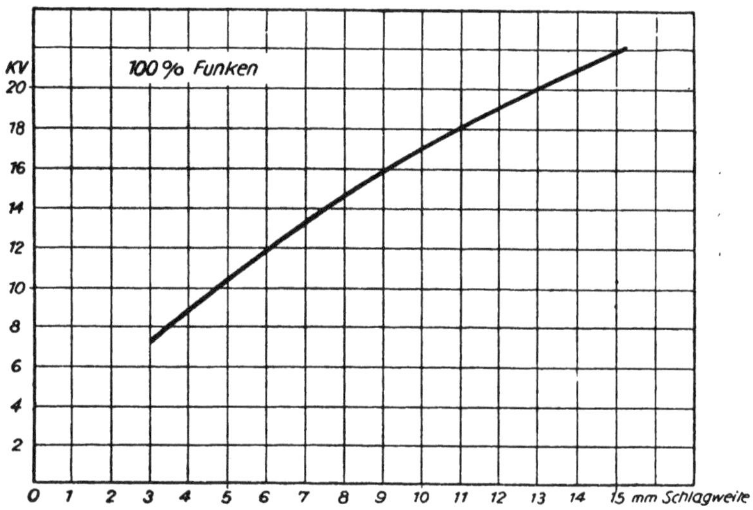

Bild 17. Schlagweite des Funkenziehers und Überschlagspannung

ein Funke mit Sicherheit in freier Luft überspringt, bildet das Maß für die Spannung. Eine derartige ionisierte Funkenstrecke ist natürlich kein sehr genaues Meßinstrument, immerhin genügt sie bei vorsichtiger Anwendung zur Prüfung der Brauchbarkeit des Zünders und auch zur Feststellung der wichtigsten Gesetze des Zündungsvorganges, während die nicht ionisierte Funkenstrecke ganz unbrauchbar ist. Dabei ist zu beachten, daß die Anforderungen des praktischen Betriebes an die Höhe der Spannung infolge der Verschiedenheit von Elektrodenform, Elektrodenabstand und Gemischtverhältnis in so weiten Grenzen schwanken, daß Fehler von mehreren Prozent bei der Brauchbarkeitsprüfung nicht ins Gewicht fallen. Empfindlich ist der Spitzenfunkenzieher gegen Luftfeuchtigkeit, Abnutzung der Spitzen, Abstand und Stellung der Ionisierungsspitze; diese Faktoren müssen, um brauchbare Messungen zu erhalten, genau im Auge behalten werden. Auch ist wohl zu beachten, daß das

Ansprechen des Spitzenfunkenziehers mit dem ersten Funken bei geringerer Spannung auftritt als das sichere, sogenannte „regelmäßige“ Arbeiten. Für genauere Messungen verwendet man deshalb auch oft die Kugelfunkenstrecke, die bei guter Ionisierung, z. B. durch Bestrahlen mit ultravioletten Strahlen, sehr gute Ergebnisse gibt und mit Hilfe von Ventilröhre und statischem Voltmeter geeicht werden kann. Nicht ionisierte Kugelfunkenstrecken sind allerdings ganz unbrauchbar.

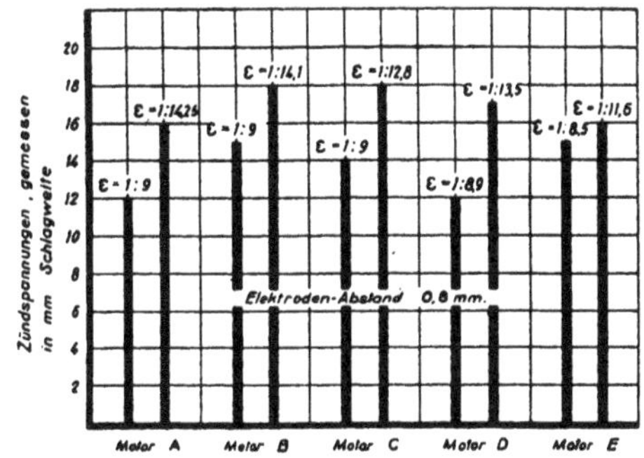

Bild 18. Anlaß-Zündspannung von auf Gasbetrieb umgestellten Dieselmotoren bei verschiedenen Verdichtungsgraden

Bei den weiteren Betrachtungen wird an Stelle des Maßes „Volt Spannung“ oft auch „mm Schlagweite“ gesetzt. Darunter ist dann stets der der Überschlagsspannung am Funkenzieher entsprechende Spitzenabstand verstanden. Die Beziehung, die zwischen der Überschlagspannung in Volt und dem Elektrodenabstand des in Bild 16 gezeigten ionisierten Spitzenfunkenziehers bei regelmäßigem Arbeiten besteht, kann aus Bild 17 entnommen werden.

Ein Blick auf Bild 14 zeigt nun, daß man bei normalen Kerzen, einer Verdichtung von 10 Atmosphären und kaltem Motor mit einer Spannung von etwa 16 000 Volt zu rechnen hat, was einer Schlagweite von etwa 9 mm am ionisierten Spitzenfunkenzieher entspricht. Bei Rennmotoren und bei Gasmotoren mit ihrem höheren Verdichtungsgrad steigt die Spannung auf 20 000, ja 30 000 Volt und mehr an. Bild 18 zeigt die mit dem ionisierten Spitzenfunkenzieher parallel zur Zündkerze gemessene Schlagweite an verschiedenen auf Generatorgasbetrieb umgestellten Dieselmotoren. Die Messungen wurden so durchgeführt, daß der Funkenzieher von großem Elektrodenabstand immer enger eingestellt wurde, bis der Funke nicht mehr an der Zündkerze sondern am Funkenzieher sprang. Dabei wurden von jedem Motor zwei Ausführungen gemessen, die eine mit hohem, die andere mit niederem Verdichtungsgrad. Die Messungen zeigen klar, von welch großem Einfluß der Verdichtungsgrad auf die Zündspannung ist und welch hohe Werte an Zündspannung beziehungsweise Schlagweite der hochverdichtende kalte Motor unter Umständen verlangt. Diese Werte sind allerdings an Kerzen mit einem Elektrodenabstand von 0,8 mm gemessen worden, es ist also angenommen, daß die Kerzenelektroden schon erheblich im Betrieb abgebrannt sind. Die Höchstschlagweite der Batterie- und Magnetzünder hat man, um der Steigerung des Verdichtungsgrads gerecht zu werden, in den letzten Jahrzehnten auf das doppelte, ja dreifache erhöht. Eine weitere Steigerung ist in absehbarer Zeit aus Raumgründen und auf Grund sonstiger Grenzen nicht zu erwarten, was bei Besprechung der Konstruktionen noch klar werden wird. Da ein moderner starker Batterie- oder Magnetzünder im Maximum etwa 15 mm Schlagweite regelmäßig zu leisten vermag, wären Motoren gar nicht zu betreiben, die solche Spannungsanforderungen, wie in Bild 18 gezeigt, stellen. Glücklicherweise kommt uns hier die Tatsache zu Hilfe, daß einzelne Funken an der Zündkerze schon bei niedrigerer Spannung überspringen als bei dem in Bild 18 verzeichneten Höchstwert, und daß andererseits der Zünder einzelne Spannungsstöße hergibt, die größer sind als der genannte Maximalwert für regelmäßiges Arbeiten. Es ist nur sehr selten, daß die höchste Spannungsanforderung mit der geringsten Spannung des Zünders zeitlich zusammenfällt. Es darf wohl einmal darauf hingewiesen werden, daß in vielen Fällen allein die glückliche Überdeckung des Streugebiets der Zünderspannung und des Streugebiets des Spannungsbedarfs einen Betrieb des Motors überhaupt ermöglicht.

Nun ist aber bei jedem Zünder die erzeugte Spannung eine Funktion der **Drehzahl.** Wie aus der grundsätzlichen Darstellung von Bild 19 zu erkennen ist, steigt in der Hauptsache die Schlagweite mit zunehmender Drehzahl beim Magnetzünder und sinkt mit zunehmender Drehzahl beim Batteriezünder. Der Drehzahlenbereich, für den die oben angegebenen Spannungen gültig sind, ist also zu untersuchen.

Die niederste Motordrehzahl, für die ausreichende Zünderspannung gefordert wird, ist die **A n w e r f d r e h z a h l**. Sie ist bestimmt einerseits durch das beim Anwerfen des Kraftfahrzeugmotors erforderliche Drehmoment, andererseits durch die Leistung des Anlaßmotors oder, wenn ohne Anlaßmotor angeworfen wird, durch Kraft und Geschicklichkeit des Anwerfenden. Man rechnet der Einfachheit halber mit der Anwerfdrehzahl, obgleich die Winkelgeschwindigkeit, mit der ange-

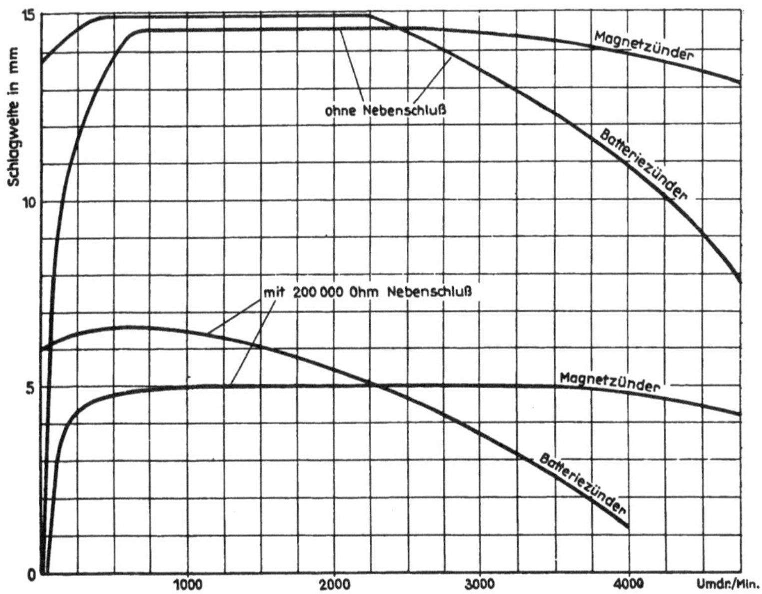

Bild 19. Charakteristik von Magnet- und Batteriezündung

worfen wird, bei Verwendung des Anlaßmotors, besonders aber beim Anwerfen von Hand oder mit Kickstarter, während einer Motorumdrehung ganz ungleichförmig ist. Beim Anwerfen mit Anlasser ist die Geschwindigkeit ungefähr im oberen Totpunkt am geringsten, und man muß als Anwerfdrehzahl die dieser geringsten Geschwindigkeit entsprechende Drehzahl werten. Das Anwerfen von Hand oder mit Kickstarter geht stoßweise vor sich; man kann der Anwerfdrehzahl etwa die mittlere Geschwindigkeit dieses Stoßes zugrunde legen. Bei entleerter oder schadhafter Batterie ist man auf das Handanwerfen angewiesen und fordert deshalb von jedem guten Zünder, daß er sowohl bei der mit dem Anlaßmotor wie bei der von Hand erreichbaren Anwerfdrehzahl, bei Krafträdern bei der mit dem Kickstarter erreichbaren Anwerfdrehzahl, bei Spätzündung die genügende Schlagweite zum Überschlag liefert.

Das zum Anwerfen erforderliche Drehmoment ist außerordentlich verschieden, je nach den Abmessungen und Reibungsverhältnissen des Kraftfahrzeugmotors. Die Abhängigkeit des Anwerfdrehmoments vom Hubvolumen des Motors, von der Lagerung der Kurbelwelle, vom Schmieröl und von dessen Temperatur wird im Abschnitt über Anlasser in Teil III des Gesamtwerks näher behandelt. Die an Kraftfahrzeugmotoren praktisch erreichbaren Anwerfdrehzahlen schwanken ungefähr im Bereich von 20 bis 400 Uml/min, gemessen an der Kurbelwelle.

Gerade beim Magnetzünder ist es nicht einfach, genügende Schlagweite bei genügend niederer Drehzahl zu erreichen, und so ist der Begriff „Niederste Drehzahl“ für den Magnetzünder zu seinem wichtigsten Leistungsmaßstab geworden. Unter der niedersten Drehzahl eines Magnetzünders versteht man dabei in der Regel die Drehzahl, bei der der Magnetzünder regelmäßig, also mit Sicherheit an einem ionisierten Funkenzieher Funken einer bestimmten Schlagweite (z. B. 6 mm) erzeugt. Diese „Niederste Drehzahl für regelmäßiges Arbeiten“ hängt von Größe und Bauart des Magnetzünders stark ab, und man hat mit Rücksicht auf den Preis und die Einbaumaße für die verschiedenen Motorgrößen auch Zündertypen verschiedener Leistung, d. h. hauptsächlich verschiedener niederster Drehzahl, geschaffen. Beim Batteriezünder ist der Begriff „Niederste Drehzahl“, wie später ersichtlich, ohne Bedeutung.

Allerdings erhält man schon bei Drehzahlen, die wesentlich unter der hier definierten „Niedersten Drehzahl“ liegen, am Funkenzieher oder an der Zündkerze vereinzelt Funken, die oft für das Anwerfen genügen. Für das Anlassen wird ja ein regelmäßiges Arbeiten nicht verlangt. Der Anlaßvorgang muß solange fortgesetzt werden, bis im Grenzfall ein ausreichender Zündspannungsstoß und eine nicht zu hohe Spannungsanforderung der Kerze zugleich mit der Anwesenheit zündbaren Gases zufällig zusammentreffen. Trotz der sehr großen Streuung der Spannungswerte, die in der Natur des Hochspannungsüberschlags liegt, soll natürlich hier nicht dafür eingetreten werden, daß man sich beim Anlassen oder gar beim Betrieb allzusehr auf das Zusammentreffen günstiger Bedingungen verläßt; man wird vielmehr gut daran tun, aus Gründen der Betriebssicherheit und der Anlaßerleichterung nicht zu sehr an die Grenze zu gehen, sondern eher eine Reserve an Zündspannung bei der Anlage vorzusehen. Dies ist z. B. im Fall der hochverdichtenden Gasmotoren nur durch Wahl kleinen Elektrodenabstands an der Zündkerze (0,4 mm) und rechtzeitiges Nachstellen der Elektroden zur Korrektur des durch Abbrand vergrößerten Abstands, und, wenn möglich, durch Verringerung der Verdichtung beim Anlassen zu erreichen. Beim Magnetzünder muß man dazuhin noch dafür sorgen, daß die Höchstschlagweite schon im Gebiet der Anlaßdrehzahl auftritt. Die entsprechenden Einrichtungen (Schnapper) werden in Abschnitt V behandelt (Seite 309).

An dieser Stelle darf nicht unerwähnt bleiben, daß häufig Anstände beim Anwerfen oder bei niederer Motordrehzahl unberechtigterweise einem mangelhaften Arbeiten der Zündung zur Last gelegt werden. Gewiß, es kommt hin und wieder der Fall vor, daß ein Zünder für eine bestimmte Motorgröße zu schwach gewählt wird, oder daß durch irgendwelche Anlässe, die später zu besprechen sind, Leistungsveränderung oder Versagen des Zünders auftritt; man findet aber andererseits unzählige Klagen über ein Versagen der Zündung, bei deren näherer Verfolgung sich Fehler an ganz anderen Kraftfahrzeugteilen herausstellen, die selbst die beste Zündung nicht beheben kann. Hauptsächlich bei mangelhafter Gemischzufuhr — verstopftem, falsch eingestelltem oder ungeeignetem Vergaser, unzweckmäßiger Anordnung der Ansaugleitungen, nicht brennbarem Gas beim Generatorbetrieb — kann man ein brauchbares Arbeiten des Motors nicht erwarten. Erst dann, wenn der Zünder an einem Funkenzieher oder einer sonstigen Überschlagstelle gar keinen oder einen unverhältnismäßig schwachen oder kurzen Funken erzeugt, ist der Zünder als nicht in Ordnung zu betrachten. Wohl zu beachten ist auch, daß eine bestimmte Mindestdrehzahl beim Anwerfen nicht nur mit Rücksicht auf den Magnetzünder, sondern auch für das Ansaugen des Gemisches erforderlich ist, und zwar auch dann, wenn die Vergasung in Ordnung ist, und die Ansaugleitungen zweckmäßig angeordnet sind. Bekanntlich sind, um das Ansaugen des Gemisches zu erleichtern, verschiedene Benzineinspritzvorrichtungen auf dem Markt erschienen, während beim Generatorbetrieb einwandfreie Gaszufuhr durch das Gebläse für das Anlassen eine wichtige Rolle spielt.

Für einwandfreies Ansaugen des Gemischs beim Benzinmotor wird eine Anlaßdrehzahl von 40 bis 50 Kurbelwellenumdrehungen pro Minute und für einwandfreies Ansaugen des Gases beim Gasmotor eine solche von 80 bis 100 Kurbelwellenumdrehungen pro Minute als notwendig angesehen.

Zu der Bedingung des Anwerfens tritt die Forderung, daß bei ganz niederer Motordrehzahl, wie sie sich bei Leerlauf und langsamer Stadtfahrt im direkten Gang ergibt, der Zünder regelmäßig arbeiten muß. Man findet heute bei größeren Motoren Leerlauf-Drehzahlen von 200 bis 300 Uml/min, bei denen man nicht Einzelfunken, sondern unbedingt Regelmäßigkeit der Zündung verlangt. Auch hierfür ist mit Rücksicht auf den oft kalten Motor und die hohe Kompression erhebliche Schlagweite zu fordern.

Nach diesen Betrachtungen über das Gebiet der niederen Drehzahl noch kurz zur Frage der Höchstdrehzahl! Im Gegensatz zum Anlassen kommt man im eigentlichen Motorenbetrieb und besonders bei hohen Drehzahlen häufig schon mit einer Spannung von 4000 bis 8000 Volt aus, da die Motortemperatur höher (siehe Bild 15), die Endstellung des Kolbens im Zündzeitpunkt infolge der Vorzündung noch nicht erreicht, die Füllung oft unvollständig und damit die Verdichtung im Zündzeitpunkt geringer ist (siehe Bild 14). In einzelnen Fällen ist allerdings auch bei hoher Drehzahl eine verhältnismäßig hohe Zündspannung erforderlich, z. B. dann, wenn die Verdichtung auch bei hoher Drehzahl groß ist (Kompressormotor), oder dann, wenn die Gemischtemperatur auch bei hoher Drehzahl verhältnismäßig niedrig ist (plötzliches Gasgeben nach rascher Fahrt mit geschlossener Drosselklappe). Wie bei allen Betriebszuständen außer dem Anlassen muß auch hier auf völlige Regelmäßigkeit des Arbeitens geachtet werden, das heißt, es müssen alle Spannungsstöße zum Überschlag ausreichen, die Funken dürfen nicht aussetzen.

Auch beim Betrieb mit mittlerer und hoher Drehzahl ist es wieder der auf Generatorgasbetrieb umgestellte Dieselmotor, der infolge seines hohen Verdichtungsverhältnisses die größten Spannungsanforderungen aufweist. Bild 20 zeigt die Schlagweite, die einige der schon im Bild 18 zugrundegelegten Motoren beim Fahrzeugbetrieb verlangen. Die Schlagweite ist für die einzelnen Motoren in Abhängigkeit von der Drehzahl aufgetragen. Dabei sind wieder Kerzen mit einem Elektrodenabstand von 0,8 mm gewählt, und der Funkenzieher ist in seinem Abstand wieder so lange verringert worden, bis der Funke am Funkenzieher, statt an der Kerze sprang. Man sieht, daß bei dem hohen Verdichtungsgrad von 1 : 14 und einem Elektrodenab-

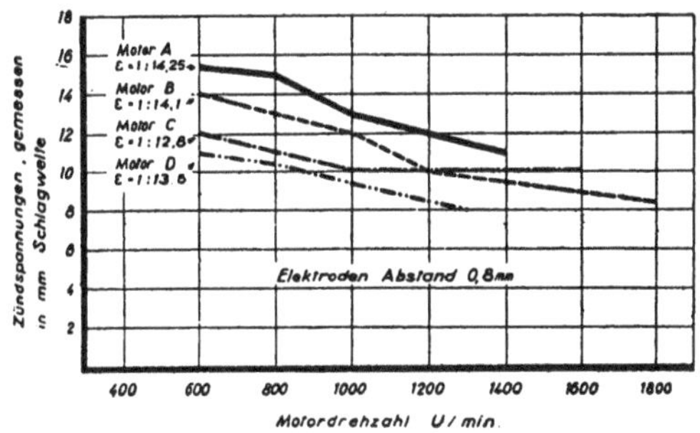

Bild 20. Betriebszündspannung abhängig von der Drehzahl bei auf Gasbetrieb umgestellten Dieselmotoren mit hoher Verdichtung

stand von 0,8 eine Schlagweite von mehr als 15 mm bei mittlerer Drehzahl in einzelnen Spitzen auftreten kann.

Die Höchstdrehzahl, die von einem Zünder verlangt wird, hängt ab von der Motorhöchstdrehzahl und dem Übersetzungsverhältnis zwischen Motor und Zünderachse, also in der Hauptsache von der Zylinderzahl. Daß mit zunehmender Drehzahl die Schlagweite des Batteriezünders sinkt, ist aus Bild 19 bekannt. Wenn beim Magnetzünder die niederste Drehzahl als wesentlicher Leistungsmaßstab angesehen werden kann, so gilt für die Batteriezündung die Höchstdrehzahl bzw. die Höchstfunkenzahl als besonders wichtiges Kennzeichen ihrer Güte. Aber auch beim Magnetzünder besteht bei hohen Drehzahlen eine Grenze, über der ein sicheres Arbeiten in Frage gestellt ist, entweder durch Reststromwirkung oder durch das sogenannte Nachzittern des Unterbrechers (siehe hierüber Abschnitt II, Seite 82 und III, Seite 127).

Drehzahlen der Kurbelwelle von 4000 Uml/min und mehr sind heute keine Ausnahmen, in Einzelfällen findet man sogar 6000 bis 8000 Uml/min. Diese Höchstdrehzahlen stellen, wenn man sich die Antriebsverhältnisse in der Tafel Bild 9 ansieht, an den Zünder nicht nur in elektrischer sondern auch in mechanischer Hinsicht sehr hohe Anforderungen. Selbst wenn, was als Norm gelten kann, die durchschnittliche Betriebsdrehzahl des Motors 30% unter der Höchstdrehzahl liegt, so sind doch alle Teile des Zünders bei diesen hohen Drehzahlen stark beansprucht. Man bedenke, daß eine Motordrehzahl von 6000 bei einem Sechzehnzylinder-Motor 48 000 Unterbrechungen in der Minute verlangt, die durch mechanisch gesteuerte Unterbrecher auszuführen sind! Ein Blick auf Bild 9 wird lehren, daß für hohe Drehzahlen und Zylinderzahlen bei Magnetzündung die Vier- und Mehr-Abrißtypen gewählt werden müssen.

Zusammenfassend kann man sagen: Die Spannung, die ein Zünder zu liefern hat, ist am größten beim Anwerfen und bei ganz niederer Motordrehzahl. Die niederste Drehzahl, bei der diese Spannung zu liefern ist, hängt ab von der Eigenart des Kraftfahrzeugmotors, seiner Drehzahl, seiner Verdichtung, seinem Hubvolumen und dergleichen, und ist ein wichtiger Maßstab für die Verwendbarkeit des Magnetzünders.

Ein guter Magnetzünder erreicht bereits bei 40 bis 60 Uml/min eine Schlagweite von 6 bis 8 mm. Bei Batteriezündung hat man zwar bis zu den niedersten Drehzahlen herab Zündspannung zur Verfügung, muß aber darauf achten, daß die Batteriespannung während des eigentlichen Anlaßvorgangs nicht zu sehr sinkt. Dies gilt besonders auch beim Generatorgasbetrieb, bei dem die Batterie häufig genug durch das durch die hohe Verdichtung erschwerte Starten und durch die ganz außergewöhnlich große zusätzliche Belastung mit dem elektrischen Gasgebläse über Gebühr beansprucht ist.

Die Höchstdrehzahl des Zünders richtet sich nach der Höchstdrehzahl des Motors. Die hierbei zu verlangende Spannung ist zumeist wesentlich geringer als die Spannung beim Anwerfen.

Viel mehr umstritten ist die Frage nach der **Stromstärke** des Zünders und damit die endgültige Lösung der Frage: Welche Leistung ist von einem Zünder zu fordern? Mehrfach ist schon der Nachweis erbracht worden, daß verhältnismäßig schwer entzündliche Gasgemische sich durch schwache Zündfunken nicht entzünden lassen, daß dagegen dieselben Gemische durch intensive Zündfunken gezündet werden können.

Welche Rolle die Oberfläche, das Volumen, die Wärme und der zeitliche Verlauf des Zündungskerns bei der Kettenreaktion des Gases spielt, ob es sich ausschließlich um einen Wärmevorgang oder auch um einen Ionisierungsvorgang handelt, ist immer noch nicht völlig geklärt. Man weiß nur sicher, daß unter gewissen Umständen (z. B. im Leerlauf), obwohl der Funke an der Kerze springt, Aussetzer auftreten können, die behoben werden, wenn der Elektrodenabstand der Kerze erhöht wird, und daß in anderen Fällen (z. B. beim Hesselmanmotor) die zeitliche Dauer des an den Kerzenelektroden eingeleiteten Lichtbogens nicht zu kurz sein darf.

Abgesehen von diesen Sonderfällen neigt man aber neuerdings vielfach zu der Anschauung, daß ein an den Elektroden der Zündkerze überspringender Funke, sei er auch noch so schwach, mindestens so viel Energie in sich trägt, um die Entflammung des heute für das Kraftfahrzeug in Frage kommenden Gemisches bei einigermaßen richtigem Kerzensitz zu vermitteln, d. h. daß auch der schwächste Funke, wenn er nur an der richtigen Stelle überspringt, unbedingt zündet. Sicher ist, daß die etwa in Mikrocoulomb gemessene Elektrizitätsmenge des Funkens oder die in Joule gemessene Wärmewirkung des Funkens ein falsches Bild von der Brauchbarkeit des Zündfunkens entwirft, da dabei nicht berücksichtigt wird, in welcher Zeit sich die entsprechende Wärmemenge entwickelt. Richtiger, aber auch immer noch ungenau wäre es, die Maximalstromstärke des Überschlages etwa in Milliampere zu messen.

Es hat sich aber gezeigt, daß es recht zwecklos ist, sich über die zur Zündung notwendige Intensität des Zündfunkens zu streiten, daß vielmehr die Anforderungen an die Leistung eines Zünders auf einem ganz anderen Gebiet zu suchen sind; sie sind bedingt durch die Verluste im Zünder selbst und durch die Nebenschlüsse zur Zündkerze, hauptsächlich durch die sogenannte Verrußung[1]).

Wie jeder Kraftfahrer weiß, entstehen im Zylinder und also auch an der Zündkerze im Laufe des Betriebes als Verbrennungsrückstände Rußablagerungen. Sie bestehen in der Hauptsache aus unverbranntem Kohlenstoff, überbrücken die Iso-

---

[1]) G. E. Bairsto, the Journal of the Institution of Electrical Engineers 1920 Vol. 58 S. 507. — E. A. Watson, the Journal of the Institution of Electrical Engineers 1921 Vol. 59 S. 455.

lierung der Zündkerze und verbinden die Elektroden. Da sie dem elektrischen Strom verhältnismäßig wenig Widerstand entgegensetzen, führen sie bei entsprechender Stärke die Energie des Zünders so stark ab, daß dieser die zum Überschlag erforderliche Spannung nicht mehr erzeugen kann. Kurz gesagt: während der Zünder sonst bis zum Überschlag im Leerlauf arbeitet, stellt die Verrußung eine ständige Belastung des Zünders dar.

Hauptsächlich zu reiches Gemisch, wie es bei falscher Vergasereinstellung und bei sehr langer Fahrt mit geschlossener Drossel (Talfahrt) auftritt, kann rasch zu starken Rußablagerungen führen. In neuerer Zeit werden dem Brennstoff vielfach Mittel gegen das Klopfen beigemengt. Verschiedene dieser Mittel tragen erheblich zur Bildung von leitenden Schichten auf dem Kerzenisolator bei. Zündkerzensitz und Zündkerzenkonstruktion müssen neben richtiger Formgebung des Zylinders und richtiger Vergasereinstellung mithelfen, der Verrußungsgefahr zu begegnen, aber auch die Leistung des Zünders muß genügen, um bei einem bestimmten Verrußungswiderstand noch die genügende Zündspannung zu erzeugen.

Die Gefahr der Verrußung ist allerdings geringer geworden, seit die Vergaser besser durchgebildet und auf ärmeres Gemisch eingestellt werden. Dagegen ist besonders beim Festkraftstoffbetrieb die Gefahr des Nebenschlusses an der Kerze durch Feuchtigkeitsniederschlag groß. Hier wird durch Verwendung zu feuchten Holzes und durch Anlaßversuche mit noch nicht günstigem, nicht zündendem Gas viel gesündigt, was durch eine noch so gute Zündanlage nicht ausgeglichen werden kann. Diese Erscheinungen treten besonders dann auf, wenn infolge ungenügender Reinigung des Gases Pottaschenbeläge auf den Kerzenisolatoren entstehen, die infolge ihrer hygroskopischen Eigenschaft Feuchtigkeit anziehen und leitende Schichten bilden. Besonders dort, wo Generatoranlage und Herdeinsatz der Motorleistung nicht richtig entsprechen, ist auch die Gefahr der Verteerung der Kerze vorhanden. Ein Beispiel einer solchen Kerzenverteerung zeigt Bild 21. In all diesen Fällen muß aber nicht an der Zündanlage sondern an der Gasanlage geholfen werden.

Die Widerstandsgröße des Verrußungsnebenschlusses, mit der gerechnet werden muß, ist heute noch sehr umstritten. Die einzige genaue Angabe über die zu verlangende Leistung findet sich unseres Wissens in einem Merkblatt des englischen Air Ministry[1]), in dem verlangt wird: 2,5 mm Schlagweite an einer Kugelfunkenstrecke bei 200 000 Ohm Nebenschluß und 200 Uml/min. Diese 2,5 mm Kugelfunkenstrecke entsprechen etwa 10 000 Volt Überschlagspannung. Damit kommt man auf eine Zündleistung von rund 500 Watt bei 200 Uml/min. Wir halten diese Forderung allerdings für weit übertrieben, denn es ist

neue Kerze — leicht verteerte Kerze — stark verteerte Kerze

Bild 21. Verteeren der Zündkerze

unseres Wissens kein Krafttfahrzeug-Zünder im Handel, der eine derartige Leistung aufzuweisen hätte; andererseits geben bekannte und weit verbreitete Zündertypen nur eine Leistung von 150 bis 200 Watt bei 200 Uml/min, ohne daß dabei bisher Anstände aufgetreten sind. Bild 19 zeigt, wie die Charakteristik von Magnet- und Batteriezünder sich durch einen Verrußungsnebenschluß von 200 000 Ohm verändert.

Zwar findet man hin und wieder Kerzenverrußung bis herunter zu 10 000 Ohm. Solche Kerzen müssen jedoch gesäubert oder durch neue ersetzt werden, da es undenkbar ist, wirtschaftliche Zünder zu bauen, die durch genügend hohe Leistung auch bei so starkem Verrußungsnebenschluß noch genügend Spannung liefern.

Bei Drehzahlen über 2000 Motorumdr./min ist vermutlich die Leistung des Zünders nicht mehr von so großer Wichtigkeit, da einerseits die Zündspannung sinkt, andererseits die Verrußungsgefahr geringer ist.

---

[1]) Air Publication 917, November 1922: Shedule of Standard Type and Produktion Tests for Magnetos and Other Ignition Apparatus, September 1922.

Der Verrußungswiderstand ist außer von der Stärke der Rußschicht auch von der Temperatur des Kerzensteines abhängig: je niedriger die Temperatur, desto feuchter der Ruß, also desto geringer der Widerstand.

Auch an den Isolationsteilen der Zünder selbst entstehen im Laufe des Betriebes Leitwege durch Kohlenstaub oder Feuchtigkeitsniederschlag, die dieselbe Wirkung haben, wie die Verrußung der Zündkerze. Immerhin sind bei guten Zündern diese Verluste ohne Einfluß auf die Leistung, da sie im Verhältnis zu den Verrußungsverlusten nur unbedeutend sind, und also die ohnehin vorzusehende Leistung auch zur Deckung dieser Verluste herangezogen werden kann.

Manchmal bildet die Rußschicht zwar keinen völligen Nebenschluß zur Kerze, der Funke springt aber von der auf dem Stein lagernden Rußschicht aus zum Kerzenkörper über. Der Überschlag entsteht dann statt an den Elektroden im hintersten Winkel der Kerze. Da brennbares Gemisch häufig an diese Stelle nicht vordringt, ist der Fall nicht ausgeschlossen, daß hier ein Funke springt, aber nicht zündet. Dieser Fehler ist freilich durch entsprechende Ausbildung der Zündkerze zu vermeiden und durch Säubern der Kerze zu beheben.

Wenn im folgenden auf die Erzeugung der Zündspannung des näheren eingegangen wird, so muß dabei stets vor Augen bleiben, daß der Funke immer dann springt, wenn der vom Zünder erzeugte Spannungsstoß die Überschlagspannung der Kerze mindestens erreicht. Die Frage ist also lediglich die, ob und unter welchen Voraussetzungen der Zünder bei einer bestimmten Belastung die verlangte Zündspannung erzeugt.

II. Die Theorie der Zündung

1. Erzeugung der Hochspannung

Ehe wir auf die Konstruktionsteile des Zünders und die Wirkungsweise der einzelnen Zünderbauarten eingehen, sollen kurz die elektrischen Gesetze der Zündung erläutert werden, vor allem, weil es sich hier um ein auch dem Elektrotechniker zumeist unbekanntes Gebiet handelt, und weil die wenigen Veröffentlichungen über die Zündungsgesetze, die vorliegen, kein zusammenhängendes Bild vom Zündungsvorgang vermitteln[1]).

Wir haben es, von vereinzelten Ausnahmen abgesehen, zu tun mit einem Transformator, dessen Primärwicklung raschen Stromschwankungen ausgesetzt ist, und in dessen Sekundärwicklung dementsprechend Spannungsstöße auftreten, die zur Erzeugung des Zündfunkens benutzt werden. Der Strom in der Primärwicklung kann dabei grundsätzlich auf zweierlei Weise erzeugt werden: Entweder durch die elektromotorische Kraft einer Akkumulatorenbatterie

---

[1]) Literatur: E. Taylor Jones: Philosophical Magazine, 1918, Vol 36, S. 145. — G. E. Bairsto: The Journal of The Institution of Electrical Engineers. 1920, Vol. 58, S. 507. — A. P. Young u. H. Warren: The Process of Ignition, Journal of the Institution of Automobile Engineers, S. 305, London 1920. — E. A. Watson: The Journal of The Institution of Electrical Engineers, 1921, Vol. 59, S. 445. — V. Kulebakin: Elektrische Hochspannungszündapparate, Verlag Springer 1924. — F. W. Lanchester: Coil Ignition, Journal of the Institution of Automobile Engineers, London, Jan. 1929. — T. H. Darnell: The Automotive Ignition Coil, National Advisory Committee for Aeronautics, Reg. 374, Washington 1931. — E. A. Watson: Coil Ignition Systems, Journal of the Electric Engineers, London, Jan. 1932. — A. P. Young u. L. Griffiths: Automobile Electrical Equipment, London 1933. — A. M. Touvy: Equipement Electrique des Automobiles, Paris 1932. — E. Taylor Jones: Induktion Coil Theory and Applications, London 1933. — M. Marchisio: L'Elettricità nell'Automobilismo e nell'Aviazione, Mailand 1934. — E. Seiler: Elektrische Zündung, Licht und Anlasser der Kraftfahrzeuge, 7. bis 9. Aufl., Halle 1948 (hier auch weitere Literaturangaben).

oder Dynamomaschine, oder durch die elektromotorische Kraft, die in der Primärwicklung entsteht, wenn die Lage der Primärwicklung zum Felde eines permanenten Magneten geändert wird. Der erste Fall führt zur Batterie- und Dynamozündung, der zweite Fall zur Magnetzündung. Die zunächst folgenden Betrachtungen beschäftigen sich nicht mit der Art der Entstehung des Primärstromes, gelten deshalb für alle Zündungssysteme.

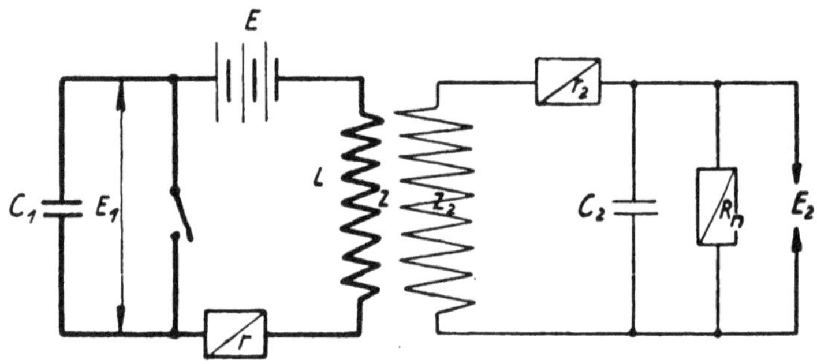

Bild 22. Grundlegendes Schaltbild der Hochspannungszündung

Die rasche Änderung des Primärstromes wird bei der Zündung dadurch hervorgerufen, daß der **Primärstrom plötzlich unterbrochen wird.** Dieses Verfahren, eine hohe Sekundärspannung durch Öffnen des Primärstromkreises zu erzielen, ist vom Funkeninduktor her hinreichend bekannt und ist bei der Zündung deshalb besonders zweckmäßig, weil man es in der Hand hat, die Zeit des Auftretens der Sekundärspannung, d. h. den Zündzeitpunkt durch Steuern der Unterbrechungsorgane genau festzulegen.

Beim Öffnen des Stromkreises versucht die Induktivität der Primärwicklung den Strom aufrecht zu erhalten und erzeugt an der Unterbrechungsstelle einen Lichtbogen, das sogenannte Unterbrecherfeuer. Dieser Lichtbogen muß verhindert werden, da er die Unterbrecherkontakte zerstört und die rasche Stromänderung unterbindet. Das Mittel, den Lichtbogen zu verhindern, ist bekanntlich ein zur Unterbrechungsstelle parallel geschalteter K o n d e n s a t o r , der die vom Primärfeld herrührende Energie bis zum Überschlag des Funkens an der Kerze aufnimmt, um sie dann wieder an den Funken abzugeben.

Die elektrischen Vorgänge bei der Zündung lassen sich einigermaßen rechnerisch verfolgen, vorausgesetzt, daß man einige vereinfachende Vernachlässigungen macht. Zur Erläuterung dient das genaue Schaltbild der Zündung (Bild 22) und das vereinfachte Ersatzschaltbild der Zündung (Bild 23).

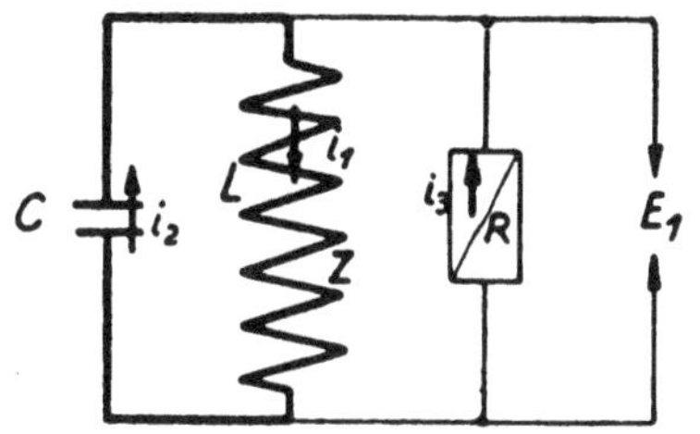

Bild 23. Ersatzschaltbild für den Unterbrechungszeitpunkt

Als Symbole benutzen wir:

z Windungszahl der Primärwicklung

z_2 Windungszahl der Sekundärwicklung

r Widerstand des Primärkreises

r_2 Widerstand der Sekundärwicklung

R_n Nebenschlüsse zur Zündkerze, besonders Verrußungswiderstand und Dämpfung durch Wirbelströme im Eisen[1])

L Induktivität des Primärkreises

C_1 Kapazität des Primärkondensators

C_2 Kapazität des Sekundärkreises (besonders der Zündkabel zwischen Zünder und Kerze!)

J_m Primärstrom im Augenblick der Unterbrechung

E Elektromotorische Kraft, die den Primärstrom erzeugt

E_1 Spannung am Primärkondensator

E_2 Sekundärspannung

Um von dem genauen Schaltbild zum Ersatzschaltbild zu kommen, machen wir folgende vereinfachende Vernachlässigungen[2]):

1. Die Streuung zwischen Primär- und Sekundärwicklung ist gleich 0. Wer diese Vernachlässigung nicht machen will, muß nach Taylor Jones sich mit der Überlagerung der aus dem Pri-

---

[1]) Der Wirbelstrom-, Kondensator- und Verrußungswiderstand kann durch einen Nebenschluß zur Wicklung dargestellt werden.

[2]) Wer die Ableitung der Gleichungen für die Sekundärspannung nicht verfolgen will, übergeht die folgenden Seiten bis zur Auswertung auf Seite 50.

märkreis und Sekundärkreis resultierenden Schwingungen beschäftigen. Wir machen vorläufig im Interesse der Übersichtlichkeit der Darstellung der wesentlichen Zusammenhänge diese Vernachlässigung, weil die Kopplung der beiden Stromkreise tatsächlich sehr eng ist, weil die Berücksichtigung der Dämpfung (Nebenschluß) praktisch wichtiger ist als die Berücksichtigung der Streuung und weil die Kreise infolge der kaum beeinflußbaren Kapazität der Leitungen ja doch nicht aufeinander abgestimmt werden können, worauf z. B. auch Seiler in dem oben erwähnten Buch hinweist.

2. Primärwiderstand r und Sekundärwiderstand $r_2 = 0$. Der ohmsche Spannungsverlust ist gegenüber der induktiven Spannung bei dem Unterbrechungsvorgang zu vernachlässigen.

3. Die elektromotorische Kraft $E = 0$. Die Spannung E ist zu vernachlässigen gegenüber der Spannung E_1, und zwar

a) bei der Batteriezündung, wo E stets klein ist, und

b) bei der Magnetzündung bei niederer Drehzahl, worauf wir uns vorläufig beschränken.

Unter diesen Bedingungen gilt die in Bild 23 gezeigte Ersatzschaltung.

Dabei bedeutet:

$C = C_1 + C_2 \frac{z_2^2}{z^2}$ die auf den Primärkreis bezogene Gesamtkapazität

(praktisch $C \approx 2\,C_1$)

$R = R_n \frac{z_2^2}{z^2}$ den auf den Primärkreis bezogenen Nebenschlußwiderstand.

Wir stellen uns die Aufgabe, die sekundär auftretende Maximalspannung E_{2m}, die für die Zündung maßgebend ist, als Funktion der Konstruktionsgrößen L, C, R und J_m auszudrücken. Da die Streuung vernachlässigt wird, ist

$$E_{2m} = E_{1m} \frac{z_2}{z}, \tag{1}$$

und es genügt, die primäre Maximalspannung E_{1m} auszurechnen.

Ist i_1 der Momentanwert des Stromes in der Wicklung, i_2 der Momentanwert des Stromes im Kondensator und i_3 der Momentanwert des Stromes im Widerstand, so ist nach dem Kirchhoffschen Gesetz in jedem Augenblick

$$i_1 = i_2 + i_3.$$

Weiter ist $E_1 = - L \frac{di_1}{dt}$ oder $- i_1 = \frac{1}{L}\int E_1\, dt + \text{Konst.}$

$$E_1 = \frac{1}{C}\int i_2\, dt + \text{Konst. oder } i_2 = C\frac{dE_1}{dt}$$

$$E_1 = Ri_3 \text{ oder } i_3 = \frac{1}{R}E_1.$$

Daraus folgt

$$C\frac{dE_1}{dt} + \frac{1}{R}E_1 + \frac{1}{L}\int E_1\, dt = \text{Konst.}$$

oder

$$C\frac{d^2E_1}{dt^2} + \frac{1}{R}\frac{dE_1}{dt} + \frac{1}{L}E_1 = 0. \tag{2}$$

Die Wurzeln dieser Differentialgleichung sind

$$\lambda_1 = -\frac{1}{2RC} + \sqrt{\frac{1}{4R^2C^2} - \frac{1}{LC}} \text{ und } \lambda_2 = -\frac{1}{2RC} - \sqrt{\frac{1}{4R^2C^2} - \frac{1}{LC}}$$

Dann ist die L ö s u n g d e r D i f f e r e n t i a l g l e i c h u n g

$$E_1 = Ae^{\lambda_1 t} + Be^{\lambda_2 t}.$$

Die Konstanten A und B sind zu finden aus den Anfangsbedingungen:

für $t = 0$ (Augenblick der Unterbrecheröffnung) wird

I. $E_1 = 0$

II. $i_1 = J_m$ oder da bei $E_1 = 0$ auch $i_3 = 0$

$$i_1 = i_2 = J_m = C\frac{dE_1}{dt} = C\,(A\lambda_1 e^{\lambda_1 t} + B\lambda_2 e^{\lambda_2 t})$$

Aus I. folgt $A + B = 0$.

Aus II. folgt $A\lambda_1 + B\lambda_2 = \frac{J_m}{C}$

und damit $A\,(\lambda_1 - \lambda_2) = \frac{J_m}{C}$

oder $A = \frac{J_m}{C\,(\lambda_1 - \lambda_2)}$, $\quad B = -\frac{J_m}{C\,(\lambda_1 - \lambda_2)}$.

Die endgültige Gleichung für E_1 lautet nun, da

$\lambda_1 - \lambda_2 = +2\sqrt{\frac{1}{4R^2C^2} - \frac{1}{LC}}$ ist,

$$E_1 = \frac{J_m}{2C\sqrt{\frac{1}{4R^2C^2} - \frac{1}{LC}}}\, e^{-\frac{1}{2RC}t}\left\{e^{t\sqrt{\frac{1}{4R^2C^2} - \frac{1}{LC}}} - e^{-t\sqrt{\frac{1}{4R^2C^2} - \frac{1}{LC}}}\right\} \tag{3}$$

Wir haben, um die Gleichung 3 für E_1 in eine günstigere Form bringen zu können, hauptsächlich zu untersuchen, für welchen Fall die darin enthaltene Wurzel reell und für welchen Fall sie imaginär wird. Im ersten Fall haben wir es mit einer aperiodischen Kurve, im zweiten Fall mit einer gedämpften Sinusschwingung zu tun. Für den aperiodischen Grenzfall wird

$$\frac{1}{4R^2C^2} = \frac{1}{LC}$$

oder

$$R = \frac{1}{2}\sqrt{\frac{L}{C}}. \qquad (4)$$

Zur Feststellung, bei welchem Nebenschlußwiderstand R_n ungefähr der aperiodische Grenzfall eintreten wird, sollen Zahlen eingesetzt werden, die für einen guten Zünder ungefähr zutreffen. Es sei

$$C \approx 0{,}2 \cdot 10^{-6} \text{ Farad},$$
$$L \approx 20 \cdot 10^{-3} \text{ Henry},$$
$$\frac{z_2^2}{z^2} \approx 45^2 \approx 2000.$$

Dann wird für den aperiodischen Grenzfall

$$R = \frac{1}{2}\sqrt{\frac{L}{C}} \approx 150 \text{ Ohm}$$

und

$$R_n = \frac{z_2^2}{z^2} R$$
$$R_n \approx 300\,000 \text{ Ohm}.$$

Haben die Sekundärnebenschlüsse einen höheren Widerstand, so wird die Wurzel imaginär. Dies ist bei normalen Verhältnissen der Fall und soll zuerst betrachtet werden.

Wir setzen unter der Voraussetzung, daß die Wurzel imaginär ist:

$$\sqrt{\frac{1}{LC} - \frac{1}{4R^2C^2}} = \omega$$

und

$$\sqrt{-1} = j.$$

Dann wird $E_1 = \frac{J_m}{2C\omega j} e^{-\frac{1}{2RC}t} \left\{ e^{j\omega t} - e^{-j\omega t} \right\}$;

und statt dessen läßt sich schreiben

$$E_1 = \frac{J_m}{C\omega} e^{-\frac{1}{2RC}t} \sin \omega t. \qquad (5)$$

Die Zeit t_m, für die E_1 Maximum wird, findet man aus $\frac{dE_1}{dt} = 0$:

$$\frac{dE_1}{dt} = \frac{J_m}{C\omega}\left\{-\frac{1}{2RC}e^{-\frac{1}{2RC}t_m}\sin\omega t_m + e^{-\frac{1}{2RC}t_m}\omega\cos\omega t_m\right\} = 0$$

$$\frac{1}{2RC}\sin\omega t_m = \omega\cos\omega t_m$$

$$t_m = \frac{1}{\omega}\operatorname{arc\,tg} 2\omega RC.$$

Durch Einsetzen von t_m ergibt sich

$$E_{1m} = \frac{J_m}{C\omega}e^{-\frac{1}{2RC\omega}\operatorname{arc\,tg} 2RC\omega}\sin\operatorname{arc\,tg} 2RC\omega. \qquad (6)$$

Dabei ist

$$\sin\operatorname{arc\,tg} 2RC\omega = \frac{2RC\omega}{\sqrt{1+4R^2C^2\omega^2}}.$$

Beim Einsetzen des Wertes von ω findet man die endgültige Gleichung für E_{1m}:

$$E_{1m} = J_m\sqrt{\frac{L}{C}}\,e^{-\frac{\operatorname{arc\,tg}\sqrt{\frac{4R^2C}{L}-1}}{\sqrt{\frac{4R^2C}{L}-1}}} \qquad (7)$$

Ist gar kein Nebenschluß zur Sekundärwicklung vorhanden, wird also $R = \infty$, so erhalten wir die einfache Beziehung

$$E_{1m} = J_m\sqrt{\frac{L}{C}},$$

oder da

$$E_{2m} = \frac{z_2}{z}E_{1m},$$

$$E_{2m} = J_m\frac{z_2}{z}\sqrt{\frac{L}{C}}.$$

Wenn $L = z^2\Lambda$ gesetzt wird, wo Λ die Leitfähigkeit des magnetischen Ankerflußkreises ist, so wird die **sekundär auftretende Maximalspannung:**

$$E_{2m} = J_m z_2\sqrt{\frac{\Lambda}{C}}$$ oder, wenn man $C = C_1 + C_2\frac{z_2^2}{z^2}$

einsetzt:

$$E_{2m} = J_m z\sqrt{\frac{\Lambda}{C_1\frac{z^2}{z_2^2}+C_2}}. \qquad (8)$$

Diese *Gleichung 8 besagt, daß die verfügbare Spannung* eines Zünders *mit wachsender Amperewindungszahl und mit wachsender Leitfähigkeit des Ankerflußkreises steigt und mit wachsender Kapazität fällt*.

Je größer dabei die Primär-Kapazität C_1, je kleiner die Sekundär-Kapazität C_2 ist, desto günstiger wirkt ein großes Übersetzungsverhältnis der Wicklungen $\frac{z_2}{z}$, d. h. eine große Sekundärwindungszahl z_2. *Die Hauptgleichung 7* dagegen *zeigt, daß* alle dämpfenden Einflüsse (kleine Werte von R), d. h. *alle Verluste um so stärker zur Geltung kommen, je größer die Induktivität und je kleiner die Kapazität* ist. Mit anderen Worten: Durch Steigerung der Windungszahl und Verringerung der Kapazität ließe sich eine beliebig hohe Spannung erreichen, wenn dem nicht durch die Verluste an Leistung eine Grenze gesetzt wäre. Dazu kommt, daß die Primärkapazität mit Rücksicht auf das Unterbrecherfeuer zu bestimmen ist und gerade bei großem Primärstrom J_m groß gewählt werden muß, und daß die Sekundärkapazität unter ein Mindestmaß praktisch nicht herabgesetzt werden kann.

Bei Kerzenverrußung kommt man rasch in die Gegend des aperiodischen Grenzfalls. Betrachten wir den Verlauf der *Spannung E_1 in diesem Grenzfall*, so wird für

$$t\sqrt{\frac{1}{4\,R^2\,C^2} - \frac{1}{LC}} = 0:$$

$$E_1 = \frac{0}{0}.$$

Durch Differentiation findet man jedoch den Verlauf von

$$E_1 = \frac{J_m\, t\, e^{-\frac{1}{2RC}t}}{C}$$

Die Maximalspannung im Grenzfall ergibt sich aus

$$\frac{dE_1}{dt} = 0 = \frac{J_m}{C}e^{-\frac{1}{2RC}t_m} - \frac{J_m}{C}\frac{t_m}{2RC}e^{-\frac{1}{2RC}t_m}$$

oder $t_m = 2\,R\,C$

$$E_{1m} = \frac{2}{e}\,RJ_m,\ \text{oder da}\ R = \frac{z^2}{z_2^2}\,R_n$$

$$E_{1m} = \frac{2}{e} \frac{z^2}{z_2^2} R_n J_m . \quad (9)$$

Die Sekundärspannung im Grenzfall wird dann

$$E_{2m} = \frac{2}{e} \frac{z}{z_2} R_n J_m . \quad (10)$$

Betrachtet man dazu nach Gleichung 4 die Bedingungen für den Grenzfall

$$R_n = \frac{z_2^2}{2z^2} \sqrt{\frac{L}{C}},$$

so sieht man noch deutlicher, als aus der Hauptgleichung hervorgeht, daß der Widerstand, bei dem bereits der Grenzfall eintritt, um so höher liegt, je größer das Übersetzungsverhältnis, je größer die Induktivität und je kleiner die Kapazität ist, und daß man damit um so rascher zu dem Zustand der Gleichung 10 kommt, bei dem die Sekundärspannung ganz im Gegensatz zur Gleichung 8 dem Übersetzungsverhältnis umgekehrt und nur der Unterbrechungsstromstärke direkt proportional ist.

Bestätigt werden diese Ableitungen durch die folgenden Oszillogramme, bei denen die Sekundärspannung mit dem Kathodenstrahl-Oszillographen[1]) aufgenommen wurde; sie zei-

[1]) Zur Aufnahme hochfrequenter Schwingungen reicht der Spiegeloszillograph, bei dem bekanntlich eine stromdurchflossene Drahtschleife ein Spiegelchen trägt und dieses unter dem Einfluß des Stromes in einem Magnetfeld bewegt, in der Regel nicht mehr aus. Man benutzt daher zur Untersuchung des Spannungsverlaufs an einem Zünder, einer Kerze oder einem Funkenzieher den Kathodenstrahl-Oszillographen, der nicht nur nahezu verlustfrei arbeitet, sondern auch, da er keine schwingende Masse hat, die bei der Zündung auftretenden hochfrequenten Schwingungen aufzuzeichnen vermag (vgl. Rogowski und Flegler: Der Kathodenstrahl-Oszillograph in: Archiv für Elektrotechnik, Heft 14, S. 529, 1925. — Gabor, Sonderheft „Kathodenstrahl-Oszillograph" der Forschungsstelle der Studiengesellschaft für Höchstspannungsanlagen, Berlin, 1927). Bei der Bauart des Kathodenstrahl-Oszillographen, die sich für derartige Untersuchungen als zweckmäßig erwiesen hat, fällt von einer kalten Kathode ein ca. 1,5 m langer Kathodenstrahl durch zwei Plattenpaare hindurch auf einen Fluoreszenzschirm. Das eine Plattenpaar bewirkt die Zeitablenkung, also die Geschwindigkeit, mit der der Strahl in Richtung der Abszissenachse über den Schirm wandert, das zweite die Spannungsablenkung in der Ordinatenachse. Die auf diese Weise auf einem durchscheinenden Fluoreszenzschirm erzeugten Kurven werden von unten mit Hilfe einer Linse auf eine bis zu 25 m lange Filmrolle photographiert, die bis zu 10 000 Einzelkurven aufzunehmen vermag. Nach Eichung des Apparates auf Zeitdauer und Spannung kann man ihn als ziemlich genaues Meßinstrument benutzen.

gen in Bild 24 a bis c beispielsweise, wie mit zunehmender Kapazität Sekundärspannung und Frequenz zurückgehen, in Bild 24 d und e, wie mit abnehmendem Sekundär-Nebenschlußwiderstand die hochfrequente Sekundärschwingung immer stärker gedämpft und schließlich aperiodisch wird. Im Gegen-

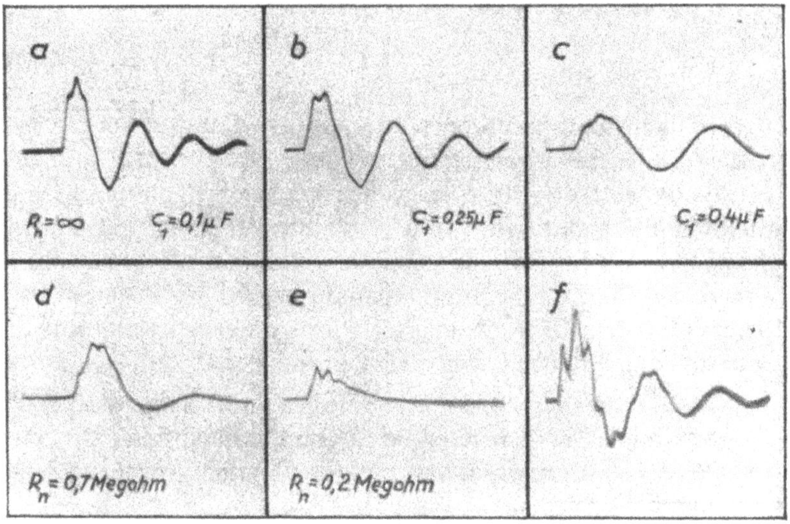

a—e Sekundärspannung, f Primärspannung

Bild 24. Kathodenstrahloszillogramme der Zünderspannung

satz zu den theoretischen Erwägungen, bei denen nur e i n e Frequenz in Erscheinung tritt, zeigen die Kurven außerdem Oberschwingungen. Diese sind eine Folge der Tatsache, daß die Kopplung praktisch nicht = 1 ist. Wie ersichtlich, ändern sich z. B. Phase und Amplitude der Oberschwingungen mit der Kapazität; auf die verwickelten Koppelvorgänge näher einzugehen, würde den Rahmen dieses Buches überschreiten, und wir verweisen deshalb nochmals auf die Literaturangabe auf Seite 43. Die Primärschwingungen sind naturgemäß den Sekundärschwingungen im wesentlichen ähnlich, nur mit dem Unterschied, daß auf der Primärseite die Oberschwingungen (Koppelschwingungen) stärker hervortreten; das Oszillogramm Bild 24 f zeigt dies deutlich.

2. Erzeugung des Primärstromes

Wir wenden uns nun der Frage der Erzeugung des Primärstroms zu, untersuchen also die Größe des Faktors J_m in den oben aufgestellten Gleichungen näher. Es wurde bereits darüber gesprochen, daß die Art der Erzeugung des Primärstroms das Unterscheidungsmerkmal zwischen Magnet- und Batteriezündung bildet.

Der einfachere Fall ist zweifellos die **Batteriezündung.** Man hat es hier mit der während des normalen Arbeitens konstanten Klemmenspannung E einer Batterie zu tun, die in den Stromkreis der Primärwicklung eingeschaltet ist. Ein in der Regel mit der Drehzahl der Steuerwelle umlaufender Nocken bewegt den sogenannten Unterbrecher, der auf diese Weise die rechtzeitige Schließung und Öffnung des Stromkreises vornimmt (s. Bild 4). Die Verstellung wird stets durch Verdrehen des Unterbrechers gegenüber dem Nocken erreicht, so daß die elektrischen Verhältnisse sich bei der Batteriezündung nicht im geringsten ändern.

Bezeichnet man den Augenblickswert des Stromes mit J und nach wie vor den Primärwiderstand mit r, die Primärinduktivität mit L, so erhält man die Differentialgleichung

$$E = L \frac{dJ}{dt} + rJ,$$

die gilt, solange der Unterbrecher geschlossen ist, und deren Lösung

$$J = \frac{E}{r} - Ke^{-\frac{r}{L}t}$$

darstellt, wobei K eine Konstante ist.

Für den Augenblick der Schließung $t = 0$ wird $J = 0$ und damit

$$K = \frac{E}{r},$$

wodurch

$$J = \frac{E}{r}\left\{1 - e^{-\frac{r}{L}t}\right\}.$$

Die Zeit, während der der Unterbrecher schließt, werde mit T bezeichnet. Der für die Erzeugung der Sekundärspannung maßgebende Wert des Stromes J ist dann der Strom J_m, der im

Öffnungsaugenblick t = T vorhanden ist. Damit wird

$$J_m = \frac{E}{r}\left\{1 - e^{-\frac{r}{L}T}\right\}. \qquad (11)$$

Die Abhängigkeit des Stroms J von der Zeit t zeigen die Primärstromoszillogramme in Bild 25. Sie sind bei verschiedenen Drehzahlen aufgenommen. Je höher die Drehzahl

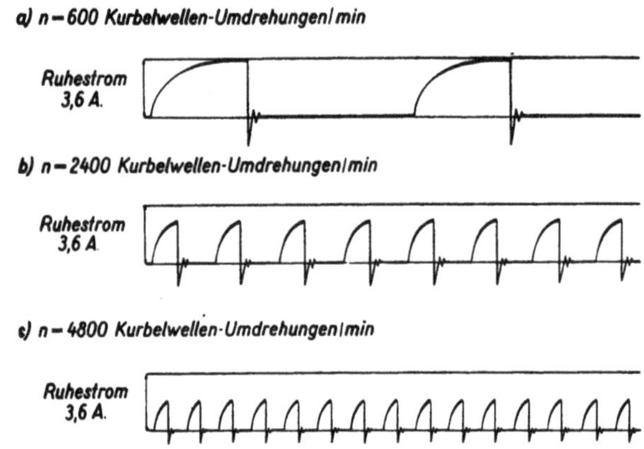

Bild 25. Primärstromoszillogramme eines Batteriezünders

steigt, desto kürzer wird die Schließungszeit T und desto weniger erreicht der Strom seinen maximalen Wert $\frac{E}{r}$. Je größer die Zeitspanne T zwischen Schließungs- und Öffnungsmoment wird, desto größer wird der Strom im Augenblick der Unterbrechung J_m, desto größer also auch die Spannung E_{2m}. Die Zeit T setzt sich aus folgenden Faktoren zusammen:

1. Verhältnis $\frac{\text{Schließungsdauer}}{\text{Schließungsdauer} + \text{Öffnungsdauer}} = u$, wobei Schließungsdauer und Öffnungsdauer in Winkelgraden zu messen sind.
2. Zylinderzahl p.
3. Motordrehzahl n gemessen in Uml/min.

Die Zeit der Schließung T ist dann auszudrücken durch

$$T = \frac{120u}{np},$$

da auf eine Kurbelwellenumdrehung $\frac{p}{2}$ Zylinder gezündet werden müssen.

Die endgültige Gleichung des Primärstromes bei Batteriezündung lautet also

$$J_m = \frac{E}{r}\left\{1 - e^{-\frac{r\,u\,120}{L\,n\,p}}\right\}. \qquad (12)$$

Für niedere Drehzahlen wird n = 0, der Klammerausdruck wird 1 und damit

$$J_m = J_R = \frac{E}{r}. \qquad (13)$$

Diesen Wert von J_m nennt man Ruhestrom.

Zieht man zu Gleichung 12 die Gleichung für die Sekundärspannung 8 heran, so erhält man die vollständige Gleichung für die Sekundärspannung des Batteriezünders ohne Verluste:

$$E_{2m} = \frac{1}{\sqrt{C_1 \frac{z^2}{z_2^2} + C_2}} \cdot \frac{E\sqrt{L}}{r}\left\{1 - e^{\frac{r\,u\,120}{L\,n\,p}}\right\}. \qquad (14)$$

Gleichung 12 und 14 besagt: Je höher die Funkenzahl $\frac{n \cdot p}{2}$, desto mehr sinken Strom J_m und Spannung E_{2m} und zwar um so mehr, je kleiner die Schließungsdauer und der Widerstand und je größer die Induktivität ist.

Je größer der Wert $\frac{E}{r}$ und der Wert u, desto größer ist die Spannung E_{2m} bei hoher Drehzahl, desto größer ist aber auch der Wattverbrauch des Batteriezünders bei niederer Drehzahl und die Strombelastung der Unterbrecherkontakte.

Sieht man Kapazität und Übersetzungsverhältnis als gegeben an, so muß für ein durch den Wattverbrauch gegebenes $\frac{E}{r}$ die Induktivität L einen bestimmten Betrag erreichen, wenn genügende Überschlagspannung bei niederer Drehzahl erzielt werden soll. Mit Rücksicht auf die Höchstfunkenzahl ist andererseits kleine Induktivität L erwünscht. Man wird also die Induktivität der Zündspule den praktischen Anforderungen anpassen müssen, sie wird verschieden sein, je nachdem man eine große Schlagweite bei niederer Drehzahl oder eine große Höchstfunkenzahl verlangt. Ist die Schlagweite bei niederer Drehzahl fest gegeben, so ist die Sekundärspannung bei hoher Drehzahl, also die Höchstfunkenzahl, durch den Wattverbrauch des Batteriezünders $\left(\frac{E^2}{r} \text{ und } u\right)$ eindeutig bestimmt, wenn von den Verlusten abgesehen wird. Bei den heute üblichen Konstruktionen schwankt die Induktivität zwischen 8 und 20 Millihenry, der Ruhestrom $\frac{E}{r}$ zwischen 2 und 6 Ampere bei Nennspannung der Batterie, der Wert u zwischen 0,3 und 0,8.

Bisher wurde angenommen, daß die Induktivität L, der Widerstand r und das Schließungsverhältnis u sich mit Strom und Drehzahl nicht ändern. In der Patentliteratur findet man mehrfach den Versuch, bei niederer Drehzahl mit Rücksicht auf den Wattverbrauch den Wert $\frac{E}{r}$ und u kleinzuhalten, dagegen mit steigender Drehzahl $\frac{E}{r}$ und u zu vergrößern, L zu verkleinern, um auch bei hoher Drehzahl genügende Sekundärspannung E_{2m} zu erreichen. Die konstruktive Lösung dieses Gedankens ist aber nicht einfach, verteuert die Zündanlage zumeist wesentlich und verringert vielfach die Betriebssicherheit.

Nur das Einschalten eines Variators in den Primärstromkreis hat praktische Bedeutung erlangt. Der Variator besteht aus Draht, dessen spezifischer Widerstand mit zunehmender Temperatur, also zunehmendem Strom J_m rasch steigt. Er ist in der allgemeinen Elektrotechnik weit verbreitet, seine Anwendung bei der Batteriezündung liegt nahe. Die bei den Batteriezündern gebräuchlichen Variatoren ermöglichen hauptsächlich eine Verringerung des Wattverbrauchs und der Erwärmung der Zündspulen dort, wo großer Strom J_m lange Zeit anhält, also bei Ruhestromdurchgang.

Dem stehen jedoch als Nachteil die Wärmeträgheit des Variators, die nicht beliebig klein gemacht werden kann, und die Wärmeempfindlichkeit gegenüber. Außerdem hängt sein richtiges Arbeiten stark davon ab, wo er im Fahrzeug angebracht ist; im Kühlwind arbeitet er anders als an einer ungekühlten Stelle: Bei zu starker Kühlung wird der Strom zu groß und die Kontakte werden überbeansprucht, die Gefahr des Verbrennens ist also groß; bei schlechter Kühlung wird der Variator heiß, der Widerstand zu groß, der aufgenommene Strom zu klein und damit die Leistung übermäßig geschwächt. Aus diesem Grunde sind die meisten Zünderfirmen wieder von der Verwendung von Variatoren abgekommen. Auch Variatorröhren, die unabhängig vom Einbau und wenig wärmeträg sind, haben sich nicht durchgesetzt, vermutlich aus Preisgründen. Ein konstanter Vorschaltwiderstand wird besonders bei 12 Volt-Batterienzündern manchmal angebracht, um einen Teil der Wärme aus der Wicklung herauszuverlegen und so zu starke Erwärmung der Wicklung bei Ruhestromdurchgang zu vermeiden.

In diesem Zusammenhang muß erwähnt werden, daß die Spannung der Batterie E nicht als unbedingt konstant angesehen werden darf, daß sie vielmehr sehr von dem Ladezustand und der Belastung der Batterie abhängt. In der Regel wird bei höherer Drehzahl die Spannung der Batterie steigen, was besonders günstig ist, da dies dem Fallen der Spannung E_{2m} mit steigender Drehzahl entgegenwirkt. Beim Anlassen mit dem Anlaßmotor dagegen sinkt die Batteriespannung infolge der großen Stromentnahme und des dadurch verursachten inneren Spannungsabfalles auf nahezu die Hälfte der Nennspannung, so daß bei niederer Drehzahl nur mit diesem verringerten Wert von E gerechnet werden darf.

Noch ein Wort zur Frage: „6- oder 12-Volt-Batteriezündung“![1]) Der Wattverbrauch des Batteriezünders bei niederer Drehzahl ist proportional $E \cdot J_R = \frac{E^2}{r}$. Nehmen wir statt einer Batteriespannung von 6 Volt 12 Volt, vervierfachen also den Wert von E^2, so müssen wir, soll der Wattverbrauch nicht steigen, auch den Widerstand r auf das Vierfache erhöhen. Um in Gleichung 14 den Exponenten der e-Funktion nicht zu ändern, müssen wir auch den Wert von L vervierfachen. Durch alle diese Maßnahmen wird auch der Bruch $\frac{E\sqrt{L}}{r}$ in der für die Zündspannung maßgebenden Gleichung 14 nicht geändert, wie eine kurze Überlegung zeigt. Dies lehrt, daß bei gleichem Wattverbrauch grundsätzlich hinsichtlich der Sekundärspannung bei der 6- und

---

[1]) Vgl. E. C. Raßbach, Die elektrische Ausrüstung von Kraftfahrzeugen, Berlin 1927, VDI-Zeitschrift, Heft 49 und 50.

12-Volt-Batteriezündung kein Unterschied besteht, nur daß die Stromstärke bei niederer Drehzahl bei der 12-Volt-Batteriezündung wesentlich kleiner ist als bei der 6-Volt-Batteriezündung.

In der Praxis baut man jedoch die 12-Volt-Spule nicht mit gleichem Wattverbrauch wie die 6-Volt-Spule, sondern mit im wesentlichen gleichem Strom; dies vor allem mit Rücksicht auf die Baugröße und den Preis, weil die vierfache Primärwindungszahl auch die vierfache Sekundärwindungszahl erfordern würde.

Wir kommen nun zu dem weniger leicht erfaßbaren Falle der Erzeugung des Primärstromes bei der **Magnetzündung.** Während der Batteriezünder in der Hauptsache nur aus einem Unterbrecher mit Kondensator und aus einem Transformator, der sogenannten Zündspule, besteht, Teilen, die in der Regel räumlich getrennt sind, manchmal aber auch zusammengebaut werden, besteht heute der Magnetzünder aus einer Einheit, die den permanenten Magneten, den Transformator oder sogenannten Anker und den Unterbrecher mit Kondensator umfaßt.

Es wurde bereits erwähnt, daß beim Magnetzünder die elektromotorische Kraft unmittelbar in der Primärwicklung erzeugt wird, dadurch, daß das Magnetfeld und die Primärwicklung zueinander verschoben werden.

Die Änderung der Lage des Feldes zur Primärwicklung kann auf dreierlei Weise vorgenommen werden: Entweder dreht sich der sogenannte Anker, also die Wicklung, im Magnetfeld, oder es dreht sich der Magnet gegenüber dem ruhenden Anker, oder endlich drehen sich Kraftlinienleitstücke, so daß sich das Feld des ruhenden Magneten in der ruhenden Wicklung ändert. Früher war weitaus der häufigste Fall der, daß sich der Anker im Magnetfeld bewegt; wir wollen diesen Fall den folgenden Untersuchungen zugrunde legen, vor allem auch, weil er eine einfache Entwicklung der Gleichungen ermöglicht. Die Untersuchungen sind jedoch mit kleinen Abänderungen ohne weiteres auch für die beiden anderen Zünderbauarten zu verwenden, die gegenwärtig stark in den Vordergrund getreten sind.

Die Bauart des Magnetzünders mit Umlaufanker ist schon im ersten Abschnitt kurz erläutert worden. Wir erinnern für die folgenden Betrachtungen an die schematische Darstellung des Magnetzünders Bild 5. Der magnetische Fluß Φ_e verläuft von dem einen Schenkel des Hufeisenmagneten durch den Polschuh, Luftspalt, Anker, Luftspalt zurück zum anderen Polschuh und Magnetschenkel. Der Steg des als Doppel-T-Anker ausgebildeten umlaufenden Teiles wird auf diese Weise durchsetzt von dem Erregerfluß Φ_e, der sich mit dem Umlaufwinkel des Ankers periodisch ändert.

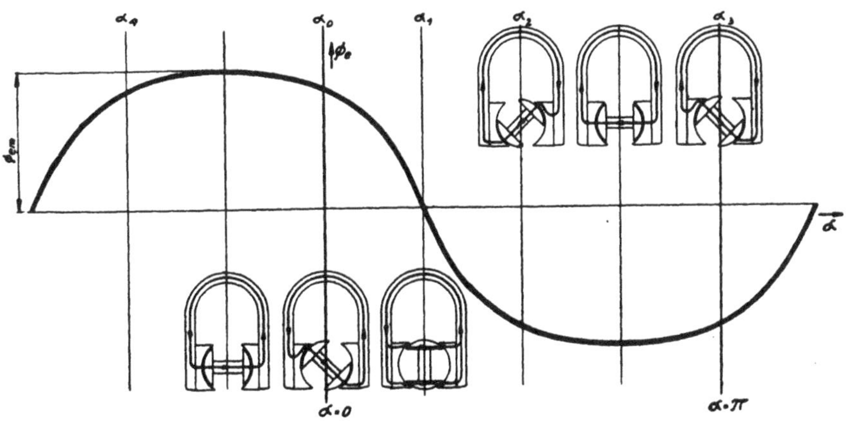

Bild 26. Erregerfluß abhängig von der Ankerstellung

Die Flußlinie zeigt Bild 26, in dem der sogenannte Erregerfluß Φ_e eines normalen Zünders in Abhängigkeit vom Winkel α, der die Ankerstellung bezeichnet, aufgetragen ist. Die Stellung des Ankers, in der der Fluß stark abzunehmen beginnt, sei in der folgenden Betrachtung willkürlich mit $\alpha = 0$ bezeichnet[1]).

Wäre nun die auf dem Anker befindliche Primärwicklung offen und nicht durch den Unterbrecher geschlossen, so entstände in ihr eine elektromotorische Kraft

$$E_e = -z\omega \frac{d\Phi_e}{d\alpha} 10^{-8},$$

wobei z gleich der Primärwindungszahl und ω gleich der Winkelgeschwindigkeit des Ankers ist. Die Wicklung z ist aber tatsächlich durch den Unterbrecher vor dem Verschwinden des Flusses, also vor der Stellung $\alpha = 0$, kurzgeschlossen und wird

[1]) Wer die Ableitungen der Gleichungen für den Primärstrom nicht verfolgen will, übergeht die folgenden Seiten bis zur Auswertung auf Seite 66.

erst in dem Moment geöffnet, in dem die hohe Sekundärspannung entstehen soll. In der geschlossenen Primärwicklung wird ein Strom J erzeugt, der seinerseits wieder den **Ankerfluß** Φ_a erzeugt. Und zwar ist bekanntlich

$$\Phi_a = J z \Lambda 10^8,$$

wo Λ die magnetische Leitfähigkeit des Ankerflußkreises ist, oder anders ausgedrückt:

$$\Phi_a = \frac{1}{z} L J 10^8, \tag{15}$$

wo L die sogenannte Induktivität $L = \Lambda z^2$ ist.

Wir betrachten im folgenden die **Induktivität** L als Konstante, nehmen also an, daß der Fluß Φ_a nicht nach der

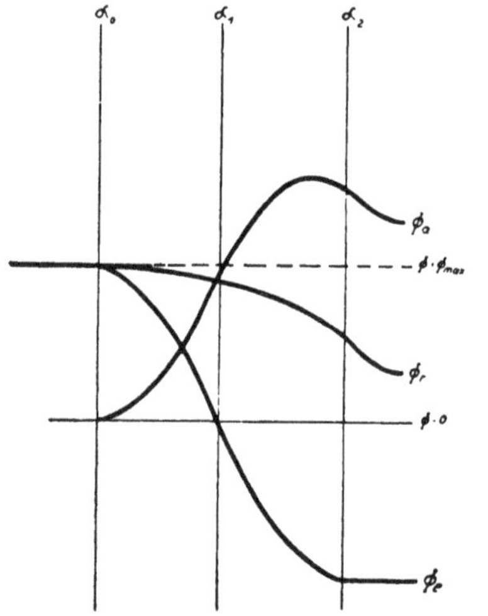

Bild 27. Fluß im Ankersteg abhängig von der Ankerstellung bei geschlossenem Unterbrecher

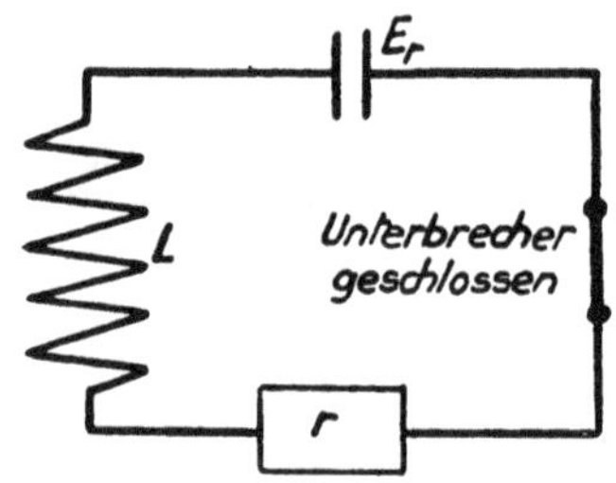

Bild 28. Primärstromkreis des Magnetzünders bei geschlossenem Unterbrecher

Magnetisierungslinie, sondern linear mit dem Strom J zunimmt, und daß ferner die magnetische Leitfähigkeit Λ für sämtliche von uns betrachteten Ankerstellungen α dieselbe bleibt. Die erste Annahme bringt keinen wesentlichen Fehler, da wir unsere Betrachtungen nicht auf das Gebiet hoher Eisensättigungen ausdehnen, die zweite Annahme wird mit Rücksicht auf die im folgenden Abschnitt zu besprechende Schwächung des Magneten nach Möglichkeit verwirklicht und trifft, wie Messungen zeigen, bei vielen Magnetzündern heute praktisch zu.

Der tatsächlich für die Erzeugung der Primärspannung maßgebende resultierende Fluß ist nun:

$$\Phi_r = \Phi_e + \Phi_a = \Phi_e + \frac{1}{z} LJ10^8,$$

und demnach wird die resultierende Primärspannung

$$E_r = -z\omega \frac{d\Phi_r}{d\alpha} 10^{-8} = -z\omega \frac{d\Phi_e}{d\alpha} 10^{-8} - L\omega \frac{dJ}{d\alpha}. \tag{16}$$

Bild 27 zeigt den Verlauf der Flüsse, wie er ungefähr zur Veranschaulichung obiger Ableitungen dargestellt werden kann.

Wir fragen uns nun: wie wirkt diese „aufgedrückte" Spannung E_r in dem Primärkreise des Ankers? Wir haben es, solange der Unterbrecher geschlossen ist, zu tun mit einer elektromotorischen Kraft E_r, einer Induktivität L und dem Primärwiderstand r. Diese Größen können sämtlich als in Reihe geschaltet betrachtet werden (Bild 28). Es gilt also für jeden Augenblick die Gleichung

$$E_r = L\omega \frac{dJ}{d\alpha} + rJ$$

oder, wenn die Werte von E_r in Gleichung 16 eingesetzt werden:

$$2L\omega \frac{dJ}{d\alpha} + rJ + z\omega \frac{d\Phi_e}{d\alpha} 10^{-8} = 0. \tag{17}$$

Wir suchen in dieser Differentialgleichung J und setzen zu ihrer Lösung J = u v, so daß man die Differentialgleichung zerspalten kann in die beiden Teile

$$2L\omega \frac{du}{d\alpha} + ru = 0 \text{ und}$$

$$2L\omega u \frac{dv}{d\alpha} + z\omega \frac{d\Phi_e}{d\alpha} 10^{-8} = 0.$$

Die Lösungen dieser beiden Gleichungen sind

$$u = K_1 e^{-\frac{r}{2L\omega}\alpha} \text{ und}$$

$$v = -\frac{z10^{-8}}{2L}\int \frac{1}{u}\frac{d\Phi_e}{d\alpha} d\alpha + K_2, \text{ wo } K_1 \text{ und } K_2 \text{ Konstanten sind}$$

Setzt man u in die Gleichung von v ein, so wird

$$v = -\frac{z10^{-8}}{2LK_1}\int \frac{d\Phi_e}{d\alpha} e^{\frac{r}{2L\omega}\alpha} d\alpha + K_2 \text{ und}$$

$$J = uv = -\frac{z10^{-8}}{2L} e^{-\frac{r}{2L\omega}\alpha} \int \frac{d\Phi_e}{d\alpha} e^{\frac{r}{2L\omega}\alpha} d\alpha + Ke^{-\frac{r}{2L\omega}\alpha}. \tag{18}$$

Dies ist die vollständige Gleichung für J, in der lediglich die vereinfachende Voraussetzung L = Konst. über den Bereich des betrachteten α enthalten ist.

Allerdings ist das Integral nur lösbar, wenn der Verlauf von Φ_e bekannt ist. Dieser ist im wesentlichen abhängig von der Polschuh- und Ankerform des Magnetzünders[1]). In Bild 29 ist

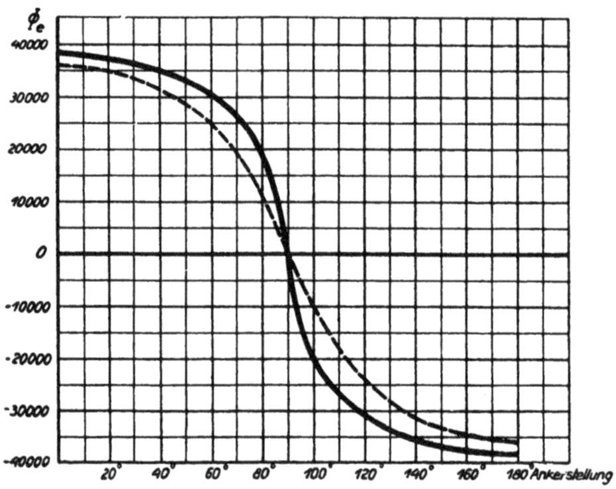

Bild 29. Erregerfluß abhängig von der Ankerstellung, Messung an Magnetzündern grundsätzlich verschiedener Polschuhformen

der Flußverlauf von Magnetzündern sehr verschiedener Polschuhformen bei Primärstrom J = 0 dargestellt. Um übersichtliche Beziehungen zu erhalten, betrachten wir in Bild 26 den Fluß über einen gewissen Winkel (α_4 bis α_0 und α_2 bis α_3) als konstant und über einen gewissen Winkel (α_0 bis α_2) als sinusförmig. Diese Annahme trifft nicht genau zu, ist aber berechtigt, solange wir eine bestimmte Polschuhform im Auge haben, da wir ja eine derartige Flußlinie praktisch ohne weiteres herstellen könnten.

---

[1]) Streng genommen ist der Flußverlauf Φe auch abhängig von dem Primärstrom J selbst, da die entmagnetisierende Wirkung des Ankerflusses die Induktion des permanenten Magneten schwächt. Näheres hierüber findet sich in Abschnitt III. Im folgenden soll die Induktion des permanenten Magneten als vom Primärstrom unabhängig angesehen werden.

Wir schreiben also für α_0 bis α_2

$$\Phi_e = \Phi_{em} \cos c\,\alpha, \tag{19}$$

wo $c = \frac{\pi}{\alpha_2 - \alpha_0}$, wenn wir α_0 als Anfangspunkt der cos-Linie festlegen, in dem $\Phi_e = \Phi_{em}$ gleich dem maximalen, den Ankersteg durchsetzenden Erregerfluß ist.

Das Integral der Gleichung 18 für J wird nun:

$$\int \frac{d\Phi_e}{d\alpha} e^{\frac{r}{2L\omega}\alpha} d\alpha = -c\,\Phi_{em} \int e^{\frac{r}{2L\omega}\alpha} \sin c\alpha\, d\alpha$$

$$= -e^{\frac{r}{2L\omega}\alpha} c\,\Phi_{em} \frac{\frac{r}{2L\omega}\sin c\alpha - c\cos c\alpha}{\frac{r^2}{4L^2\omega^2} + c^2}.$$

Damit wird die Gleichung für J

$$J = \frac{z\,c\,\Phi_{em}\,10^{-8}}{2L} \frac{\frac{r}{2L\omega}\sin c\alpha - c\cos c\alpha}{\frac{r^2}{4L^2\omega^2} + c^2} + K e^{-\frac{r}{2L\omega}\alpha}. \tag{20}$$

Nun kann K bestimmt werden aus der Bedingung $J = 0$ für $\alpha = 0$, die in der Regel zutrifft. Den Ausnahmefall $J \gtrless 0$ für $\alpha = 0$, die sogenannte Reststromwirkung, haben wir später zu besprechen.

$$K = + \frac{2L\omega^2c^2 z\Phi_{em}10^{-8}}{4L^2\omega^2c^2 + r^2}.$$

Damit wird

$$J_{\left(\alpha \leqq \frac{\pi}{c}\right)} = \frac{2L\omega^2c^2 z\Phi_{em}10^{-8}}{4L^2\omega^2c^2 + r^2} \left\{ e^{-\frac{r}{2L\omega}\alpha} + \frac{r}{2L\omega c}\sin c\alpha - \cos c\alpha \right\}. \tag{21}$$

Diese Gleichung gilt in dem Bereich $\alpha = 0$ bis $\alpha = \alpha_2$ oder für

$$\alpha \leqq \frac{\pi}{c}.$$

Wir untersuchen nun das Gebiet über α_2 hinaus, für das $\Phi_e = \Phi_{em}$ und $\frac{d\Phi_e}{d\alpha} = 0$ ist. Durch Einsetzen von $\frac{d\Phi_e}{d\alpha} = 0$ in Gleichung 17 lautet unsere Differentialgleichung für J nun

$$2L\omega \frac{dJ}{d\alpha} + rJ = 0,$$

und ihre Lösung ist

$$J = K e^{-\frac{r}{2L\omega}\alpha}$$

Die Konstante K kann bestimmt werden aus dem Wert von J für den Anfangspunkt $\alpha_2 = \frac{\pi}{c}$

$$J_{(\alpha = \alpha_2)} = \frac{2L\omega^2 c^2 z \Phi_{em} 10^{-8}}{4L^2\omega^2c^2 + r^2} \left\{ e^{-\frac{r}{2L\omega}\frac{\pi}{c}} + 1 \right\} = K e^{-\frac{r}{2L\omega}\frac{\pi}{c}}$$

und daraus

$$K = + \frac{2L\omega^2 c^2 z \Phi_{em} 10^{-8}}{4L^2\omega^2c^2 + r^2} \left\{ 1 + e^{\frac{r}{2L\omega}\frac{\pi}{c}} \right\}$$

Für das Gebiet $\alpha_2 \geqq \frac{\pi}{c}$ ergibt sich also

$$J_{\left(\alpha \geqq \frac{\pi}{c}\right)} = \frac{2L\omega^2 c^2 z \Phi_{em} 10^{-8}}{4L^2\omega^2c^2 + r^2} \left\{ e^{-\frac{r}{2L\omega}\alpha} + e^{-\frac{r}{2L\omega}\left(\alpha - \frac{\pi}{c}\right)} \right\} \tag{22}$$

Setzen wir in die Gleichung 21 und 22 den Wert von $\omega = \frac{\pi n}{30}$ ein, so erhalten wir die endgültigen Gleichungen:

$$J_{\left(\alpha \leqq \frac{\pi}{c}\right)} = \frac{2L\pi^2 n^2 c^2 z \Phi_{em} 10^{-8}}{4L^2\pi^2n^2c^2 + 900r^2} \left\{ e^{-\frac{15r\alpha}{L\pi n}} + \frac{15r}{L\pi n c} \sin c\alpha - \cos c\alpha \right\} \tag{23}$$

$$J_{\left(\alpha \geqq \frac{\pi}{c}\right)} = \frac{2L\pi^2 n^2 c^2 z \Phi_{em} 10^{-8}}{4L^2\pi^2n^2c^2 + 900r^2} \left\{ e^{-\frac{15r\alpha}{L\pi n}} + e^{-\frac{15r\left(\alpha - \frac{\pi}{c}\right)}{L\pi n}} \right\} \tag{24}$$

Die Gleichungen gelten für den von uns angenommenen Verlauf von Φ_e und für konstantes L bei hoher und niederer Ankerdrehzahl.

Für hohe Ankerdrehzahlen ($n > 2000$) kann man die Gleichungen wesentlich vereinfachen, wenn man außerdem, was praktisch stets der Fall ist, folgende Annahmen macht:

$$L \geqq 2 \cdot 10^{-2} \text{ Henry},$$
$$r \leqq 1{,}0 \text{ Ohm},$$
$$c \geqq 3,$$
$$\alpha \leqq \frac{3\pi}{2c},$$
$$\alpha > \frac{\pi}{2c}.$$

Unter diesen Bedingungen wird bei $n > 2000$

$$\frac{15\,r\left(\alpha - \frac{\pi}{c}\right)}{L\pi n} < \frac{15\,r\alpha}{L\pi n} < 0{,}2$$

und deshalb

$$e^{-\frac{15\,r\left(\alpha - \frac{\pi}{c}\right)}{L\pi n}} \text{ und } e^{-\frac{15\,r\alpha}{L\pi n}} \approx 1$$

Weiter wird $\frac{15\,r}{L\pi n c}$ sin $c\alpha < 0{,}04$, also gegenüber $1 - \cos c\alpha$ vernachlässigbar, vorausgesetzt, daß nur das Gebiet $c\alpha > \frac{\pi}{2}$ betrachtet wird.

Ferner wird $900\,r^2 \leqq 900$ vernachlässigbar gegenüber
$$4\,L^2\pi^2 n^2 c^2 \geqq 60\,000.$$

Damit wird für hohe Drehzahlen

$$\underset{\left(\alpha \leqq \frac{\pi}{c}\right)}{J} = \frac{z\,\Phi_{em}\,10^{-8}}{2\,L}\left(1 - \cos c\alpha\right) \tag{25}$$

und

$$\underset{\left(\alpha \geqq \frac{\pi}{c}\right)}{J} = \frac{z\,\Phi_{em}\,10^{-8}}{L}. \tag{26}$$

Um die Gleichungen noch übersichtlicher zu gestalten, setzen wir

c = Konstant (für dieselbe Polschuh- und Ankerform),

$L \sim z^2$ (für dieselbe Polschuh- und Ankerform) und

$r \sim \frac{z}{q}$ (für denselben mittleren Windungsdurchmesser der Primärwicklung), wobei q den Drahtquerschnitt bedeutet und die Drahtlänge der Primärwicklung proportional der Windungszahl ist.

Ferner bezeichnen wir den Gesamtkupferquerschnitt der Primärwicklung z · q mit Q und fassen alle uns nicht unmittelbar interessierenden Konstanten unter den Buchstaben A, B, C zusammen. Dann lauten die Gleichungen für niedere Drehzahl:

$$J_{\left(\alpha \leqq \frac{\pi}{c}\right)} \sim \frac{\Phi_{em}}{z} \frac{n^2 Q^2}{A+n^2Q^2} \left\{ e^{-B \frac{\alpha}{nQ}} + C \frac{1}{nQ} \sin c\,\alpha - \cos c\,\alpha \right\} \tag{27}$$

$$J_{\left(\alpha \geqq \frac{\pi}{c}\right)} \sim \frac{\Phi_{em}}{z} \frac{n^2 Q^2}{A+n^2Q^2} \left\{ e^{-B \frac{\alpha}{nQ}} + e^{-B \frac{\alpha - \frac{\pi}{c}}{nQ}} \right\} \tag{28}$$

und die Gleichungen für hohe Drehzahlen

$$J_{\left(\alpha \leqq \frac{\pi}{c}\right)} \sim \frac{\Phi_{em}}{z} \left(1 - \cos c\,\alpha\right) \tag{29}$$

$$J_{\left(\alpha \geqq \frac{\pi}{c}\right)} \sim \frac{\Phi_{em}}{z}. \tag{30}$$

Diese vereinfachten Gleichungen zeigen uns rasch und deutlich folgende **wichtigen Beziehungen am Magnetzünder:**

1. Der Primärstrom J ist proportional dem Erregerflußmaximum Φ_{em} und bei gegebenem Primärkupferquerschnitt Q umgekehrt proportional der Primärwindungszahl z.
2. Der Primärstrom J ist bei hohen Drehzahlen praktisch unabhängig von Zünderdrehzahl n und Primärkupferquerschnitt Q.
3. Der Primärstrom steigt bei niederer Drehzahl mit zunehmender Drehzahl n und zunehmendem Primärkupferquerschnitt Q. Einfluß von Drehzahl und Kupferquerschnitt sind gleich.
4. Der Primärstrom J sinkt bei niederer Drehzahl mit zunehmendem Abriß α (siehe unten) in dem Gebiet $\alpha > \frac{\pi}{c}$.

5. Der Primärstrom J steigt bei hoher Drehzahl mit zunehmendem Abriß α in dem Gebiet bis $\alpha = \frac{\pi}{c}$ und bleibt darüber hinaus praktisch konstant.

Die Primär - Ampere - Windungszahl J . z und damit in der Hauptsache die Sekundärspannung E_{2m} (siehe Gleichung 8) wird demnach um so größer, je größer das Erregerflußmaximum Φ_{em} und der Gesamtkupferquerschnitt der Primärwicklung Q wird. Mit Rücksicht auf das Unterbrecherfeuer darf dabei der Strom bei hoher Drehzahl nicht zu hoch und deshalb die Windungszahl z nicht zu klein werden.

Um die Verhältnisse im Magnetzünder genauer zu zeigen, sind die oben aufgestellten Gleichungen 23 und 24 in den Bildern 30 bis 33 in Schaulinien ausgewertet worden. Die zugrunde gelegten Zahlenwerte sind gebräuchlichen Zündern entnommen und den Bildern beigefügt.

Wir betrachten zuerst die Abhängigkeit des Stroms $J = J_m$ im Unterbrechungszeitpunkt von der Drehzahl n für eine bestimmte Ankerstellung (Bild 30) und sehen, daß mit zunehmender Drehzahl der Strom J_m ansteigt. Wir vergegenwärtigen uns weiter, daß die maximale Sekundärspannung E_{2m} proportional diesem Strom J_m im Unterbrechungszeitpunkt ist. Wir sehen dann, daß es im Gegensatz zur Batteriezündung beim Magnetzünder bei hohen Drehzahlen keine Schwierigkeiten bereiten wird, die Spannung E_{2m} so hoch zu treiben, daß die Überschlagspannung an den Zündkerzen erreicht wird und also ein Funke überspringt. Andererseits wird wieder im Gegensatz zur Batteriezündung, wo bei praktisch unbegrenzt niederer Drehzahl Spannung auftritt, bei niederer Drehzahl die Grenze der Brauchbarkeit eines Magnetzünders liegen, da der Strom J_m um so kleiner wird, je niederer die Drehzahl ist.

Deshalb hat man als wichtigstes Maß für die Brauchbarkeit eines Magnetzünders den Begriff der „Niedersten Drehzahl" eingeführt, d. h. der Drehzahl, die gerade noch erforderlich ist, um einen Überschlag an einer Überschlagstelle von bestimmter Überschlagspannung hervorzurufen. In der Regel wird bei niederer Drehzahl eine Überschlagspannung von 6 bis 10 mm Spitzenabstand des ionisierten Funkenziehers gefordert, wie bereits zu Anfang unserer Betrachtungen ausgeführt wurde. Dieser geforderten Überschlagspannung entspricht bei gegebener Sekundärwindungszahl, Kapazität, Induktivität und bei gegebenem Verrußungswiderstand ein ganz bestimmter Strom J_m.

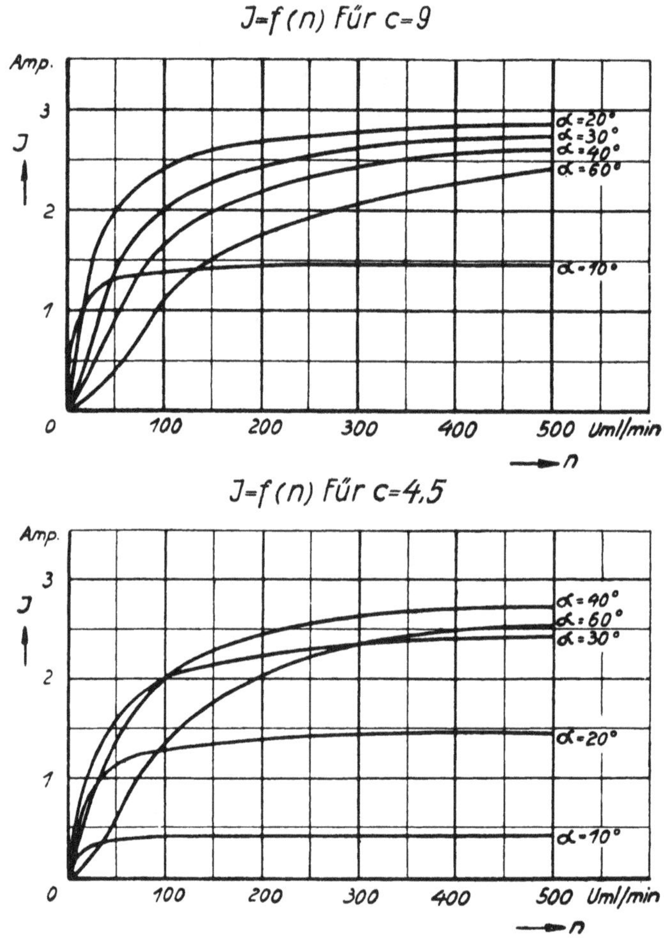

Bild 30. Strom abhängig von der Drehzahl, berechnet für:

Erregerfluß	Φ_{em} =	30 000	Linien
Induktivität	L =	20	mH
Primärwiderstand	r =	0,5	Ohm
Primärwindungszahl	z =	200	Windungen

Man stellt nun häufig nicht den Strom J in Abhängigkeit von irgendeiner der Veränderlichen a, r, n, c, dar, sondern untersucht unter Zugrundelegung des beschriebenen Sollstromes J_m

die niederste Drehzahl n in Abhängigkeit von irgendeiner der Veränderlichen α, r, c. Die Darstellung in Bild 31 zeigt den Strom J in Abhängigkeit vom Ankerstellungswinkel α für verschiedene Drehzahlen und die Darstellung in Bild 32 die niederste Drehzahl n in Abhängigkeit vom Ankerstellungswinkel α unter Annahme eines Sollstromes J_m = Konst. = 1,70 Ampere.

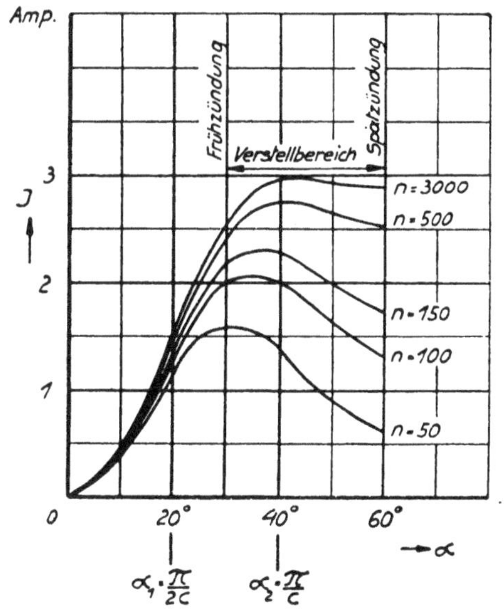

Bild 31. Strom abhängig von der Ankerstellung, berechnet nach den Werten von Bild 30 (c = 4,5)

Damit kommen wir von der Frage nach dem Einfluß der Drehzahl zu der Frage nach dem Einfluß des Winkels α, d. h. der Stellung des Ankers im Augenblick der Unterbrechung. Es wurde bereits erwähnt, daß die Verstellung des Zündzeitpunktes beim Magnetzünder in der Regel dadurch erfolgt, daß der Unterbrechernocken verdreht und dadurch der Unterbrecher bei anderer Motorstellung geöffnet wird. Da der Magnetzünder fest mit dem Motor gekuppelt ist, so ändert sich mit dem Zündzeitpunkt auch die Ankerstellung, bei der unterbrochen wird. Ein und derselbe Magnetzünder muß je nach seinem Betriebszustand bei verschiedenen Ankerstellungen zünden, mit anderen Worten: Das Arbeitsgebiet des Magnetzünders umfaßt einen ganzen Abschnitt von α.

Aus den Bildern 31 und 32 sehen wir deutlich, daß für den Zündzeitpunkt das Gebiet vor und unmittelbar nach $\alpha = \alpha_1 = \frac{\pi}{2c}$ (dem Durchgang des Flusses durch Null) nicht gewählt werden darf, da in diesem Gebiet die niederste Drehzahl bei kleiner Verschiebung des Zündzeitpunktes außerordentlich

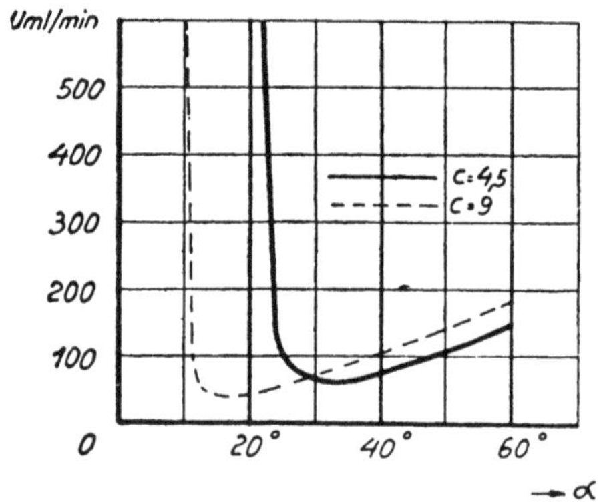

Bild 32. Niederste Drehzahl abhängig von der Ankerstellung, berechnet für Strommaximum $J_m = 1{,}70$ Amp (übrige Werte nach Bild 30)

rasch anwachsen muß, um den Sollstrom zu erreichen. Wir haben es hier mit einem technisch durchaus unsicheren Gebiet zu tun, da gewisse Toleranzen des Zündzeitpunktes unvermeidbar sind, und eine kleine Veränderung des Zündzeitpunktes schon durch eine Abnutzung der Unterbrecherteile, besonders der Kontakte, im Laufe längerer Betriebszeit verursacht wird. Diese Betrachtung ist bestimmend für die Wahl des Frühzündungspunktes, der seinerseits bei gegebenem Verstellbereich maßgebend für den Spätzündungspunkt und die Ankerstellung während des ganzen Verstellgebiets ist.

Die meisten Magnetzünder sind so gebaut, daß die Unterbrecheröffnung bei Frühzündung dann erfolgt, wenn die ablaufende Kante des Ankers etwa 4 bis 8 Grad von der Ablaufkante des Polschuhes entfernt steht. Man nennt die Entfernung der Anker- und Polschuhkante den „Abriß" und sagt, der Abriß bei Frühzündung beträgt 4 bis 8 Grad. Dieses Abrißmaß entspricht der Bedingung $\alpha > \frac{\pi}{2c}$.

Es besteht nun also, wie aus den Bildern 31 u. 32 hervorgeht, die leidige Tatsache, daß mit zunehmender Verstellung auf Spätzündung bei niederen Drehzahlen der Strom J abnimmt, die niederste Drehzahl n zunimmt, leidig deshalb, weil gerade die Spätzündung für das Anwerfen, das besonders niedere Drehzahl erfordert, in Frage kommt. Dies tritt, wie Bild 39 weiter zeigen wird, um so deutlicher in Erscheinung, je kleiner der Primär-

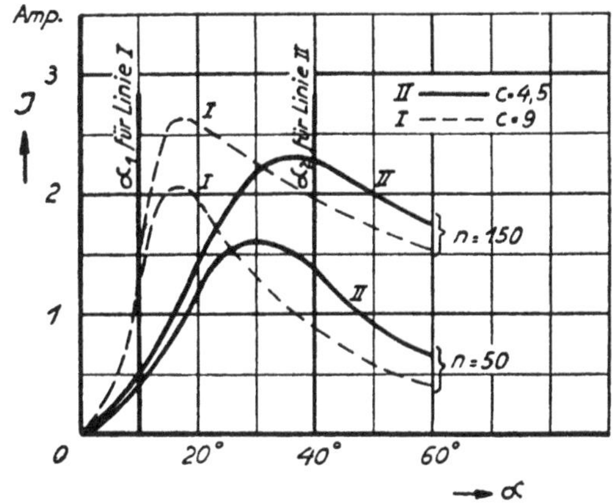

Bild 33. Strom abhängig von der Ankerstellung bei verschiedenem Erregerfluß, berechnet nach den Werten von Bild 30

drahtquerschnitt q ist, und ist besonders fühlbar, da die Forderung nach großen Verstellbereichen in den letzten Jahren ständig zugenommen hat.

Aus diesen Gründen ist es naheliegend zu versuchen, durch Abänderung der Polschuhform, also der Flußkurve Φ_e den Strom bei Spätzündung auf Kosten des Stroms bei Frühzündung zu vergrößern. Bild 33 zeigt, wie durch Verringerung des Faktors c, also durch Abflachung der Flußlinie, die Kurve J in Abhängigkeit vom Winkel α verändert werden kann. Man sieht, wie die Spätzündung verstärkt, die Frühzündung abgeschwächt wird, man sieht aber auch, wie man bei Frühzündung in das oben erwähnte unsichere Gebiet gelangt. Aus diesem Grunde genügt eine einfache Änderung der Frequenz der sinusförmigen Flußlinie für unsere Zwecke nicht, vielmehr ist anzustreben, daß der Strom J in Bild 33 bis zu dem Punkt $\alpha_1 = \frac{\pi}{2c}$ unverändert der Linie I folgt, und von α_1 der Linie I zu α_2 der Linie II übergeht, um dieser von dort ab zu folgen. Die Polschuhform, die diese Verstärkung des Spätzündungsstroms bei niederer

Drehzahl anstrebt, nennt man „überlappt". Man verlängert das eine Ende des Polschuhes durch die sogenannte Überlappung, vergrößert aber auf die Breite dieser Verlängerung den magnetischen Widerstand zwischen Anker und Polschuh wesentlich. Am häufigsten geschieht dies dadurch, daß der Luftspalt vergrößert, der Polschuh zurückgestoßen wird, mitunter

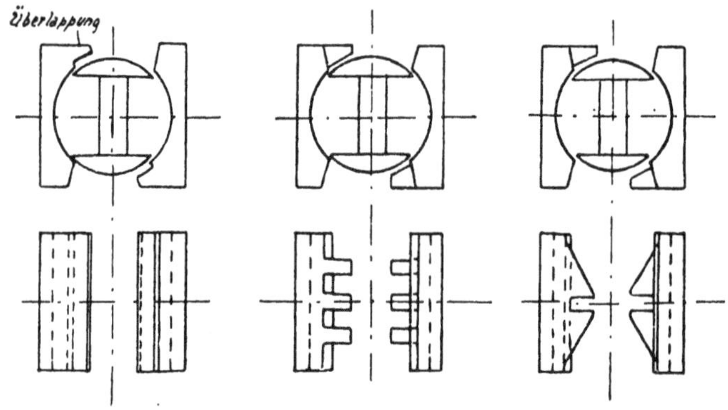

Bild 34. Verschiedene Arten der Überlappung

auch dadurch, daß die Überlappung nicht die ganze Ankerlänge überdeckt (s. Bild 34)[1]).

Man erreicht auf diese Weise erstens, daß bei Frühzündung der Erregerfluß tatsächlich bereits den Nullpunkt durchschritten hat, daß aber seine Zunahme in entgegengesetzter Richtung langsam vor sich geht, da, solange der Anker noch unter der Überlappung steht, ein guter Teil des Flusses nicht durch den Ankersteg, sondern durch den Streuweg vom einen Polschuh über den Ankerflansch zum andern Polschuh geht. Zweitens wird durch die Überlappung die Induktivität L des Ankerflußkreises wesentlich gesteigert. Dies wirkt schwächend auf den Strom J_m und zwar um so mehr, je höher die Drehzahl ist (Gleichung 23), ist aber andererseits nach Gleichung 7 für die Zündspannung bei gegebenem Strom vorteilhaft, so daß bei sehr niederer Drehzahl die Vergrößerung von L einen Gewinn an Sekundärspannung bedeutet.

Zur Vervollständigung unserer Betrachtungen sind in Bild 35 und 36 die Primärstromoszillogramme eines überlappten und eines nicht überlappten Magnetzünders bei verschie-

[1]) Die heute viel angewandte symmetrische Überlappung der beiden Polschuhe zeigt Bild 43 auf Seite 91.

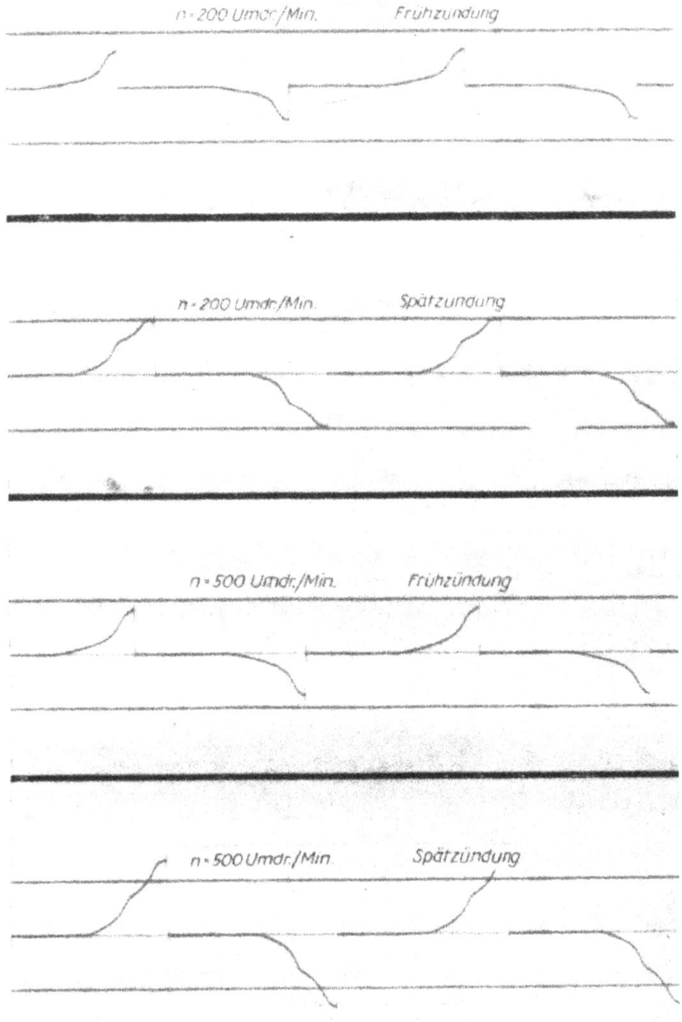

Bild 35. Primärstromoszillogramme eines überlappten Magnetzünders

denen Drehzahlen gezeigt. Das Oszillogramm des nicht überlappten Magnetzünders bei Spätzündung (Bild 36) ist sehr gut mit der berechneten Linie I von Bild 33 vergleichbar, während man das Oszillogramm des überlappten Magnetzünders mit einer berechneten Linie vergleichen müßte, die bis a_1 der Linie I folgt,

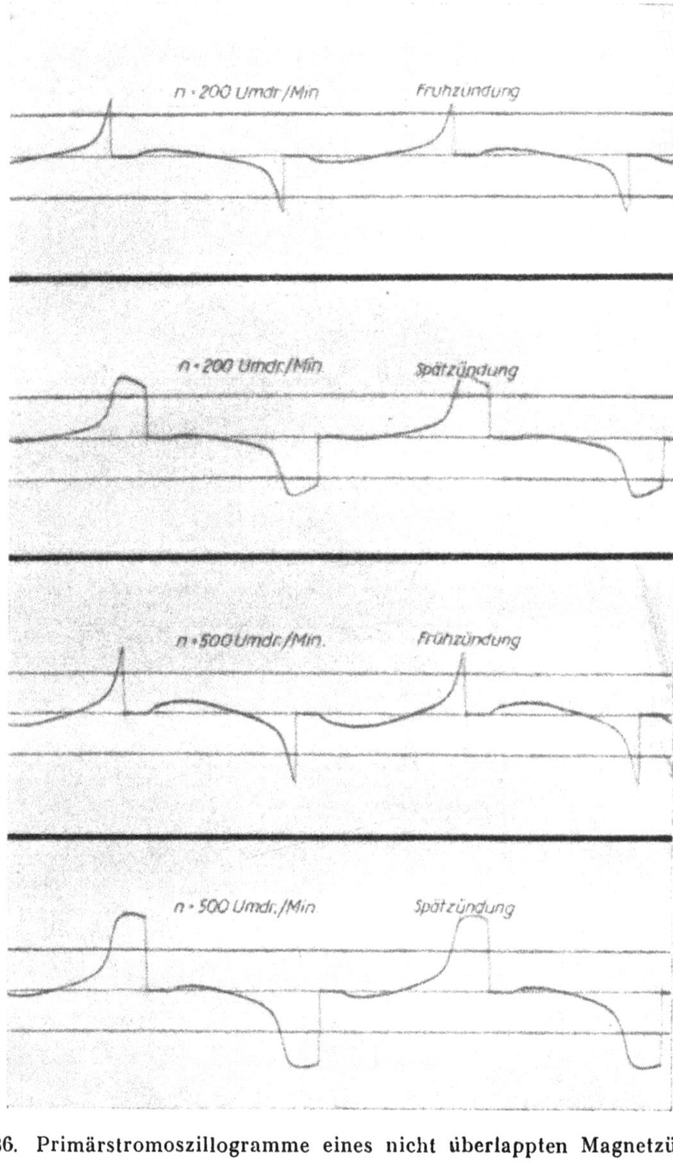

Bild 36. Primärstromoszillogramme eines nicht überlappten Magnetzünders

von dort zu a_2 der Linie II hinaufspringt und dann dieser folgt. Endlich ist aus den Oszillogrammen der Unterschied zwischen Früh- und Spätzündung deutlich zu erkennen.

Wie erwähnt, haben die heute üblichen großen Verstellbereiche, die hohen Kompressionen und die stramme Lagerung

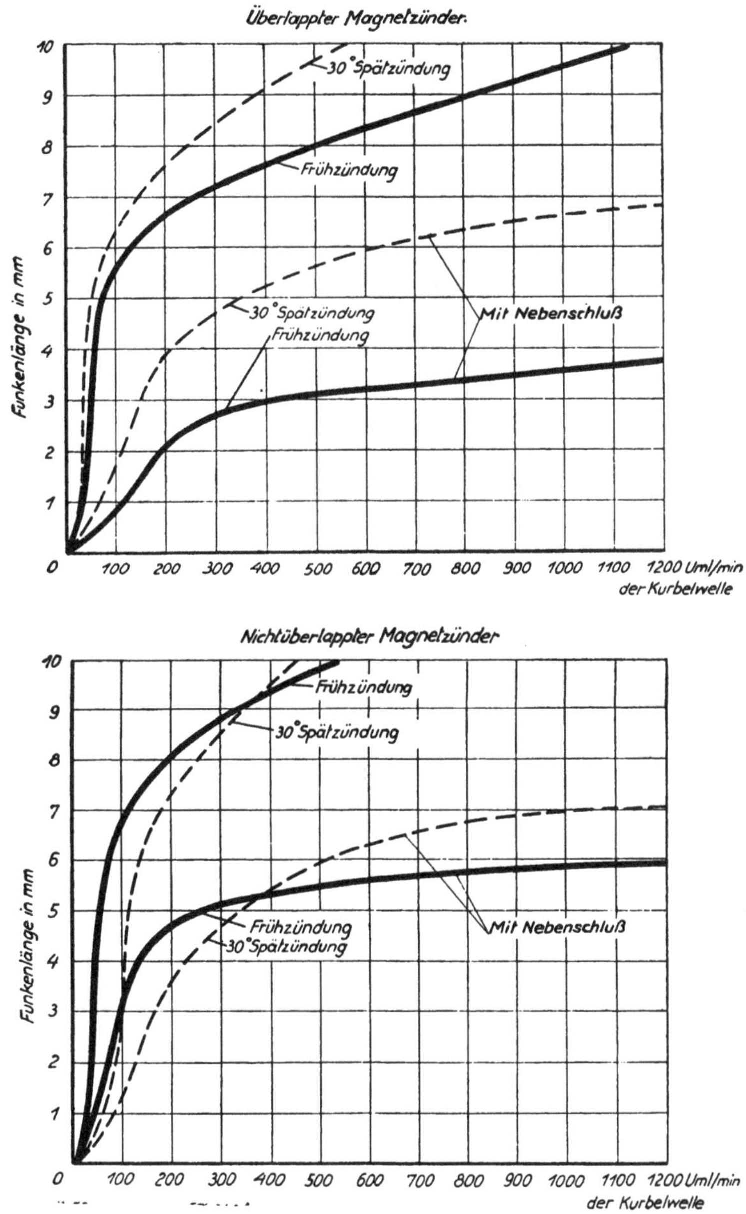

Bild 37. Schlagweite abhängig von der Drehzahl, Meßwerte eines überlappten und eines nicht überlappten Magnetzünders älterer Bauart

der Motoren zu der Forderung nach sehr niederer Drehzahl bei möglichst viel Spätzündung geführt und damit den Anlaß zu der starken Überlappung der meisten Magnetzünder gegeben. Wir dürfen aber dabei keineswegs verkennen, daß die Überlappung die Energie des Magnetzünders bei Frühzündung schwächt, und daß man bei unrichtiger oder übertriebener Anwendung der Überlappung der Leistung des Magnetzünders mehr schaden als nützen kann.

In Bild 37 ist die Schlagweite in Abhängigkeit von der Drehzahl bei Frühzündung und bei 30° Spätzündung aufgetragen, und zwar für einen nicht überlappten und einen überlappten Magnetzünder älterer Bauart. Beide Magnetzünder sind bis auf die Überlappung vollständig gleich. Die Schlagweite ist mit dem ionisierten Spitzenfunkenzieher aufgenommen. Die Linien größerer Schlagweiten zeigen einen der sauberen Kerze entsprechenden Zustand, die beiden Linien mit kleinerer Schlagweite gelten für einen Funkenzieher, dem ein Nebenschluß parallel geschaltet ist, der den in Abschnitt I aufgestellten Verrußungbedingungen entspricht. Man sieht, daß der stark überlappte Magnetzünder bei 30° Spätzündung sogar besser arbeitet als bei Frühzündung, daß er aber hauptsächlich bei Frühzündung dem nicht überlappten im Gebiet starker Nebenschlüsse unterlegen ist.

Ergänzend zeigt Bild 38 die Werte eines neueren Magnetzünders ähnlicher Größe, dessen Überlappung in richtigem Verhältnis zu den übrigen Zündergrößen steht, und der deshalb auch im Gebiet starker Nebenschlüsse noch brauchbar ist. Sowohl die Stromoszillogramme wie die in den Bildern 37 u. 38 gezeigten Versuchswerte bestätigen die Brauchbarkeit der oben aufgestellten Gleichungen des Primärstromes.

Angesichts der erwähnten Nachteile, die große Überlappungen mit sich bringen, hat es nicht an Versuchen gefehlt, gutes Arbeiten des Zünders bei jeder Verstellung ohne Überlappung zu erreichen. Eine Lösung ist z. B. die schwenkbare Hülse, die zwischen Anker und Polschuhen mit dem Unterbrechungs-Organ so gedreht wird, daß der Abriß sich stets gleich bleibt. Bei dieser Art der Verstellung erhält man über den ganzen Verstellbereich annähernd dieselbe Schlagweite. Entsprechend umständlichere Konstruktionen müssen aber in Kauf genommen werden.

Es soll an dieser Stelle noch erwähnt werden, daß ein über ein größeres Gebiet von α aufrecht erhaltener Strom J nicht nur mit Rücksicht auf die Verstellung gewünscht wird, sondern häufig auch für normales Arbeiten bei Frühzündung erforderlich ist, und zwar bei Magnetzündern für Zweizylindermotoren mit V-förmig, d. h. nicht um 180° versetzten Zylindern. Die Zündung erfolgt hier durch einen Magnetzünder, dessen einer Funke beim normalen Frühzündungsabriß des Ankers entsteht, dessen anderer Funke aber nicht wie gewöhnlich um 180°, sondern z. B. bei 45° Zy-

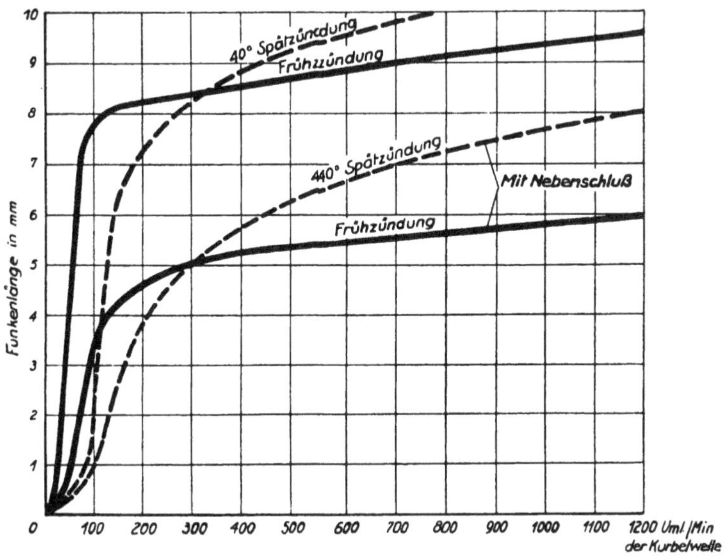

Bild 38. Schlagweite abhängig von der Drehzahl, Meßwerte eines richtig überlappten Magnetzünders

linder-Versetzung um $202^1/_2°$ gegen den ersten versetzt ist. Dies wird oft lediglich durch entsprechende Formgebung des Nockens erreicht, wobei also beim zweiten Funken der Ankerabriß wesentlich größer ist als beim ersten. Die beiden Abrisse geben deshalb verschiedene Schlagweite, mehr oder weniger, je nach der Überlappung.

Nachdem wir den Einfluß der Drehzahl und der Ankerstellung α auf den Strom J hinreichend kennengelernt haben, betrachten wir noch kurz den Einfluß des Drahtquerschnitts q und der Windungszahl z in den Bildern 39 u. 40.

Schon bei der Auswertung der Gleichungen 27 bis 30 hat sich gezeigt, daß neben dem Erregerflußmaximum Φ_{em} der Gesamtkupferquerschnitt $Q = q\,z$ von wesentlichem Einfluß auf die niederste Drehzahl bei Früh- und besonders bei Spätzündung ist. Während der Erregerfluß Φ_{em} von der Größe des perma-

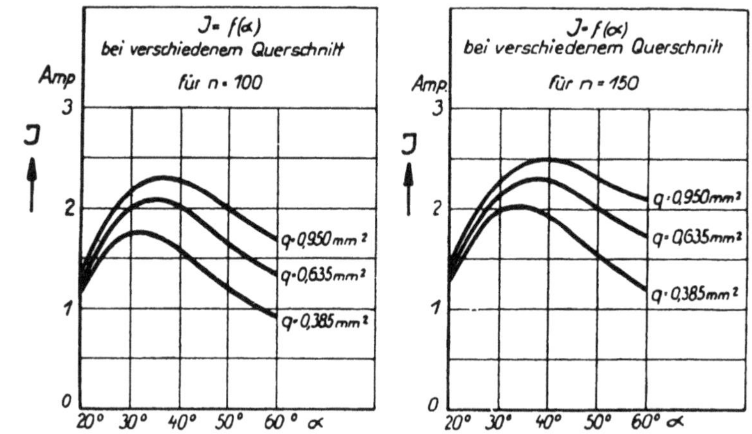

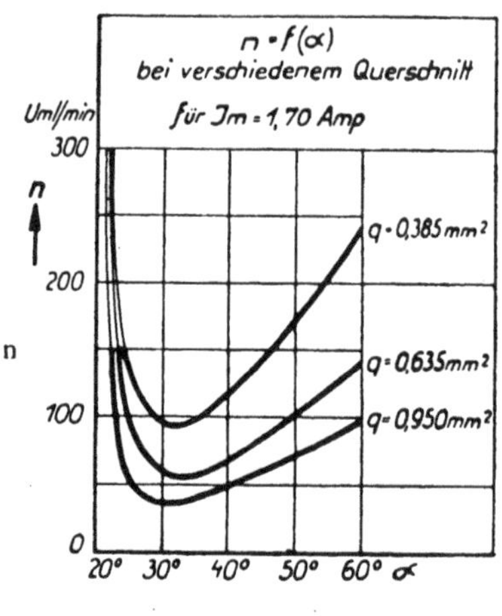

Bild 39.
Einfluß des Drahtquerschnitts, berechnet für:

Erregerfluß	Φ_{em}	=	30000	Linien
Induktivität	L	=	20	mH
Primärwindungszahl	z	=	200	Windungen
Mittlere Windungslänge	l	=	8,73 cm	
Polschuhform	c	=	4,5	

nenten Magneten und von den Eisenwegen abhängt, ist Q durch den verfügbaren Ankerwickelraum, also genau wie Φ_{em} durch die Größe des Magnetzünders gegeben.

Mit Rücksicht auf die raumverzehrende Isolierung des Drahtes und der Lagen ist es vorteilhafter, großen Drahtquerschnitt q zu wählen als große Windungszahl z. Dabei ist aber

Bild 40 zu beachten, das zeigt, wie mit sinkender Windungszahl der Primärstrom steigt, obgleich Q und damit die Sekundärspannung kleiner wird. Eine zu kleine Windungszahl erhöht den Strom unnötig und führt bei hoher Drehzahl zu Unterbrecherfeuer.

Bei dieser Gelegenheit soll kurz über das **Unterbrecherfeuer** gesprochen werden. Nach den bisherigen Erfahrungen

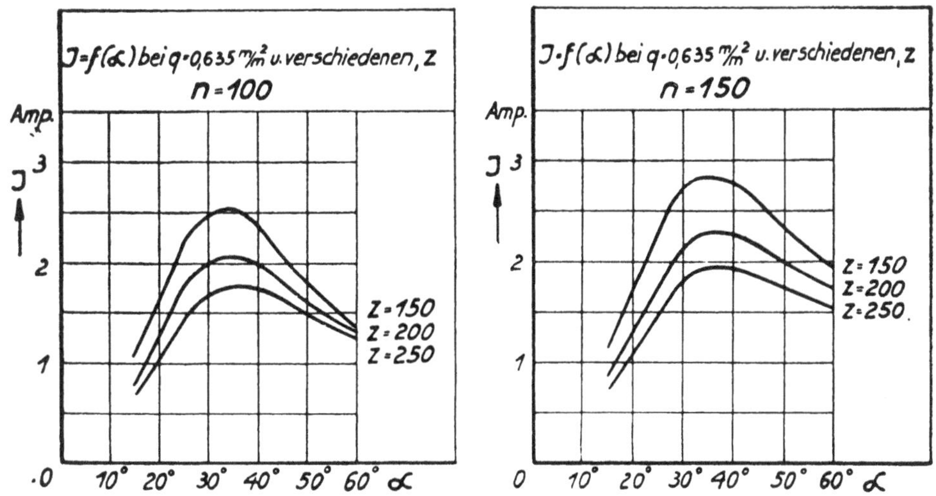

Bild 40. Einfluß der Primärwindungszahl, berechnet für:

Erregerfluß	Φ_{em}	=	30 000 Linien
Primärdrahtquerschnitt	q	=	0,635 mm²
Mittlere Windungslänge	l	=	8,73 cm
Polschuhform	c	=	4,5

ist es abhängig von der Stromstärke im Unterbrechungsaugenblick J_m, von der Spannungsänderung an den Unterbrecherkontakten nach der Unterbrechung $\frac{dE_1}{dt}$ und von der an den offenen Kontakten entstehenden Maximalspannung E_{1m}.

Daß das Unterbrecherfeuer stark zunimmt mit zunehmender Drehzahl n, mit abnehmender Windungszahl z und bei hoher Drehzahl mit zunehmender Spätzündung α, beweist seine Abhängigkeit vom Strom J_m. So sehr hohe Stromstärke bei niederer Drehzahl erwünscht ist, so sehr kann sie durch weitere

Steigerung bei hoher Drehzahl zu Anständen wegen Unterbrecherfeuers führen. Die Gleichungen 27 bis 30 zeigen deutlich genug, welchen Einfluß die Größen z, n und α auf den Strom J haben. Hauptsächlich ein Vergleich der Gleichungen 29 und 30 wird den Einfluß der Verstellung bei hoher Drehzahl besonders deutlich machen (siehe auch die Bilder 30 und 31).

Die Abhängigkeit des Unterbrecherfeuers von $\frac{dE_1}{dt}$ wird aus der Tatsache geschlossen, daß es mit zunehmender Kapazität C_1, also mit abnehmender Frequenz der Schwingung kleiner wird, die Abhängigkeit von E_{1m} endlich aus der Tatsache, daß es mit abnehmendem Übersetzungsverhältnis der Primär- und Sekundärwicklung $\frac{z_2}{z}$, d. h. mit zunehmender Primärspannung E_{1m} auftritt, und zwar häufig bei Drehzahlen, bei denen, der Stromstärke nach zu urteilen, noch kein Unterbrecherfeuer zu erwarten wäre. Da die Spannung E_{1m} durch die Überschlagspannung der Funkenstrecke E_{2m} bestimmt ist, kann man das durch E_{1m} bedingte Unterbrecherfeuer auch daran erkennen, daß es bei Verkleinerung des Funkenzieherabstandes fast stets zum Verschwinden gebracht werden kann. Wir haben es also beim Unterbrecherfeuer nicht nur mit einem Lichtbogen, sondern offenbar auch mit einem Überschlag an den Unterbrecherkontakten zu tun.

Inwieweit die Größe der Kontaktoberfläche, d. h. die Stromdichte anstatt der Stromstärke von Einfluß auf das Unterbrecherfeuer ist, läßt sich schwer feststellen, da die tatsächlichen Berührungsflächen klein sind. Diese Frage ist auch weniger wichtig, da die Größe der Kontakte durch die Kontaktabnützung bestimmt wird.

Ebenso sind uns einwandfreie Versuchsergebnisse über den Einfluß der Abhubgeschwindigkeit der Kontakte voneinander nicht bekannt geworden. Dagegen ist bekannt, daß der Kontaktwerkstoff und die Zusammensetzung der umgebenden Luft von außerordentlich großem Einfluß auf das Unterbrecherfeuer sind. Diese Einflüsse sollen jedoch erst bei Besprechung des Unterbrechers selbst am Ende des Abschnitts III behandelt werden.

Die schädliche Wirkung des Unterbrecherfeuers ist eine doppelte: es führt leicht zu Zündungsaussetzern, d. h.

zu vereinzeltem oder mehrfachem Ausbleiben des Zündfunkens, da es dem Funken die Energie wegnimmt. Außerdem führt es häufig zu raschem Kontaktabbrand.

Oszillographische Aufnahmen[1]) von Unregelmäßigkeiten beim Unterbrechungsvorgang zeigen die Bilder 41 a bis c, und zwar wurde die Spannung zwischen den Kontakten vom Augenblick der Unterbrecheröffnung an aufgenommen, Bild 41 a zeigt, wie die Spannung zwischen den Kontakten zunächst nur wenig, auf die sogenannte Lichtbogenspannung anwächst und dann wäh-

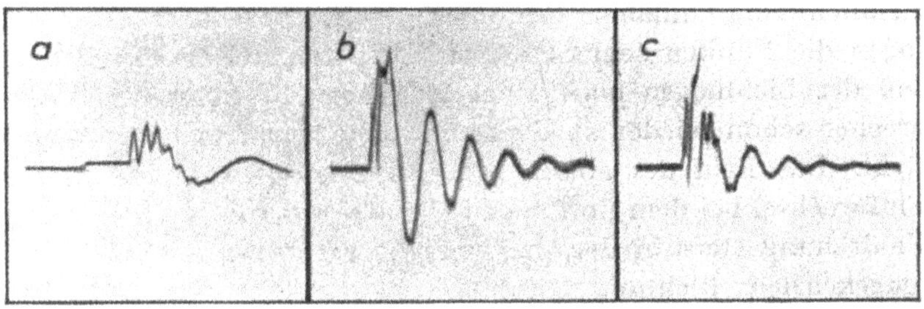

Bild 41. Kathodenstrahl-Oszillogramme, Lichtbogen und Rückzündungen am Unterbrecher

rend des Lichtbogens konstant bleibt; erst nach einer bestimmten Zeit, wenn der Unterbrecher weiter geöffnet hat, reißt der Lichtbogen ab, und die normale Hochfrequenzschwingung setzt ein. Die Bilder 41 b u. c zeigen Rückzündungen: die Spannung steigt sehr steil auf eine im Vergleich zur Lichtbogenspannung große Höhe an, reißt aber plötzlich wieder ab; es entsteht ein Überschlag an den Kontakten, der die Spannung zusammenbrechen läßt. Diese Rückzündung kann einzeln oder auch mehrfach hintereinander auftreten; erst nach ihrem Verlöschen klingt die bisher gestörte Schwingung ungestört aus.

Wir haben auf Grund der entwickelten Gleichungen die einzelnen Faktoren, die auf die Ausbildung des Primärstroms und damit der Sekundärmaximalspannung von Einfluß sind, besprochen. Es muß jedoch hier noch ein Sonderfall betrachtet werden, der bei der Ableitung der Gleichungen nicht berücksichtigt wurde, die **Reststromwirkung.** Wir haben bisher, was bei niederer Drehzahl stets, bei hoher Drehzahl bei vielen Magnet-

[1]) Über den Kathodenstrahl-Oszillographen s. S. 51 Fußnote.

zündern der Fall ist, vorausgesetzt, daß der Strom im Anfangspunkt den Wert Null haben soll. Dies trifft nicht zu, wenn der Unterbrecher zu früh, d. h. schon ehe der Fluß sein Maximum erreicht hat, schließt. Dieser Fall, der bei dem Oszillogramm des nicht überlappten Magnetzünders in Bild 36 gerade noch zu erkennen ist, ist bei einem richtig konstruierten Magnetzünder fast ganz vermeidbar. Die zweite Möglichkeit, bei der der Anfangsstrom nicht Null wird, kommt jedoch vor:

Wir wissen aus Abschnitt I, daß dem Überschlag an der Zündkerze ein Lichtbogen mit allmählich abnehmendem, aber ziemlich lang anhaltendem Strom folgt. Bei hoher Drehzahl fogen die Funken sehr rasch aufeinander, und es ist möglich, daß der Lichtbogen noch nicht erloschen ist, wenn der Unterbrecher schon wieder schließt und ein neuer Primärstrom entsteht. Das Feld des abklingenden Sekundärstroms ist, da der Flußwechsel bei dem normalen Magnetzünder nach einer halben Umdrehung stets in der zu dem vorhergehenden Flußwechsel umgekehrten Richtung erfolgt, dem entstehenden Ankerfeld stets entgegengesetzt gerichtet. Es verringert den Primärstrom und damit die Sekundärspannung und führt bei hoher Drehzahl zu Aussetzern, die immer an der Kerze von zweien auftreten, an der die größere Überschlagspannung erforderlich ist. Je höher die Drehzahl, je kleiner die Öffnungsdauer des Unterbrechers und je kleiner der Widerstand des Sekundärkreises ist, desto mehr wirkt der Reststrom schwächend auf den folgenden Flußwechsel.

Um die Reststromwirkung zu vermeiden, gibt es demnach folgende Mittel:

1. Große Öffnungsdauer. Inwieweit dies zulässig ist, werden wir in dem Abschnitt über Unterbrecher zu betrachten haben.

2. Großer Sekundärwiderstand, etwa durch Verwendung dünnen Drahtes oder Drahtes mit hohem spezifischem Widerstand. Die Stromoszillogramme, Bild 42, zeigen das Abklingen des Sekundärstroms im Lichtbogen bei ein und demselben Magnetzünder, dessen Anker einmal einen Sekundärwiderstand von 3000 Ohm und dann durch Verwendung von Nickelindraht einen Sekundärwiderstand von 25 000 Ohm aufwies. Der Primärstrom war, wie man sieht, in beiden Fällen genau

derselbe. Die erste hohe Spitze des Sekundärstromes ist in den Oszillogrammen nicht erkennbar.

3. Verwendung einer Vorschalt- oder Lösch-Funkenstrecke, die den Lichtbogen unterbindet (siehe Abschnitt V).

4. Verwendung eines in den Sekundärkreis geschalteten Kondensators, der den Stromstoß mit

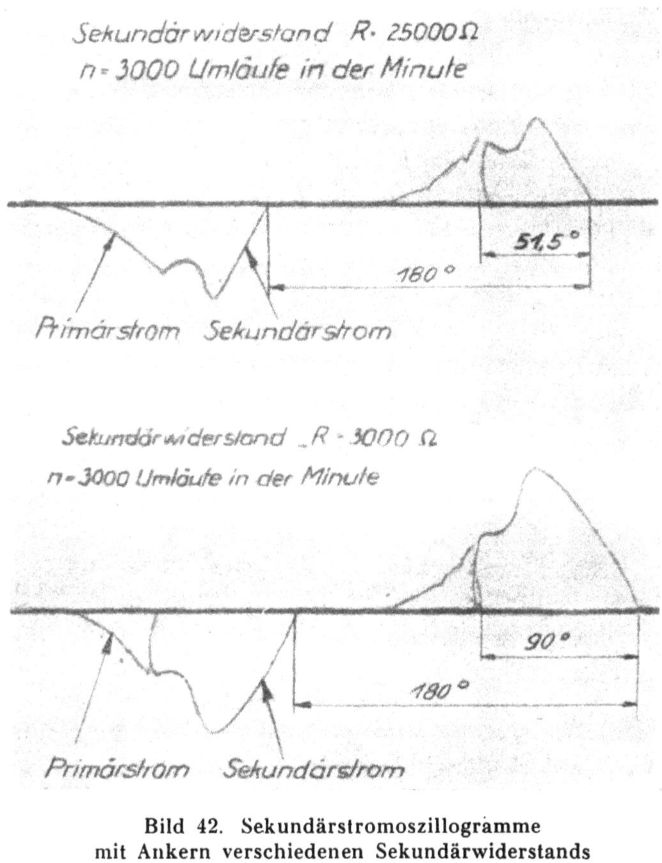

Bild 42. Sekundärstromoszillogramme mit Ankern verschiedenen Sekundärwiderstands

hoher Änderungsgeschwindigkeit (Überschlag) durchläßt, den langsam abfallenden Lichtbogen aber unterbindet (sogenannter Sperrkondensator).

Auf diese verschiedenen Mittel werden wir bei der Besprechung der einzelnen Zündertypen nochmals hinweisen.

3. Vergleich von Magnet- und Batteriezündung

Ehe wir auf die einzelnen Konstruktionsteile der Zünder eingehen, haben wir uns hier noch kurz mit den Vor- und Nachteilen der Batteriezündung gegenüber der Magnetzündung zu beschäftigen[1]). Der Kampf um die beiden Zündungsarten wurde eine Reihe von Jahren erbittert geführt. Heute ist er dahin entschieden, daß beide Systeme nebeneinander ihre volle Daseinsberechtigung haben: Der Batteriezünder ist für den normalen Gebrauchswagen ausreichend betriebssicher und wird infolge seines niedrigen Preises im Personenwagenbau fast ausschließlich verwendet; der Magnetzünder hat dort eine Berechtigung, wo besondere Anforderungen an unbedingte Betriebssicherheit sowie Unabhängigkeit von der Wartung der Batterie gestellt werden.

Aus den früheren Ableitungen geht hervor, daß der Primärstrom, also auch die Sekundärspannung, mit zunehmender Drehzahl beim Magnetzünder steigt (siehe Bild 30) und beim Batteriezünder sinkt (siehe Gleichung 12), daß also der Magnetzünder bei niederen, der Batteriezünder bei hohen Drehzahlen sein kritisches Gebiet hat. Andererseits ist aus Abschnitt I bekannt, daß für das Anlassen hohe Schlagweite, bei hoher Drehzahl aber zumeist kleine Schlagweite erforderlich ist. Daraus folgt zunächst, daß sich die Charakteristik (Schlagweite in Abhängigkeit von der Drehzahl) des Batteriezünders besser den Ansprüchen des Motors anpaßt als die des Magnetzünders, zumal beim Magnetzünder infolge des mit zunehmender Drehzahl steigenden Stromes bei hoher Drehzahl das lästige Unterbrecherfeuer auftritt, und außerdem infolge des Flußwechsels mit der Reststromwirkung gekämpft werden muß, was bei der Batteriezündung wegen der dauernd gleichen Stromrichtung nicht der Fall ist. Dazu kommt, daß der Batteriezünder im Gegensatz zum Magnetzünder elektrisch vollkommen unabhängig von der Verstellung ist.

Wenn nun auch unter einer gewissen niedrigen Motordrehzahl kein zündfähiges Gemisch angesaugt wird, in diesem Bereich also die hohe Schlagweite des Batteriezünders nutzlos ist, so ist doch durch die Verbesserung der Vergaser dieser Grenzwert der Drehzahl immer weiter heruntergedrückt worden.

---

[1]) Vgl. E. C. Raßbach: Die elektrische Ausrüstung von Kraftfahrzeugen, Berlin 1927, VDI-Zeitschrift, Heft 49 und 50.

Dagegen ist aber zu beachten, daß der Strom bei der Batteriezündung mit zunehmender Drehzahl rascher sinkt, als aus Gleichung 12 hervorgeht (siehe Bild 19), da bei sehr hohen Drehzahlen die Unterbrecherschließung infolge des in Abschnitt III zu besprechenden Nachzitterns unvollständig wird. Eine genügend lange Unterbrecherschließung ist jedoch nachgewiesenermaßen beim Batteriezünder wichtiger für zuverlässiges Arbeiten als beim Magnetzünder, da beim Magnetzünder bei hoher Drehzahl die rotatorisch erzeugte elektromotorische Kraft infolge ihrer Größe leichter einen Strom durch den mangelhaft geschlossenen Primärkreis schickt als die konstante kleine Batteriespannung bei der Zündspule. Diese größere Abhängigkeit des Batteriezünders von Güte und augenblicklichem Zustand des Unterbrechers wird beim Vergleich der Zündsysteme fast stets außer acht gelassen, ist aber in der Praxis mit Rücksicht auf die erreichbare Höchstgeschwindigkeit des Kraftfahrzeuges, vor allem für Rennmotoren, wesentlich. Derselbe Unterbrecher, der beim Magnetzünder bei 5000 Motoruml/min nicht zu Aussetzern führt, kann unter Umständen beim Batteriezünder schon bei 4000 Motoruml/min ein Versagen der Zündung hervorrufen. In dieser Hinsicht ist man also beim Batteriezünder noch mehr auf Qualitätsarbeit und Erfahrung im Zünderbau angewiesen als beim Magnetzünder; insbesondere für hohe Drehzahlen und Zylinderzahlen wird die Konstruktion der Batteriezündung recht kompliziert, so daß sich der zu ihren Gunsten bestehende Preisunterschied wesentlich verringert.

Man kann natürlich sowohl einen Magnetzünder wie einen Batteriezünder so konstruieren, daß er den Anforderungen eines Verbrennungsmotors vollauf genügt. D. h. man kann den Magnetzünder so bauen, daß er bei der niedersten praktisch vorkommenden Drehzahl, und einen Batteriezünder so, daß er bei sehr hoher Funkenzahl genügende Funken erzeugt. Dabei ist die Frage nach dem Herstellungspreis in den Vordergrund zu stellen.

Rechnet man zum Batteriezünder nur den Preis des Verteilers, des Unterbrechers und der Zündspule, so ist der Batteriezünder unter allen Umständen wesentlich billiger als der in der Leistung gleich gute Magnetzünder. Diese Preisspanne ist zugunsten des Batteriezünders um so größer, je mehr von dem Zünder im Gebiet niederer Drehzahlen verlangt wird, d. h.

je niederer die niederste Drehzahl und je größer dabei die Schlagweite sein muß, sie ist weiterhin um so größer, je geringer die Anforderungen im Gebiet hoher Funkenzahlen sind, d. h. je kleiner die Zylinderzahl, je kleiner die Höchstdrehzahl und je kleiner die bei dieser Höchstdrehzahl verlangte Schlagweite ist. Wir erinnern uns dabei der Tatsache, daß der Strom des Magnetzünders und damit seine Sekundärspannung bei niederer Drehzahl und damit die sogenannte „Niederste Drehzahl" in der Hauptsache vom Wickelraum und der Magnetgröße (Kupferquerschnitt Q und Fluß Φ_{em}), d. h. vom Preis des Magnetzünders abhängig sind.

Durch Verbesserungen auf dem Vergasergebiet und durch die Forderung, daß auch bei sehr großer Kälte der Motor einwandfrei anspringen muß, sind die Ansprüche an die niederste Drehzahl erheblich gestiegen, andererseits hat sich durch sparsame Gemischeinstellung des Vergasers die erforderliche Spannung an den Zündkerzen und damit die vom Zünder geforderte Schlagweite, insbesondere im Gebiet niederer Drehzahlen so gesteigert, daß man heute von einer Vervielfachung der verlangten Schlagweite gegenüber früher sprechen kann. Diese beiden Gesichtspunkte haben zugleich mit dem Wunsch, die Zündanlage entsprechend den sinkenden Wagenpreisen äußerst billig zu gestalten, der Batteriezündung ums Jahr 1930 geholfen, das Feld mindestens auf dem Personenwagengebiet völlig zu erobern. Dazu kommt, daß gerade die sparsame Vergasereinstellung weniger als früher Schwierigkeiten mit verrußten Kerzen bringt, und daß deshalb die Energie, die man früher bei hoher Drehzahl oft zum Sauberbrennen der Kerzen dringend benötigt hat und die nur der Magnetzünder, nicht aber der Batteriezünder liefert, heute nicht mehr erforderlich scheint.

Ferner erübrigt es sich heute, zum Batteriezünder auch den Anschaffungspreis der Batterie hinzuzurechnen, da bis auf Sondergebiete (z. B. Traktoren) heute alle Fahrzeuge mit Batterie, Lichtmaschine und Anlasser ausgerüstet sind. Lediglich dort, wo das Fahrzeug noch keine Batterie enthält, ist natürlich die Batteriezündung mit der Magnetzündung nicht konkurrenzfähig, da der Einbau von Batterie und Lichtmaschine die Anlage zu sehr verteuern würde.

Auf den vermehrten Wattverbrauch, den der Batteriezünder im Gegensatz zum Magnetzünder für die Stromversorgungsanlage im Kraftfahrzeug mit sich bringt, muß dort Rücksicht genommen werden, wo die Lichtmaschine an sich knapp bemessen ist, wie z. B. an Krafträdern. Aber auch durch die Vergrößerung der Lichtmaschine wird die Preisspanne zwischen den beiden Zündungsarten nur zu einem Teil ausgeglichen.

Zu der Preisspanne der Zündanlagen an sich kommt noch die Tatsache, daß der Zündverteiler des Batteriezünders einfacher und billiger am Motor einzubauen ist als der Magnetzünder, der größere umlaufende Massen hat und mehr Platz braucht.

Früher ist es berechtigt gewesen, dem höheren Preis des Magnetzünders die geringere Betriebssicherheit des Batteriezünders gegenüberzustellen. Dies gilt heute nicht mehr im selben Maße. Gewiß, der Magnetzünder ist ein in sich geschlossenes Ganzes und erzeugt die Zündspannung unabhängig von irgendeinem Element außerhalb dieser in sich geschlossenen Maschine. Die Betriebssicherheit der Zündung hängt also bei ihm lediglich von seiner eigenen Betriebssicherheit ab.

Die Betriebssicherheit des Batteriezünders dagegen ist nicht nur abhängig von der Betriebssicherheit der unmittelbar zur Zündung gehörigen Teile: Spule, Unterbrecher und Verteiler, sie wird vielmehr mitbestimmt durch die Betriebssicherheit der Lichtmaschine, der Batterie, des Schaltkastens und der zwischen Lichtmaschine und Batterie, zwischen Batterie und den Zündungsteilen liegenden Stromleitungen und ihrer Anschlüsse.

Dem muß aber heute hinzugefügt werden, daß die Lichtmaschine und insbesondere die Akkumulatorenbatterie im Lauf der Jahre in einem solchen Maß weiterentwickelt worden sind, daß ihre Lebensdauer und Betriebssicherheit — wenigstens bei Verwendung spannungsregulierender Lichtmaschine — als ausreichend angesehen werden kann, und daß ferner auch die zweckentsprechende Ausbildung der Leitungen und ihrer Anschlüsse so verbessert worden ist, daß bei sachgemäßer Leitungsverlegung die früher aufgetretenen Störungen nahezu restlos beseitigt sind.

Ein nicht unwesentlicher Grund für die Überlegenheit des Magnetzünders bezüglich der Betriebssicherheit war früher die Tatsache, daß man beim Magnetzünder hochwertigeren Kontaktwerkstoff verwenden konnte als beim Batteriezünder, nämlich Platin. Die später näher zu besprechende Kontaktwanderung, die beim Batteriezünder mit seiner immer gleichen Stromrichtung immer stärker auftritt als beim Mehrzylinder-Magnetzünder, zwingt beim Batteriezünder zur Verwendung wenig wandernden Kontaktwerkstoffs, zumeist Wolfram. Nun sind Platinkontakte zwar wesentlich teurer, aber auch betriebssicherer als Wolframkontakte, weil Wolfram im Gegensatz zu Platin ein nicht leitendes Oxyd an der Kontaktoberfläche bildet, so daß bei Wolfram die Unterbrecherschließung weniger gewährleistet ist als bei Platin. Tatsächlich sind schon vielfach Anstände wegen schlechter Leitfähigkeit der Wolframoberfläche aufgetreten. Beim Mehrzylinder-Magnetzünder, wo die Anwendung des Platinkontaktes grundsätzlich möglich ist, kann dieser Mangel vermieden werden. Die Tatsache aber, daß heute schon fast überall, wo noch Magnetzünder verwendet werden, diese mit Wolframkontakten ausgerüstet sind, beweist einerseits, daß die Kontaktschwierigkeiten beim Wolframkontakt nicht zu schwer genommen werden dürfen, andererseits, daß der Preis der Platinkontakte, von Sonderfällen abgesehen, einfach nicht mehr bezahlt werden kann.

Fassen wir alle diese Gesichtspunkte zusammen, so werden wir gerechterweise sagen können:

1. Der Batteriezünder ist billiger und leichter einzubauen als der Magnetzünder, und zwar eignet er sich um so besser, je niederer die Funkenzahl gleich Steuerwellendrehzahl × Zylinderzahl ist.
2. Der Magnetzünder ist auf all den Sondergebieten am Platze, wo keine Batterie vorhanden ist, wo eine sachgemäße Pflege der Batterie nicht gewährleistet werden kann, oder wo ganz besondere Anforderungen an die Betriebssicherheit gestellt werden.

   Dementsprechend beherrscht die Batteriezündung gegenwärtig das Gebiet des Personenwagens nahezu vollständig, während der Magnetzünder noch im Flugzeug, Feuerlöschwagen, Heeresfahrzeug, Omnibus, Traktor und teilweise im Lastwagen, Motorboot und Motorrad eine Rolle spielt.

Den Vergleich der Zündungsarten soll ein kurzer Abschnitt über die sogenannte batterielose Dynamozündung beschließen. Man versteht darunter eine Zündung, die im übrigen dieselben Teile wie die Batteriezündung aufweist, der aber die Batterie fehlt, die also lediglich von der Lichtmaschine den Primärstrom erhält. Man hat immer wieder versucht, eine brauchbare reine Dynamozündung für Kraftwagen zu bauen, bisher ohne Erfolg. Die Lösung der Aufgabe scheitert an einer grundlegenden Tatsache: eine sich selbst erregende Lichtmaschine muß mit einer bestimmten Drehzahl angetrieben werden, um die für die Zündung nötige Energie zu liefern; diese Drehzahl liegt sehr hoch, vorausgesetzt, daß die Maschine nicht unwirtschaftlich groß werden soll. Da mit Rücksicht auf hohe Motordrehzahl die Übersetzung zwischen Kurbelwelle und Lichtmaschine nicht beliebig hoch gewählt werden kann, geht dadurch der Hauptvorteil der Batteriezündung: leichtes Anwerfen, völlig verloren. Man kommt bei Preisberechnungen stets zu folgendem Ergebnis: eine Dynamozündung, deren Lichtmaschine nur so groß ist, daß die Dynamozündung nicht teurer wird als die Magnetzündung, ist der Magnetzündung stets hinsichtlich des Anlassens unterlegen. Da heute fast alle Kraftwagen, die eine Lichtmaschine besitzen, schon mit Rücksicht auf die Standbeleuchtung und das elektrische Anlassen mit einer Akkumulatorenbatterie ausgerüstet sind, ist auch das Bedürfnis für die Dynamozündung mehr und mehr zurückgegangen.

Anders beim Kraftrad. Dort ist der Gedanke, die Zündspule in der Regel an die Batterie und nur im Falle des Versagens der Batterie von dieser weg an die auf konstante Spannung regulierende Lichtmaschine zu schalten, nicht von der Hand zu weisen. Auf diese Weise kann bei Versagen der Batterie das Kraftrad durch Schieben mit möglichst hoher Geschwindigkeit in Gang gebracht oder bei großer und günstig bemessener Lichtmaschine sogar mit Kickstarter angetreten werden. Ist der Motor einmal im Gang, so kann anstandslos mit dieser Dynamozündung gefahren werden. (Die Nachteile, die sich bei Regelung der Lichtmaschine mit dritter Bürste bei ausfallender Batterie ergeben, werden in Teil II dieses Werkes, der die Lichtmaschine und Batterie behandelt, eingehend besprochen.) Der hier angedeutete Ausweg ist deshalb bei Krafträdern besonders wertvoll, weil gerade dort bekanntlich die Batterie am meisten beansprucht und am häufigsten gestört ist.

III. Wesentliche Konstruktionsteile des Zünders

1. Magnetischer Kreis

Wir betrachten nun die wesentlichen Konstruktionsteile des Zünders und beginnen mit dem **permanenten Magneten.** Wir beschränken uns also vorläufig auf die Magnetzündung.

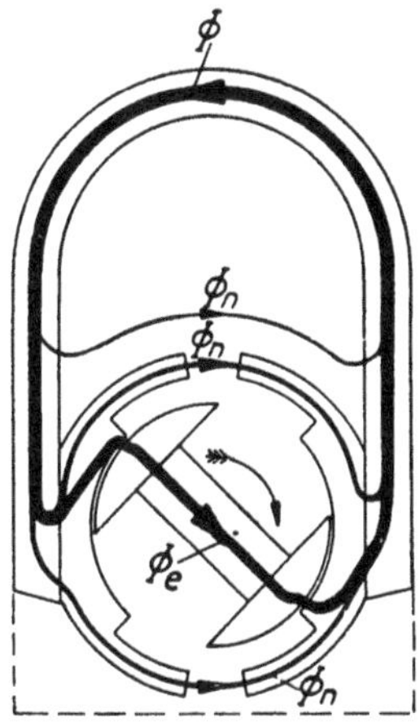

Bild 43. Magnetflußschema

Im letzten Abschnitt wurde dargelegt, daß einer der wichtigsten Gesichtspunkte für Spannung und Leistung eines Magnetzünders der den Anker durchsetzende maximale Erregerfluß Φ_{em} ist; dabei wurde jedoch nicht näher auf die Erzeugung dieses Erregerflusses eingegangen. Betrachten wir nun wieder in Bild 43 das Urbild des Magnetzünders, so wird uns klar, daß der Fluß Φ_{em} ein Teil des den Magneten durchsetzenden Erregerflusses Φ ist, und zwar ist $\Phi = \Phi_e + \Phi_n$, wo Φ_n den durch den Streuweg gehenden Nebenschluß-Fluß darstellen soll.

Der Fluß des Magneten Φ hängt nun bekanntlich ab von dem Querschnitt des Magneten und der ihm eigenen magnetischen Induktion: $\Phi = B\,Q$. Die an den Polen des Magneten auftretende magnetische Spannung ist $E_M = H.l$, wenn H die Feldstärke und l die wirksame Länge des Magneten bedeuten. Die Veränderung des Flusses BQ mit der magnetischen Spannung

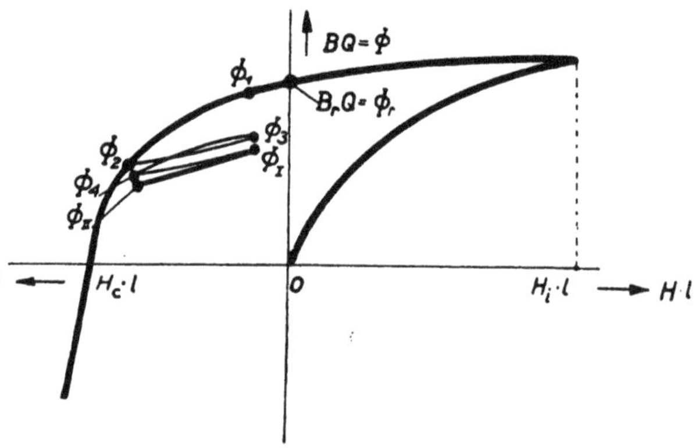

Bild 44. Arbeitsbedingungen des Zündermagneten

H · l, die allgemein bekannte Magnetisierungslinie, zeigt Bild 44. Beim Magnetisieren des Magneten durch eine magnetomotorische Kraft H · l erreicht Φ seinen höchsten Wert. Wird daraufhin H = 0, so behält der Magnetstahl einen bestimmten Wert von B bei. Diesen Wert (B_r) nennt man die wahre Remanenz des Magneten für H = 0 und den entsprechenden Wert $B_r Q = \Phi_r$ den Remanenzfluß. Entmagnetisiert man den Magneten durch negatives H · l so sehr, daß er unmagnetisch, also B = 0 wird, so nennt man den entsprechenden Wert von $H = H_c$ die Koerzitivkraft des Magneten für B = 0. Die Remanenz B_r ist das Maß für den Magnetismus eines widerstandlos geschlossenen Magneten nach Abschalten der magnetisierenden Erregung, die Koerzitivkraft H_c das Maß für die Entmagnetisierungsstärke, die aufgewandt werden muß, um die Remanenz zu beseitigen. Beide Maße sind wichtig für die Beurteilung der Güte eines Magnetstahls, was die folgenden Sätze noch deutlicher zeigen werden.

Der Anker des Magnetzünders möge so stehen, daß der volle Magnetfluß sich ausbilden kann, und der Magnet sei durch eine bestimmte magnetomotorische Kraft $H_i \cdot l$ magnetisiert, die etwa von einem starken Elektromagneten, der sogenannten Magnetisiervorrichtung, herrühren kann. Nach Ausschalten des Magnetisierfeldes sinkt der Fluß des Magneten nicht etwa auf den Wert Φ_r, sondern auf einen nahe darunter liegenden Wert Φ_1 infolge des allerdings kleinen äußeren Widerstandes des magnetischen Kreises und der dadurch vorhandenen magnetischen Spannung. Dreht sich nun der Anker, so steigt die magnetische Spannung zwischen den Magnetpolen erstens infolge der Zunahme des äußeren magnetischen Widerstands zwischen den Polschuhen und hauptsächlich zweitens infolge der dem Magnetfluß entgegenwirkenden magnetomotorischen Kraft, die von dem in der Ankerwicklung fließenden Strom erzeugt wird. Auf diese Weise sinkt beim Arbeiten des Magnetzünders der Fluß Φ auf einen wesentlich kleineren Wert Φ_2, von dem er sich allerdings wieder etwas erholt, nachdem beim Weiterdrehen des Ankers die besprochene magnetomotorische Kraft des Ankers Null geworden ist. Doch erreicht Φ nicht mehr den Wert Φ_1, sondern einen neuen Wert Φ_3 (s. Bild 44), von dem er bei weiter umlaufendem Anker erneut auf den Wert Φ_4 sinkt. Dieses Spiel geht jedoch nicht ins Endlose fort, findet vielmehr bald seinen Abschluß bei einem Mindestwert von $\Phi = \Phi_I$ und $\Phi = \Phi_{II}$, der für jeden Magnetzünder bestimmt gegeben ist. Während des weiteren Arbeitens des Magnetzünders schwankt $BQ = f\ (H \cdot l)$ ständig zwischen Φ_I und Φ_{II} hin und her, und zwar auf einer Schnabelschleife, die einer Geraden nahekommt und die man als A r b e i t s l i n i e d e s M a g n e t z ü n d e r s bezeichnen kann.

Die S c h w ä c h u n g des Magneten ist bei normalem Betrieb des Zünders besonders intensiv dann, wenn der Primärstrom groß ist und bei einer Ankerstellung auftritt, bei der das Ankerfeld besonders stark auf den Magneten wirkt. Dies ist der Fall hauptsächlich bei hoher Drehzahl und Spätzündung, vor allem aber dann, wenn auch in der Öffnungsperiode des Unterbrechers stoßweise Kurzschlüsse auf die Primärwicklung erfolgen. Diese Kurzschlüsse sind deshalb nichts Außergewöhnliches, weil die Magnetzündung durch plötzliches Kurzschließen des Unterbrechers mit dem Schlüsselschalter bei beliebiger Ankerstellung abgestellt wird. Durch das Kurzschließen der Primärwicklung bei hoher Drehzahl wird der Magnet außerordentlich rasch auf die Arbeitslinie gebracht. Schon einige Kurzschlußstöße, die viel stärker wirken als dauernder Kurzschluß, können den Magnetzünder in seinen sogenannten geschwächten Zustand bringen, d. h. eben in den Zustand, in dem der Magnet der Arbeitslinie folgt.

Man hat also mit der Tatsache zu rechnen, daß ein frisch magnetisierter Magnetzünder im Lauf des Betriebs in der Leistung bis zu einem bestimmten Mindestmaß nachläßt, ist aber glücklicherweise in der Lage, beim Bau und bei der Prüfung eines Magnetzünders genau diese Mindestleistung bestimmen zu können. Nur wenn der magnetische Kreis durch Herausziehen des Ankers oder gar Abziehen des Magneten unzulässig geöffnet, oder der Magnet, z. B. durch Batteriestrom in der Primärwicklung des Zünders, entmagnetisiert wird, kann die Arbeitslinie noch wesentlich tiefer sinken, als dies bei normalem Betrieb der Fall ist. Der Magnetzünder wird dann häufig seinen Dienst solange versagen, bis er wieder frisch magnetisiert ist. Aus diesem Grunde kann nicht dringend genug vor dem Auseinandernehmen eines Magnetzünders durch andere als Sachverständige gewarnt werden.

Wohl zu beachten ist, daß die Schwächung des Magneten lediglich eine Betriebsbedingung, nicht aber eine Veränderung der magnetischen Eigenschaften (Koerzitivkraft und Remanenz) des Magneten bedeutet. Erneutes Magnetisieren bringt den Magneten sofort wieder in den ungeschwächten Zustand. Im Gegensatz dazu steht das sogenannte Altern des Magneten, das aber glücklicherweise nur in ganz geringem Maße auftritt. Als Altern wird ein geringes Abnehmen der Koerzitivkraft im Laufe der Jahre bezeichnet, das bei den meisten Stahlarten zu beobachten ist und durch Erwärmung und Erschütterungen stark beschleunigt werden kann. Die Zündermagnete werden in der Regel nach der Härtung durch Kochen künstlich gealtert, so daß ein späterer Einfluß auf die Zündleistung praktisch ausgeschlossen ist.

Nach den bisherigen Betrachtungen ist also für den den Primärstrom erzeugenden Fluß Φ_{em} der maximale Magnetfluß der Arbeitslinie $\Phi_m = B_I\ Q = \Phi_I$ maßgebend. Der Unterschied des tatsächlichen Flusses Φ_I von dem sogenannten Remanenzfluß Φ_r hängt ab vom Verlauf der Arbeitslinie, d. h. sowohl von der Qualität des Magnetstahls und den Magnetabmessungen, die die Linie $BQ = f\ (H \cdot l)$ und die Wiederholungslinie ($\Phi_2\ .\ .\ .\ \Phi_3$

in Bild 44) bestimmen, als auch von den schwächenden Einflüssen der dem Fluß entgegenwirkenden magnetomotorischen Kräfte.

Aus diesem Grunde ist die Beurteilung der Brauchbarkeit eines Magnetstahls für einen Magnetzünder gar nicht einfach, und es sind schon sehr verschiedene Bewertungs-

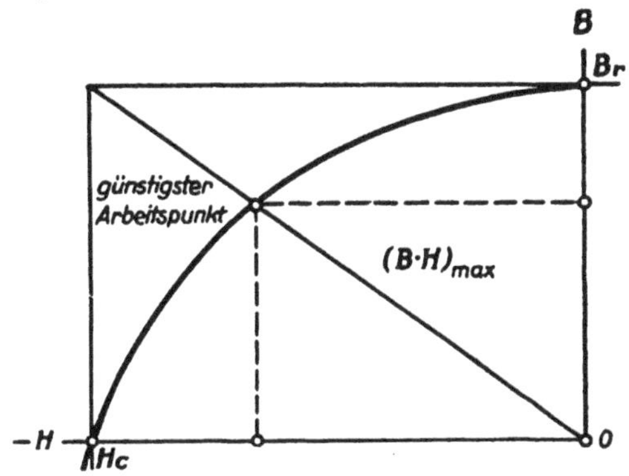

Bild 45. $(BH)_{max}$ und günstigster Arbeitspunkt

maßstäbe zur Anwendung gekommen. Seit der Arbeit von E. A. Watson[1]) hat man sich angewöhnt als Bewertungsmaßstab für permanente Magnete ganz allgemein das Maximum des Produkts B · H anzuwenden. Man nimmt dabei an, daß das Gerät, in dem der permanente Magnet verwendet ist, so gebaut ist, daß es ungefähr in dem Punkt der BH-Linie arbeitet, in dem das Magnetvolumen am günstigsten ausgenützt ist. Dies ist der Punkt, in dem das Produkt aus B und H sein Maximum hat. Man findet diesen Punkt näherungsweise als Schnittpunkt der Diagonalen des Rechtecks aus B_r und H_c mit der Magnetisierungskurve (Bild 45). Diese Gütezahl $(BH)_{max}$ ist genauer als die in Deutschland oft verwendete einfacher zu ermittelnde Gütezahl $B_r \times H_c$, da sie die Verschiedenheit der Krümmung der Magnetisierungskurve bei verschiedenen Stählen berücksichtigt, erfordert aber die Aufnahme der Magnetisierungslinie.

Man wird allerdings bei der Auswahl eines Magnetstahls für einen Magnetzünder nicht allein den Wert $(BH)_{max}$ berücksichtigen dürfen, da man aus konstruktiven Gründen und wegen der Streuung das Verhältnis von Magnetlänge zu Magnetquer-

---

[1]) E. A. Watson, The Journal of The Institution of Electrical Engineers 1923, Vol. 67, S. 641.

Stahl	Wesentliche Beimengungen (Rest Fe)	H_c	B_r	$H_c \times B_r$	$(BH)_{max}$
Chrom	3,3 % Cr, 1 % C	56 bis 72	9500 bis 11000	0,57 bis 0,75	0,26 bis 0,36
Wolfram	6 % Wo, 1 % C, 0,5 % Cr	60 bis 75	9100 bis 11000	0,63 bis 0,75	0,31 bis 0,36
Kobalt	**6,5 % Co,** 8,5 % Cr, 1,3 % Mo. 1 % C	120 bis 150	6600 bis 9000	0,95 bis 1,15	0,46 bis 0,55
	11,0 % Co, 8,5 % Cr, 1,6 % Mo, 1 % C	145 bis 180	5900 bis 9000	1,20 bis 1,45	0,60 bis 0,66
	16,0 % Co, 9 % Cr, 1,6 % Mo, 1 % C	175 bis 210	7100 bis 9500	1,50 bis 1,80	0,68 bis 0,77
	31,0 % Co, 4,7 % Cr, 0,4 % Mo, 4,8 % Wo, 1 % C	215 bis 260	7800 bis 10500	1,90 bis 2,40	0,90 bis 1,00
Alni	22,0 % Ni, 12 % Al	275 bis 330	7300 bis 8000	2,00 bis 2,40	0,90 bis 1,20
	27,5 % Ni. 13 % Al	535 bis 620	5000 bis 6200	2,75 bis 3,40	1,00 bis 1,30
	26,0 % Ni, 13 % Al	430 bis 530	6200 bis 7000	2,75 bis 3,30	1,00 bis 1,30
	22,5 % Ni, 10 % Al **13 % Co,** 4 % Cu	535 bis 705	6500 bis 8000	3,85 bis 4,60	1,30 bis 1,80
	15,5 % Ni, 9,5 % Al **24 % Co,** 4 % Cu (mit Vorzugsrichtung)	550 bis 650	10500 bis 12500	6,00 bis 7,50	3,60 bis 4,70

Bild 46. Magnetstähle

schnitt nicht beliebig wählen kann. Für einen relativ kurzen Magneten großen Querschnitts wird z. B. derjenige von 2 Magnetstählen gleicher Leistung günstiger sein, der die höhere Koerzitivkraft und geringere Remanenz hat.

Es ist nicht möglich, hier auf das umfangreiche Gebiet des Magnetstahls, seine Bewertung, Zusammensetzung, Herstellung und Nachbehandlung ausführlich einzugehen[1]), vielmehr möge nur kurz besonders Wichtiges zusammengefaßt werden.

Im Magnetzünder werden vier verschiedene Stahlarten verwendet: 1. Chromstahl, 2. Wolframstahl, 3. Kobaltstahl und in neuerer Zeit vor allem 4. Alnistahl. Innerhalb dieser Stahlarten sind wieder Verschiedenheiten in der Zusammensetzung und dementsprechend in den magnetischen Eigenschaften vorhanden. In der Tafel Bild 46 sind die gebräuchlichen und wesentlichen Beimengungen dieser Stahlarten und ihre magnetischen Eigenschaften ungefähr angegeben, lediglich zu dem Zweck, die Unterschiede einigermaßen zu charakterisieren. Dabei ist jeweils die zweckmäßigste Härtung vorausgesetzt.

Das Härten dieser Stähle erfordert besondere Sorgfalt. Die richtige Härtetemperatur und die richtige Art des Abschreckens ist wichtig für die Leistungswerte des Magneten. Zu hohe Härtetemperatur und zu schroffes Abschrecken führt außerdem zu Sprüngen im Magnet, besonders bei komplizierten Magnetformen. Das Abschrecken von Chrom und Wolframstahl erfolgt in der Regel in Wasser oder in Öl. Ölhärtung bringt weniger Ausschuß wegen Rißbildung, dagegen oft ungleich große Remanenzwerte (große Streuung der Remanenz). Bei einfachen Magnetformen wird Wasserhärtung bevorzugt. Kobaltstahl und Alnistahl wird in Öl oder im Luftstrom gehärtet. Einfache Magnetformen z. B. gerade Stäbe mit wenig bearbeiteten Flächen sind erstrebenswert.

---

[1]) Literatur z. B.: S. Evershed: Permanent Magnets, The Electrician, S. 394, 1925. — F. Stäblein: Dauermagnete, Zeitschrift für Technische Physik Nr. 11, S. 582, 1925. — Neumann: Werkstoffe für Dauermagnete, Archiv für Technisches Messen, Z 912—1, 1937, dort auch weitere Literaturangaben. — Neumann: Magnetische Meßverfahren und Prüfgeräte für Dauermagnetstoffe, Archiv für das Eisenhüttenwesen, Heft 10, S. 483, 1938. — W. Zumbusch: Neuere Entwicklung der Dauermagnete aus Eisen-, Nickel-, Aluminium-Legierungen mit oder ohne Zusatz von Kupfer, Kobalt und Titan, deren Formgebung und Anwendung, Elektrotechnik und Maschinenbau, Heft 51/52, 1942. — R. A. Chegwidden: Typical Data for Magnetic Materials, Metal Progress, S. 704 b, November 1948.

Von den Magnetstählen Chrom-, Wolfram- und Kobaltstahl findet sich bei neueren Konstruktionsformen des Magnetzünders nur noch der erste und älteste, der Chromstahl häufiger vertreten und zwar bei billigen, einfachen Magnetzünderbauarten, besonders solchen mit feststehenden Magneten. Man ist aber im letzten Jahrzehnt immer mehr zu dem von Professor Mishima (Japan) erfundenen Nickel-Aluminiumstahl, dem sogenannten Alnistahl übergegangen. Er enthält 15 bis 30% Nickel und 7 bis 15% Aluminium und hat eine besonders hohe Koerzitivkraft (bis zu 650 Gauß) bei befriedigenden Remanenzwerten. Die hohe Koerzitivkraft ermöglicht besonders kurze Magnetlänge und damit besonders günstige Magnetzünderkonstruktionen, für die man den gegenüber Chromstahl höheren Preis zumeist gerne in Kauf nimmt. Der Alnistahl hat außerdem gegenüber allen anderen bekannten Magnetstählen den Vorzug, daß seine magnetischen Eigenschaften bis zur Temperatur von rund 500° C nur sehr wenig mit steigender Temperatur ab nehmen und gegen Erschütterungen sehr unempfindlich sind. Der Stahl kann jedoch nur gegossen und durch Schleifen weiter bearbeitet werden. (Der gesinterte Alnistahl hat sich bislang, vermutlich aus Preisgründen, auf dem Magnetzündergebiet nicht eingeführt.)

Zur weiteren Steigerung der magnetischen Werte wird Alnistahl, wie aus der Tabelle ersichtlich, auch mit Kobaltzusatz hergestellt und für besonders hochwertige Magnetzünder verwendet. Eine noch weitere Steigerung der magnetischen Eigenschaften ist möglich dadurch, daß diesem Stahl bei der Herstellung eine magnetische Vorzugsrichtung aufgezwungen wird. Inwieweit sich diese neueste Entwicklung des Magnetstahlgebiets im Magnetzünderbau einführt, kann allerdings heute noch nicht überblickt werden.

Wir haben nun noch zu zeigen, wie die Kraftlinienwege des Magnets und Magnetzünders zu bemessen sind, um aus einem Magnetstahl bestimmter Qualität die größtmögliche Leistung herauszuholen. Wir kehren damit zurück zu unserer Betrachtung darüber, daß der im Ankersteg vorhandene maximale Fluß Φ_{em} abhängig ist von dem Fluß des Magneten Φ und dem Streufluß Φ_n, daß ferner der Fluß Φ abhängig ist von dem Remanenzfluß $\Phi = B_r Q$, den schwächenden Einflüssen der dem Fluß entgegenwirkenden magnetomotorischen Kräfte und des magnetischen Widerstandes und dem Verlauf der Magnetisierungskurve, besonders dem Produkt $H_c \cdot l$, das diesen Kräften standzuhalten sucht.

Dabei ist zu beachten, daß der Magnet um so weniger geschwächt wird, je weniger der Ankerfluß entmagnetisierend durch den Magneten geführt wird, d. h. je mehr der Ankerfluß Gelegenheit hat, auf einem magnetischen Nebenschluß den Magneten zu umgehen. Man stellt bei vielen neueren Magnetzündern durch die Verlängerung der Polschuhenden (siehe Bild 43) diesen Nebenschluß absichtlich her. Da jedoch der Nebenschluß die Streuung des Erregerflusses Φ_n verstärkt, wird man für jede Magnetzünderbauart das Optimum dieses magnetischen Nebenschlusses suchen müssen.

Nach dem Gesagten muß ein Maßstab für die richtige Bemessung der magnetischen Wege und zugleich für die Beurteilung eines Magnetzünders überhaupt sein:

1. Das Verhältnis des Remanenzflusses Φ_r des Magneten zu dem tatsächlichen Fluß im Ankersteg $\Phi_{em} = \Phi_I - \Phi_n$, dem sogenannten geschwächten Fluß, und 2. das Verhältnis des Flusses im Ankersteg vor der Schwächung $\Phi^1_{em} = \Phi_1 - \Phi_n$ zu dem geschwächten Fluß $\Phi_{em} = \Phi_I - \Phi_n$ (vgl. Bilder 43 und 44).

Ist das Verhältnis $\frac{\Phi_r}{\Phi_{em}}$ zu groß, so kann entweder der Magnet zu kurz oder der magnetische Widerstand des Erregerflußkreises zu groß oder endlich die Streuung Φ_n zu groß ausgefallen sein. Ist außerdem das Verhältnis $\frac{\Phi^1_{em}}{\Phi_{em}}$ zu groß, so ist nicht die Streuung zu groß, sondern der Magnet für die vorhandenen entmagnetisierenden Einflüsse zu kurz bemessen.

Die Schwächung des magnetischen Flusses Φ^1_{em} auf Φ_{em} im Laufe des Betriebes soll natürlich möglichst gering sein. Erfahrungsgemäß liegt bei guten Magnetzündern das Verhältnis $\frac{\Phi^1_{em}}{\Phi_{em}}$ etwa zwischen 1,08 und 1,13. Dagegen schwankt das Verhältnis $\frac{\Phi_r}{\Phi_{em}}$ bei richtig gebauten Magnetzündern zwischen den Werten 1,8 und 3,2. Die genannten Werte fußen auf Messung an einer Reihe von Konstruktionen und geben deshalb gewisse

Anhaltspunkte für die praktische Magnetzünderbemessung.

Über die verschiedenen in der Praxis vorhandenen Magnetformen werden wir noch bei der Besprechung der einzelnen Zünderbauarten zu reden haben. An dieser Stelle sei nur nochmals auf die Wichtigkeit einfacher Magnetformen

Bild 47. Magnetisier-Vorrichtung

mit möglichst wenig bearbeiteten Flächen und möglichst keinen Befestigungslöchern hingewiesen.

Für Chromstahl ist die Urform des Bügelmagneten, für Alnistahl der gegossene rechteckige Stab, der nur an beiden Enden, wo er am Polschuh anliegt, geschliffen zu werden braucht, als Bestlösung anzusehen.

Nach dem Zusammenbau des Magnetzünders muß der Magnetfluß erstmals auf den Wert Φ_1 gebracht werden, er muß mit einer bestimmten magnetomotorischen Kraft $H_i \cdot l$ magnetisiert werden. Die hierzu benutzten sogenannten Magnetisiervorrichtungen sind in der Regel besonders kräftige Elektromagnete, zwischen deren Pole die Pole des Zündermagnets gebracht werden (siehe Bilder 47, 48, 49). Dabei ist hauptsächlich darauf zu achten, daß die Anlagefläche der Pole am Zündermagnet nicht zu klein, vor allem aber auch nicht zu groß ist. Grundsatz muß sein, daß die freie Länge des Zündermagneten möglichst groß bleibt. Ringmagnete sind an der Auflagestelle der Polschuhe zu magnetisieren. Sie ent-

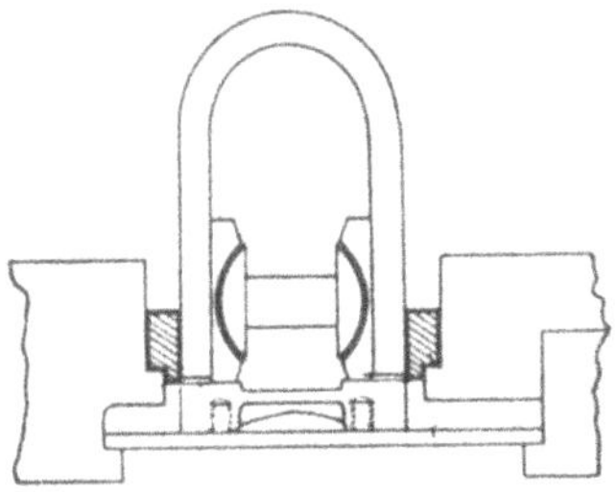

Bild 48. Magnetisierbacken am Bügelmagnet

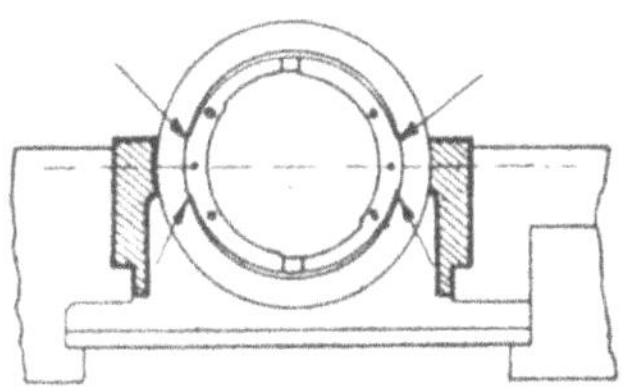

Bild 49. Magnetisierbacken am Ringmagnet

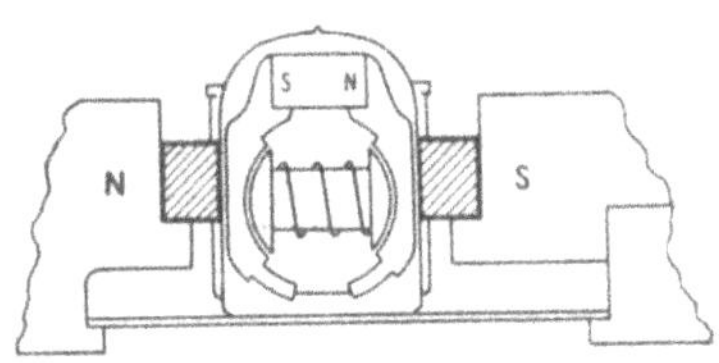

Bild 50. Magnetisierbacken an den Polschuhen eines neueren Magnetzünders mit Umlaufanker

sprechen etwa einem Bügelmagnet, dessen Querschnitt gleich dem doppelten Querschnitt des Rings und dessen Länge gleich dem halben Ringumfang ist, sind also zwei parallel geschaltete Halbringmagnete. Neuere Magnetzünder werden zumeist nicht mit dem Magnet selbst, sondern mit den Polschuhen an die Pole der Magnetisiervorrichtung angelegt. Dabei kann beim umlaufenden Magnet über den Luftspalt hinweg magnetisiert werden. Die Bilder 50 bis 53 zeigen an einigen Zünderbauarten, wie durch Wahl verschiedener Magnetisierbacken die richtige Anlagefläche erzielt wird. Bei Lichtmagnetzündern, bei denen wie in der Anordnung Bild 51 die Lichtmaschine im Zündermagnetkreis liegt, ist oft die Magnetisierungsrichtung mit Rücksicht auf Erregung und Polarität der Lichtmaschine von Wichtigkeit. Das Magnetisieren der nicht im Zünder eingebauten Magnete ist, wenn die Magnetpole nicht durch ein besonderes

Eisenschlußstück bis zum Anliegen des Magnets an den Polschuhen geschlossen bleiben, wertlos, da die äußere magnetomotorische Kraft zwischen den Polen nur einen sehr schwachen remanenten Fluß aufkommen läßt. Manche Schwungradmagnete werden mit besonderen sternförmigen Magnetisiervorrichtungen von innen her magnetisiert (Bild 53).

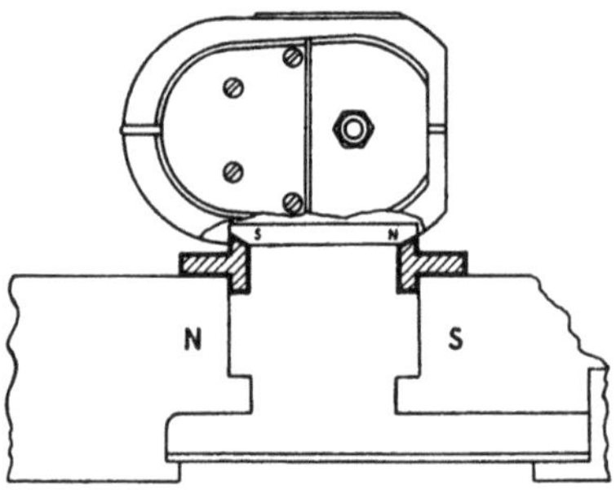

Bild 51. Magnetisierbacken am Stabmagnet des Bosch-Lichtmagnetzünders

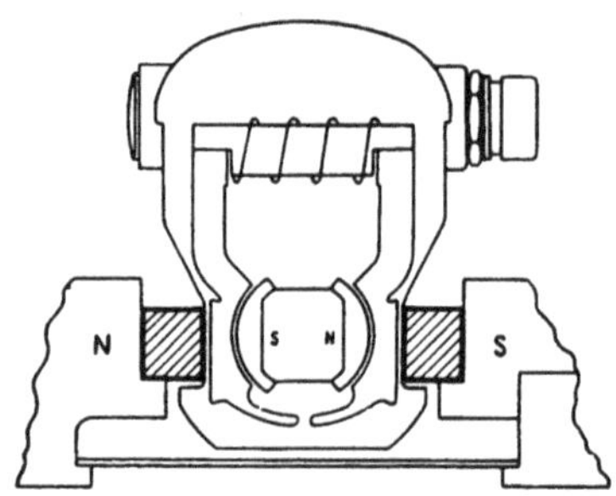

Bild 52. Magnetisierbacken an den Anker-Polschuhen eines Magnetzünders mit Umlaufmagnet

Bild 53. Magnetisiereinrichtung für einen sechspoligen Schwungradmagnetzünder

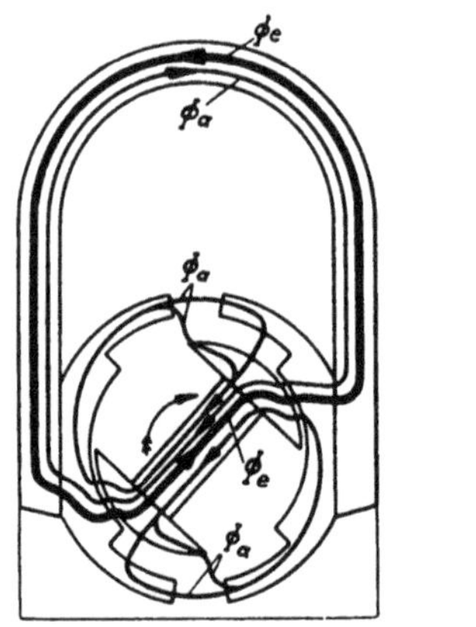

Bild 54. Erregerfluß und Ankerfluß

Aus unseren bisherigen Betrachtungen geht deutlich hervor, daß nicht nur der Magnet selbst, sondern der gesamte **Kraftlinienweg** für den magnetischen Fluß und für die Flußänderung maßgebend ist. Dazu kommt, daß gerade die Eisenwege von ausschlaggebendem Einfluß auf die Verluste sind, die bei der Umwandlung der magnetischen Energie des Magnetkreises in die elektrische Energie des Zündfunkens auftreten. Dies veranlaßt uns noch etwas näher auf die Teile des Magnetzünders und der Zündspule einzugehen, in denen der magnetische Fluß verläuft. Wir wollen hierbei, um vorläufig beim Magnetzünder zu bleiben, grundsätzlich unterscheiden zwischen dem vom Magnet herrührenden Erregerfluß und dem von der stromdurchflossenen Primärwicklung herrührenden Ankerfluß. Beide Flüsse sind in Bild 54 getrennt eingezeichnet. Wir wissen von unseren Betrachtungen in Abschnitt II, daß von der Geschwindigkeit der Änderung des Primärstromes im Unterbrechungsmoment, also auch von der Geschwindigkeit der Änderung des dem Strom proportionalen Ankerflusses die Leistung des Magnetzünders abhängt. In den Eisenteilen des magnetischen Kreises entstehen aber Wirbelströme, die Fluß und Stromänderung aufzuhalten suchen und so sehr ungünstig auf die Energieumsetzung wirken, besonders da es sich beim Ankerfluß um sehr große Änderungsgeschwindigkeiten handelt. Im Erregerflußkreis dagegen spielen die Wirbelströme eine untergeordnete Rolle, da hier die Flußänderung verhältnismäßig langsam, etwa mit der Frequenz der Ankerdrehzahl vor sich geht.

Das Mittel, um Wirbelströme möglichst zu vermeiden, ist die sogenannte Blätterung oder Lamellierung des Eisenwegs. Man verwendet statt massiven Eisens Pakete dünner, in der Flußrichtung verlaufender Bleche, die voneinander durch eine Zunderschicht oder eine dünne Papierschicht getrennt sind. Wichtig ist dabei natürlich, daß die Niete, die diese Blechpakete zusammenhalten, so gelegt werden, daß nicht diese zusammen mit den Blechen, hauptsächlich den Endblechen einen Stromkreis für Wirbelströme bilden.

Besonders dort, wo die Eisenteile in das Gehäuse eingegossen werden, muß man darauf achten, daß durch das Metall des Gehäuses allein, oder in Verbindung mit den Nieten der Lamellenpakete keine Wirbelstromkreise gebildet werden. Der Gedanke der Blätterung ist in der allgemeinen Elektrotechnik geläufig, und es brauchen darüber keine weiteren Worte verloren zu werden. Alle Teile, die vom Ankerfluß durchflossen werden, sind nach Möglichkeit zu blättern. Dies gilt besonders für den Ankerkern, der innerhalb der Wicklung liegt. Bei umlaufendem Anker ist der Eisenteil in der Regel in der Mitte aus Blechen, an den Enden aus gegossenen, sogenannten Endstücken (zumeist aus Temperguß) zusammengenietet (siehe Bild 55). Die Endstücke, die zum Halt der Wicklung und zur Befestigung der Achsen dienen, übernehmen einen guten Teil der Erregerflußleitung, während die Änderung des Ankerflusses nach der Unterbrechung fast ausschließlich im Blechpaket erfolgt.

Die sogenannten Magnetpolschuhe übernehmen die Überleitung des Erregerflusses vom Magnet zum Anker, können aber auch, wie Bild 54 zeigt für die Ausbildung des Ankerflusses

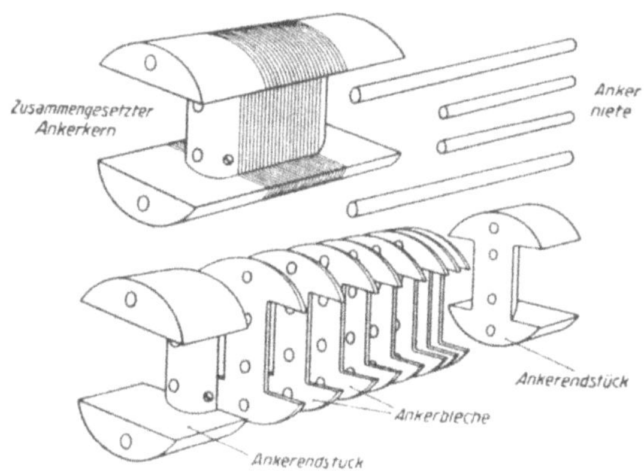

Bild 55. Geblätterter Ankerkern

wesentlich sein. Sie sind deshalb bei vielen Typen geblättert ausgeführt. Dies wird besonders wichtig dort, wo die Magnetpolschuhe so einander genähert werden, daß ein wesentlicher Teil des Ankerflusses zur Schonung des permanenten Magneten über die Polschuhhörner geführt wird. Der Magnet selbst schützt sich ziemlich stark gegen den Ankerfluß, da sich unter dem Einfluß des Ankerflusses in ihm starke Wirbelströme bilden. Die Polschuhe müssen stark genug sein, den Ankerfluß aufzunehmen, damit dieser nicht veranlaßt wird, an der Auflagefläche des Magneten entmagnetisierend zu wirken.

Bei feststehender Wicklung geht ein geblätterter Kern durch die Wicklung. Er steht an seinen Enden in Verbindung mit geblätterten, sogenannten Ankerpolschuhen, die die Aufgabe haben, den Magnetfluß vom umlaufenden Teil zu übernehmen und dem Ankerkern zuzuführen. Diese Flußführung erfordert oft ziemlich komplizierte Polschuhformen. Als Beispiel zeigt Bild 56 den Aufbau eines 8 Zylinder Magnetzünders, bei dem von einem umlaufenden sternförmigen gegossenen vierpoligen Alnimagnet der Fluß durch die Ankerpolschuhe an vier Stellen des Umfangs abgenommen und in sich verjüngenden Blechpaketen dem die Wicklung durchsetzenden Ankerkern zugeführt wird. Diese Verjüngung der Blechpakete wird oft dadurch erreicht, daß kürzere und längere Blechstreifen zu Paketen abwechselungsweise aufeinandergeschichtet und zusammenge-

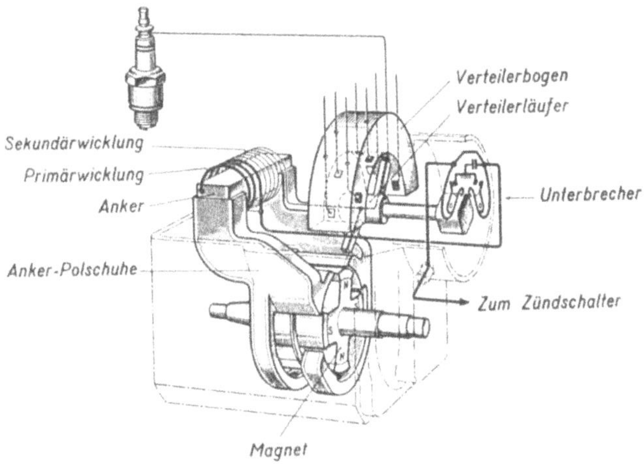

Bild 56. Bosch-Achtzylindermagnetzünder

nietet werden, wodurch sich am einen Ende ein breites, am andern Ende ein schmales Blechpaket ergibt. Die verschiedenen Hörner der Polschuhe werden durch verschiedenartige Blechschnitte erzielt. Die in dem Bild dargestellten Ankerschuhe sind durchweg aus entsprechend zusammengeschichteten und gebogenen Einzelblechen von etwa 0,5 mm Stärke aufgebaut. Auch der Übergang vom Ankerschuh zu dem schmalen Ankerkern erfordert besondere konstruktive Sorgfalt, um Flußverluste zu vermeiden.

Bei jedem Magnetzünder wird der magnetische Eisenkreis durch einen oder mehrere L u f t s p a l t e zwischen dem umlaufenden und feststehenden Teil unterbrochen. Läuft der Anker oder der Magnet um, so befinden sich zwei Luftspalte zwischen Magnet- und Ankerpolschuhen, bei der Bauart mit umlaufenden Kraftlinienleitstücken, bei der Anker und Magnet feststehen, findet man zumeist vier Luftspalte, je zwei zwischen

Ankerpolschuhen und Läufer und zwischen Läufer und Magnetpolschuhen. Um den Querschnitt des Luftüberganges der magnetischen Kraftlinien möglichst groß zu gestalten, hat man beim umlaufenden Anker die in Bild 55 gezeigte Form mit Ankerendstücken gewählt. Der Bogen des Polschuhs und der Bogen des Ankers haben bei Zweiabrißtypen häufig eine Größe von etwa 90°. Von großer Wichtigkeit ist natürlich die Größe des Luftspalts; man macht ihn so klein, wie dies aus baulichen und mechanischen Rücksichten möglich ist. Je nach Größe und Bauart des Zünders beträgt er 0,10 bis 0,20 mm.

Der Querschnitt der Eisenwege ist so zu bemessen, daß keine zu hohe Sättigung und keine zu großen Streuflüsse auftreten. Bei umlaufenden Ankern und häufig auch bei feststehenden ist der schwächste Querschnitt des Eisenwegs der sogenannte Ankersteg, der Teil, auf den die Wicklung zu liegen kommt. Aus Platzrücksichten und auch mit Rücksicht auf kleine Windungsdurchmesser (Kupferpreis, Primärwiderstand) sucht man diesen Teil des Eisenwegs meist so schwach wie möglich zu wählen, und geht dort mit der Eisensättigung bis zu 11 000 Gauß und höher. Wesentlich höher zu gehen ist allerdings unzweckmäßig, da sonst der magnetische Widerstand und die Verluste zu groß werden. Bei feststehendem Anker und besonders bei Zündspulen sind im allgemeinen die Sättigungen geringer, da man hier mehr Platz zur Verfügung hat. Bei der Zündspule sind geringe Eisensättigungen hauptsächlich deshalb anzustreben, weil man auf möglichst geringe Verluste mit Rücksicht auf den Wattverbrauch des Batteriezünders besonders angewiesen ist.

Damit kommen wir noch kurz auf den Kraftlinienweg bei Zündspulen zu sprechen. Wir haben in Abschnitt II gesehen, daß bei einer gegebenen Batteriespannung die Leistung der Zündspule, abgesehen von Schließungsdauer und Drehzahl, von dem Primärwiderstand und der Induktivität abhängig ist. Für bestimmte Leistungs-Anforderungen ist nun der Primärwiderstand und die Induktivität fest gegeben, und wir stehen vor der Wahl, ob wir zweckmäßiger durch hohe Windungszahl z und geringe Leitfähigkeit des magnetischen Kreises Λ oder durch das umgekehrte Verhältnis die verlangte Induktivität erreichen, da $L = \Lambda z^2$. Mit anderen Worten: es tritt uns beim Bau einer Zündspule dieselbe Frage entgegen, die beim

Bau von Transformatoren längst bekannt ist: Viel Kupfer und wenig Eisen oder viel Eisen und wenig Kupfer. Beide Prinzipien kann man, wie Abschnitt IV lehren wird, in der Praxis vertreten sehen.

Im Gegensatz zum Transformator ist allerdings eine völlig eisengeschlossene Bauart nicht möglich, da ein Luftspalt grundsätzlich zum Aufspeichern der Zündungsenergie nicht entbehrt werden kann. Die heute meist gebräuchliche Zündspule verzichtet sogar fast völlig auf eisengeschlossene Bauart und begnügt sich mit einem sorgfältig geblätterten Kern in der Wicklung und wenigen Außenblechen zur Führung des magnetischen Flusses.

Wir haben bisher stets die Wirbelstromverluste in den Vordergrund unserer Betrachtungen gestellt und die sogenannten Hystereseverluste vernachlässigt. Dies ist berechtigt, da sie tatsächlich im Verhältnis zu den Wirbelstromverlusten eine ganz geringe Rolle spielen. Immerhin muß darauf geachtet werden, daß die Koerzitivkraft der Weicheisenteile des Kraftlinienwegs klein, etwa in der Größe von 2 bis 3 cgs bleibt.

2. Isolierung

Wenn man den kleinen Raum betrachtet, der einem Magnetzünder oder einer Zündspule im Kraftfahrzeug zur Verfügung steht, und andererseits überlegt, daß in den stromführenden Teilen dieser Apparate Spannungen bis zu 30 000 Volt auftreten können, so wird man sich der Schwierigkeit der Aufgabe „zu isolieren“ bewußt. Die hohe Spannung stellt große Anforderungen an die Formgebung hinsichtlich der sogenannten Kriechwege und an die verwendeten Isolierstoffe hinsichtlich der Durchschlagsfestigkeit. Wir betrachten zunächst die **Wicklung,** und zwar die für alle Bauarten gemeinsamen Gesichtspunkte.

Bild 57 zeigt die fast stets gebrauchte Schaltung von Primär- und Sekundärwicklung, die sogenannte Sparschaltung. Die in der Primärwicklung im Öffnungsmoment erzeugte Spannung addiert sich zur Spannung der Sekundärwicklung, so daß zwischen Sekundärende (A) und Primäranfang (B) die volle Spannung liegt. Dabei ist der Primäranfang stets mit der sogenannten Masse, d. h. mit dem Gehäuse des Zünders und Motors verbunden. Diese Schaltung gilt für Magnet- und Batteriezünder, vorausgesetzt, daß man beim Batteriezünder die Batterie in den Primärstromkreis einfügt.

Schon die Spannung an den Enden der Primärwicklung (B, C) kann beträchtliche Werte (Größenordnung von 500 Volt) im Augenblick der Unterbrecheröffnung erreichen, so daß die Isolierung der Primärwicklung, der Spannung führenden Unterbrecherteile und des Kondensators unter keinen Umständen vernachlässigt werden darf. Gerade beim Primärstrom-

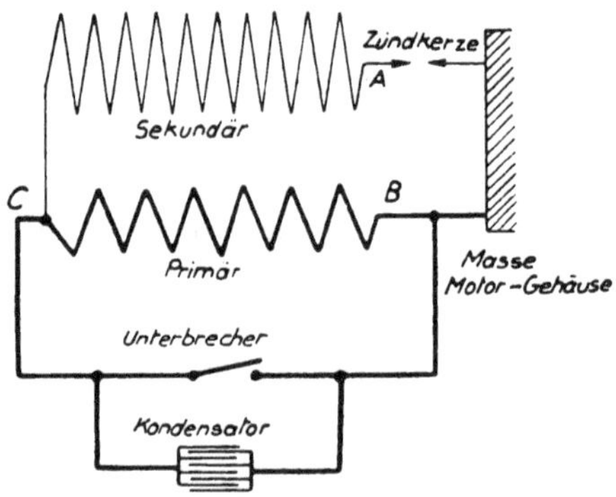

Bild 57. Sparschaltung

kreis kann ungenügende Isolierung nicht nur Durchschlagsgefahr mit sich bringen, sondern kann zu wesentlichen Kriechstromverlusten führen, die die Leistung des Zünders verringern oder gar seine Betriebssicherheit gefährden. Besonders gefürchtet sind Primärwindungsschlüsse, da eine derartige Kurzschlußwicklung das Arbeiten des Zünders unterbindet.

Sowohl für die Primärwicklung wie für die Sekundärwicklung wird in der Regel mit Öllack isolierter Kupferdraht verwendet und in einer Reihe von Windungen nebeneinander aufgespult. Die Isolierung der einzelnen Lagen voneinander und von dem Eisenkern wird durch Streifen aus Papier, Baumwolle oder Seide gebildet. Alle diese Stoffe werden in lackiertem oder imprägniertem Zustande verwendet (Lackpapier, Ölleinwand, Lackseide). Dazu kommt bei höher beanspruchten Wicklungen eine Lackierung der einzelnen Lagen während des Wickelvorganges. Bei Zündspulen ist man dazu übergegangen, das Isoliermaterial, vor allem das Papier roh einzuwickeln und dann die ganze Wicklung nachträglich mit einer geeigneten

Isoliermasse zu durchtränken. Die Isolierung muß möglichst vollkommen und dicht sein, da schon kleine Luftblasen in der Spule leicht den Anlaß zu ihrer Zerstörung geben können. Man hat aber nicht nur auf hohe Isolierfestigkeit aller Teile der Wicklung zu achten, sondern besonders auch auf unbedingte äußere Dichtheit der Wicklung gegenüber Wasser- und sonstigen Dämpfen.

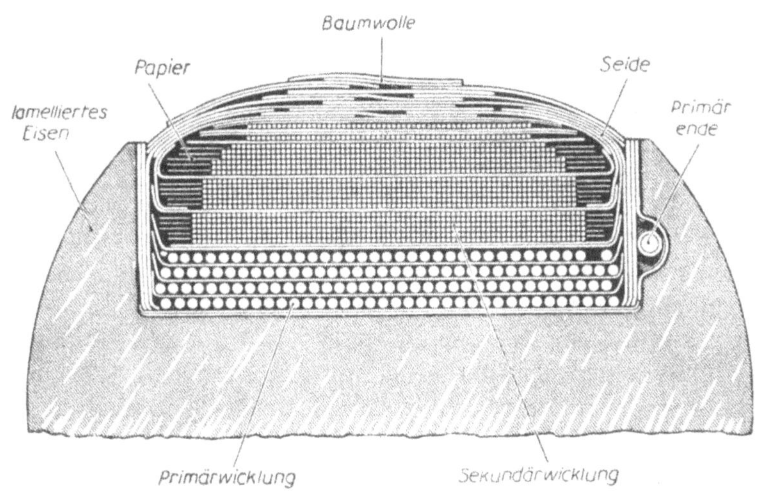

Bild 58. Schnitt durch die Wicklung eines Umlaufankers

Ein Beispiel für die sogenannte geschachtelte Bauweise einer umlaufenden Wicklung zeigt der Schnitt in Bild 58. Die Isolierung der Flanschen ist beim Wickeln so breit gelassen, daß sie noch über die ganze Wicklung geklappt werden kann. Je näher man an das Ende der Sekundärwicklung kommt, desto höher ist die Spannung gegen Masse, desto größer ist aber auch die Gefahr von Durchschlägen zwischen den Lagen und Windungen, da ähnlich wie bei den Transformatoren der Überlandnetze W e l l e n hoher Spannung häufig a u f d i e W i c k l u n g treffen und die letzten Lagen besonders hoch beanspruchen. Ein Teil der Überschläge innerhalb der Hochspannungsspule beruht auf Spannungsresonanz, hervorgerufen durch die Hochfrequenz des Kerzenüberschlags und die Windungs- und Lagenkapazität und Induktivität der Spule. Es ist aber auch möglich, daß eine Stoßstelle, z. B. ein Übergang von 0,06 mm auf 0,15 mm Drahtquerschnitt, die Spannung reflektiert, so daß in ungünstigen Fällen die Spannung in der Wicklung einen sehr hohen Wert erreichen kann. Zum Schutze dagegen werden einerseits gegen das Ende der Sekundärwicklung die Abstände vom Eisenkern (Flanschabstände) sehr groß gewählt und andererseits wird die Isolierung zwischen den letzten Lagen besonders sorgfältig ausgeführt. Häufig werden auch die letzten Windungen gesperrt, d. h. nicht dicht aneinander liegend gewickelt, und manchmal wird sogar durch besondere Maßnahmen eine günstige Verteilung der Kapazität der einzelnen Lagen und Windungen gegeneinander angestrebt. Zur Vorschaltung besonderer Drosselspulen, wie es bei Tranformatoren von Überlandnetzen häufig üblich ist, ist man jedoch bei handelsüblichen Zündern bisher nicht übergegangen.

Der Draht, der für die Sekundärwicklung verwendet wird, wird — vor allem bei Magnetzündern und ganz besonders bei umlaufenden Wicklungen — aus Raumgründen so dünn wie irgend möglich genommen, da sein Widerstand ohne wesentlichen Einfluß auf die Zündleistung ist. Im Gegenteil werden häufig für einen Teil der Wicklung mit Rücksicht auf die bereits besprochene Reststromwirkung Drähte besonders hohen Widerstandes (Nickelin) verwendet, um den Lichtbogen an der Kerze möglichst rasch zum Erlöschen zu bringen. Drahtstärken von 0,05 und 0,06 mm gehören heute nicht mehr zum Außergewöhnlichen, erfordern aber besondere Sorgfalt beim Wickeln.

Überhaupt ist die Sekundärwicklung einer der bei der Herstellung empfindlichsten Teile des Zünders; wer einigermaßen auf Betriebssicherheit seines Fahrzeugs Wert legt, sucht deshalb Schäden an der Wicklung nicht selbst oder durch ungenügend eingerichtete Reparaturwerkstätten zu beheben, sondern schickt den Zünder zur Herstellerfirma.

Erwähnt werden mag noch, daß die Isolierstoffe vielfach die Eigenschaft haben, unter dem ständigen Einfluß hoher Spannung zu altern und von ihrer Durchschlagsfestigkeit zu verlieren. Es wird also oft ein starker Stoff von ursprünglich geringer Durchschlagsfestigkeit besser am Platze sein als ein Stoff von ursprünglich hoher Durchschlagsfestigkeit und entsprechend geringerer Stärke. Für den Betrieb in tropischem Klima müssen die Zünderwicklungen besonders sorgfältig gebaut werden; vor allem werden manche der in gemäßigtem

Klima verwendeten Isolierstoffe vom feuchten und heißen Tropenklima außerordentlich rasch zerstört, so daß für Tropenwicklungen oft Sonderstoffe verwendet werden müssen.

Besondere Schwierigkeiten für die Isolierung bieten die sogenannten Zweifunkenanker. Dies sind Anker, bei denen beide Enden der Sekundärwicklung getrennt isoliert

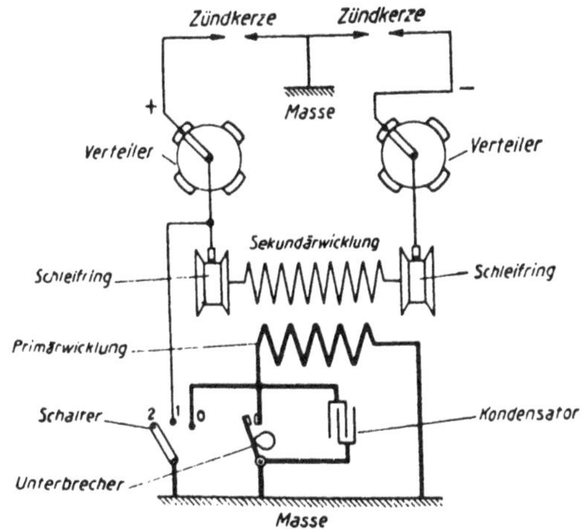

Bild 59. Schaltbild der Zweifunkenzündung

herausgeführt werden und von jedem Ende eine besondere Zündkerze gespeist wird (siehe Bild 59).

Die Spannung zwischen den Sekundärenden eines solchen Zweifunkenankers ist oft nahezu doppelt so groß wie die Spannung gegen Masse am Sekundärende eines normalen Ankers, und die Spannung zwischen Sekundäranfang und Masse ist so groß wie die Spannung zwischen Sekundärende und Masse eines normalen Ankers. Die isolierte Herausführung des Sekundäranfangs aus der Wicklung ist darum durchaus nicht einfach und erfordert besondere Sorgfalt.

In den letzten Jahren ist die feststehende Zünderwicklung neben dem umlaufenden Anker zu immer stärkerer Bedeutung gelangt. Ihre Isolierung ist einfacher als die des Umlaufankers, da zumeist mehr Raum für die Wicklung vorhanden ist und sie nicht durch Fliehkräfte beansprucht wird. Grundsätzlich ist aber auch dieser Anker nach den oben beschriebenen Gesichtspunkten aufgebaut; die Wicklung wird in der Regel durch Isolierscheiben, die auf einen Kern aufgepreßt sind, abgeschlossen und gehalten. Neuerdings baut die Firma Bosch feststehende

Anker mit dichter aber elastischer Hülle, die mit Paraffinöl gefüllt sind und bei denen die Lagenisolierung ähnlich wie bei Zündspulen nur aus mehreren Lagen dünnen unimprägnierten Papiers besteht. Diese Anker zeichnen sich durch besonders hohe Strahlungsfestigkeit und damit Lebensdauer sowie Tropenfestigkeit aus.

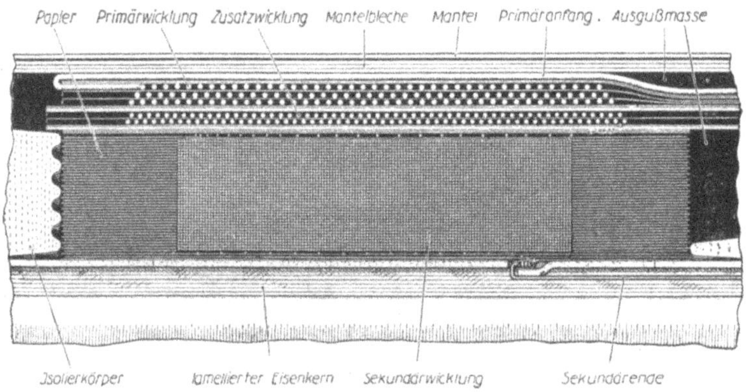

Bild 60. Schnitt durch eine Zündspulenwicklung

Eine feststehende Wicklung ist auch die Zündspule, die im Aufbau infolge des zur Verfügung stehenden größeren Raumes noch einfacher als die feststehende Wicklung des Magnetzünders gehalten werden kann. Die heutige Normalausführung der Zündspule hat eine sogenannte Röhrenwicklung ohne irgendwelche begrenzenden Teile an den Stirnseiten der Wicklung (einen Schnitt zeigt Bild 60). Die einzelnen Lagen laufen glatt durch; der Abstand der Wicklung vom Spulenrand (der sogenannte Randabstand) ist aus Herstellungsgründen über alle Lagen gleich und so groß, daß kein Überschlag zur Primärwicklung oder von Lage zu Lage vorkommen kann. Die einzelnen Lagen der Sekundärwicklung sind durch mehrere Schichten Papier voneinander getrennt; außerdem ist die fertige Wicklung mit einer geeigneten Masse getränkt, am besten im Vakuum. Die Einfachheit im Aufbau der Wicklung ist mit bedingt durch ihre vollautomatische Herstellung auf mechanischen Wickelmaschinen, die viele Wicklungen gleichzeitig herzustellen erlauben. Aus dem gleichen Grund und um die Wärmeabfuhr zu verbessern, ist zumeist die Primär- über die Sekundärwicklung gewickelt. Die ganze Wicklung sitzt in einem Blechgehäuse, das mit Vergußmasse ausgegossen oder bei neueren amerikanischen und englischen Zündspulen mit Öl gefüllt ist. Da der Kern der Spule an Hochspannung liegt, muß er gegen das Gehäuse isoliert werden; dies geschieht durch einen Boden-Isolierstein und den Deckel, der gleichfalls aus Isolierstoff besteht.

Auch der **Weg der Hochspannung** von der Wicklung bis zu den Zündkerzen ist oft nicht einfach zu isolieren. Beim umlaufenden Anker ist es notwendig, den Sekundärstrom

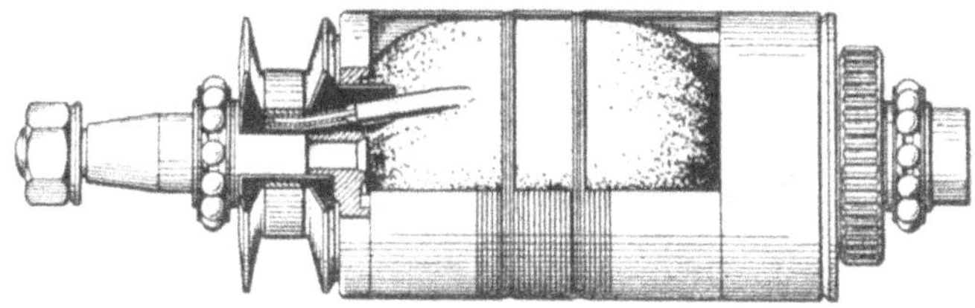

Bild 61. Einführung des Sekundärendes in den Schleifring

vom umlaufenden Teil zu einem feststehenden Teil überzuleiten, was in der Regel durch einen sogenannten Schleifring und mit Schleifkohle versehenen Stromabnehmer (siehe die Bilder 61 u. 80) geschieht. Die Isolation dieser Teile (schwarze Flächen in den Abbildungen) besteht zumeist aus Hartgummi oder Bakelit, in das die Metallteile meist beim Pressen des Teiles mit eingepreßt sind. Bild 61 zeigt deutlich die Einführung des Sekundärdrahtes in den auf dem Schleifring befindlichen Messingring, auf dem die Stromabnahmekohle schleift. Bei mehr als zwei Zylindern wird die Hochspannung vom Stromabnehmer aus über einen weiteren Kohleschleifkontakt zu dem sogenannten Verteilerläufer geführt, der die Hochspannung auf die Metallsegmente der Verteilerscheibe verteilt (Bild 80). Bei all diesen Isolierteilen muß dafür gesorgt werden, daß die Durchschlagfestigkeit des Isolierstoffs für die hohe Zündspannung ausreicht und daß seine mechanische und thermische Festigkeit den Anforderungen des Betriebs standhält. Die Überschlagwege zwischen den Hochspannung führenden Teilen und Masse und die Kriechwege entlang der Isolatoroberfläche müssen für die gegebene Zündspannung groß genug sein und beeinflussen beim Entwurf wesentlich die Abmessungen des ganzen Zünders. Die Oberfläche der Isolierteile soll möglichst glatt und ohne vorstehende Kanten sein, damit sich kein

Schmutz ablagern kann und eine gleichmäßige Verteilung des elektrischen Feldes gewährleistet ist. Stellen, an denen Überschläge auftreten können, sollen möglichst so ausgebildet werden, daß der Funke von Metallteil zu Metallteil springen kann, ohne an der Isolatoroberfläche entlang zu kriechen, da sonst die Isolierteile einbrennen, leitfähig werden und an der Ein-

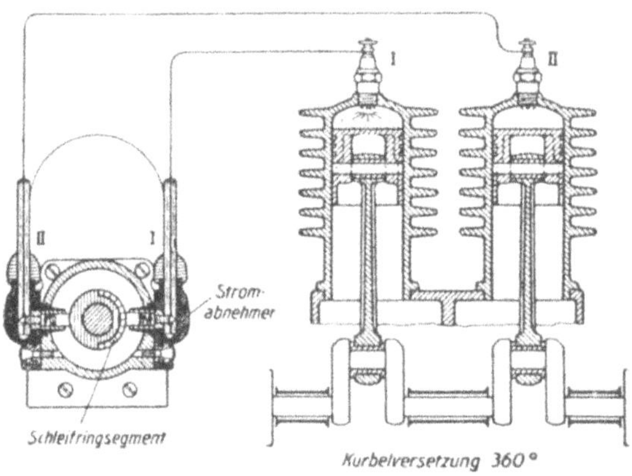

Bild 62. Magnetzünder für Zweizylindermotoren

brennstelle einen Ansatzpunkt zu weiterer Zerstörung bilden. Auch der umlaufende Teil des Verteilers, der sogenannte Verteilerläufer, und der feststehende Teil, die sogenannte Verteilerscheibe, besteht aus Bakelit oder Hartgummi mit eingepreßten Metallteilen. Bakelit, das heute überwiegend verwendet wird, ist weniger einbrennsicher und weniger durchschlagfest als Hartgummi, aber billiger herzustellen und bei hohen Temperaturen standfester. Man nimmt häufig für Zünderisolatoren ein besonderes Bakelit mit erhöhter Durchschlagfestigkeit.

Die Zuführung der Hochspannung vom Anker zu den einzelnen Zylindern ist deshalb nicht einfach, weil die Verteilung in der Regel mit anderer Drehzahl erfolgen muß als der Ankerantrieb. Beim Ein- und Zweizylinder-Magnetzünder ist dies nicht erforderlich, und es wird deshalb auch die Verteilung wesentlich einfacher. Beim Einzylindermodell wird die Zündkerze über ein Kabel ohne jede Verteilung an den Stromabnehmer angeschlossen, während beim Zweizylindermodell nach Bild 62 zwei um 180° versetzte Abnahmekohlen auf dem Schleifring schleifen. Der Schleifring enthält anstatt eines vollen Messingringes nur ein Messingsegment, das die Hochspannung abwechslungsweise den beiden Schleifkohlen zuführt, an die die beiden Zylinder angeschlossen sind.

Für den Segmentschleifring, ebenso wie für die Schleifbahnverteilerscheibe ist wichtig, daß sich Metall und Isolierteil wenig und vor allem nicht ungleichmäßig abnützen, und daß nach längerem und Temperaturschwankungen unterworfenem Betrieb, der Übergang vom Isolierstoff zum Metallsegment stufenlos erfolgt. Hierfür ist die Wahl des Werkstoffs und die Art der Bearbeitung von Bedeutung. Abgesehen davon ist aber die Abnützung auch in hohem Maße abhängig von dem Druck der Kohle und von deren Härte; zu hoher Kohlendruck kann ebenso wie zu geringer hier außerordentlich schädlich wirken. Geringe Härte der Kohle schont zwar im Gegensatz zu hoher Härte Verteilerscheibe und Schleifring, führt aber zum sogenannten Verschmieren der Schleifbahn, was einen Überschlag des Funkens von Segment zu Segment oder zur Masse und Verluste durch Kriechströme hervorrufen kann.

Ganz wesentlich ist, daß der Funke und damit der Sekundärstrom beendigt ist beim Herabgleiten der Kohle vom Segment und daß er noch nicht begonnen hat beim Auflaufen der Kohle auf das Segment, da sonst das sogenannte Nachbrennen bzw. Vorbrennen an den Segmenten entsteht und zu rascher Zerstörung des Isolierstoffes und der Gleitbahn führt. Hauptsächlich bei hoher Drehzahl und bei beschränktem Verteilerscheibendurchmesser, also kurzen Segmenten ist die Gefahr des Nachbrennens groß, und zwar bei Abrißverstellung (siehe Abschnitt II, Seite 69) um so größer, je mehr Spätzündung gegeben wird. Durch möglichst großen Sekundärwiderstand und große Schließungsdauer kann das Nachbrennen gemildert werden, überhaupt durch alle Mittel, mit denen der Lichtbogen des Funkens abgekürzt wird. Unter diesen Umständen versteht es sich von selbst, daß die Stellung der Kohle des Verteilerläufers in bezug auf die Ankerstellung und den Unterbrechungszeitpunkt auf den Winkelgrad genau stimmen muß. Es ist also beim Auseinandernehmen des Magnetzünders und hauptsächlich bei einem Drehrichtungswechsel besonders darauf zu achten, daß der Verteilerläufer und das Verteilerzahnrad wieder in der richtigen Lage eingesetzt werden, die in der Regel durch Marken bezeichnet ist.

Heute werden im allgemeinen Überschlagverteiler gebaut. Statt der umlaufenden Kohle wird ein ebenfalls umlaufender Metallfinger verwendet, von dem die Hochspannung auf die feststehenden Segmente überspringt, um von dort zur Zündkerze übergeleitet zu werden. (Die Bilder 85 und 86 zeigen Magnetzünder mit Überschlagverteiler.)

Der Überschlagverteiler hat den großen Vorteil, daß das Vor- und Nachbrennen, die mechanische Abnutzung und die Verschmierung der Schleifbahn wegfallen, daß die Segmente und die Segmentabstände wesentlich verkleinert werden können, und daß außerdem die Verteilerscheibe aus billigerem Isolierstoff hergestellt werden und wesentlich kleineren Durchmesser erhalten kann. Der Überschlagverteiler ist billiger und namentlich bei hoher Zylinderzahl konstruktiv leichter unterzubringen als der Schleifbahnverteiler.

Durch die im Innern des Magnetzünders überspringenden Funken bilden sich jedoch Säuredämpfe, die alle Metallteile so stark angreifen, daß unter Umständen die Betriebssicherheit gefährdet werden kann, wenn nicht bei der Konstruktion der genügenden Durchlüftung der Verteilerscheibe besondere Vorsicht gewidmet wird.

Wo diese Lüftung des Verteilers nicht möglich ist, verwendet man den Schleifbahnverteiler. Dort jedoch, wo die Anwendung eines Überschlagverteilers mit Rücksicht auf die Versäuerung irgend möglich ist, wird diesem heute in der Regel der Vorzug gegeben, denn der Vorteil seines geringen Raumbedarfs überwiegt den Nachteil bei weitem, der sich durch die Einschaltung einer weiteren kleinen Überschlagstelle und die dadurch bewirkte Erhöhung der vom Zünder geforderten Spannung ergibt.

Auch beim Überschlagverteiler ist natürlich zu beachten, daß die Stellung des Verteilerläufers gegenüber dem feststehenden Segment im Zündungsaugenblick genau stimmt, da man ja wegen des Spannungsverlusts und wegen der Säurebildung darauf Wert legen muß, daß nur ein Luftspalt von wenigen Zehntel mm zwischen umlaufender und feststehender Elektrode vorhanden ist, wenn der Überschlag auftritt. Man beachte auch, daß die Segmente im Gegensatz zum Schleifbahnverteiler etwas aus dem Isolierstoff vorstehen müssen, damit kein Anbrennen des Isolierstoffs entsteht. Wenn auch beim Überschlagverteiler der Segmentabstand kleiner gewählt werden kann, als beim Schleifbahnverteiler, so ist doch auch hier der Kriech- und Überschlagweg von Segment zu Segment und von Masse zu Masse besonders wichtig, zumal bei hoher Zylinderzahl, wo der Luftraum des Verteilers durch die vielen Funken auch bei guter Lüftung stark ionisiert ist.

Die feststehende Zünderwicklung bedarf zur Abnahme der Hochspannung nur eines Kontaktes, der in der Spule selbst befestigt wird; die andere Seite der Wicklung liegt mit dem Kern an Masse. Mit dem Verteiler ist der Anker über einen Stromabnehmer und ein Zündkabel oder einen Leiter in einem festen Isolierkörper federnd verbunden; der Verteiler selbst ist in gleicher Weise aufgebaut wie bei Magnetzündern mit umlaufendem Anker.

Bei der Batteriezündung wird fast stets ein Überschlagverteiler verwendet, der räumlich von der Zündspule getrennt angeordnet ist. Die Hochspannung der Zündspule wird über den als Stromabnehmer ausgebildeten Zündspulendeckel in einem Hochspannungskabel dem Verteiler zugeführt.

Die Fortleitung der Hochspannung, also besonders ihre Zuführung zu den Kerzen übernehmen gummiisolierte Kabel, die in den Verteiler eingeführt, mit seinen Segmenten verbunden und an ihrem anderen Ende an die Mittelelektroden der Zündkerzen angeschlossen werden. Schlechte Isolierung der Kabel ist hin und wieder der Anlaß von Durchschlägen zum Motorgehäuse und damit von Zündungsaussetzern.

Es wurde bisher lediglich die Wicklung und ihr Anschluß an die isolierte Elektrode der Zündkerze besprochen. Nicht minder wichtig ist der Anschluß des Wicklungsanfangs an den Motorkörper, die sogenannte Masse. Bei der feststehenden Wicklung macht dieser Masseanschluß keine Schwierigkeit, dagegen ist ihm beim Umlaufanker Beachtung zu schenken. Der Sekundärstrom darf unter keinen Umständen über die Lagerstellen des Ankers oder die Verteilerzahnräder geführt werden, da diese von ihm angegriffen und zerstört werden. Aus diesem Grunde wird der Ankerkern, an den der Wicklungsanfang angeschlossen ist, durch besondere Schleifkohlen mit Masse gut leitend verbunden. Außerdem werden die Kugellager des Zündankers zumeist besonders isoliert eingesetzt. Diese Vorsichtsmaßregeln sind unbedingt nötig, will man nicht Lebensdauer und Betriebssicherheit des Zünders unnötig vermindern. Auch zwischen Zünder und Motorkörper ist eine gute metallische Verbindung erforderlich. Dies ist besonders zu beachten bei den Zündverteilern der Batteriezündung, bei denen die Verstellung häufig durch Verdrehen des ganzen Verteilers erfolgt.

Wenn über Isolationsteile des Zünders gesprochen wird, so ist auch eine Einrichtung zum Schutz der Isolierung, die **Sicherheitsfunkenstrecke** zu erwähnen. Sie hat allerdings nicht mehr die Bedeutung, die sie in früheren Jahren einmal gehabt hat. Bei der Batteriezündung wird sie in der Regel überhaupt nicht verwendet, und bei neueren Magnetzündern begnügt man sich vielfach damit, an irgendeiner Stelle den Abstand zwischen einem spannungführenden Teil und Masse so klein zu machen, daß hier Funken überspringen können, ohne irgendwelche Isolationsteile zu beschädigen. Bei vielen Zündern hat man früher diesen Abstand besonders klein gehalten und an der Überschlagstelle ein Paar spitze Elektroden mit einstellbarer Entfernung angebracht. Diese Sicherheitsfunkenstrecke hatte nicht nur die Aufgabe, die Überschläge an einer besonders günstigen Stelle auftreten zu lassen, sondern auch die, die Wicklung vor zu hoher Beanspruchung zu schützen. Die Sicherheitsfunkenstrecke mußte also so eingestellt werden, daß die Überschlagspannung über der normalen Überschlagspannung der Kerzen lag; sie durfte andererseits nicht zu hoch sein, damit bei großer Außenspannung, also z. B. bei Wegfall eines Zündkerzenkabels, die Überschläge an der Sicherheitsfunkenstrecke auftraten und die Isolationsteile vor Durchschlägen und Brandstellen geschützt waren. Es war allerdings nicht immer leicht, die Sicherheitsfunkenstrecke so einzustellen, daß sie einerseits den normalen Betrieb nicht störte, andererseits die Isolationsteile genügend schützte. Die erforderliche Außenfunkenlänge ist nämlich häufig stoßweise sehr hoch; jedoch macht eine kurzzeitige derartige Belastung einer guten Wicklung noch nichts aus. Die Sicherheitsfunkenstrecke hingegen, die die Wicklung vor dauernd auftretenden Spannungsstößen dieser Höhe schützen soll, spricht schon bei kurzzeitigen Spannungsstößen an, muß also zu Aussetzern führen. Aus diesem Grunde begnügt man sich neuerdings vielfach mit der oben genannten Anordnung.

3. Unterbrecher und Kondensator

Wie im theoretischen Teil gezeigt wurde, entsteht die für den Überschlag an der Zündkerze notwendige Sekundärspannung dadurch, daß der Primärstrom plötzlich unterbrochen wird.

Da es nicht einfach ist, einen mechanisch gesteuerten Unterbrecher so zu bauen, daß er bei den sehr hohen Unterbrechungszahlen, die heute verlangt werden, noch einwandfrei arbeitet, hat man schon oft, aber vergeblich versucht, Magnetzünder ohne Unterbrecher zu konstruieren. Man hat dabei hauptsächlich den magnetischen Kreis so bauen wollen, daß der Flußwechsel sehr rasch vor sich geht. Dieser rasche Flußwechsel sollte in einer einzigen Wicklung sehr hoher Windungszahl die zum Überschlag an der Kerze genügende Spannung erzeugen. Dieser Gedanke scheiterte aber jedesmal an der unzureichenden Genauigkeit des Zündzeitpunktes und an der Unmöglichkeit, bei niederer Drehzahl und brauchbaren Größenverhältnissen des Magnetzünders genügende Spannungen hervorzubringen. So ist man immer wieder zum Unterbrecher zurückgekehrt und hat versucht, ihn so auszubilden, daß er auch noch sehr hohen Unterbrechungszahlen genügt. In der grundsätzlichen Bauart stimmen die Unterbrecher für Magnet- und Batteriezünder überein; nur steht der Unterbrecher bei der Batteriezündung immer fest und ist mit dem Verteiler zusammengebaut, während der Unterbrecher beim Magnetzünder je nach dessen Bauart feststeht oder umläuft.

Man kann die verschiedenen **Unterbrecherbauarten** einteilen in feststehende und umlaufende Unterbrecher oder nach einem anderen Gesichtspunkt in Feder- und Lagerunterbrecher. Allen Bauarten gemeinsam ist der Grundgedanke des Unterbrechers: Der bewegliche Unterbrecherteil (Hammer) wird durch einen Nocken abgelenkt und dadurch der Hammerkontakt von dem Amboßkontakt abgehoben. Nach einem bestimmten Drehwinkel gleitet der Hammer wieder vom Nocken ab und schließt unter dem Druck der Feder die Kontakte. Der den Amboßkontakt tragende Teil muß dabei auf irgendeine Weise von dem den Hammerkontakt tragenden Teil elektrisch isoliert sein. Beide Teile müssen dagegen mit dem Anfang bzw. dem Ende der Zünderwicklung in Verbindung stehen.

Beim feststehenden Unterbrecher stehen Hammer und Amboß fest, wogegen der Nocken sich mit den übrigen umlaufenden Teilen des Zünders dreht. Beim umlaufenden Unterbrecher steht der oder stehen die Nocken fest, wogegen die übrigen Unterbrecherteile umlaufen. Die Firma Bosch hat als erste erkannt, daß im Primärstromkreis alle unnötigen Widerstände und unsicheren Kontakte zu vermeiden sind und daß eine umlaufende Zünderwicklung einen umlaufenden Unterbrecher, eine feststehende Wicklung einen fest-

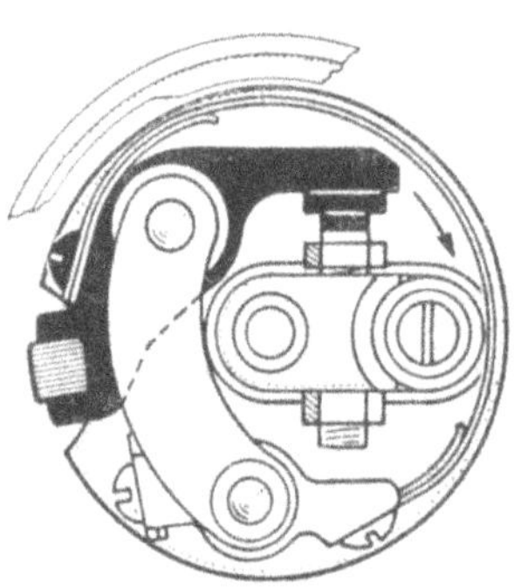

Bild 63.
Umlaufender Lagerunterbrecher

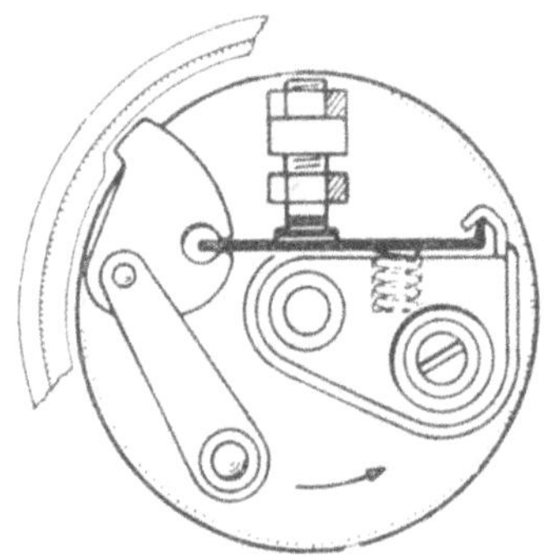

Bild 64.
Schneidengelagerter Unterbrecher mit getrenntem Gleitstück

stehenden Unterbrecher erfordert, da andernfalls Schleifkontakte im Primärstromkreis notwendig werden.

Beide Arten von Unterbrechern, der feststehende und der umlaufende, können als Lager- oder als Federunterbrecher ausgebildet werden, wie die nachstehenden Konstruktionsbeispiele zeigen. Betrachten wir zunächst die Lagerunterbrecher; bei ihnen trägt ein Hebel, der in einem Gleitlager um einen Zapfen drehbar ist, den Kontakt. Wird durch die Kuppe des Nockens der Hebel abgelenkt, so unterbricht der Kontakt, durch eine Feder wird er wieder geschlossen.

Der umlaufende Lagerunterbrecher entspricht heute noch im Grundsatz der in den ersten Jahren des Hochspannungsmagnetzünders von der Firma Robert Bosch entwickelten Bauart. Bild 63 zeigt einen Unterbrecherhebel[1]), der aus Gewichts- und Festigkeitsgründen aus Duraluminium besteht und in den eine Büchse aus bakelitisiertem Stoffgewebe als Lager eingepreßt ist. Der Hebel bewegt sich mit sehr ge-

[1]) Der Hammer mit seinem Kontakt ist bei den folgenden Bildern schwarz gezeichnet.

ringer Lagerluft um einen Messingzapfen. Wichtig ist, daß die Lagerluft nicht zu klein ist, um Festsitzen zu vermeiden, und daß andererseits die Lagerluft nicht zu groß ist, da sonst Hebelbewegungen entstehen, die starke Kontaktabnützung hervorrufen. Der Hebel trägt an einem Ende den Hebelkontakt, am anderen Ende ein Gleitstück aus Fiber, das beim Umlaufen des Unterbrechers auf den Nocken trifft und so abgelenkt wird.

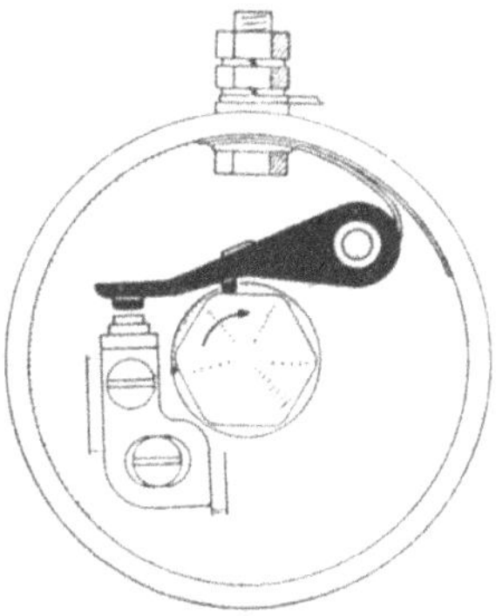

Bild 65. Feststehender Lagerunterbrecher mit Blechhebel

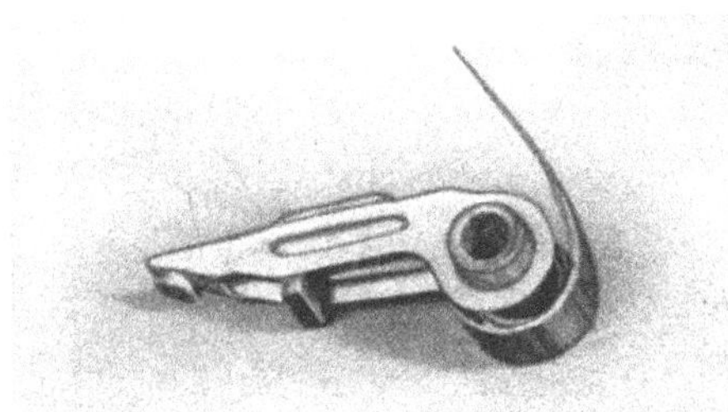

Bild 66. Unterbrecher-Blechhebel

Gleitstück und Lagerbüchse übernehmen zugleich die Isolierung des spannungführenden Unterbrecherhebels von den anderen Teilen des Unterbrechers. Eine Abart der umlaufenden Lagerunterbrecher ist der in Bild 64 gezeigte Unterbrecher der Firma Marelli, bei dem der Kontaktträger in einer Schneide gelagert ist; eine Schraubenfeder drückt die Kontakte zusammen. Das Gleitstück aus Bakelitgewebe ist in einem Gleitlager drehbar und umgreift zangenförmig den Kontaktträger. Diese Bauart eignet sich für sehr hohe Drehzahlen, die Zange nutzt sich aber verhältnismäßig rasch ab.

Aus der Gruppe der feststehenden Lagerunterbrecher erwähnen wir vor allem den bei Batteriezündern heute allgemein üblichen billigen Blechhebelunterbrecher (Bild 65 und 66). Ein kastenförmig aus etwa 0,5 mm starkem Eisenblech gestanzter und gebogener leichter Hebel enthält an einem Ende eine eingepreßte Lagerbüchse aus bakelitisiertem Stoffgewebe, etwa in der Mitte ein aufgenietetes rechtwinkliges Ablenkstück, ein Preßformstück aus Bakelitgewebe, und am anderen Ende den zumeist unmittelbar auf den Blechhebel aufgelöteten Kontakt. Der umlaufende Nocken ist aus Stahl. Gleitstück und Bakelitlagerbüchse werden durch kleine Fettpolster geschmiert. Dem Hebelkontakt steht der feststehende Kontakt, der auf einen Blechwinkel, den sogenannten Kontaktträger aufgelötet ist, gegenüber. Der Kontaktträger ist zur Einstellung der Kontaktöffnung auf der Grundplatte verschiebbar. Die Grundplatte trägt den meist aus Messing bestehenden Lagerzapfen.

Bild 67. Feststehender Federband-Lagerunterbrecher (als Doppelunterbrecher)

auf dem der Hebel gelagert ist. Eine Stahlblattfeder ist zusammen mit dem Ablenkstück an dem Hebel festgenietet und zwischen Hebel und Gehäuse so eingespannt, daß sie den Hebel gegen den Amboßkontakt drückt, sobald der Nocken dies erlaubt. Die Feder übernimmt zugleich die Stromzuführung zum Hebel und seinem Kontakt; sie ist deshalb am Gehäuse isoliert mit einer Schraube festgeschraubt, die zugleich die Anschlußklemme für die Zuleitung bildet.

Eine andere Bauart, der sogenannte Bosch-Federbandunterbrecher, ist ebenfalls ein Lagerunterbrecher und kein Federunterbrecher. Er ist in Bild 67 als Doppelunterbrecher gezeigt. Er wird aber auch als Einzelunterbrecher bei vielen hochwertigen Magnetzündern angewandt. Ein Klötzchen aus bakelitisiertem Gewebe, das zugleich das Lager bildet, trägt ein Federstahlband mit angebogener Öse als Gleitfeder auf der einen Seite und mit angenietetem Kontakt auf der andern Seite. Im Gegensatz zu anderen Unterbrechern ist also hier das Gleitstück des Hebels nicht aus Fiber sondern aus einem Stahlband geformt; dafür ist der umlaufende Nocken aus Fiber.

Von grundsätzlich anderer Bauart sind die l a g e r l o s e n, d i e F e d e r u n t e r b r e c h e r, bei denen der Hammer lediglich an einer Stahlfederkonstruktion aufgehängt und für seine

Beweglichkeit nur die Nachgiebigkeit der Aufhängefeder maßgebend ist. Einen umlaufenden Unterbrecher dieser Bauart zeigt als Beispiel Bild 68. Man entwickelte diesen Unterbrecher, um das Klemmen des Lagers und die Kontaktabnützung bei großer Lagerluft, frühere Schwächen des Lagerunterbrechers, unter allen Umständen zu vermeiden, mußte aber eine schwierigere und deshalb teuere Herstellung und Einstellung in Kauf

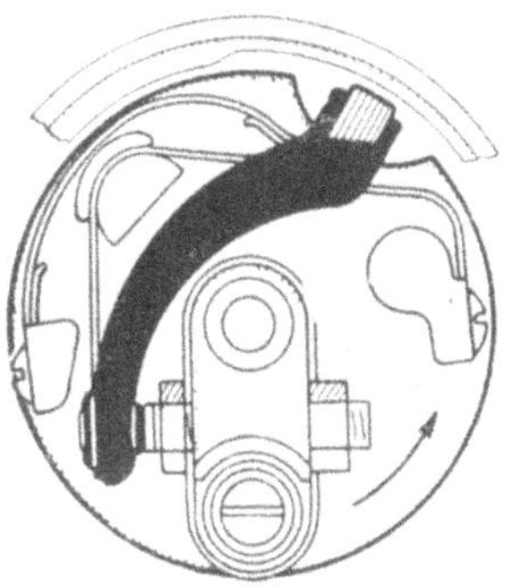

Bild 68.
Umlaufender Federunterbrecher

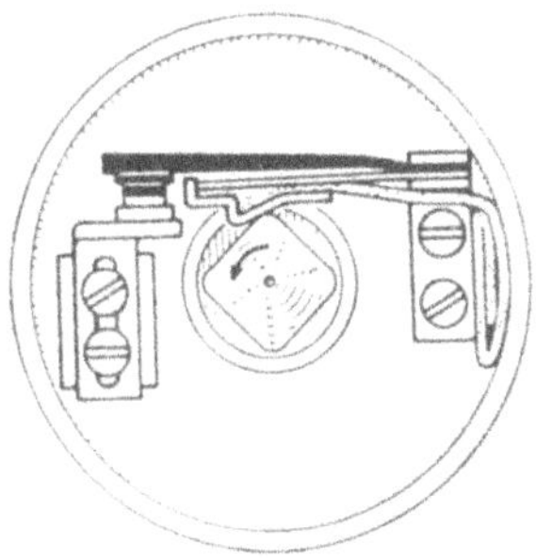

Bild 69.
Doppelhebel-Federunterbrecher

nehmen und war mehr abhängig von der Streuung des hoch beanspruchten Federmaterials. Ein Bruch der stark beanspruchten Hebelfeder führt zum Versagen der Zündung. Nachdem es gelungen ist, Bakelitgewebe zu finden, die genügend Schmierfähigkeit besitzen, nicht hygroskopisch sind und deshalb nicht zum Quellen neigen und kleine Lagerluft zulassen, ist man fast überall zum Lagerunterbrecher zurückgekehrt, ja man führt als Vorteile für ihn eine Dämpfung der Schwingungen durch die Lagerreibung und das geringfügige Schieben und dadurch Selbstreinigen der Kontakte an. Letzteres ist besonders bei Wolframkontakten wichtig.

Die in Bild 64 gezeigte eigenartige Bauart, die Kontaktträger und Ablenkstück voneinander trennt, ist auch in der Gruppe der Federunterbrecher vertreten, und wir führen als Beispiel für einen feststehenden Federunterbrecher eine solche Konstruktion an. Bild 69 zeigt die sehr bemerkenswerte Ausführung, die von dem Amerikaner Shoemaker entwickelt wurde und die dort, wo es auf sehr hohe Genauigkeit des Zündzeitpunkts und auf keine zu große wartungslose Lebensdauer ankommt, z. B. in amerikanischen Flugmotorenzündern, viel verwendet wird. Die eine von zwei Federn trägt das Bakelitgewebegleitstück und wird vom umlaufenden Stahlnocken abgelenkt; sie stößt dann ihrerseits die zweite Feder an, die den Kontakt trägt. Beide Federn sind an ihrem dem Kontakt, beziehungsweise Gleitstück abgekehrten Ende fest eingespannt. Eine besondere Unterbrecherrückzugfeder ist nicht vorhanden; der Kontaktträger zittert infolge seiner sehr geringen Masse nur

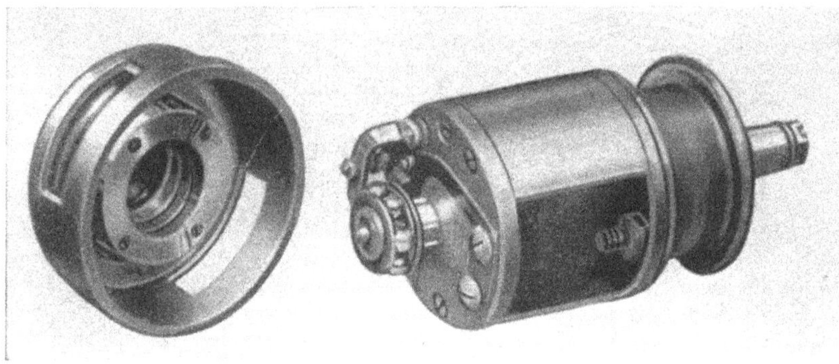

Bild 70. Axial arbeitender Federunterbrecher

wenig nach. Der Kontaktdruck hängt bei derartigen Unterbrechern von der Stellung des Kontaktträgers und damit von der Kontaktabnützung mehr ab als bei Unterbrechern mit besonderer Druckfeder.

In der Regel erfolgt die Unterbrecherbewegung radial zur Zünderachse, ausnahmsweise auch axial, wie Bild 70 zeigt. Unter Umständen ist es möglich, die Länge des Magnetzünders durch axiale Unterbrecherbauart ein wenig zu verringern. Die axial arbeitenden Unterbrecher haben sich jedoch nicht durchsetzen können, da die radial arbeitenden betriebssicherer sind. Hauptsächlich das Längsspiel der Zünderachse bringt beim axialen Unterbrecher eine Ungenauigkeit des Öffnungspunktes mit sich.

Ausschlaggebend für die Form des **Nockens** sind sein Anstieg- und Abstiegwinkel sowie die (zur Erreichung einer gegebenen Höchstdrehzahl notwendige) Schließungsdauer des Unterbrechers; diese sind ihrerseits wieder bestimmt durch die höchstzulässige Kontaktabhubgeschwindigkeit und durch Konstruktionsrücksichten. Den Abstiegwinkel sucht man so flach wie möglich zu machen, um die Auftreffgeschwindigkeit der

Kontakte und damit das Geräusch herabzusetzen. Die Oberfläche des Nockens soll möglichst glatt sein, z. B. bei Metallnocken guten, gleichmäßigen Schliff aufweisen. Als Werkstoff für den Nocken wird Stahl, Fiber oder Bakelitgewebe verwendet; bei besonders hoch beanspruchten Stahlnocken wird die Oberfläche gehärtet.

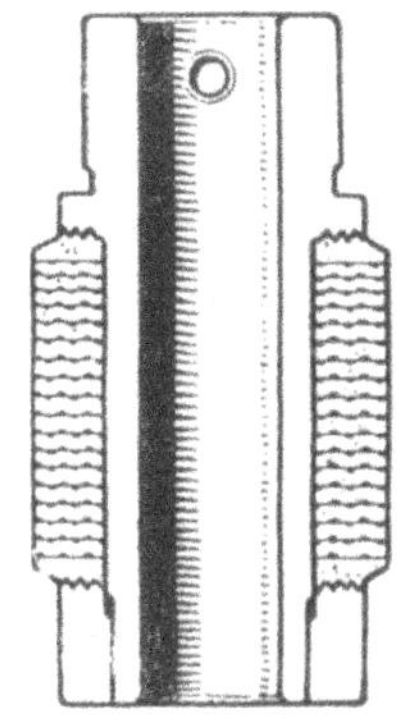

Bild 71. Schnitt durch einen Fibernocken

Die fabrikmäßige Herstellung guter Fibernocken ist ziemlich schwierig, wenn gleichmäßige Güte erreicht werden soll; einen Schnitt durch einen Fibernocken zeigt Bild 71. Der S c h m i e r u n g der Nocken ist besondere Aufmerksamkeit zu widmen, wenn einwandfreier Dauerbetrieb des Unterbrechers gewährleistet sein soll. Bei Fibernocken ist allerdings keine besondere Schmiereinrichtung nötig, da die Tränkung eine ausreichende Dauerschmierung ohne jedes Nachschmieren ergibt. Bakelitgewebe nimmt bei weitem nicht so viel Fett auf wie Fiber, deshalb ist eine Nachschmierung meist nicht zu umgehen. Sie kann z. B. auf die Weise erfolgen, daß an der Auflagestelle des Nockens in einer kleinen Bohrung ein fettgetränkter Schmierfilz sitzt. Am sorgfältigsten ist bei Stahlnocken auf gute und anhaltende Schmierung zu achten. Der feststehende Nockenring des Umlaufunterbrechers trägt in der Regel in einer Aussparung einen kleinen Öldocht zur Schmierung der Nockenbahn. Auf dem umlaufenden Stahlnocken schleift entweder ein Schmierfilz oder es wird sonst in geeigneter Weise für die Unterbringung eines ausreichenden Fettvorrats gesorgt. Dabei muß allerdings sorgfältig darauf geachtet werden, daß kein fortgeschleudertes Öl oder Fett an die

Kontakte gelangen kann. Diese sind erfahrungsgemäß beim Umlaufunterbrecher leichter vor Öl zu schützen als beim feststehenden Unterbrecher, der in manchen Fällen besondere Schutzringe oder -schirme erhalten muß.

Mit Rücksicht auf die Laufeigenschaften muß man für den Nocken und das Ablenkstück an Hebel oder Feder verschiedene Stoffe wählen: ist der Nocken aus Stahl, so nimmt man für das Ablenkstück Fiber oder Bakelitgewebe und umgekehrt.

Es muß jedoch immer wieder betont werden, daß die Betriebssicherheit des Unterbrechers nicht nur sehr von der Zweckmäßigkeit der Konstruktion abhängt, sondern in noch höherem Maße als bei allen anderen Zünderteilen von der Präzision, mit der jedes einzelne Exemplar hergestellt wird. Unterbrecher der verschiedensten Bauarten haben sich schon auf ausgedehnten Rennen sehr gut bewährt.

Ohne Rücksicht auf die bisher beschriebenen verschiedenen Systeme soll die Frage aufgeworfen werden: Welche **Bedingungen** hat ein Unterbrecher zu erfüllen und welche Faktoren sind auf die Erfüllung dieser Bedingungen von Einfluß? Man verlangt von einem Unterbrecher:

1. daß er die höchste Betriebsdrehzahl, die der Motor dem Magnetzünder aufdrückt, mechanisch aushält;
2. daß er bei dieser Höchstdrehzahl eine so gute Schließung während der Schließungsdauer erzielt, daß aussetzerfreies Arbeiten des Zünders gewährleistet ist;
3. daß er bei den gegebenen durchschnittlichen Betriebsdrehzahlen eine bestimmte Lebensdauer aufweist;
4. daß die Kontakte genau und ohne aufeinander zu reiben öffnen;
5. daß er bei niederen und mittleren Drehzahlen nicht zu starkes Geräusch verursacht.

Die Anforderungen, die an die Höchstdrehzahl der Zünder und damit an die Ablenkzahl der Unterbrecher gestellt werden, sind in Abschnitt I (Seite 37) erwähnt. Ein Sechzehnzylinder - Magnetzünder für einen Viertakt - Rennmotor mit der Höchstdrehzahl 6000 Uml/min hat 48 000 Unterbrechungen/min zu leisten. Dies sind freilich Ausnahmefälle, aber auch schon bei wesentlich geringeren Unterbrechungszahlen stößt man vielfach auf Schwierigkeiten. Der Unterbrecher kann dabei nicht nur hinsichtlich seiner mechanischen Haltbarkeit versagen, sondern es kann auch der Hammer beim Ablenken durch den Nocken (Öffnungsmoment) und beim Aufschlagen der Kontakte aufeinander (Schließungsmoment) so starke Stöße erleiden, daß er, wie man sagt, nachzittert und während eines wesentlichen Teils der Schließungsdauer nicht zur Ruhe kommt, sondern auf- und abschwingt. In diesem Falle kann sich gerade bei hoher Drehzahl, wo die zur Verfügung stehende Schließungszeit an sich gering ist, der Primärstrom nicht genügend ausbilden, was ein Versagen der Zündung zur Folge hat.

In Bild 72 sind die Oszillogramme eines brauchbaren und eines schlechten Unterbrechers dargestellt, und zwar zum Vergleich bei 400 Unterbrechungen/min und bei 8000 und 12 000 Unterbrechungen/min. Die untere Linie jedes Oszillogramms stellt die Öffnung, die obere die Schließung dar. Man sieht deutlich genug, wie der Unterbrecher bei niederer Drehzahl während der Schließungszeit ganz in Ruhe ist, während er bei hoher Drehzahl immer wieder öffnet, nachzittert.

Bei der Frage nach der Lebensdauer des Unterbrechers ist nun freilich im Gegensatz zur Frage des Aussetzens nicht nur die Höchstdrehzahl von Wichtigkeit, sondern hautpsächlich die Durchschnittsdrehzahl, mit der der Unterbrecher während seines Betriebes beansprucht wird. Die Höchstdrehzahlen, die von den Motorkonstrukteuren angegeben werden, beziehen sich in der Regel auf die höchste Drehzahl, mit der der Motor auf dem Prüfstand läuft, und werden im praktischen Fahrbetrieb häufig gar nicht oder doch nur selten und kurzzeitig erreicht. Es hat also keinen Sinn, vom Unterbrecher vielstündige Lebensdauer bei diesen Höchstdrehzahlen zu fordern; vielmehr muß der Unterbrecher bei einer gewissen Durchschnittsdrehzahl eine genügend lange Betriebsdauer aushalten. Bei Bestellung von Zündern für raschlaufende Motoren ist es also empfehlenswert, der Zünderfirma nicht nur die Höchstdrehzahl anzugeben, sondern mitzuteilen, welche Drehzahlen bei einer bestimmten Fahrzeuggeschwindigkeit (z. B. 60 km/Std.) vom Motor im direkten und nächstniederen Gang erreicht werden. Erst dann hat man ein richtiges Maß für die Beanspruchung von Zünder und Unterbrecher. Es ist uns bekannt, daß vielfach die Meinung verbreitet ist, je höher die Drehzahl bei Bestellung eines Zünders angegeben werde, desto mehr Sicherheit hinsichtlich Qualität des Zünders und besonders des Unter-

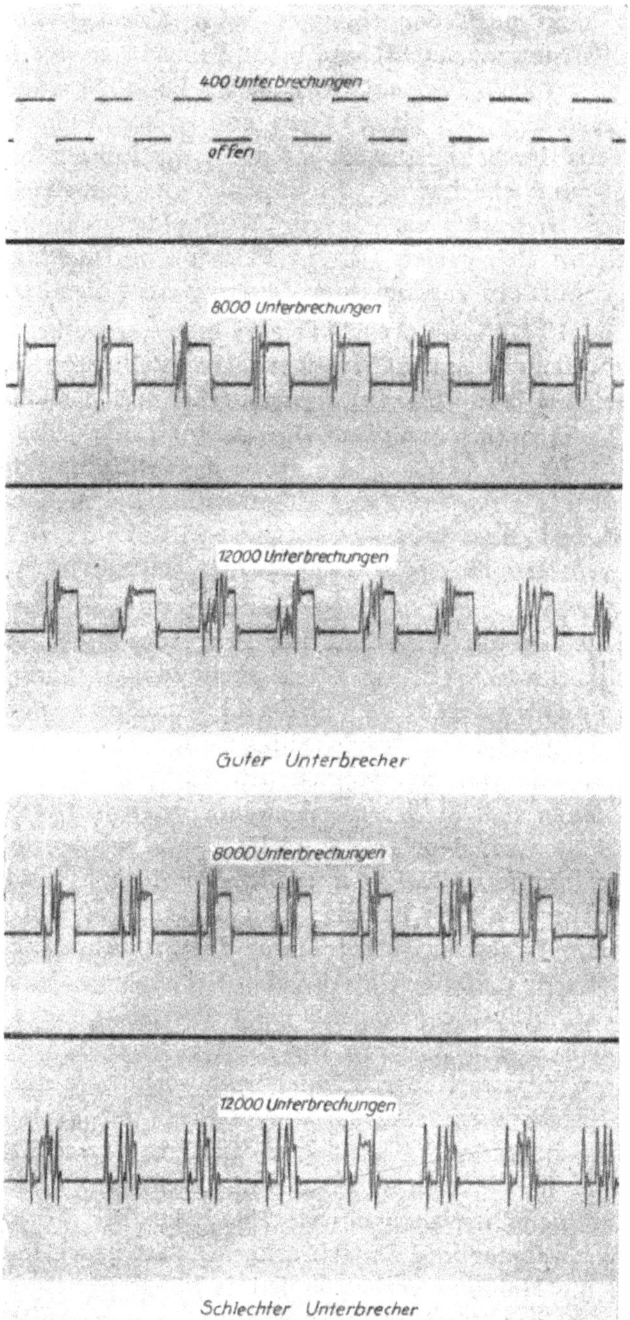

Bild 72. Unterbrecher-Oszillogramme

brechers habe man. Diese Meinung ist aber als ganz irrig zu bezeichnen. Man läuft z. B. bei Angabe zu hoher Drehzahlen Gefahr, einen Unterbrecher zu erhalten, der zwar besonders hohe Drehzahlen aussetzerfrei erreicht, dagegen eine wesentlich kleinere Lebensdauer auch bei mittleren Drehzahlen hat als ein anderer, der für vernünftig bemessene Drehzahlen konstruiert ist und vielleicht in dem vorliegenden Fall vollauf genügt. Es ist davor zu warnen, die Qualität eines Magnetzünders lediglich nach Angabe seiner Höchstdrehzahl zu beurteilen.

Die Forderung nach genauem Abheben der Kontakte wird am besten vom Federunterbrecher erfüllt, doch genügt ihr auch der Lagerunterbrecher hinreichend, vorausgesetzt, daß keine zu große Lagerluft vorhanden ist. Bei großer Lagerluft allerdings verschiebt sich der Hammer nicht nur in der Öffnungsrichtung, sondern auch in der Richtung der Kontakt-Oberfläche. Die Kontakte schieben aufeinander und nutzen sich auffallend schnell ab, eine Erscheinung, die für das richtige Arbeiten des Zünders rasch gefährlich wird. Außerdem entsteht dadurch ein ungeregeltes Öffnen und Wiederschließen unmittelbar vor dem Unterbrechungsmoment, wodurch hin und wieder zwei Funken hintereinander, sogenannte Spaltfunken, auftreten und das Arbeiten bei niederer Drehzahl nicht unbeträchtlich gestört werden kann.

Die letzte Forderung, geräuschloses Arbeiten des Unterbrechers, wird von fast allen Motorfirmen gestellt. Sie gewinnt Bedeutung, seitdem die Motoren bei niederen Drehzahlen immer mehr geräuschlos arbeiten. Der Unterbrecher arbeitet um so geräuschloser, je geringer der Kontaktdruck ist und je sanfter der Nocken abläuft, wenn man auch natürlich in der Formgebung des Nockens sehr wesentlich von anderen Bedingungen abhängig ist. Wir sind allerdings auch der Ansicht, daß dieser — man könnte sagen Schönheitsfehler des Unterbrechergeräusches bei der Konstruktion des Unterbrechers gegenüber der Betriebssicherheit und Lebensdauer nicht allzusehr berücksichtigt werden sollte. Bei Magnetzündern tritt häufig auch das Unterbrechergeräusch zurück hinter dem Geräusch, das durch die Zahnradübersetzung zum Verteiler verursacht wird. Dieses Geräusch der Zahnräder freilich kann ohne jeden Nachteil durch zweckmäßige Zahnradformgebung und richtiges Einstellen der Zahnluft nahezu vermieden werden. In diesem Zusammenhang mag erwähnt sein, daß zur Verringerung des Zahnradgeräuschs die Verteilerzahnräder nicht mehr aus Bronze, sondern aus gepreßten Stoffen, die unter den Namen Formika, Resitex, Novotext und dergl. laufen, hergestellt werden. Diese Stoffräder sind den Bronzerädern hinsichtlich mechanischer Lebensdauer ebenbürtig oder sogar überlegen, vorausgesetzt, daß die Zähne nicht mit roher Gewalt von außen zerstört werden.

Von wesentlichem Einfluß auf das Arbeiten des Unterbrechers und damit auf die Erfüllung der genannten Forderungen sind die folgenden Punkte: Kontaktdruck, Trägheit und Dämpfung des beweglichen Systems, Schließungsdauer, Kontaktöffnung und Abhubgeschwindigkeit des Hammerkontakts von dem Amboßkontakt.

Je höher der Kontaktdruck ist, desto höher ist die aussetzerfrei erreichbare Drehzahl, desto geringer aber ist die mechanische Haltbarkeit und Lebensdauer des Unterbrechers und der Kontakte. Der Kontaktdruck der geläufigen Unterbrecherbauarten schwankt etwa zwischen 300 und 1000 g, gemessen an der Kontaktstelle. Er ist beim umlaufenden Unterbrecher häufig infolge der auf den Hammer wirkenden Fliehkräfte abhängig von der Drehzahl. In der Regel wird der Umlaufunterbrecher so gebaut, daß der Kontaktdruck mit steigender Drehzahl zunimmt. Die Trägheit des beweglichen Systems, also hauptsächlich die Masse des Hammers, soll mit Rücksicht auf das Nachzittern, die Lebensdauer und das Unterbrechergeräusch so klein wie möglich gehalten werden; dabei darf freilich die Festigkeit des Hammers nicht leiden. Um bei genügender Festigkeit geringe Masse zu erhalten, wählt man als Baustoff für den beweglichen Teil häufig Leichtmetall, z. B. Duralumin, leichte Eisendrückteile oder Stoffgewebestücke.

Wir haben nun noch auf die Einflüsse einzugehen, die auf das Nachzittern und die Haltbarkeit gleichartig wirken, aber aus anderen Gründen nicht frei wählbar sind: es ist dies die sogenannte Kontaktöffnung, d. h. der größte Abstand der beiden Kontakte im geöffneten Zustand und die Kontaktabhubgeschwindigkeit. Die Kontaktöffnung beträgt zumeist 0,3 bis 0,5 mm. Die Kontaktöffnung geringer zu halten, würde auf die Lebensdauer des Unterbrechers günstig wirken, dabei besteht aber die Gefahr, daß bei geringen Veränderungen, hauptsächlich bei leichter Nockenabnutzung, der Unterbrecher dauernd geschlossen bleibt. Das Einstellen der Kontaktöffnung geschieht durch Verstellen des Ambosses, indem dieser entweder in Richtung seiner Achse geradlinig verschoben oder aber um den Mittelpunkt der Hebelbewegung verdreht wird. Bild 73 zeigt diese beiden Verstellarten. Im ersten Fall wird der Kontakt entweder durch Löten oder Schweißen auf einer Schraube befestigt, die im Amboß verdreht werden kann, oder der Am-

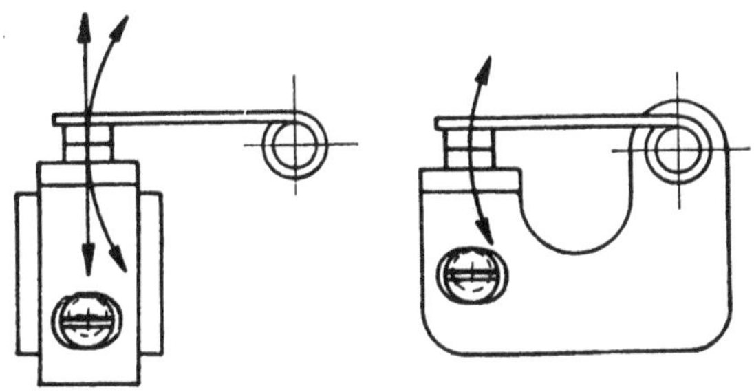

Bild 73. Geradlinige und kreisförmige Kontaktverstellung

boß selbst wird nach Lösen einer Schraube geradlinig verschoben. (Vgl. auch die Unterbrecherbilder 63—69.) Die zweite Art wird meistens so ausgeführt, daß der Amboß mit einer Exzenterschraube um den Mittelpunkt des Hebels gedreht wird.

Ist der Kontakt auf einer Schraube befestigt und wird diese verdreht, so kann leicht der Fall eintreten, daß sich die Kontakte infolge ungleichmäßiger Abnutzung nicht mehr mit ihrer ganzen Fläche, sondern nur noch punktförmig berühren. Deshalb werden heute weitgehend die beiden anderen Verstellarten angewendet. Viele Zünderfirmen geben ihren Erzeugnissen kleine Lehren zur Kontakteinstellung mit.

Die Geschwindigkeit, mit der die Unterbrecherkontakte geöffnet werden, hängt nicht nur von der Drehzahl ab, sondern auch von dem Anstiegwinkel des Nockens, dem Durchmesser der Nockenbahn und von dem Hebelarmverhältnis des Unterbrecherhebels. Häufig wird das Hebelverhältnis etwa gleich 1 gewählt, damit bei einseitiger Abnutzung der Kontakte oder des Nockens die Kontaktöffnung sich nicht zu sehr verändert. Je steiler der Anstiegwinkel und je größer der Nockenbahndurchmesser ist, desto rascher erfolgt die Unterbrecheröffnung, desto stärker sind Nachzittern und mechanische Beanspruchung. Da aber andererseits jede Abnutzung der Unterbrecherkontakte oder des Nockens den Zündzeitpunkt und die Ankerstellung im Augenblick des Abrisses verändert, und zwar um so stärker, je flacher der Anstiegwinkel, je kleiner der Nockenbahndurchmesser ist, ist man auch hier ziemlich eng begrenzt in der Wahl der Maße. Beim Magnetzünder ist dies mehr der Fall als beim Batteriezünder, da dort die Ankerstellung und damit die Leistung und niederste Drehzahl bei geringer Abhubgeschwindigkeit zu stark von den genannten Zufälligkeiten abhängig werden, beim Batteriezünder dagegen lediglich die Schließungsdauer und der Zündzeitpunkt hiervon beeinflußt werden. Dafür ist es aber auch gerade beim Batteriezünder besonders wichtig, eine gute Schließung bei hoher Drehzahl sicherzustellen, da gerade hier die Leistung mit zunehmender Drehzahl an sich sinkt, weil die Schließungszeit, die für das Anwachsen des Stromes erforderlich ist, mit zunehmender Drehzahl immer ungenügender wird (s. Abschnitt II, Seite 54). Man wird also für den Batteriezünder zweckmäßigerweise eine etwas kleinere Abhubgeschwindigkeit vorsehen als für den Magnetzünder. Die Abhubgeschwindigkeit an den Kontakten liegt bei den meisten Zündern etwa zwischen 15 und 30 m/sek bei 3000 Unterbrechungen/min.

Das Nachzittern kann natürlich um so mehr die Leistung des Zünders beeinflussen, je kürzer die Schließungsdauer ist. Beim Batteriezünder ist, wie wir uns bereits vergegenwärtigt haben, die Schließungsdauer durch den Wattverbrauch begrenzt, beim Magnetzünder dagegen durch Reststromwirkung und durch die Tatsache, daß die Schließung nicht erfolgen darf, ehe der Fluß seinen vollen Wert erreicht hat, da sonst zu Anfang der Schließungsperiode ein Gegenstrom auftritt. Endlich ist man bei vielen Unterbrecherbauarten aus mechanischen Gründen gezwungen, die Schließungsdauer nicht zu groß, die Öffnungsdauer nicht zu klein zu wählen, da sonst der Nocken zu spitz wird und zu starker Abnutzung unterworfen ist. Man verwendet manchmal, um den Einfluß des Nachzitterns auszuschalten, bei Zündern, die sehr hohen Beanspruchungen ausgesetzt sind, vor allem also für Motoren mit acht und mehr Zylindern, zwei Unterbrecher, die sich in Parallelschaltung gegenseitig ergänzen. Man versetzt dabei die Unterbrecher so gegeneinander, daß sie abwechslungsweise das

Öffnen des Primärkreises vornehmen, und gibt also dem Umlaufnocken die Hälfte der Kuppen, die bei nur einem Unterbrecher nötig wäre (siehe Abschnitt IV, Seite 159). Bei einem Achtzylinder-Motor z. B. hat der Unterbrecher zwei Federbandhebel, die um 45° versetzt auf einem Nocken mit vier Kuppen schleifen. Um den Nocken möglichst wenig abzunutzen, laufen die Ablenknocken auf zwei getrennten Nockenbahnen übereinander. Die Unterbrechungszahl jedes einzelnen Unterbrechers erniedrigt sich auf diese Weise um die Hälfte. Die Schließungsdauer wird genügend groß, ohne daß der Nocken zu spitz wird.

Mit die wichtigsten Teile des Unterbrechers sind die **Kontakte,** d. h. die Metallstücke, die die Schließung und Unterbrechung des Stromes unmittelbar übernehmen. Man stellt an die Kontakte 4 Forderungen:

1. sie sollen in geschlossenem, d. h. aufeinandergedrücktem Zustand stets tadellosen Kontakt geben;
2. sie sollen sich wenig abnutzen;
3. sie sollen wenig „feuern“, um Aussetzer zu vermeiden, und
4. sie sollen mechanisch haltbar sein.

Das Unterbrecherfeuer ist, wie wir wissen, nicht nur vom Kontaktwerkstoff, sondern noch von vielen anderen Faktoren abhängig. Immerhin ist es Tatsache, daß der Kontaktwerkstoff selbst einen sehr wesentlichen Einfluß auf das Feuer hat.

Man hat für die Kontakte schon die verschiedensten Werkstoffe verwendet, findet aber vor allem, daß viele sonst als Kontaktmaterial in der Elektrotechnik gebräuchlichen Werkstoffe, wie z. B. Silber, für diesen Zweck zu weich sind. Auch die vorübergehend verwendeten Legierungen aus Platin und Osmium sind zu weich, was zur Folge hat, daß sich die Kontakte bald verformen und den Betrieb des Zünders stören. Von den heute gebräuchlichen Kontaktwerkstoffen nennen wir nur die zwei wichtigsten: Die Platin-Iridium-Legierung (aus Platin mit etwa 20% Iridium) und das Wolfram.

Im allgemeinen kann der Platin-Iridiumkontakt[1]) als der ungleich bessere, aber sehr viel teurere Kontakt ange-

[1]) Während des vergangenen Kriegs ist in Deutschland der Platin-Iridiumkontakt aus Mangel an Iridium weitgehend durch eine Legierung aus 97% Platin und 3% Wolfram ersetzt worden. Diese hat sich als dem Platin-Iridium völlig gleichwertig erwiesen.

sprochen werden. Sein Vorzug ist, daß er im Gegensatz zu Wolfram kein isolierendes Oxyd an seiner Oberfläche bildet, was seine besondere Zuverlässigkeit hinsichtlich guten Kontakts und damit unbedingte Betriebssicherheit ergibt. Auch hinsichtlich des Unterbrecherfeuers ist der Platin-Iridiumkontakt dem Wolframkontakt weit überlegen. Ein Magnetzünder, bei dem mit Platinkontakten bei den höchsten Drehzahlen noch keine Aussetzer durch Unterbrecherfeuer auftreten, kann schon bei mittlerer Drehzahl mit Wolframkontakten bedenklich aussetzen. Das Feuern ist an den Kontakten selbst bei Wolfram ungleich viel stärker wahrzunehmen als bei Platin-Iridium. Auffallenderweise ist dies aber kein Maßstab für die Kontaktabnutzung. Man findet vielmehr sehr häufig, daß in einem Magnetzünder sich Platinkontakte sehr rasch abnutzen, wogegen Wolframkontakte eine ungleich größere Lebensdauer haben.

Hauptsächlich — und das ist ein für den praktischen Betrieb sehr wichtiger Punkt — sind Platinkontakte sehr empfindlich gegen Öl- und Benzindämpfe. Geringe Mengen solcher Dämpfe im Unterbrechergehäuse führen zu ganz erstaunlich rascher Kontaktabnutzung. Versuche haben gezeigt, daß sich die Lebensdauer eines Kontaktpaares unter Benzindampfeinfluß auf $^{1}/_{10}$ der normalen Lebensdauer erniedrigen kann. Dies erheischt von dem Zünderkonstrukteur: gute Lüftung des Unterbrechergehäuses und Vorsicht bei der Konstruktion der Schmierung; von dem Motorkonstrukteur: weg mit dem Zünder von Vergaser und Benzinleitungen, weg von ölreichen Stellen, insbesondere von der Entlüftungsöffnung, sorge für gute Luftzufuhr!, und endlich von dem Kraftfahrer: Sauberkeit und Vorsicht in der Behandlung des Zünders. Vor allem leuchtet jetzt ein, daß ein Schmieren des Hebellagers des Lagerunterbrechers von außen nicht in Frage kommt, daß man also auf Lagerbüchsen mit Fettgehalt zur Selbstschmierung angewiesen ist.

Während also die Platinkontakte sehr stark durch Benzin- und Öldämpfe geschädigt werden, ist dies bei Wolframkontakten weniger der Fall, und dies ist nächst dem Preis ihr großer Vorteil. Für den Batteriezünder und den Einzylinder-Magnetzünder kommt noch ein weiterer, bisher nicht erwähnter Nachteil des Platinkontakts gegenüber dem Wolframkontakt zur Geltung: Die Eigenschaft, stark mit dem Strom zu wandern. Der Kontaktwerkstoff wandert bei den zahllosen Unterbrechungen des Stroms bei Apparaten, bei denen die Stromrichtung immer ein und dieselbe ist (Einzylinder-Magnetzünder und alle Batteriezünder), von einem Kontakt weg und zu dem andern Kontakt hin, so daß sich dort ein tiefer Krater, hier eine Erhöhung bildet. Diese Materialwanderung, die auftritt, auch wenn der Öffnungslichtbogen durch den Kondensator völlig unterdrückt ist, geht fast stets vom Anodenkontakt zum Katho-

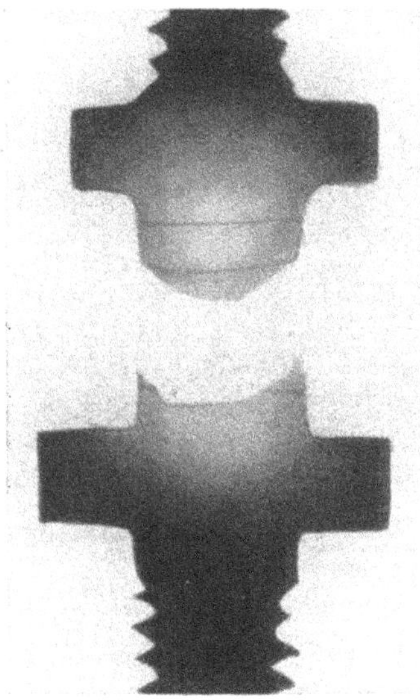

Bild 74. Kontaktwanderung, Schnitt durch ein Kontaktpaar

denkontakt[1]). Kontakte mit starker Wanderung sind im Schnitt in Bild 74 dargestellt. Diese Wanderung führt zu Anständen, da mit der Zeit der eine Kontakt ganz aufgezehrt wird (beachte die Schweißstelle des Kontakts im Bild) und auch leicht gegenseitige Verhakungen der Kontakte in der löchrigen Oberfläche auftreten. Wolfram hat die Eigenschaft, wesentlich weniger zu wandern und ist darum der für den Batteriezünder nahezu allein brauchbare Kontakt. Charakteristische

[1]) Auf die Theorie der Feinwanderung einzugehen, würde hier zu weit führen. Wir verweisen auf die Literatur, z. B.: R. Holm: Die technische Physik elektrischer Kontakte, Springer Berlin 1941. — J. Dietrich u. E. Rüchardt: Feinwanderung an Ablenkkontakten, Zeitschrift für angewandte Physik, Januar 1948. — J. J. Lander and L. H. Germer: The Bridge Erosion of Electrical Contacts, Journal of Applied Physics, Vol. 19, Oktober 1948. — H. Paetow: Kontaktschmelzbrücken und Feinwanderung, ETZ, Heft 7, 1949.

Wanderung, wie sie leider auch am Wolframkontakt auftreten kann, zeigt an einigen Kontaktpaaren Bild 75. Man sieht die kleinen Höcker und Krater, die nicht immer ganz genau ineinanderpassen und dadurch Ungenauigkeiten in der Öffnung der Kontakte und im Zündzeitpunkt verursachen können.

Die Forderung 4 nach mechanischer Festigkeit der Kontakte ist zum Teil schon beleuchtet. Es ist hinzuzu-

Hebel-Kontakte

Amboß-Kontakte (— Pol)

Bild 75. Kontaktwanderung, Kontaktfläche

fügen, daß Wolfram spröder ist als Platin-Iridium und deshalb leicht abbröckelt. Erwähnt sei an dieser Stelle auch, daß man bei Platin-Iridium- und Wolframkontakten zweierlei Strukturen verwendet. Zum Teil hat man Kontakte, die aus Blechen ausgestanzt sind und parallel zu ihrer Auflagefläche geschichtet sind, zum Teil hat man aber auch aus Stangenmaterial abgesägte, also senkrecht zu ihrer Oberfläche geschichtete Kontakte. Bild 76 zeigt die Struktur der beiden Kontaktarten. Die senkrecht geschichteten Kontakte haben sich in der Regel besser bewährt.

Es bleibt noch zu sagen, daß Verunreinigungen in den Kontakten die schlimmsten Feinde des Zünders sind, sei es, daß sie im Kontaktwerkstoff sich befinden, sei es, daß sie erst von außen auf die Kontakte aufgebracht werden. Die Kontakte dürfen zwar mit einer kleinen Schlichtfeile gereinigt werden, dabei muß aber peinlichste Sorgfalt angewandt werden, um jedes Eindringen von Verunreinigungen (Eisenfeilspänen und dergleichen) zu vermeiden und nicht unnötig viel von dem Kontaktwerkstoff wegzuschaben. Dies gilt besonders für Platin-

Iridiumkontakte. Bei den Wolframkontakten des Batteriezünders, bei denen die Kontakteinstellung weniger Schwierigkeiten macht als beim Magnetzünder, ist zu empfehlen, die Unterbrecherteile bei Überholung aus dem Zündverteiler herauszunehmen und die Kontakte auf einem Ölstein sauber abzupolieren, da bei Wolfram Feilen infolge der Härte des Wolframoxyds zumeist nichts nützt und jede Eisenverunreinigung am

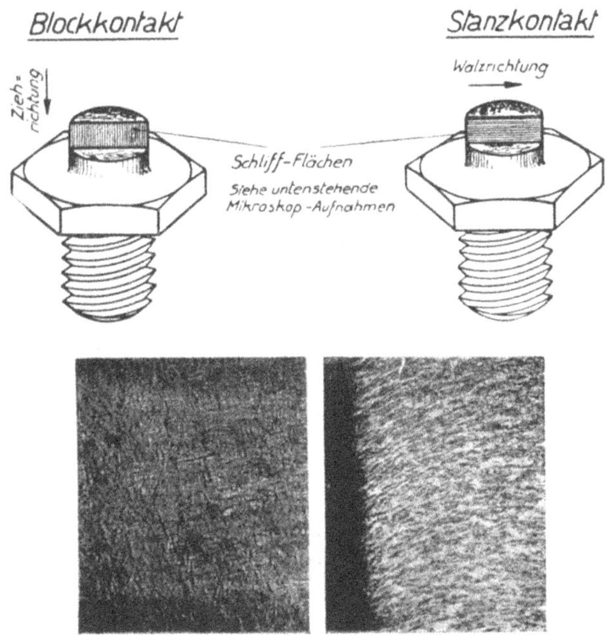

Bild 76. Stanz- und Blockkontakt

Kontakt durch die Feile nur schadet. Geringe Erhöhungen oder Vertiefungen sind unschädlich und erfordern keine Reinigung. Schädlich ist vor allem das nicht leitende und deshalb manchmal Aussetzen der Zündung verursachende Wolframoxyd, das aber durch oberflächliche Reinigung zumeist nicht entfernt werden kann. Die Erfahrung zeigt, daß in der Regel an den Kontakten viel zu viel und mit ungeeigneten Mitteln herumgearbeitet wird! (Näheres hierüber siehe Abschnitt V, Seite 276).

Zum Abschluß dieses Abschnittes noch ein Wort über den **Kondensator.** Er gehört in gewisser Beziehung mit zum Unterbrecher, weil er dazu dient, das Unterbrecherfeuer zu unterdrücken. Wichtig ist hierbei, daß die Leitungen zwischen Unterbrecher und Kondensator so geringen Widerstand wie möglich haben, also kurz sind, und daß hauptsächlich unsichere Kontakte sorgfältig vermieden werden. Deshalb erfordert ein umlaufender Unterbrecher einen umlaufenden Kondensator, ein feststehender Unterbrecher stets einen feststehenden Kondensator. Bei der Zündzeitpunkt-Verstellung muß der fest-

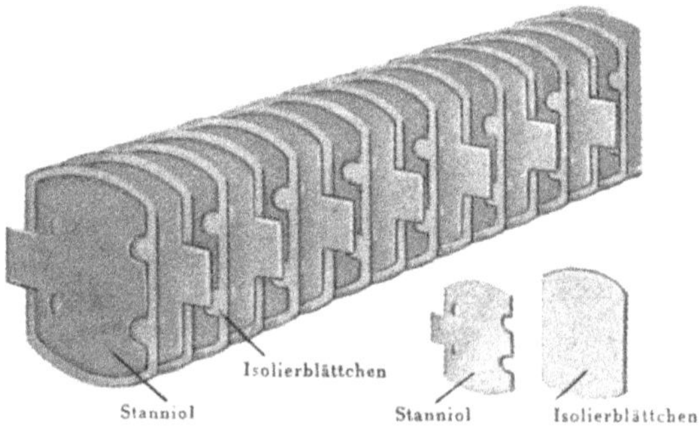

Bild 77. Glimmerkondensator, auseinandergezogen

stehende Unterbrecher um den Umlaufnocken geschwenkt werden, es muß also entweder Kondensator und Unterbrecher gemeinsam verstellbar sein oder eine bewegliche Verbindung zwischen Unterbrecher und Kondensator vorgesehen werden. Vielfach wird diese Verbindung durch eine Metallitze oder ein Federband hergestellt, um jeden unsicheren Kontakt auszuschließen. Von dieser Schwierigkeit ist der Umlaufunterbrecher frei, da hier der feststehende Nocken verstellt wird. Beim umlaufenden Anker ist der Kondensator in einem der Ankerdeckel untergebracht, wie aus Bild 80 zu ersehen ist.

Die Kondensatoren selbst kann man grundsätzlich nach ihrer Bauart in zwei Gruppen einteilen: in Glimmer- und Papier-Kondensatoren, je nachdem als Isolierstoff Glimmer oder mit einem Isoliermittel getränktes Papier verwendet wird. Der G l i m m e r kondensator besteht aus einer großen Anzahl dünner Glimmerblättchen, zwischen die dünne Metallfolien (meist Zinn oder Aluminium) so gelegt werden, daß die Folien immer abwechselnd auf entgegengesetzten Seiten aus dem Glimmerpaket herausragen (Bild 77). Dabei ist darauf zu achten, daß die unmittelbar benachbarten Folien einander nicht berühren, dagegen jede Folie mit der übernächsten verbunden ist. Glimmerblättchen und Folien werden meist mit Schellack aufeinandergeklebt und in warmem Zustand noch besonders zusammengepreßt.

Beim Papierkondensator dient als Isolierstoff Papier, das mit Öl, Lack oder Wachs getränkt wird. Ursprünglich war er genau so geschichtet wie der Glimmerkondensator, bis man erkannte, daß sich auf diese Weise kein brauchbarer Kondensator ergab; die Schichten verzogen sich. Man ging daher dazu über, den Kondensator zu wickeln; dabei werden in der Regel zwei Papierstreifen und zwei Stanniolstreifen so aufeinandergewickelt, daß der eine Stanniolstreifen auf der einen, der andere auf der anderen Seite über das Papier hervorsteht.

Der Kondensator wird neuerdings meist mit Rohpapier gewickelt, erst nach dem Wickeln mit einem geeigneten Öl oder Wachs getränkt und dann ganz dicht eingekapselt. Dies ist wichtig, weil das Papier auch in getränktem oder lackiertem Zustande äußerst hygroskopisch ist. Wenn man jedoch die Vorsichtsmaßregeln einer dichten Einkapselung und eines geeigneten Tränkmittels anwendet, also den Papierkondensator unabhängig von Feuchtigkeitseinflüssen und unabhängig von der Temperatur macht, besitzt er eine ausreichende Durchschlagfestigkeit und Isolierfähigkeit. Der Papierkondensator kann dann nicht nur dem Glimmerkondensator gleichwertig gebaut werden, sondern ist ihm unter Umständen wesentlich überlegen.

Er wird besonders aus Preisgründen heute fast ausschließlich beim Magnet- und Batteriezünder verwendet, allerdings, wie nochmals betont werden soll, in wesentlich besserer Einkapselung als bei der in der Hochfrequenztechnik sonst üblichen Ausführung. Der Zünderkondensator ist weit empfindlicher auf Leitfähigkeit als der Radiokondensator.

Einen dicht gekapselten Papierkondensator zeigt Bild 78. Er besteht aus einem mit Spezialöl getränkten Wickel aus Papier und Aluminiumfolie; die Folie steht abwechselnd auf den beiden Seiten des Belages über, ist dort plattgedrückt und erhält durch Federscheiben Kontakt, auf der einen Seite mit dem im Gehäuseboden isoliert, aber vollkommen dicht eingenieteten Primäranschluß, auf der anderen Seite mit dem Gehäusedeckel, also mit Masse. Der Gehäusedeckel ist mit dem Gehäuse luftdicht verlötet. Diese Bauart hat sich sehr gut bewährt; neben ihr bestehen noch einige ähnliche Lösungen, die sich insbesondere in der Art der isolierten Durchführung des Primäranschlusses unterscheiden. So zum Beispiel eine vielfach für Batteriezünder verwendete Bauart der Firma Bosch, bei der der Kondensatorwickel in einen einseitig geschlossenen Blechtopf eingelegt ist, der mit Isolierscheiben, zwischen denen eine

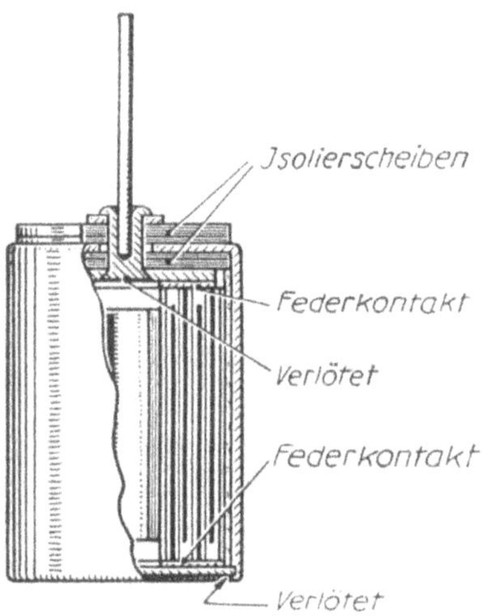

Bild 78. Ölgetränkter Papierwickelkondensator, verlötet

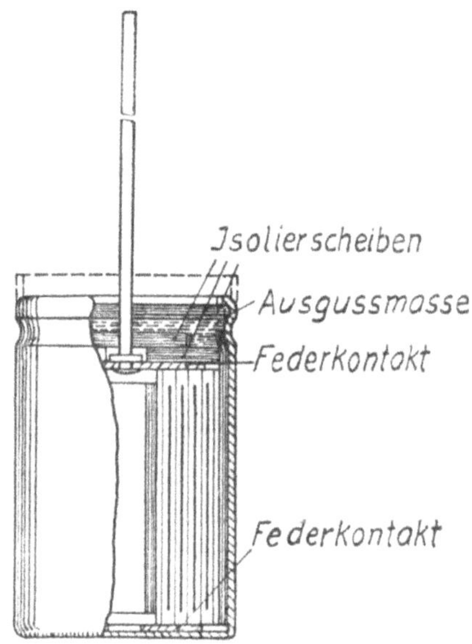

Bild 79. Ölgetränkter Papierwickelkondensator mit Vergußdichtung

Spezialvergußmasse eingegossen ist, verschlossen wird (Bild 79). Die Vergußmasse übernimmt nicht nur die Dichtung am Gehäuserand sondern dichtet auch die Drahtdurchführung in der Mitte des Kondensators ab. Ihre Elastizität und Wärmefestigkeit sorgt für genügend dichten Abschluß bis zu Temperaturen von 100° C und vermeidet die teuren Lötarbeitsgänge anderer dichter Kondensatorausführungen. Eine Sonderbauart hat die Firma Scintilla geschaffen, dadurch daß sie den Kondensator in die Zündwicklung mit einwickelt.

Von einem guten Kondensator verlangt man zwischen den Belegen einen Widerstand von mehr als 10 Megohm und eine Durchschlagsfestigkeit von mindestens 900 Volt, wenn er sich für einen Zünder eignen soll. Die Kapazität ist von der Zünderbauart abhängig und schwankt bei den verschiedenen Ausführungen zwischen 0,05 und 0,35 μF.

IV. Wichtige Zünderbauarten

1. Magnetzünder

Wenn auch der Magnetzünder im normalen Personenkraftwagen heute nur noch eine wirtschaftlich untergeordnete Rolle spielt, so rechtfertigen seine geschichtliche Bedeutung und seine heutige Verwendung an Krafträdern und auf wichtigen Sondergebieten (s. a. Abschnitt II) es doch, die Haupttypen zu beschreiben.

Dem Aufbau nach unterscheiden wir zunächst die sogenannten Zweiabrißtypen und die Vier- und Mehrabrißtypen. Das Unterscheidungsmerkmal besteht darin, daß bei den Zweiabrißtypen der Erregerfluß im Anker zweimal und bei den Vier- und Mehrabrißtypen viermal oder öfter seine Richtung bei einer Umdrehung der Zünderachse wechselt. Wie schon die Betrachtung der Tafel, Bild 9, Seite 16 zeigen mußte, eignen sich die Vier- und Mehrabrißtypen in erster Linie für hohe Zylinderzahlen, z. B. für Renn- und Flugmagnetzünder.

Ein weiteres Unterscheidungsmerkmal ist das Verhältnis von Magnet und Ankerwicklung zueinander. Wie wir bereits auf Seite 11 ausführten, ist die ursprüngliche Form ein umlaufender Anker im Felde eines feststehenden Magneten. Der Flußwechsel kann aber auch erfolgen, wenn die Ankerwicklung feststeht und der Magnet umläuft, oder endlich, wenn Anker und Magnet feststehen und besondere Kraftlinienleitstücke umlaufen.

Auf Grund dieser Einteilung besprechen wir die einzelnen Bauarten in folgender Reihenfolge:

- Zweiabrißtypen mit
  - Umlaufanker
  - Umlaufmagnet
- Vier- und Mehrabriß-Typen mit
  - Umlaufmagnet
  - Umlaufleitstücken.

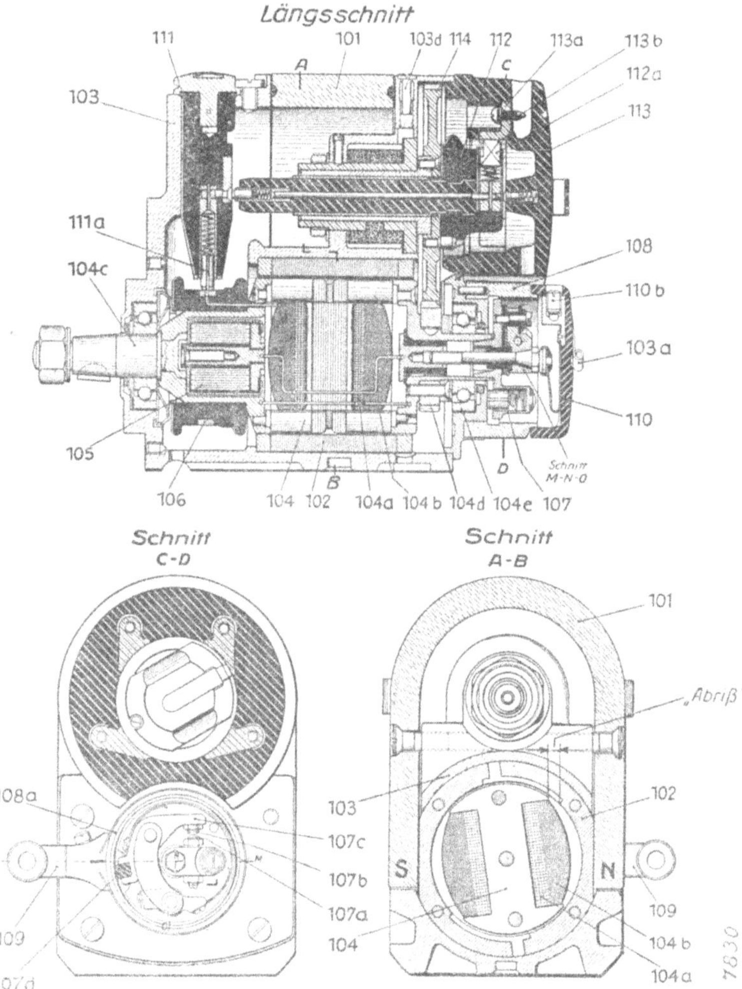

Bild 80. Schnitte durch einen Vierzylindermagnetzünder mit Umlaufanker und Schleifbahnverteiler

101 Bügelmagnet
102 Polring
103 Gehäuse
103a Haltefeder des Unterbrecherdeckels
103d Klappöler für Verteilerradlagerschmierung
104 Umlaufender Anker
104a Primärwicklung
104b Sekundärwicklung
104c Antriebsachse
104d Antriebsrad des Verteilergetriebes
104e Isoliert eingepreßtes Kugellager
105 Wickelkondensator
106 Schleifring
107 Umlaufender Unterbrecher mit Massekohle
107a Amboßkontakt
107b Hammerkontakt
107c Unterbrecherhebel
107d Unterbrecherschraube
108 Nockenring
108a Nocken
109 Handverstellhebel
110 Unterbrecherdeckel
110b Anschlußklemme für das Kurzschlußkabel
111 Stromabnehmer
111a Stromabnehmerkohle
112 Verteilerläufer
112a Verteilerkohle
113 Verteilerscheibe
113a Verteilersegment
113b Spitzschraube zur Kabelbefestigung
114 Verteilerzahnrad

Schwarze Teile aus Isolierstoff

Der **Zweiabrißtyp** mit **Umlaufanker** ist in seinem grundsätzlichen Aufbau schon in Bild 5 gezeigt. Er ist viele Jahre der meist verbreitete Magnetzünder gewesen und deshalb in einer bekannten Ausführung in Bild 80 als Vierzylindertyp im Schnitt dargestellt. Das Aluminiumgehäuse 103 trägt den Bügelmagneten 101, dessen Schenkel die geblätterten Polschuhe 102 berühren. Die Polschuhe sind bei dieser Bauart durch Messingringe zu einer in das Gehäuse einsteckbaren Einheit, dem Polring, verbunden. Im Polring läuft der im Gehäuse und hinteren Lagerdeckel in Kugellagern 104 e gelagerte Doppel-T-Anker 104. Er besteht aus dem Eisenkörper mit Lamellen und Endstücken, den auf diesem befindlichen Wicklungen und den Ankerdeckeln aus Messing. Der vordere Ankerdeckel enthält den gekapselten Wickelkondensator 105, dessen isolierter Teil mit dem Ende der Primärwicklung verbunden ist, während der Anfang der Primärwicklung in dem Ankerdeckel selbst verlötet ist. Der vordere Ankerdeckel trägt den Schleifring 106, zu dessen Metallsegment das Ende der Sekundärwicklung geführt ist. Endlich trägt er eine Stahlachse 104 c, die mit Konus und Keilnut zur Kupplung des ganzen Zünders mit der Antriebachse versehen ist. Der hintere Ankerdeckel dagegen trägt das Verteilerantriebszahnrad 104 d aus Stahl und ist mit einem konischen Loch mit Keilnut zur Befestigung des Unterbrechers versehen. Der umlaufende Lagerunterbrecher 107 selbst wird mit einer Stahlschraube an den Ankerdeckel gezogen. Die Schraube ist isoliert durch den Ankerdeckel hindurchgeführt und steht mit dem Primärdrahtende in Verbindung. Die Massekohle des Unterbrechers stellt die Verbindung zwischen Anker und Motorkörper her. Auf dem hinteren Lagerdeckel ist der Nockenring 108 mit dem Verstellhebel und den Unterbrechernocken zum Zwecke der Zündzeitpunktverstellung drehbar gelagert. Auf dem Nockenring sitzt, durch eine Blattfeder gehalten, der sogenannte Unterbrecherdeckel 110, der innen federnd eine Schleifkohle trägt, die auf der Unterbrecherschraube schleift und so Verbindung mit der Primärwicklung hat. An diese Schleifkohle kann ein zum Schlüsselschalter führendes Kabel angeschlossen werden, um das Kurzschließen der Primärwicklung und damit das Abschalten der Zündung durch den Schlüsselschalter zu ermöglichen. Auf dem Schleifring des Ankers schleift die Kohle 111 a des ruhenden Stromabnehmers 111 und führt die Hochspannung dem Verteiler 112 zu. Der Verteilerläufer wird vom Anker her durch das Zahnrad 114 mit Untersetzung 2 : 1 angetrieben, da wir einen Vierzylinder-Magnetzünder vor uns haben. Das Zahnrad ist in einem Gleitlager im Gehäuse gelagert. Durch Zahnrad und Verteilerlager greift der Schaft des Verteilerläufers isoliert hindurch bis zum Stromabnehmer, während sein Finger mit der Verteilerkohle 112 a nacheinander über die vier Metallsegmente der Verteilerscheibe 113 gleitet und so die Hochspannung in richtiger Reihenfolge über die mit Spitzschrauben 113 a befestigten Kabel den Motorzylindern zuführt. Die Lager des Zünderläufers werden durch ein in den Kugellagerkäfigen enthaltenes Spezialfett geschmiert, das temperaturbeständig ist und wenig verharzt. Das Verteilergleitlager wird mit Öl geschmiert, das durch einen Klappöler in den Schmierbehälter gelangt, nämlich einen Filzring, der über das Gleitlager gezogen ist und durch eine Öffnung die Verteilerachse berührt.

Wenn der Magnetzünder mit Umlaufanker für Vier- und Mehrzylindertypen heute kaum mehr gebaut wird, so hat er sich doch als Ein- und Zweizylindertyp weitgehend auf dem Markt erhalten. Der Umlaufanker mit seinem Schleifring gestattet die Verteilung der Hochspannung auf die beiden Stromabnehmer des Zweizylindertyps in besonders einfacher Weise. Der Schleifring, der die Hochspannung vom Läufer zum Stromabnehmer führt, wird als Segment ausgebildet, das abwechselnd eine halbe Umdrehung lang mit einem rechts stehenden und eine halbe Umdrehung lang mit einem links stehenden Stromabnehmer Verbindung hat und so die Verteilung auf die beiden Zylinder vornimmt, wie dies schon in Bild 62 gezeigt wurde. Aber auch beim Einzylindertyp gibt es Fälle, besonders bei hohen Drehzahlen, bei denen es nicht möglich ist, die Hochspannung von einer feststehenden Wicklung einfach der Zündkerze zuzuführen. Da bei einer Läuferumdrehung zwei Flußwechsel entstehen, von denen beim Einzylindermotor nur der eine gebraucht wird, besteht die Gefahr, daß der nicht erwünschte Flußwechsel bei hoher Drehzahl eine Spannung in der Hochspannungswicklung erzeugt auch dann, wenn der Unterbrecher in dem entsprechenden Augenblick nicht arbeitet. Dieser sogenannte falsche Funke kann, da er etwa 180° gegen den richtigen Funken versetzt auftritt, Störungen im Motorbetrieb hervorrufen. Der falsche Funke kann unterdrückt werden, wenn auch beim Einzylindermagnetzünder der Umlaufanker mit Segmentschleifring versehen wird, der nur zur Zeit des richtigen Funkens eine Verbindung zwischen Wicklung und Stromabnehmer, also zur Zündkerze herstellt, zur Zeit des falschen Spannungsstoßes aber nicht auf der Kohle steht, also keine Spannung zur Kerze kommen läßt.

Bild 81. Marelli-Einzylindermagnetzünder

Einen Einzylindermagnetzünder der italienischen Firma Marelli mit Bügelmagnet aus Chromstahl zeigt Bild 81. Man sieht den langen Magnetbügel, vorne das verstellbare Unterbrechergehäuse, bei dessen Verdrehung der feststehende Nocken verschoben und dadurch der Zündzeitpunkt verstellt wird, und in der Mitte den Stromabnehmer, der zugleich die Kabelanschlußklemme enthält. Die Bauart gestattet durch Anbringen eines zweiten Stromabnehmers gegenüber dem ersten und durch Auswechseln des Unterbrechergehäuses gegen ein solches mit zwei Nocken aus dem Einzylinder- einen Zweizylindermagnetzünder zu machen.

Die Bilder 82 und 83 zeigen Einzylindermagnetzünder besonders niederer Bauart, bei denen durch Anwendung eines rechteckigen gegossenen Alnistahlmagnets, der über dem Anker liegt, die für den Bügelmagneten erforderliche große Höhe vermieden ist. Am Magnetzünder der englischen Firma BTH (Bild 82) ist der Magnet durch ein Spannband auf dem Gehäuse gehalten, beim Magnetzünder Bild 83 ist der Magnet mitsamt den Magnetpolschuhen in das Gehäuse eingegossen. Man sieht auf dem Bild deutlich, wie die Polschuhe und der Magnet in

Bild 82. BTH-Einzylindermagnetzünder

der Gußform fest zusammengehalten wurden, man beachte die seitliche Anlagefläche des Stempels am Polschuh (schwarz) und das vom Niederhalter herrührende Loch im Gehäuse oben. Die

103a Haltefeder des Unterbrecherdeckels
108 Nockenring
109a Verstellhebel
110 Unterbrecherdeckel
111 Stromabnehmer
111e Stromabnehmer-Befestigungsschraube

Bild 83. Bosch-Einzylindermagnetzünder

seitlichen freien Flächen der Polschuhe sind zugleich die Stellen, an denen die Magnetisierbacken am Zünder angesetzt werden können. Dieses Eingießen des Magnets in das Gehäuse wäre mit anderem Magnetstahl als Alnistahl völlig undenkbar. Am Magnetzünder Bild 83 erfolgt die Handverstellung durch Verdrehen des Unterbrechergehäuses, während Bild 82 ein Beispiel für Verstellung mit Bowdenzug ist. Gerade im Hinblick auf die Bauarten Bild 82 und 83 läßt sich sagen, daß es wohl nicht möglich ist, einen Ein- oder Zweizylindermagnetzünder mit feststehender Wicklung so raumsparend zu bauen wie es bei diesen Zündern mit Umlaufanker gelungen ist. Man setze statt der

Bild 84. Noris-Zweizylindermagnetzünder

umlaufenden Wicklung einen umlaufenden Magneten und darüber statt des Magneten eine feststehende Wicklung, so wird man sofort finden, daß diese Wicklung über dem umlaufenden Teil mehr Raum beansprucht als der kleine Magnet.

Wir wenden uns nunmehr der Bauweise des Magnetzünders mit **Umlaufmagnet** zu, die sich besonders für Vier- und Sechszylindermagnetzünder fast völlig durchgesetzt hat. Der feststehende Anker hat gegenüber dem umlaufenden verschiedene Vorteile: Zur feststehenden Wicklung gehört der einfachere feststehende Unterbrecher, der höhere Lebensdauer und Betriebssicherheit gewährleistet; man braucht keinen Schleifring, um den Strom vom Anker abzunehmen; die Wicklung ist einfacher herzustellen, da sie im Betrieb nur noch durch Schüttelkräfte, nicht auch durch Fliehkräfte beansprucht wird — auch hat man mehr Raum für die Wicklung zur Verfügung. Während für den Ein- und Zweizylindertyp die Umlaufwicklung eine besonders raumsparende Bauart ermöglicht, stört bei höherer Zylinderzahl die über dem Läufer angeordnete feststehende Wicklung kaum, da der Zünder wegen des Verteilers ohnehin höher baut.

Eines der wenigen Beispiele für Ein- und Zweizylindermagnetzünder mit Umlaufmagnet zeigt Bild 84: ein Zweizylindermagnetzünder der Firma Noris, der besonders für Kompressormotoren und dergleichen verwendet wird. Er hat angebauten Schnapper (siehe Abschnitt V, Seite 309), der Läufer enthält den Magnet mit den Polschuhen, dahinter den schleifringartig ausgebildeten Verteiler, der die Hochspannung aus der oben liegenden feststehenden Wicklung entnimmt und den beiden Stromabnehmern rechts und links des Gehäuses zuführt, sowie einen Selbstversteller, der den Nocken des Unterbrechers verstellt. Die feststehende Wicklung liegt quer über dem Läufer, ähnlich wie bei den in den folgenden Bildern gezeigten Typen.

Einen Magnetzünder mit Umlaufmagnet, den die Firma Bosch für die besonders hohen Ansprüche des schweren L a s t - w a g e n - und O m n i b u s betriebs erfolgreich eingesetzt hat, zeigt Bild 85 in Sechszylinderausführung. Der Zünder ist im Bild halb aufgeschnitten dargestellt, die Ankerpolschuhe sind teilweise entfernt und nur gestrichelt angedeutet. In einem Gehäuse aus Alumnium sind zwei Ankerpolschuhe eingegossen, die aus Blechlamellen zusammengesetzt sind, sich nach oben verjüngen und abgekröpft sind. Sie umgreifen mit ihrem unteren Teil den Läufer, der in einer Zwischenwand des Gehäuses und in dem hinteren Lagerschild (im Bild rechts) in Kugellagern gelagert ist. Der Läufer enthält zwischen zwei Messingplatten, die die Achsstümpfe tragen, eingenietet die geblätterten Magnetpolschuhe und innerhalb dieses Gehäuses den Alnistahlquader, der nur an seinen an den Polschuhen aufliegenden Flächen geschliffen ist. Vor dem Magnetläufer nach der Antriebsseite hin befindet sich ein besonderer Raum im Gehäuse, in dem der Antriebsselbstversteller oder nach Wahl ein Schnapper untergebracht werden kann (siehe hierüber Abschnitt V, 3, Seite 311). Hinter dem Magnetläufer (im Bilde rechts) sitzt dicht vor dem Kugellager das Ritzel für den Verteilerantrieb, das durch einen zwischen Magnetläufer und Ritzel eingebauten Selbstversteller gegenüber dem Magnetläufer verdreht wird.

Oberhalb des Läuferteiles befindet sich über dem Raum des Schnappers oder Antriebsverstellers der feststehende Anker, fest zwischen die freien Enden der Ankerpolschuhe eingeschoben. Sein Kern ist außen rechteckig abgesetzt, damit ein möglichst großer Querschnitt den Übergang des magnetischen Flusses erleichtert. Aus dem gleichen Grund sind die Stoß-

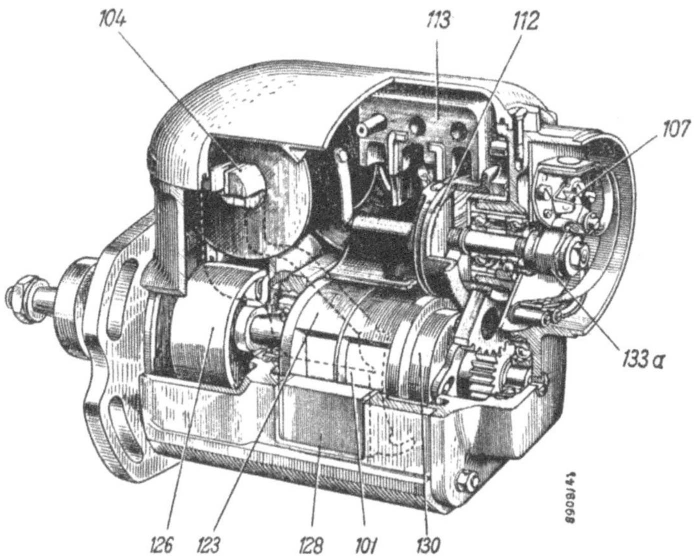

Bild 85. Bosch-Sechszylindermagnetzünder JG 6 mit Umlaufmagnet und Überschlagverteiler

101 Umlaufender Magnet
104 Feststehender Anker
107 Unterbrecher
112 Verteilerläufer
113 Verteilerbogen
123 Umlaufender Magnetpolschuh
128 Feststehender Ankerpolschuh
126 Antriebsselbstversteller (oder Schnapper)
130 Abrißselbstversteller
133a Umlaufender Fibernocken

flächen zwischen dem Ankerkern und den Ankerpolschuhen geschliffen. Über dem Magnetläufer selbst liegt der Verteiler. Das glockenförmig ausgebildete Verteilerzahnrad mit einem Kranz aus bakelitisiertem Stoffgewebe wird von einer Achse getragen, die in zwei Kugellagern in der Lagerplatte gelagert ist. Auf diesem glockenförmigen Rad ist der Verteilerfinger, der sogenannte Verteilerläufer angebracht, der in seiner Mitte axial von einer auf dem Anker sitzenden und mit der Hochspannungswicklung in Verbindung stehenden Messingfeder die Hochspannung abnimmt und den Segmenten eines torbogenförmig ausgebildeten Verteilerteils zuführt. Dieser Verteilerbogen sitzt passend auf seitlichen Leisten des Gehäuses und enthält in zwei Reihen hintereinander halbkreisförmig angeordnet die Segmente und die entsprechenden Anschlüsse für die Kerzenkabel. Der Verteilerläufer hat zwei miteinander verbundene Finger, die axial versetzt die beiden Segmentreihen bedienen. Solange der eine Finger unten keinem Segment gegenübersteht, arbeitet der andere Finger oben auf ein Segment und umgekehrt löst der andere Finger den ersten in seiner Funktion ab. (Siehe auch das Schnittbild des entsprechenden Achtzylindermagnetzünders Bild 91.) Durch diese Anordnung gelingt es, die Verteilung halbkreisförmig vorzunehmen und so, ohne zu hoch zu bauen, in dem Raum über dem Magnetläufer unterzubringen. Auf diese Weise wird der Raum auf der anderen Seite der Verteilerachse für die Anordnung der Unterbrecherteile frei, die so besonders gut zugänglich werden. Der Unterbrechernocken läuft mit der Verteilergeschwindigkeit und ist ein Fibernocken entsprechend Bild 71 und deshalb selbstschmierend. Federbandhebelunterbrecher und gekapselter Papierwickelkondensator liegen in dem den Nocken umgebenden Unterbrecherraum. Der ganze Zünder ist durch Abdeckung mit einem Aluminiumdeckel völlig stoß- und staubsicher gekapselt. Nachschmierung ist infolge der mit ausreichendem Fettvorrat versehenen Kugellager nicht nötig. Durch das metallisch völlig geschlossene Gehäuse kann auch sehr weitgehende Radioentstörung erreicht werden, wenn die Zündkabel, die gemeinsam durch eine zur Hälfte im Gehäuse, zur Hälfte im Deckel angeordnete Öffnung aus dem Zünder heraustreten, bis zur Kerze metallumschlossen verlegt werden. Der Zünder wird außer mit Grundplattenbefestigung, wie das Bild zeigt, auch mit Flansch geliefert, so daß ein völlig organischer, staubdichter Einbau am Motor möglich ist. Für ausreichende Lüftung dieses Magnetzünders, der mit Überschlagverteiler arbeitet, sorgen besondere, mit Filtern versehene Öffnungen oder gegen Eindringen von Spritzwasser, Öl und Staub abgedeckte Luftkanäle. Zum Ablaufen etwa vorhandenen Kondenswassers befindet sich an der tiefsten Stelle des Zündergehäuses eine ebenfalls spritzwasser- und staubdichte Ablauföffnung.

Eine erheblich einfachere Bauart zeigt als Beispiel eines Vierzylindermagnetzünders der in Bild 86 im Schnitt dargestellte Bosch-Magnetzünder JU 4. Er ist als billiger Traktor-

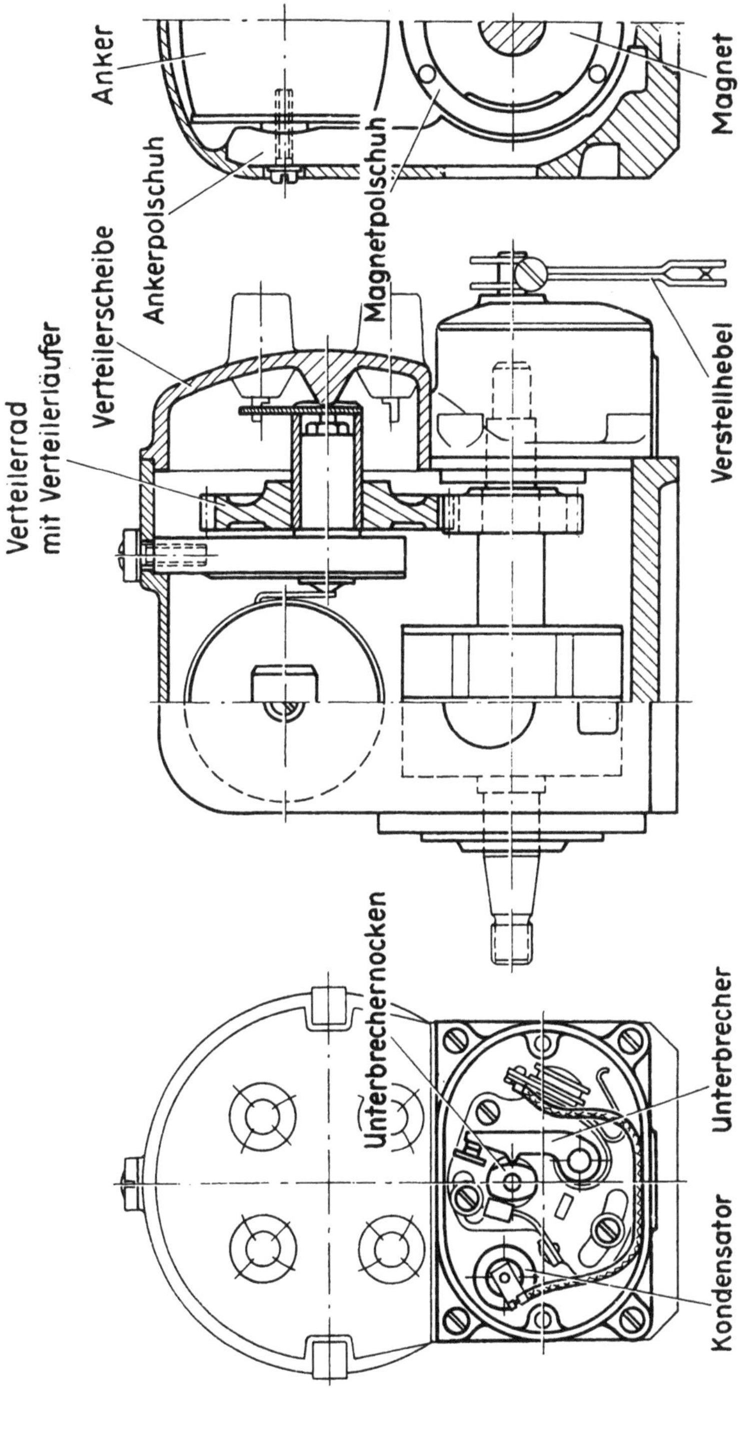

Bild 86. Bosch-Vierzylindermagnetzünder JU 4

zünder gebaut, hat eine in Kugellagern laufende durchgehende Läuferachse, die den Alnistahlmagnet mit den Magnetpolschuhen trägt. Der Magnetläufer bewegt sich mit seinen Magnetpolschuhen zwischen den Ankerpolschuhen, die an ihrem oberen Ende eine Ausdrehung enthalten, in die der Ankerkern eingeschoben wird. Das Gehäuse ist ein nur nach hinten, entgegengesetzt dem Antrieb offener Topf. Auf der Läuferachse sitzt das Verteilerritzel und durch den Lagerdeckel hindurchstechend der Stahlnocken, der einen Blechhebelunterbrecher betätigt. Der Unterbrecher ist beweglich angeordnet, um Handverstellung zu ermöglichen. Hinter der Wicklung sitzt isoliert auf einer Tragplatte der Lagerzapfen für das Verteilerrad. Er ist zugleich der Stromabnehmer, der die Hochspannung von einem Blattfederkontakt auf der Wicklung abnimmt und dem Verteilerläufer zuführt. Er enthält aber auch das Schmiermagazin für das Gleitlager des Verteilerrads, das mit Hilfe einer durch eine Schraube verschlossenen Bohrung von dem obersten Punkt des Zünders aus nachgeschmiert werden kann. Die Verteilerscheibe aus Bakelit sitzt mit ihren Segmenten und den Anschlüssen für die axial nach hinten abgehenden Kabel an dem dem Antrieb entgegengesetzten Ende des Zünders über dem Unterbrecherraum. Ein Schnapper kann an der Antriebsseite des Zünders aufgebaut werden. Der Zünder wurde hier besonders auch deshalb gezeigt, weil er am ehesten den einfachen Bauelementen der Batteriezündung nahekommt und so dort Beachtung verdient, wo man aus Preisgründen und mit Rücksicht auf die weitverbreiteten Ersatzteile der Batteriezündung gerne diese Zündungsart wählen würde, dies aber infolge Fehlens der Batterie und Lichtmaschine nicht tun kann, zum Beispiel bei Traktoren.

Beim Scintilla-Bendix-Traktorzünder (Bild 87) ist der umlaufende Magnet als Glockenmagnet ausgebildet und aus Chromstahl (ähnlich dem in Bild 89 abgebildeten); der eine Wellenstumpf ist in den Magnetstahl eingepreßt und verstiftet, der andere, der aus einer Aluminiumlegierung besteht, ist an die Magnetpolschuhe angeschraubt. Das Gehäuse besteht aus Aluminiumspritzguß mit eingegossenen Ankerpolschuhen. Der Zünder hat, ähnlich dem in Bild 85 gezeigten, zweireihigen Überschlagverteiler. Die Luftlöcher sind gegen Eindringen von Schmutz und Staub durch Metallsiebe geschützt. Die Anker-

Bild 87. Scintilla-Bendix-Traktorzünder

und Verteilerkammer wird durch zwei Löcher seitlich im Gehäuse und eines am Boden (zugleich Ölablauf) entlüftet, die

Bild. 88. Wico-Traktorzünder (Blechverkleidung abgenommen)

Unterbrecherkammer durch ein Loch im Verschlußdeckel. Um wartungslosen Dauerbetrieb ohne Nachschmieren zu erreichen, sitzen die Kugellager des Läufers und des Verteilers in Fettkammern; beim Läuferlager sitzt der Kugelkäfig auch bei herausgenommenem Läufer in der Fettkammer, das Verteilerlager ist sogar völlig abgeschlossen und unzugänglich. Der Shoemaker-Unterbrecher ist in Abschnitt III, 3 (Bild 69) abgebildet und beschrieben, der Schnapper in Abschnitt V, 3, Seite 310.

Der besonders billige amerikanische Wico - Traktorzünder (Bild 88) ist für kleinere Traktortypen und daher für kleinere Leistungen bestimmt; er hat kein Gußgehäuse, sondern die einzelnen Teile sind an einem winkelförmigen Träger befestigt, der das Rückgrat des ganzen Apparates bildet; Blechstücke bilden die äußere Umkleidung. An dem senkrechten Schenkel des Winkels sind die Ankerpolschuhe angeschraubt. Ein besonderer Ankerkern fehlt; statt dessen hat jeder der beiden Ankerpolschuhe einen Fortsatz, der eine Hälfte des Ankerkerns bildet. Auf diese Weise hat der magnetische Kreis nur e i n e Stoßfuge, die noch dazu an einer sehr günstigen Stelle innerhalb der Wicklung liegt. Primär- und Sekundärwicklung sind getrennt gewickelt und dann ineinander geschoben: in den so gebildeten Hohlraum im Wicklungszylinder werden beim Zusammenbau die Fortsätze der beiden Ankerpolschuhe hineingeschoben. Diese Bauart ist billiger als die übliche Bauart, bei der die Wicklung auf einen Eisenkern aufgewickelt wird, dagegen ist die Befestigung der Wicklung nicht so schüttelsicher.

Außer den Ankerpolschuhen sitzt am senkrechten Schenkel des Trägers noch eine waagerechte Hohlachse, in der die Läuferwelle fliegend gelagert ist. Der Läufer besteht aus den Magnetpolschuhen, die mit zwei Messingdeckblechen vernietet sind, und den Dauermagneten; diese sitzen zwischen den Polschuhen, und zwar nicht senkrecht zur Achse, wie bei den vorher beschriebenen Typen, sondern in Richtung der Achse. Am freien Ende des waagerechten Schenkels ist senkrecht eine gußeiserne Lagerplatte angeschraubt; in dieser ist — ebenfalls fliegend — der Schnapper gelagert.

Nun zu den **Vier- und Mehrabrißtypen!**

Mit der Zylinderzahl des Motors wächst auch die Zahl der Funken, die er bei jeder Umdrehung der Kurbelwelle benötigt. Um diese Funkenzahl zu erzielen, muß entweder die Drehzahl des Zünders oder die Zahl der Abrisse bei einer Umdrehung gesteigert werden. Die Drehzahl läßt sich nur begrenzt steigern, da sonst die Zahnrad-Übersetzung zwischen Läufer und Verteiler und die Lagerung der Wellen, wie überhaupt Konstruktion und Konstruktionswerkstoffe im Zünder und seinem Antrieb

Bild 89. Vierpoliger Umlaufmagnet, Scintilla

Schwierigkeiten machen. Deshalb wählt man bei hohen Zylinderzahlen oft Magnetzünder mit hoher Abrißzahl.

Bei den Mehrabrißtypen betrachten wir zunächst die Zünder mit **umlaufenden Magneten;** bei diesen ist der Magnet vier- oder mehrpolig.

Eine der Konstruktionen, die auf diesem Grundsatz beruhen, hat die Firma Scintilla in Solothurn entwickelt, und zwar für vier und acht Abrisse aus dem ähnlich gebauten Zweiabrißtyp, der schon oben als Traktorzünder dargestellt ist. Als Läufer dient hier ein vier- bzw. achtpoliger Bügelmagnet; je 2 diametral gegenüberliegende Schenkel weisen die gleiche Polarität auf und sind, wie Bild 89 zeigt, durch die eigenartig ausgebildeten Polschuhe miteinander verbunden. Am Bügel des Magnets und mit ihm aus einem Stück geformt sitzt ein Achsstumpf, der das Verteilerzahnrad sowie eines der Kugellager trägt und mit Konus und Gewinde zum Antrieb des Zünders versehen ist. Am Ende der Magnetschenkel sitzt ein Messingdeckel, der den anderen Achsstumpf bildet und das zweite Kugellager sowie den umlaufenden vierfachen Unterbrechernocken trägt.

Der Unterbrecher ist ein feststehender Lagerunterbrecher, der mit Hilfe eines Verstellhebels um den Nocken schwenkbar ist. Unterbrecher und Verstelleinrichtung sind gemeinsam sehr einfach durch Lösen eines Bajonettverschlusses aus dem Zünder herausnehmbar. Der ruhende Anker sitzt über dem Umlaufmagneten; der magnetische Fluß wird ihm durch einen geblätterten Eisenweg zugeführt.

Die Scintilla-Bauart hat noch zwei weitere Besonderheiten. Erstens ist der Kondensator als Papierwickelkondensator zum Schutz gegen Eindringen von Feuchtigkeit in den Anker zwischen Primär- und Sekundärwicklung eingewickelt. Man muß dabei allerdings in Kauf nehmen, daß der Kondensator durch die Wicklung erwärmt wird, hauptsächlich aber, daß ein Schaden im Kondensator gleich Ersatz der ganzen Wicklung erforderlich macht. Eine weitere Besonderheit zeigt die Verteilereinrichtung, ein zweibahniger Überschlagverteiler, dessen feststehender Teil aus zwei Viertelkreissegmenten besteht, die zwischen das Zündergehäuse und den vorderen Zünderdeckel eingesetzt werden können und durch einen federnden Verschluß an ihrem Platz festgehalten werden. Die Kurzschlußklemme steht über die zum Anschluß des Unterbrechers dienende Stromschiene mit der Primärwicklung in Verbindung. An sie kann das zum Schlüsselschalter führende Kabel angeschlossen werden.

Den gleichen Grundgedanken (Vierabrißtyp mit Umlaufmagnet) hat die Firma Scintilla für den Bau eines Zwillingsmagnetzünders verwendet, um für besonders strenge Anforderungen ein besonders hohes Maß von Betriebssicherheit zu schaffen. Ein solcher Zwillingsmagnetzünder ist in Bild 90 gezeigt. Für die Verteilung der Hochspannung ist ein getrennt angeordneter Verteiler vorgesehen.

Während man lange Zeit der Ansicht war, daß für sehr hohe Funkenzahlen und Läuferbeanspruchungen weder der Umlaufanker noch der Umlaufmagnet geeignet sei, und sich mehr

Bild 90. Scintilla-Zwillingsmagnetzünder

der Bauart mit umlaufenden Leitstücken zuwandte, ist durch die kurze Magnetlänge des Alnistahlmagnets für den Umlaufmagneten auch für Vierabrißzünder eine neue Daseinsberechtigung geschaffen worden. Es gelangen gedrängte Bauarten des vielpoligen Umlaufmagnets, und so wendet zum Beispiel die Robert Bosch G. m. b. H. bei ihren neuesten Acht- und Zwölfzylinderrennzündern den vierpoligen Alnistahlumlaufmagneten an. Die Bauart eines solchen A c h t z y l i n d e r - R e n n - a p p a r a t s zeigt der Schnitt Bild 91 sowie das schematische Bild 56 auf Seite 105. Der Aufbau ist ganz ähnlich dem in Bild 85 gezeigten Sechszylinder-Zweiabrißtyp. An Stelle des zweipoligen Magnetblocks tritt ein vierpoliger Sternmagnet (101) mit entsprechenden vier Magnetpolschuhen. Die gleichnamigen Magnetpole sind nicht wie bei dem Läufer Bild 89 miteinander magnetisch verbunden, sondern die Ankerpolschuhe sind, wie Bild 56 deutlich macht, auf einem Teil ihrer Breite mit Hörnern versehen, die über eine Polteilung hinweg zu dem um 180° versetzten gleichnamigen Pol hinübergreifen. Der eine Ankerpolschuh hat sein Horn axial gesehen vorne, der andere

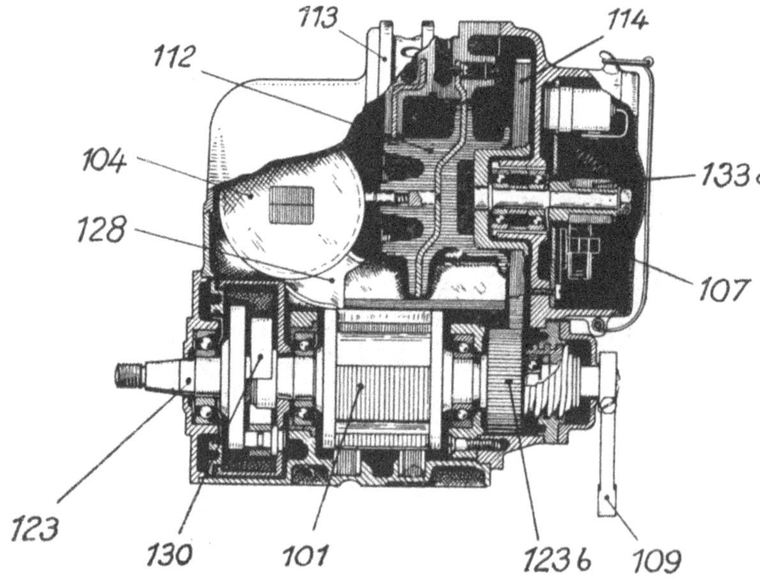

Bild 91. Bosch-Achtzylinder-Rennmagnetzünder JO 8

101 Vierpoliger Magnetläufer	112 Verteilerläufer	123b Verteilerritzel
104 Feststehender Anker	113 Verteilerbogen	128 Magnetpolschuh
107 Unterbrecher	114 Verteilerzahnrad	130 Antriebsversteller
109 Handverstellhebel	123 Antriebsachse	133a Fibernocken

hinten in einem gewissen Abstand von dem vorderen. Auf diese Weise sind beide Nordpole und beide Südpole ausgenützt, und der Luftübergangsquerschnitt für den Magnetfluß ist günstiger, weil die Flüsse der gleichnamigen Pole erst hinter dem Luftspalt zusammengefaßt sind. Der übrige Aufbau dieses Rennzünders entspricht dem früher beschriebenen Zweiabrißzünder. Bemerkenswert ist die in Bild 91 gezeigte eigenartige Handverstellung, bei der durch Drehung des Verstellhebels (109) das umlaufende Ritzel (123 b) über ein Steilgewinde axial verschoben und dabei gegen den übrigen Läufer verdreht wird.

Dadurch verschiebt sich auch die Stellung des Verteilerrads und damit des Nockens, und der Zündzeitpunkt ändert sich. Da sich auch der Verteilerläufer mit verdreht, bleibt die Stellung des Verteilerläufers vor dem jeweiligen Verteilersegment im Zündzeitpunkt unabhängig von der Verstellung immer dieselbe, was sich bei hohen Funkenzahlen auf die Abmessungen der Verteilereinrichtung vorteilhaft auswirkt. Im Unterbrecherraum

Bild 92. Bosch-Zwölfzylinder-Rennmagnetzünder JO 12

ist außer dem Kondensator im Schnittbild nur ein Unterbrecher angegeben. In Wirklichkeit sind bei diesen Renntypen zur Steuerung der hohen Funkenzahlen zwei Unterbrecher eingebaut. Die beiden Unterbrecherhebel sind gegeneinander versetzt angeordnet und werden von ein und demselben Umlaufnocken, der zwar mit Steuerwellendrehzahl läuft, aber nur vier Kuppen besitzt, betätigt. Die Unterbrecher sind parallel zueinander in den Primärstromkreis eingeschaltet und so gegeneinander versetzt, daß jeder zweite Funke von einem anderen Unterbrecher erzeugt wird. Die Reststromwirkung wird nicht durch eine Nickelinwicklung auf dem Anker, sondern durch einen besonderen, in den Sekundärstromkreis zwischen Hochspannungswicklung und Verteiler eingeschalteten Kondensator, den sogenannten Sperrkondensator verhindert. Der Sperrkondensator ist bei diesem Typ mit in die Wicklung eingewickelt. Die Wicklung ist mit einer dichten elastischen Hülle versehen und mit dem Sperrkondensator zusammen mit Öl getränkt.

Ein entsprechender Zwölfzylindermagnetzünder ist in Bild 92 gezeigt. Es ist ebenfalls ein Vierabrißtyp, der also mit eineinhalbfacher Kurbelwellengeschwindigkeit läuft. Man beachte die Kühlrippen zur Abführung der bei den hohen Renndrehzahlen entstehenden Wärme. Dieser Zünder hat zur

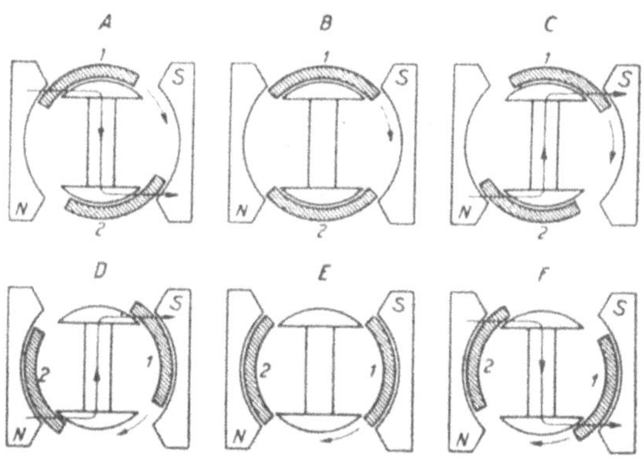

Bild 93. Erregerflußweg beim Vierabrißtyp mit Umlaufhülse

Bewältigung der hohen Funkenzahlen sogar drei parallel geschaltete Unterbrecher. Eine Betriebsdrehzahl von über 10 000 Umdrehungen in der Minute und eine Funkenzahl von über 40 000 in der Minute, die hier gefordert wird, ist wohl für mechanisch gesteuerte Geräte eine Spitzenbeanspruchung. Diese Magnetzünder sind vor allem in den Automobilrennen in allen Erdteilen vor dem Jahr 1939 weithin bekannt geworden.

Wir wenden uns nun noch der Bauart der Magnetzünder mit **umlaufenden Kraftlinienleitstücken** zu. Nimmt man einen normalen Magnetzünder mit feststehendem Magnet und Umlaufanker, läßt aber den Anker still stehen und schiebt, nach Bild 93, zwischen Anker und Polschuhe eine sogenannte Umlaufhülse, so hat man den einfachsten, übrigens schon seit 1902 im Handel befindlichen Vierabrißtyp mit umlaufenden Leitstücken.

Die Umlaufhülse besteht aus zwei magnetisch voneinander isolierten, geblätterten Eisensegmenten, die die Aufgabe haben, den magnetischen Kreis zwischen den Polschuhen und dem

Anker zu schließen bezw. zu öffnen. Bei Verfolgung des Wegs der Segmente der Umlaufhülse von 90 zu 90 Grad findet man, daß vier um 90° versetzte Flußwechsel entstehen und demnach pro Umdrehung vier Funken erzielt werden. Da der Anker feststeht, steht bei dieser Bauart auch der Unterbrecher fest und ein Schleifring ist nicht notwendig. Auf dem hier beschriebenen Prinzip waren die Bosch-Magnetzünder HDH, HL und

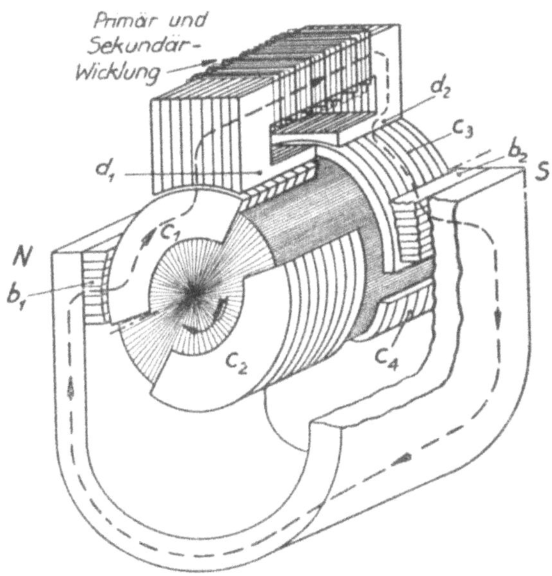

Bild 94. Schematische Darstellung des Erregerflußwegs beim Magnetzünder mit umlaufenden Leitstücken, Bauart Splitdorf

FH aufgebaut. Der FH wurde als Vier-, Sechs-, Acht- und Zwölfzylinderapparat geliefert. Hauptsächlich der Bosch-FH 6 und FH 8 hat auf der ganzen Welt bei den Rennen früherer Jahre eine besondere Rolle gespielt.

Es ist unmöglich alle die Lösungen, die aus dem Gedanken der umlaufenden Kraftlinienleitstücke entwickelt wurden auch nur zu erwähnen. Als bemerkenswertes Beispiel dient der Zünder der amerikanischen Firma Splitdorf, der im Grundsatz ähnlich auch von der italienischen Firma Marelli gebaut wurde. Die Kraftlinienwege sind hier ziemlich schwierg zu verfolgen, und deshalb in dem halb schematischen Bild 94 eingezeichnet. Vier eisengeblätterte Kraftlinienleitstücke c sind, in der Um-

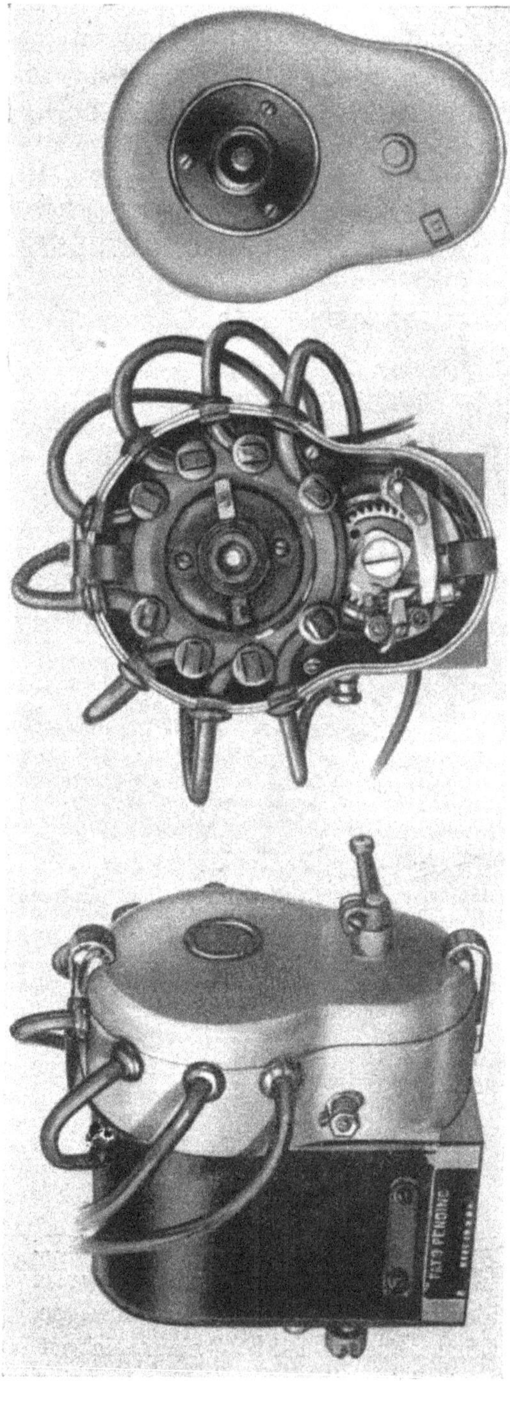

Bild 95. Splitdorf-Achtzylindermagnetzünder

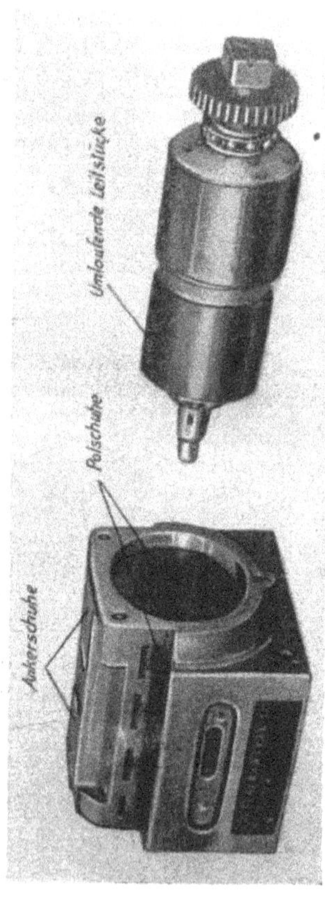

laufrichtung und je zwei auch axial gegeneinander versetzt, in einen Aluminiumzylinder eingegossen und bilden den umlaufenden Teil des Zünders. Über diesem befindet sich, in axialer Richtung liegend, der feststehende Anker. Das Ganze wird umgeben von einem Bügelmagnet mit Polschuhen b, der in der

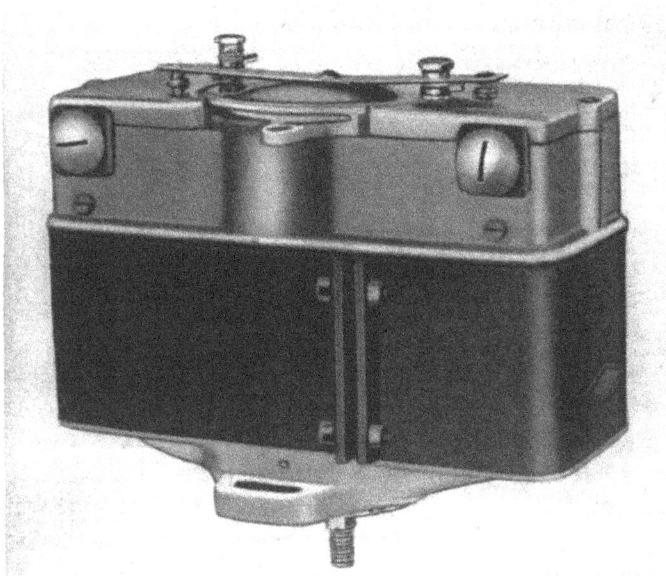

Bild 96. Splitdorf-Zwillingsmagnetzünder

Skizze der besseren Übersichtlichkeit wegen auf den Kopf gestellt ist. Der Magnetfluß verläuft nach folgendem Schema:

	Polschuh	Leitstück	Ankerschuh	Anker	Ankerschuh	Leitstück	Polschuh
in der Skizze	b_1	c_1	d_1	—	d_2	c_3	b_2
nach Drehung um 90° nach rechts	b_1	c_4	d_2	—	d_1	c_1	b_2
nach Drehung um 180° nach rechts	b_1	c_2	d_1	—	d_2	c_4	b_2
nach Drehung um 270° nach rechts	b_1	c_3	d_2	—	d_1	c_2	b_2
nach Drehung um 360° nach rechts	b_1	c_1	d_1	—	d_2	c_3	b_2

Man sieht, daß während einer Umdrehung des Läufers um 360° der Fluß im Ankersteg viermal seine Richtung wechselt, indem er anstatt vom Ankerschuh d_1 nach d_2 von d_2 nach d_1 oder umgekehrt verläuft. Bild 95 veranschaulicht den Splitdorf-Magnetzünder SS 8 und seine Teile, Bild 96 einen auf dem gleichen Prinzip aufgebauten Zwillingsmagnetzünder mit zwei feststehenden Ankern.

Ein Magnetzünder mit umlaufendem Kraftlinienleitstück besonderer Art ist der Zwillingsmagnetzünder der Firma Bosch, dessen Wirkungsweise in Bild 97 dargestellt ist. Hier sind zwei Anker und zwei Alnistahlmagnete zu einem Ring vereinigt, der vier Polschuhe hat, die Magnet- und Ankerpolschuhe zugleich sind. Innerhalb der Polschuhe läuft ein geblättertes sternförmiges Leitstück um. Der Stern hat halb so viel Zacken als Ab-

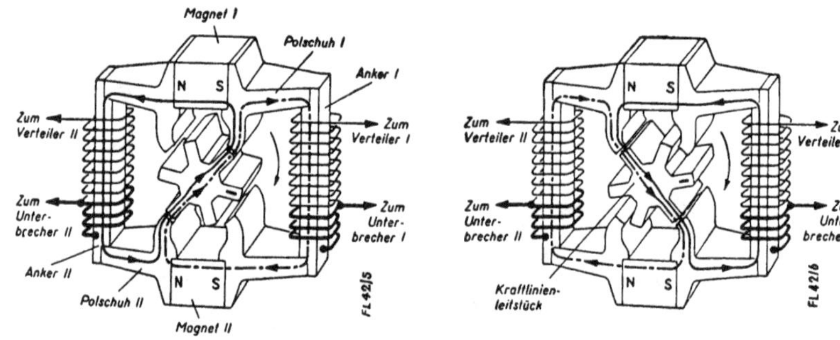

Bild 97. Erregerflußwechsel des Bosch-Zwillingsmagnetzünders

risse bei einer Umdrehung gewünscht werden. Es wird aus dem Schema klar, daß immer ein Magnet den Fluß durch einen Anker, der andere Magnet seinen Fluß durch den anderen Anker schickt. Bei Drehung des Sterns verschwindet der Fluß des einen Magnets aus dem zugehörigen Anker und der entgegengesetzte Fluß des anderen Magnets tritt in den betrachteten Anker ein, während beim gegenüberliegenden Anker sich das Spiel in der umgekehrten Weise vollzieht und zwar völlig gleichzeitig. Jeder Magnet schickt also nacheinander einmal den Fluß durch den einen, dann wieder durch den anderen Anker. Das gezeigte Schema eignet sich zur Darstellung von 12 Flußwechseln bei jeder Umdrehung, es sind je nach Läufer- und Polteilung mehr oder weniger Flußwechsel möglich. Während bei allen anderen Zündern mit umlaufenden Kraftlinienleitstücken vier Luftspalte notwendig sind, kommt man bei dieser Konstruktion mit zwei Luftspalten aus. Der Vorteil liegt außerdem in dem sehr einfachen Aufbau besonders des Läufers und in den kurzen magnetischen Wegen. Derartige Zwillingszünder sind überall dort am Platze, wo zwei Kerzen in einem Zylinder angeordnet werden, also besonders bei großen Zylindern. Die eine Zündseite arbeitet natürlich auch, wenn die andere Zündseite weggelassen oder kurzgeschlossen ist. Die hohe erzielbare

Abrißzahl macht die Lösung nach Bild 97 auch als Steuerwellenmagnetzünder geeignet.

Eine Reihe von Firmen baut in neuerer Zeit sogenannte **Steuerwellenmagnetzünder.** Ein solcher Magnetzünder soll an dieselbe Stelle gesetzt werden können, an der der Zündverteiler der Batteriezündung vorgesehen ist und soll den Zündverteiler dort ersetzen, wo die Batteriezündung aus irgendeinem Grund nicht betriebssicher genug erscheint. Da dieser Magnetzünder als Ersatz eines Zündverteilers mit Steuerwellendrehzahl angetrieben wird, so muß er so viele Funken je Umdrehung erzeugen, wie der Motor Zylinder hat. Der Steuerwellenzünder ist also je nach der Zylinderzahl ein Vier-, Sechs-, Acht- oder Zwölfabrißtyp.

Diese Bauart hat den Vorteil, daß die Erzeugung der Hochspannung ebenso wie die Verteilung der Funken mit der Steuerwellendrehzahl erfolgt, daß also zwischen dem Läufer des Magnetzünders und dem Verteilerläufer keine Untersetzung wie bei andern Mehrzylinder-Magnetzündern notwendig ist. Dies ermöglicht es, den Zünder verhältnismäßig klein und leicht zu gestalten. Andererseits hat aber diese Bauart auch grundsätzlich einige Mängel: jede Zylinderzahl erfordert nicht nur eine andere Verteilereinrichtung, sondern einen anderen Grundtyp, weil für jede Zylinderzahl ein im Aufbau völlig verschiedener Magnetzünder geschaffen werden muß. Eine weitere Schwierigkeit ist die, daß je höher die Abrißzahl pro Umdrehung wird, um so empfindlicher der Zünder gegen die sogenannte Reststromwirkung (siehe Abschnitt II und III) ist und damit die Erzielung einer ausreichenden Höchstdrehzahl bei hohen Zylinderzahlen außerordentlich schwierig wird. Dies macht häufig schon bei den oben besprochenen Vierabriß-Apparaten Sonderlösungen notwendig und führt bei Sechs-, Acht- und Zwölfabrißtypen dazu, daß der Funke nicht, wie man gewöhnlich als Vorteil des Magnetzünders anzusehen geneigt ist, bei hohen Drehzahlen besonders kräftig ist, sondern wie bei der Batteriezündung bei hohen Drehzahlen besonders schwach wird; unter Umständen setzt er sogar aus, wenn nämlich die Elektrodenabstände der Kerzen oder die Gemischverhältnisse an den einzelnen Zylindern verschieden sind. Es ist ferner beim Steuerwellenmagnetzünder mit seinen vielen Abrissen nicht möglich, mit der Abrißverstellung, das heißt, lediglich durch Verdrehen des Unterbrechers, die für den Motor ausreichenden Verstellbereiche zu schaffen, weil der zwischen den einzelnen Flußwechseln zur Verfügung stehende Winkel zu klein ist, um außer den für die Herstellung und Abnützung notwendigen Abrißtoleranzen noch einen genügenden Verstellbereich zu gestatten. Deshalb muß beim Steuerwellenzünder der Selbstversteller in den Antrieb gelegt werden. Während es bei einem Batteriezünder leicht ist, einen Selbstversteller so zu bauen, daß die Verstellung sich genau den für den Motor erforderlichen Zündzeitpunkten anpaßt, ist es beim Antriebsversteller des Magnetzünders und insbesondere beim Antriebsversteller des Steuerwellenmagnetzünders, der nur mit der niedrigen Steuerwellendrehzahl angetrieben wird, sehr schwierig, eine rechtzeitig einsetzende Verstellung zu erzielen. Um diesem Übelstand abzuhelfen, verwendet man häufig für solche Steuerwellenzünder noch Handverstellung, so daß der ganze Zünder in seiner Lagerung im Motor gedreht wird, ähnlich wie ein Batteriezündverteiler. Dies kann wiederum dazu führen, daß durch den viel schwereren Magnetzünder das Schaftlager ausgeschlagen wird, so daß nicht nur die Betriebssicherheit leidet, sondern evtl. das Motorgehäuse zerstört werden kann. Es wird überhaupt viele Fälle geben, in denen der nachträgliche Ersatz eines Zündverteilers durch einen Steuerwellenmagnetzünder nicht möglich oder ratsam ist: nicht nur die Befestigung, sondern auch der Platzbedarf spielt eine Rolle — der Steuerwellenzünder braucht wesentlich mehr Raum — und außerdem sind die Antriebselemente meist nur für die unerheblichen Beanspruchungen durch den Zündverteiler bemessen, den wesentlich größeren des Magnetzünders, die durch seine umlaufenden Massen und den Abriß verursacht sind, jedoch nicht gewachsen. Verstellen im Antrieb, sei es durch Verdrehen des ganzen Zünders oder durch einen Antriebsselbstversteller, ist auf alle Fälle notwendig, schon deshalb, weil der Zünder nur mit Steuerwellengeschwindigkeit läuft und deshalb beim Anlassen mit so niedriger Drehzahl abeitet, daß alles vermieden werden muß, was die Leistung des Zünders schwächen könnte. Die Abrißverstellung würde aber die Leistung erheblich herabsetzen.

Man bemüht sich, den Steuerwellenzünder so zu bauen, daß er eine ganz besonders gute niederste Drehzahl hat, d. h. schon bei äußerst niedriger Drehzahl eine hohe Schlagweite zu liefern vermag. Dies ist auch in vielen Fällen gelungen. Man darf bei einem Vergleich des Steuerwellenzünders mit einem Magnetzünder des Zweiabrißtyps allerdings nicht außer acht lassen, daß der Steuerwellenzünder im Verhältnis zum Motor viel langsamer angetrieben wird als der Zweiabrißtyp. Bei einem Sechszylindermotor z. B. läuft der normale Zweiabrißtyp mit $1^1/_2$facher Kurbelwellendrehzahl, also dreimal schneller als der Steuerwellenzünder. Der Steuerwellenmagnetzünder wird also gegenüber dem normalen Typ keine bessere Anwerfmöglichkeit ergeben, selbst dann nicht, wenn seine niederste Drehzahl dreimal so niedrig liegt wie die des Zweiabrißtyps.

Die vielfach vertretene Meinung, daß ein Steuerwellenmagnetzünder die Vorzüge der Batteriezündung, bei niederer Drehzahl gute Funken zu geben, mit den Vorzügen der Magnetzündung, bei hoher Drehzahl gute Funken zu geben, in sich vereinige, ist nicht richtig. Der Batteriezünder wird bei ganz niederen Anwerfdrehzahlen immer besser arbeiten als der Steuerwellenmagnetzünder, und gerade der Steuerwellenmagnetzünder mit seinen vielen Abrissen kann auch bei hoher Drehzahl nicht als besser als der Batteriezünder angesprochen werden. Dort, wo die Batterie versagt, ist natürlich jeder Magnetzünder der Batteriezündung überlegen. Es ist aber dringend zu empfehlen, dann den Einbau des Steuerwellenzünders so widerstandsfähig zu gestalten, daß man nicht an Stelle der Unsicherheit der Batterie jetzt eine viel größere Unsicherheit, nämlich in der Befestigung und im Antrieb des Steuerwellenmagnetzünders, setzt. Es hat den Anschein, als ob die Verbesserung der Batterien und der Batteriezündung in den letzten Jahren mindestens auf dem Personenwagengebiet für einen Magnetzünder nur noch einen beschränkten Raum übrig läßt, und man wird nicht fehl gehen, wenn deshalb auch für einen Steuerwellenmagnetzünder auf diesem Gebiet kein großes Bedürfnis vorliegt, zumal der Batteriezünder erheblich billiger ist. Dagegen mag der Steuerwellenzünder dort, wo das einwandfreie Arbeiten der Batterie oft noch mit Schwierigkeiten verknüpft ist, z. B. in den Tropen, und wo kein geeigneter Antrieb für einen Zweiabrißmagnetzünder anzubringen ist, von Interesse sein.

Steuerwellenzünder werden von den verschiedensten Firmen (z. B. in Frankreich von SEV, Morel, in der Schweiz von Scintilla, in England von BTH) und in den verschiedensten Bauarten hergestellt. Man findet Steuerwellenzünder mit umlau-

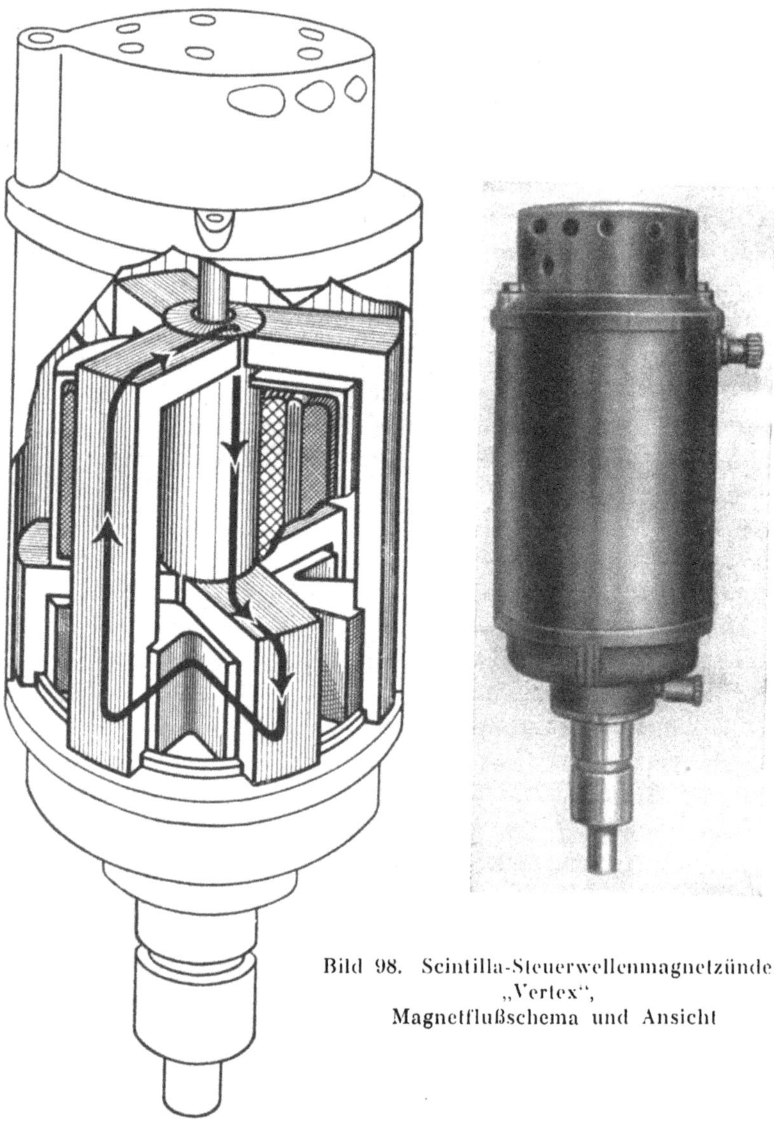

Bild 98. Scintilla-Steuerwellenmagnetzünder „Vertex“, Magnetflußschema und Ansicht

fenden Magneten, mit umlaufender Wicklung und mit umlaufenden Leitstücken.

Eine besonders gute Lösung des Steuerwellenzünders ist der „Vertex“ der Firma Scintilla, der für 4, 6 und 8 Zylinder mit umlaufenden Magneten, für 12 Zylinder mit umlaufenden Leitstücken gebaut wird. Er möge als Beispiel näher beschrieben werden.

Den Aufbau zeigt Bild 98. Das Polrad des umlaufenden Dauermagnets ist als vielpoliger Stern aus hochwertigem Kobaltstahl gegossen und trägt soviele Polschuhe aus lamellierten Blechen, wie Abrisse bei einer Umdrehung gebraucht werden. Das Polrad läuft in einem Spritzgußgehäuse, in das Leitstücke eingegossen sind. Über dem Polrad sitzt der Anker, dessen radial geblätterter Kern in der üblichen Weise die beiden Wick-

Bild 99. SEV-Steuerwellenmagnetzünder „Alco"

lungen sowie über und unter ihnen je einen Stern trägt. Diese Sterne bestehen gleichfalls aus lamellierten Blechen und haben halb soviel Schenkel wie der Magnet. Da die Leitstücke ungleich lang sind und den Magneten abwechselnd mit dem oberen und unteren Stern verbinden, entstehen im Ankerkern bei jeder Umdrehung des Magneten soviele Flußwechsel, wie der Magnet Pole hat, in der Primärwicklung also ein ständig wechselnder Strom. Die Unterbrechung dieses Primärstromes und die Verteilung der Sekundärspannung auf die einzelnen Kerzen er-

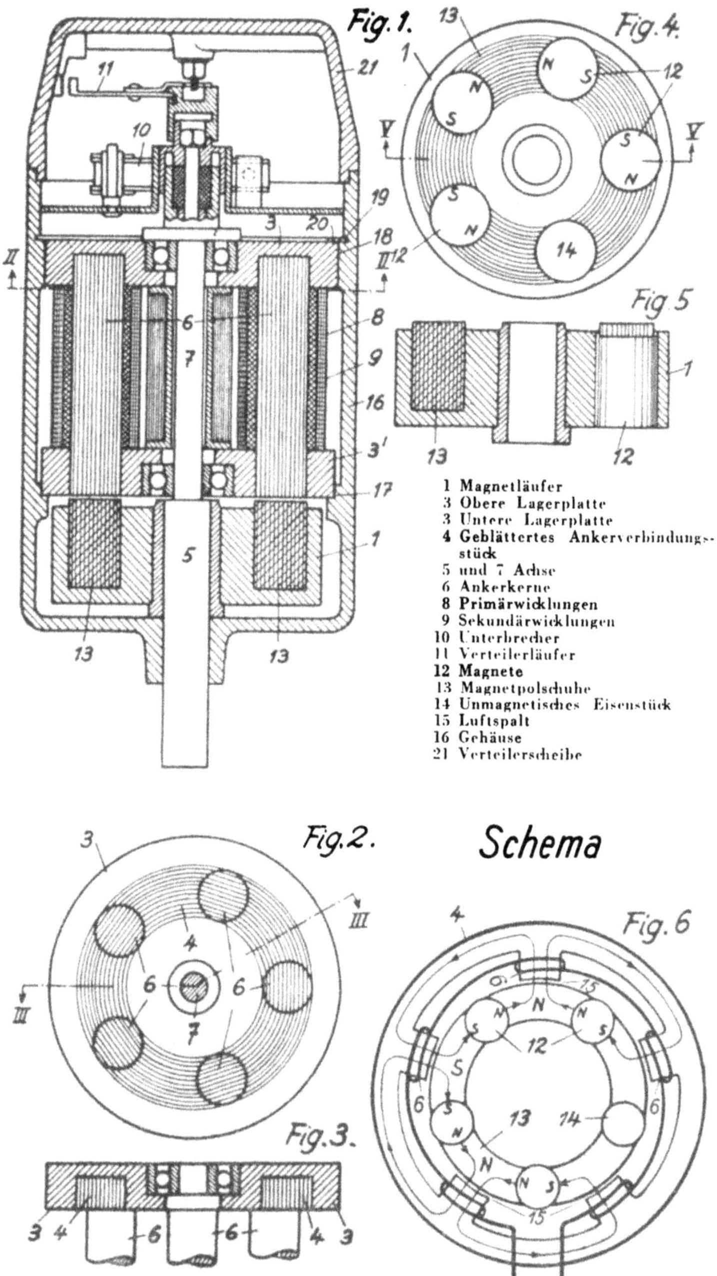

Bild 100. Bohli-Steuerwellenmagnetzünder für ungerade Zylinderzahl

folgt in der üblichen Weise. Zum Verstellen des Zündzeitpunkts ist eine Antriebsverstellung vorhanden. Der Zünder wird mit Steuerwellendrehzahl angetrieben; Läufer und Verteiler haben die gleiche Drehzahl, können also auf der gleichen, senkrecht stehenden Achse sitzen, die durch eine Bohrung des Ankerkerns hindurchgeführt ist.

Die Bauart „Alco“ der französischen Firma S. E. V. zeigt Bild 99. Auch dieser Zünder hat umlaufenden Magneten; dagegen sitzt die Wicklung nicht auf der gleichen Achse wie der Magnet, sondern auf einem waagerechten Kern. Auf diese Weise wird der Verlauf des magnetischen Flusses einfacher, die Abmessungen des Apparates dagegen etwas größer.

Da normale Steuerwellenzünder nur gerade Zahlen von Flußwechseln erzeugen können, eignen sie sich nur für gerade Zylinderzahlen, es sei denn, daß man Steuerwellenzünder für sehr hohe Flußwechselzahlen baut und nur die Hälfte der Flußwechsel ausnützt, also zum Beispiel einen Vierzehnabrißtyp für Siebenzylindermotoren verwendet. Um diesem Übel abzuhelfen hat der Schweizer Jakob Bohli im Jahr 1936 eine weitere, sehr orginelle Lösung vorgeschlagen, die nicht unerwähnt bleiben soll[1]. Er ordnet nach Bild 100 eine ungerade Zahl von Ankern parallel zueinander im Kreise an, schaltet alle Primär- und Sekundärwicklungen hintereinander, verbindet die oberen Enden der Ankerkerne magnetisch miteinander und läßt axial vor den unteren Enden der Ankerkerne einen Magnetläufer rotieren. Dieser Läufer enthält kreisförmig angeordnet Magnete, die so magnetisiert sind, daß immer der Südpol des einen mit dem Südpol des andern und der Nordpol des andern mit dem Nordpol des dritten sich berühren und so fort bis der Kreis geschlossen ist. Bei der ungeraden Polteilung ist dabei jedoch an der Stelle eines der Magnete ein neutrales Eisenstück eingesetzt. Bei der Bewegung der Magnete wird so in jedem Anker ein Flußwechsel erzeugt, der allerdings in zwei Ankern nur halb so viel Fluß umfaßt wie in den übrigen, aber es entsteht wie ein Studium des Schemas Bild 100 Fig. 6 zeigt eine ungerade Zahl gleichmäßiger Spannungsstöße in den hintereinandergeschalteten Wicklungen bei einer Umdrehung des Läufers. Es handelt sich also um einen Steuerwellenzünder für ungerade Zylinderzahlen mit Umlaufmagnet.

---

[1] DRP. Nr. 72 00 69.

Die **Schwungradmagnetzünder** werden, da sie meistens auch für Lichtstromentnahme eingerichtet sind, im Abschnitt „kombinierte Maschinen" behandelt.

2. Batteriezünder

Da heute fast jedes Kraftfahrzeug mit einer Akkumulatorenbatterie ausgerüstet ist, in der die nötige Energie für den An-

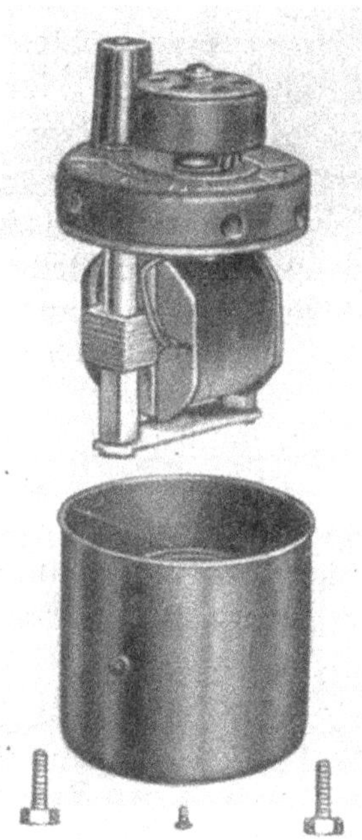

Bild 101. Bosch-Zündspule älterer Bauart
mit innen liegender Primärwicklung und Vorschaltwiderstand

lasser und die Beleuchtung aufgespeichert wird, liegt es nahe, dieser Batterie auch den Primärstrom für die Zündung zu entnehmen.

In der Regel besteht der Batteriezünder aus zwei räumlich voneinander getrennten Geräten, dem ruhenden Teil, der Zündspule, und dem mechanisch angetriebenen Teil, dem Zündverteiler. Die **Zündspule** enthält wie der Anker des Magnetzünders die Primär- und Sekundärwicklung auf einem geblätterten Eisenkern.

Die nächstliegende Bauart einer Zündspule ist die, auf den isolierten Kern die Primärwicklung, darüber die Sekundärwicklung zu legen und den magnetischen Kreis weitgehend zu schließen. Die in Bild 101 gezeigte Bosch-Zündspule ist auf diese Weise gebaut. Sie hat einen geblätterten Eisenkern und im Blechgehäuse zwei geblätterte Eisenhalbringe, die unter Zwischenschaltung eines kleinen Luftspalts Anfang und Ende des Kerns miteinander verbinden. Der Deckel aus Isolierstoff

Bild 102. KW-Zündspule

trägt die Primäranschlüsse und, deutlich sichtbar, den Sekundäranschluß und den Vorschaltwiderstand.

In ähnlicher Weise trägt auch die KW-Spule (Bild 102) über dem Kern erst die Primär-, dann die Sekundärwicklung; die Wicklungen sind zwischen Platten aus Isolierstoff in einem Zylinder aus Pertinax eingegossen. Die Spule ist stärker gebaut; das Joch bildet einen viereckigen Rahmen um die Spule und ist zur Vermeidung von Stoßfugen aus verblatteten Blechen zusammengesetzt.

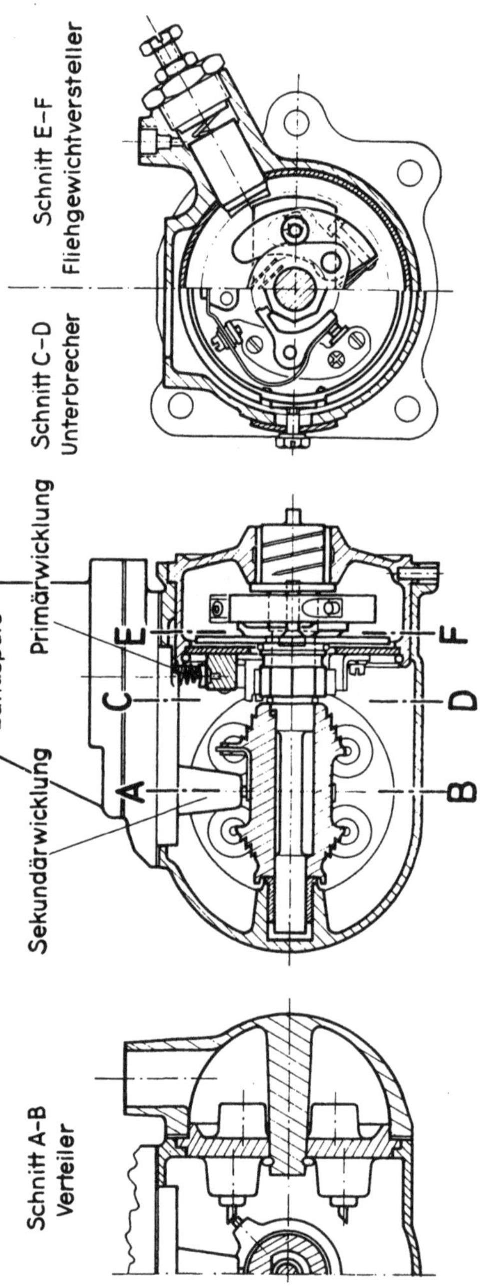

Bild 103. Ford-V 8-Batteriezünder

Im Gegensatz zur sonst üblichen Anordnung ist die Fordzündspule (Bild 103) organisch an die Zündverteilereinheit angebaut. Die Spule ist mit einem Kern aus an der Stirnseite aufgebogenen Blechen versehen und in einem Bakelitdeckel eingegossen, trägt aber im übrigen ganz die Merkmale des Zünd-

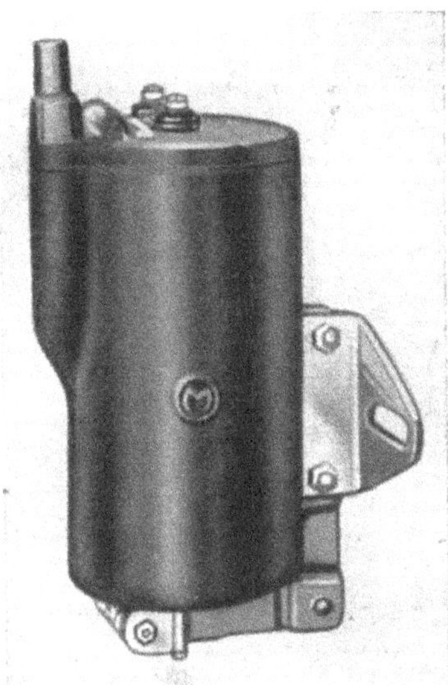

Bild 104. Mallory-Zündspule

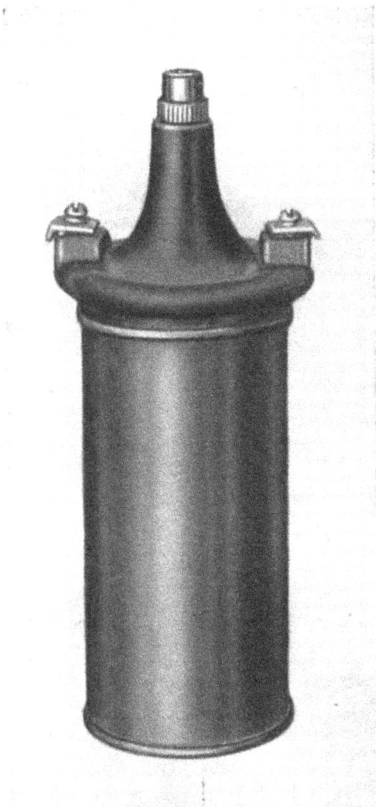

Bild 105. Delco-Zündspule

ankers, also Primärwicklung über dem Kern und über der Primärwicklung die Sekundärwicklung.

Auch Mallory baut die Spule in ein gepreßtes Isolierstoffgehäuse ein. Bild 104 zeigt eine solche stark eisengeschlossene Spule, bei der am einen Ende (im Bild unten) ein kleiner Vorwiderstand angebaut ist. Durch Auswechseln des Vorwiderstands kann man die Spule von 6 auf 12 V umstellen. Der Deckel besteht gleichfalls aus Isolierstoff und ist — mit Gummi abgedichtet — mit Messingnieten am Gehäuse befestigt. Eine dieser Hohlnieten dient zugleich als Sekundäranschluß.

Die heute zumeist gebrauchte Zündspule ist aber die Bauart mit außenliegender Primärwicklung, wie sie beispielsweise die amerikanische Delco-Spule Bild 105 zeigt. Charakteristisch ist das längliche zylindrische Gehäuse, dessen Abschluß-

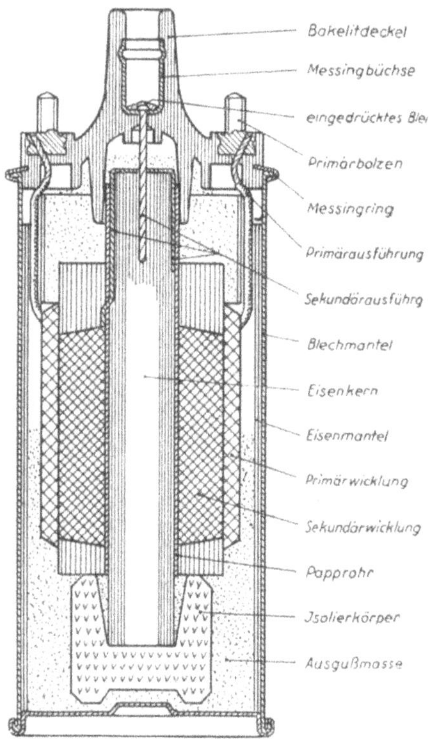

Bild 106. Schnitt durch eine Zündspule mit außenliegender Primärwicklung

deckel zentral die Hochspannungsausführung enthält. In Bild 106 ist der grundsätzliche Aufbau dieser Zündspulenart im Längsschnitt dargestellt. Auf einer Hülse von Pappe ist zuerst die Sekundärwicklung aus etwa 0,09 mm starkem Kupferdraht aufgewickelt. Zwischen die einzelnen Lagen sind jeweils mehrere Lagen dünnen Papiers zur Isolierung eingewickelt. Der Randabstand der Lagen ist gleichmäßig bei allen Lagen und sehr groß. Man kann so die Sekundärwicklung völlig unabhängig von anderen Teilen maschinell aufwickeln, und zwar werden Wickelmaschinen benützt, die eine Reihe von Spulen, 10 und mehr, gleichzeitig herstellen. Dabei wird nicht nur die Drahtzuführung für alle Spulen selbsttätig geregelt, sondern auch zumeist das Isolierpapier von großen Papierwalzen allen Spulen zugleich selbsttätig zugeführt und nach der richtigen Lagenzahl abgeschnitten, wobei erst nach Aufwickeln des Papiers auf die nebeneinander laufenden Spulen die einzelnen Spulen durch feine Messer voneinander getrennt werden. In Amerika liefert sogar oft der Drahthersteller die fertigen Sekundärwickel selbst; es wird dabei das Umspulen des Drahts vermieden. Auf die Sekundärwicklung wird dann an einem anderen Arbeitsplatz die Primärwicklung aufgewickelt, wobei der Anfang der Primärwicklung mit dem Ende der Sekundärwicklung verbunden wird. Die ganze Spule wird in der Regel mit einer Mischung aus Wachs und Paraffin im Vacuum getränkt und dadurch die Isolierfestigkeit der bis dahin unimprägnierten Papierlagen hergestellt. In die Papphülse kommt der aus Eisenblechen oder Eisendrähten bestehende Kern, über die Primärwicklung werden zur Verbesserung des Eisenschlusses Bleche gelegt. Nun wird das ganze Paket in einen einseitig offenen, gefalzten und gebördelten oder gezogenen Eisenblechtopf geschoben. Der Eisenkern steht mit dem Anfang der Sekundärwicklung in Verbindung. Er führt die Hochspannung, da ja das Ende der Sekundärwicklung mit der Primärwicklung verbunden ist. Zu seiner Isolierung vom Gehäuse wird beim Einschieben ein Isolierkörper aus keramischem Werkstoff oder Bakelit eingelegt. Die ganze Spule wird sorgfältig mit einer Spezialvergußmasse vergossen und mit einem Deckel aus Bakelit abgedeckt. Der Deckel enthält zumeist einen einbakelitisierten, zur Vermeidung von Wirbelströmen geschlitzten Blechring, mit dem er auf dem Gehäuse fest gelötet oder gebördelt wird. Der Deckel drückt mit Rippen auf das Wicklungspaket, so daß dieses nicht nur durch die Vergußmasse im Gehäuse gehalten, sondern zwischen Deckel einerseits und Bodenisolierkörper und Boden andererseits elastisch eingespannt ist. Der Deckel enthält die beiden Primäranschlußklemmen und die Büchse für den Anschluß des Sekundärkabels einbakelitisiert. Die Primärdrahtenden werden beim Aufsetzen des Deckels durch die Klemmen gezogen und in ihnen verlötet. Die Sekundäranschlußbüchse wird durch einen Nagel oder Draht oder bei manchen Konstruktionen durch eine Spiralfeder mit dem die Hochspannung führenden Eisenkern verbunden. Der Aufbau dieser Zündspule ist also gerade umgekehrt wie der eines Zündankers oder wie der sonstiger Transformatoren: Der am Kern liegende Wicklungsanfang ist zugleich die Hochspannungsausführung, das Ende ist die Stelle geringster Spannung und die Verbindungsstelle mit der Primärwicklung.

Dieser Aufbau hat folgende grundsätzliche Vorteile:

1. Die außenliegende Primärwicklung führt die Wärme besser nach dem Gehäuse ab als die innenliegende und ermöglicht den Bau von Zündspulen guter Leistung, die Ruhestromdurchgang aushalten, ohne daß ein Vorschaltwiderstand zur Verlegung der Wärme nach außen vorgesehen wird, zumindest auf dem 6-Voltgebiet.

2. Die innenliegende Sekundärwicklung ermöglicht eine besonders billige maschinelle Herstellung und der Hochspannung führende Kern eine einfache Isolierung.

3. Der ganze Aufbau der Spule ermöglicht die Anordnung des Eisenkreises ohne Nieten oder sonstige die Erzeugung von Wirbelströmen fördernde Befestigungsmittel.

4. Die ausgegossene und völlig dicht eingekapselte Spule verhindert jede Störung durch Feuchtigkeit von außen, Kondenswasser und dergleichen; sie führt zu besonders sicherer tropenbeständiger Isolierung.

Voraussetzung für diese Bauart ist allerdings die völlig dichte Einkapselung, der besonders bei Bördelung des Gehäuses Aufmerksamkeit zu schenken ist, und die Vermeidung von Feuchtigkeitseinschlüssen bei der Herstellung der Wicklung. Es entsteht sonst neben den Nachteilen für die Isolierung unter dem Einfluß der Wärme Überdruck im Gehäuse, der schon manchmal zur Explosion und völligen Zerstörung der Spule geführt hat. Aus diesem Grunde müssen die Spulen und Isolierpapiere sorgfältig von der ihnen normal innewohnenden Feuchtigkeit befreit und bis zur dichten Kapselung gegen Aufnahme von Feuchtigkeit aus der Luft geschützt werden.

Wichtig ist auch die sorgfältige Durchbildung des Bakelitdeckels, dessen Wandstärke nicht zu groß sein darf, um gutes Durchbakelitisieren zu gewährleisten, und der so gebaut sein muß, daß zwischen den Hochspannung führenden Teilen und den Primärklemmen keine zu große Strahlung entsteht. Auch müssen die Kriechwege ausreichend bemessen sein, um eine Überschlaggefahr aus der Kabelanschlußbüchse heraus zu vermeiden.

Einen aufschlußreichen Einblick in eine Zündspule der beschriebenen Bauart gibt das Aufbauschema und die aufgeschnittene Spule Bild 107. Bei dieser Boschzündspule wird der Eisenkern durch eine Feder im Bakelitdeckel gegen den Por-

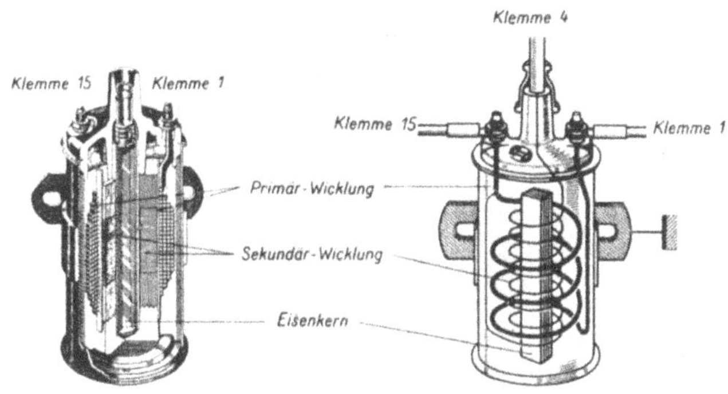

Bild 107. Bosch-Zündspule, aufgeschnitten und Aufbauschema

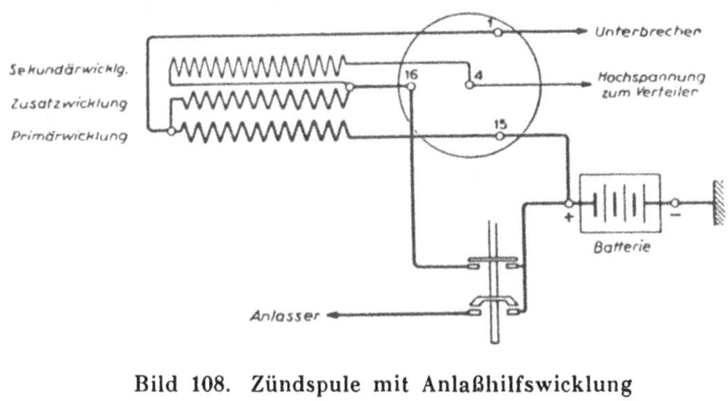

Bild 108. Zündspule mit Anlaßhilfswicklung

zellankörper gedrückt, auf dem er aufsitzt. Die Feder drückt zugleich ein Kupferband, das an das Ende der Sekundärwicklung angelötet ist, gegen die in den Deckel eingepreßte Sekundäranschlußbüchse, so daß ein guter Kontakt gewährleistet ist.

Bei einzelnen Typen ist außer der Primärwicklung nach Schaltbild 108 eine besondere Zusatzwicklung vorgesehen, die während des Anlaßvorgangs der Primärwicklung parallel geschaltet wird, so daß der aufgenommene Strom und damit die Schlagweite beim Anwerfen recht groß wird trotz des Absinkens der Batteriespannung durch die hohe Stromaufnahme des Anlaßmotors.

Eine 6-Volt-Spule der Scintilla A.-G. ist so ausgebildet, daß die Primäranschlüsse am Spulendeckel sind, und das Sekundärkabel am Boden zugeführt wird. Der Deckel, der außer den Klemmen den Vorwiderstand trägt, besteht aus Metall, der Bo-

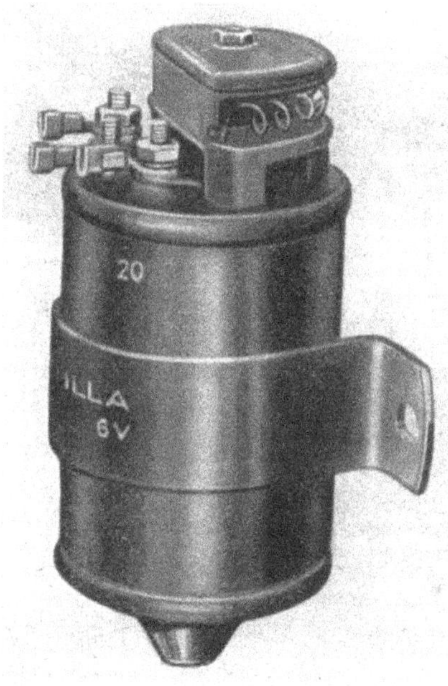

Bild 109. Scintilla-Zündspule

deneinsatz aus Isolierstoff. Boden und Deckel sind eingerollt (Bild 109).

Bei der 12-Volt-Batteriezündung ist die aufgenommene Leistung fast stets erheblich größer als bei der 6 Volt-Batteriezündung (siehe Abschnitt II, 2, Seite 58). Man muß also bei der 12-Volt-Spule erheblich mehr Wärme aus der Wicklung abführen, um sie nicht zu heiß werden zu lassen, oder man muß einen V o r s c h a l t w i d e r s t a n d anwenden, um die Wärme an unschädlicher Stelle abzuführen. Eine von der Robert Bosch G. m. b. H. lange Zeit hergestellte 12-Volt-Spule zeigt im Schnitt

Bild 110. Der Isolierkörper, auf dem der Eisenkern aufsitzt, ist zugleich als Träger dieses Widerstands ausgebildet. Der Porzellankörper dient also in diesem Fall folgenden Zwecken: er trägt den Eisenkern und isoliert ihn gegen den Gehäuseboden, er trägt den Widerstand und isoliert die Spule gegen die vom Widerstand erzeugte Wärme. Während des Anlassens wird der

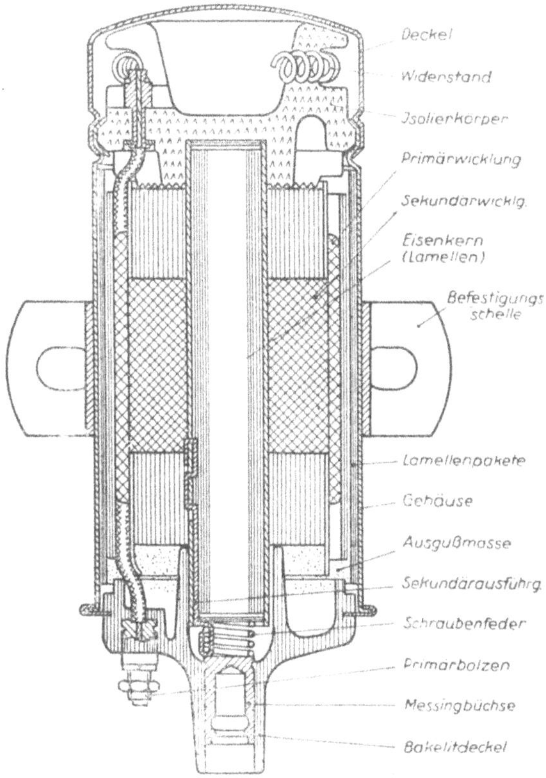

Bild 110. 12-Voltspule mit Vorschaltwiderstand

Widerstand kurzgeschlossen und so der Spannungsabfall ausgeglichen, den die große Stromaufnahme des Anlassers verursacht.

Heute ist die Firma Bosch dazu übergegangen, auch die 12-Volt-Spule ohne Vorschaltwiderstand herzustellen, nachdem es gelungen ist durch die Anwendung quarzhaltiger Vergußmassen besonders guter Wärmeleitfähigkeit die Wärmeabfuhr von der Primärwicklung über das Gehäuse nach außen wesentlich zu verbessern und so auch 12-Volt-Spulen guter Leistung herzustellen, die ruhestromsicher sind. Diese verbrennen nicht, auch wenn längere Zeit Ruhestrom durch die Spule geht, zum Beispiel dann, wenn der Fahrer die Zündung bei Stillstand abzustellen vergißt.

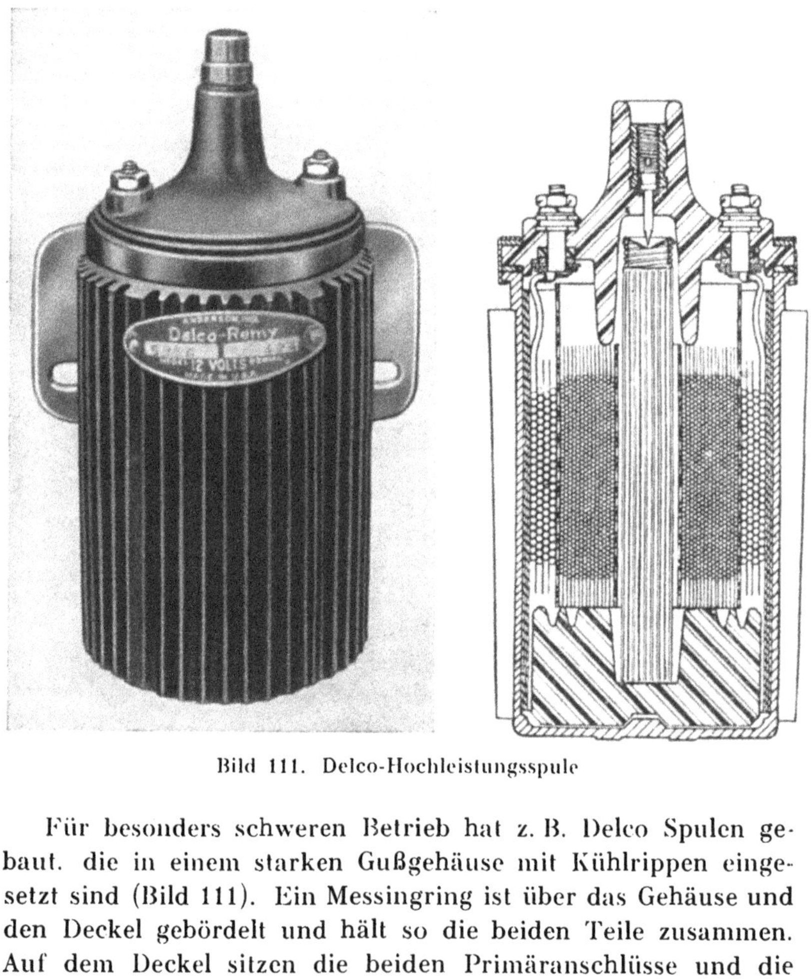

Bild 111. Delco-Hochleistungsspule

Für besonders schweren Betrieb hat z. B. Delco Spulen gebaut, die in einem starken Gußgehäuse mit Kühlrippen eingesetzt sind (Bild 111). Ein Messingring ist über das Gehäuse und den Deckel gebördelt und hält so die beiden Teile zusammen. Auf dem Deckel sitzen die beiden Primäranschlüsse und die Sekundärklemme. Das Hochspannungskabel wird in eine Anschlußschraube eingeschraubt.

Neuerdings füllt man in Amerika und England manchmal die Zündspulen nicht mehr mit Vergußmasse, sondern mit Öl. Dies gibt eine besonders gute Isolierung, die die Gefahr von Lufteinschlüssen vermeidet und sich dadurch vor allem für Spulen hoher Schlagweite eignet, sowie eine gute Wärmeabfuhr, da das Öl infolge der Erwärmung in der Spule umströmt und so die Wärme von der Primärwicklung nach dem Gehäuse bringt. Diese ölgefüllten Spulen verlangen aber natürlich eine besonders gute Gehäusedichtung. Man sieht in dem Schnittbild[1]), wie zwischen dem Gehäuse und dem Deckel besondere Dichtungsringe eingelegt sind (Bild 111).

Wenn diese Hochleistungsspulen richtig gebaut sind, so eignen sie sich vor allem zum Einsatz dort, wo infolge hoher Verdichtung hohe Zündspannungen verlangt werden. Es muß jedoch darauf hingewiesen werden, daß leider oft von Firmen, die keine umfassende Erfahrung im Zünderbau haben, manchmal sogar nicht einmal die übrigen Teile der Zündanlage selbst herstellen, sogenannte Hochleistungsspulen auf den Markt gebracht werden, die in ihren elektrischen Größen falsch dimensioniert sind und die z. B. eine besonders große Leistung durch geringen Primärwiderstand, also hohen Ruhestrom erzielen. Man kann dann wohl sehr große Schlagweiten und unter Umständen sehr kräftige sogenannte fette Funken aus der Zündspule herausholen und damit Reklame machen, dem Kunden ist jedoch mit diesen Spulen nicht gedient, da er infolge zu großer Strombelastung mit Kontaktanständen am Zündverteiler rechnen muß. Oft werden solche Anstände dann dem Verteilerhersteller und nicht dem Zündspulenhersteller zur Last gelegt, und man versucht lange Zeit mit scheinbar wechselndem Erfolg, an den Unterbrecherkontakten herumzuexperimentieren. Zündspulen z. B., die mehr als 4,5 Amp. Ruhestrom aufweisen, sind in dieser Richtung stets verdächtig, und es kann nicht genug vor solchen sogenannten Hochleistungszündspulen gewarnt werden, die nicht von einer ernsthaften Firma geliefert werden, die sich für die gesamte Zündanlage verantwortlich fühlt.

Um eine möglichst einfache Diebstahlsicherung zu schaffen, hat man auch schon den Zündschalter mit der Zündspule zusammengebaut und ein besonderes Sicherheitsschloß für die Betätigung des Zündschalters vorgesehen. Ein etwaiger Dieb kann dann nicht einfach durch Überbrücken der Schalterklemmen die Zündung einschalten, sondern muß schon die Kom-

[1]) Aus W. H. Foland: Heavy-Duty Equipment Service and Maintenance, SAE Quaterly Transactions, April 1949.

bination von Zündspule und Schalter aufbrechen oder eine Ersatzspule verwenden. Bild 112 zeigt eine solche Schloßspule zusammen mit ihrem Schaltschema. Um den Hochspannungsanschluß sind fünf Primäranschlußbolzen im Kreis auf dem Zündspulendeckel angeordnet, an die die Leitungen zu Unterbrecher, Lichtmaschine, Batterie, Anlaßschalter und eine Leitung für einen noch vom Zündschalter etwa mitzusteuernden

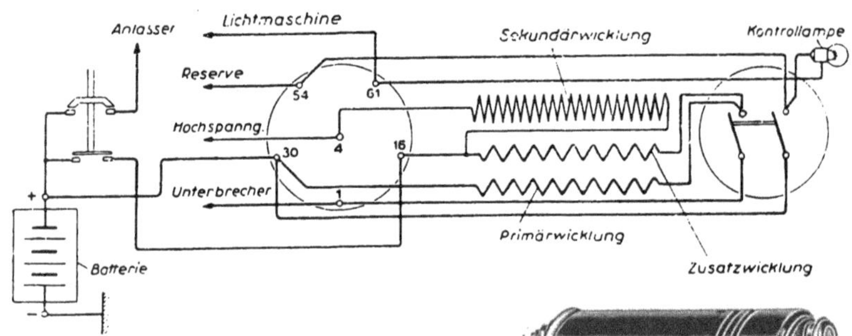

Bild 112. Zündspule mit Kontrollampe, Schalter und Schloß

weiteren Stromverbraucher angeschlossen werden können. Die Lade- und Zündungskontrollampe, der Zündschalter und der mit ihm zusammengeschaltete Kontrollampen-Schalter sind in das verlängerte Zündspulengehäuse am Boden der Zündspule eingebaut. Das Gehäuse ist so ausgebildet, daß es in eine Aussparung des Instrumentenbretts eingesetzt werden kann, so daß Schloß und Kontrollampe auf der Vorderseite des Instrumentenbretts heraustreten. Die Kontrollampe ist wie üblich so geschaltet, daß sie bei eingeschalteter Zündung zu dem Schalter der Lichtmaschine parallel liegt. Sie leuchtet also auf, wenn die Batterie von der Lichtmaschine bei niederer Drehzahl oder Stillstand des Motors nicht geladen wird, und erlöscht erst, wenn der Zündungsschalter ausgeschaltet ist. Sie ergibt auf diese Weise nicht nur eine Ladekontrolle, sondern macht auch auf versehentliches Eingeschaltetlassen der Zündung bei Stillstand aufmerksam.

Bei Motorrädern genügen im allgemeinen kleinere Spulen, als sie für Wagen notwendig sind, weil für die verwendeten Ein- und Zweizylindermaschinen die erforderliche Funkenzahl geringer ist als für die Mehrzylindermaschinen des Kraftwagens.

Die von der Robert Bosch G. m. b. H. entwickelte Spule für Motorräder zeigt Bild 113. Gehäusemantel und Boden bestehen aus einem Stück; der Bakelitdeckel ist in den Mantel eingerollt. Vorschaltwiderstand oder Hilfswicklung sind bei Motorrad-Zündspulen entbehrlich, da die meisten Motorräder nicht von der Batterie aus, sondern mit dem Kickstarter angeworfen werden, so daß die Spannung beim Anlassen nicht

Bild 113. Bosch-Motorrad-Zündspule

sinkt. Wichtig ist bei Motorrädern der Schutz gegen Spritzwasser. Zu diesem Zweck wurde für die abgebildete Spule ein besonderer Hochspannungsanschluß geschaffen; über das Kabel wird eine Gummitülle geschoben, die mit einer Überwurfkappe auf den Hochspannungsstutzen gepreßt wird und gleichzeitig das Kabel hält, dessen Ende auf eine spannungführende Spitze aufgespießt wird (siehe Abschnitt V, 1, Seite 267).

Der sogenannte **Zündverteiler** umfaßt außer der eigentlichen Verteilereinrichtung (Verteilerscheibe und Verteilerläufer) die Unterbrechereinrichtung (Unterbrecher, Kondensator und Umlaufnocken) und häufig den Fliehkraftversteller. Die Verteilereinrichtung hat wie beim Magnetzünder die Aufgabe, die Hochspannung in dem Augenblick, in dem der Unterbrecher öffnet, jeweils der richtigen Kerze zuzuführen. Fast alle Zündverteiler werden heute in einer in den Grundsätzen ähnlichen Form gebaut; nur in der Ausführung finden sich Verschiedenheiten.

Betrachten wir in Bild 114 einen modernen Zündverteiler! Um das Innere des Verteilers zu zeigen, ist ein Sektor aus dem Verteiler herausgeschnitten. Ein Graugußgehäuse ist an seinem einen Ende als langer zylindrischer Einsteckzapfen ausgebildet,

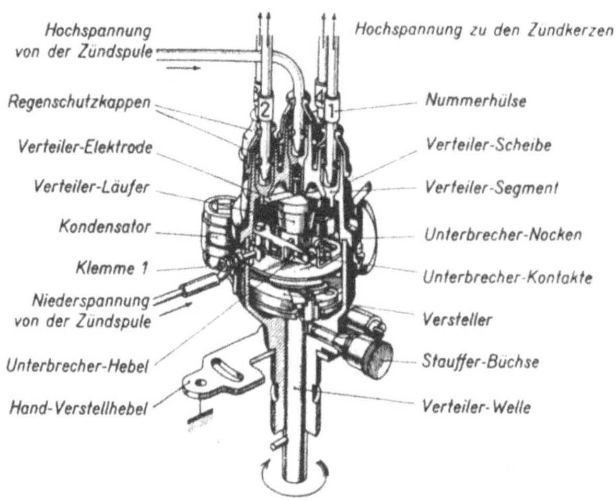

Bild 114. Bosch-Vierzylinder-Zündverteiler

mit dem der Verteiler in das Motorgehäuse, beziehungsweise den Zylinderblock eingesteckt werden kann. In diesem Einsteckteil befindet sich eine Bohrung, in der die Verteilerachse gelagert ist, deren Antriebsende aus dem Einsteckteil des Verteilers herausragt. Einsteckteil des Verteilers und Antriebsende der Achse sind heute weitgehend genormt. Siehe hierüber Abschnitt Einbau (V), Seite 254. Das andere Ende des Gehäuses ist ein oben offener Topf, in den die Achse hineinragt und auf den als Deckel die aus Isolierstoff, meist Bakelit, gepreßte Verteilerscheibe in zentrischem Einpaß aufgesetzt ist. Die Verteilerscheibe ist in der Regel durch zwei Bandfedern nach unten gezogen und so in ihrem Sitz festgehalten und am Rand durch Nut und vorstehenden Stift oder eine Fixiernase gegen Verdrehen oder falsches Aufsetzen gesichert. Im Gehäuse sitzt, ebenfalls zentrisch eingepaßt, die sogenannte Unterbrecherplatte, die den Blechhebel des Unterbrechers und den Kontaktwinkel des Unterbrecheramboses trägt (Einzelheiten hierüber in Abschnitt III, Seite 121). Der gekapselte Papierwickelkondensator sitzt außen am Gehäuse und steht einerseits mit der Gehäusemasse, andererseits mit der durch das Gehäuse isoliert zum Unterbrecherhebel hindurchführenden Primäranschlußklemme in Verbindung. Der umlaufende Stahlnocken, der das Stoffgewebe-Ablenkstück des Unterbrecherhebels anhebt, ist drehbar auf der Verteilerachse gelagert. Unter dem Stahlnocken und der Unterbrecherplatte sitzt der Selbstversteller, der den Nocken mit zunehmender Drehzahl gegen die Achse in Frühzündungsrichtung zu verdrehen hat. Hierzu dienen zwei Fliehgewichte, die auf einer auf der Antriebsachse festgenieteten Tragplatte gelagert sind und den Nocken entgegen der Kraft einer Schraubenfeder bei ihrer Zentrifugalbewegung über am Nocken angebrachte Hebelarme verdrehen.

Von der Zündspule her wird die Hochspannung der Verteilerscheibe durch ein Kabel zugeführt, das an der mittleren Anschlußklemme der Verteilerscheibe angeschlossen wird. Weiter fließt der Zündstrom dann durch die Schleifkohle, die federnd in einer Vertiefung der Verteilerscheibe sitzt und auf der Elektrode des Verteilerläufers schleift. Der Verteilerläufer ist auf eine Verlängerung des Nockens gesteckt und läuft an den Segmenten vorbei, die kreisförmig um ihn angeordnet in der Verteilerscheibe sitzen. Von den Segmenten gelangt der Sekundärstrom zu den Kerzenkabeln, die von den entsprechenden Anschlußstutzen der Verteilerscheibe hinausführen und die Verbindung zu den Zündkerzen herstellen. Die Anschlußstutzen gehen entweder, wie das Bild zeigt, in Richtung der Verteilerachse oder senkrecht dazu, je nachdem die Kabelführung gewünscht wird. Die Stutzen sind bei dem gezeigten Boschverteiler so ausgebildet, daß zur Erhöhung der Spritzwassersicherheit Gummitüllen aufgesteckt werden können.

Während der Unterbrecherhebel, der Nocken und der Selbstversteller eine Dauerschmierung mit Fett enthalten, die bis zur Grundüberholung von Motor und Zündverteiler eine Nachschmierung nicht erforderlich machen, ist das Gleitlager der Verteilerachse mit Schmiernuten und einer Fettschmierung versehen, die von einer Staufferbüchse gespeist wird. Nach einigen tausend Kilometern Fahrstrecke ist es zweckmäßig, die Staufferbüchse nachzuziehen und, wenn nötig, aufzufüllen. Es gibt allerdings Fälle, in denen der Einbau des Verteilers im Motor so ist, daß ständig etwas Öl aus dem Kurbelgehäuse in dem Verteilerlager hoch geht; dann wird eine Nachschmierung von außen unnötig. Manchmal ist die Ölzufuhr vom Motor so stark, daß durch den Zünderbauer dafür gesorgt werden muß, daß das Öl nicht in das Verteilerinnere gelangt und dort Schaden anrichtet. Es wäre erwünscht, daß der Zündverteilereinbau im Benehmen von Motor- und Zünderhersteller künftig allgemein so gestaltet wird, daß sich eine Schmierung von außen erübrigt.

An dem Einsteckschaft des Verteilers wird häufig ein aus Blech gestanzter, über den Schaft geschobener Hebel aufgeklemmt, der am Motor festgeschraubt wird und so den Verteiler gegen Heraustreten aus der Schaftlagerung axial sichert. Erfolgt die Befestigung des Hebels unter Zwischenlage einer Feder mit einer Schraube, die durch die Langlochaussparung des Hebels hindurchgeht, so kann der Hebel mit dem ganzen Zündverteiler in einem gewissen Bereich verdreht werden, was eine Handverstellung des Zündzeitpunkts zusätzlich zu der Selbstverstellung des eingebauten Fliehkraftverstellers ergibt.

Mit Rücksicht auf den Einbau des Verteilers am Motor wird der Gehäusedurchmesser des Verteilers so klein wie möglich gehalten. Er beträgt bei Vierzylinderverteilern in der Regel und bei vielen Sechszylinderverteilern etwa 65 mm. Andererseits ist die Höchstspannung, die der Zündverteiler zu steuern vermag, weitgehend von dem Durchmesser der Verteilerscheibe abhängig. Bei zu kleinem Durchmesser besteht die Gefahr, daß die Hochspannung nicht den Weg von der umlaufenden Elektrode zu dem Segment, vor dem sie steht, und damit in den richtigen Zylinder nimmt, sondern von der umlaufenden Elektrode in ein nebenliegendes, falsches Segment, ja sogar bei Vier- und Achtzylinderverteilern in das um 180 Grad versetzte Segment nach hinten schlägt. Man muß bedenken, daß der Zylinder, der an dem Segment angeschlossen ist, das gerade gegenüber der Umlaufelektrode steht, unter Kompression ist, also eine höhere Spannung verlangt, als die anderen Zylinder in diesem Augenblick zum Überschlag an der Kerze brauchen. Das heißt: der räumlich weitere Weg von der Umlaufelektrode zum entfernteren Segment wird unter Umständen leichter übersprungen als der kurze Weg nach dem gegenüberstehenden Segment, hinter dem aber eine Kerze hoher Spannungsanforderung steht.

Ein zweiter Grund, den Durchmesser des Verteilers nicht zu klein zu machen, ist der Selbstversteller, der manchmal schon bei sehr niederer Drehzahl beginnen soll, den Nocken zu verdrehen, und dessen Fliehgewichte zur Entwicklung genügender Fliehkraft zweckmäßigerweise nicht auf einem zu kleinen Durchmesser angeordnet werden. Auf Grund der genannten

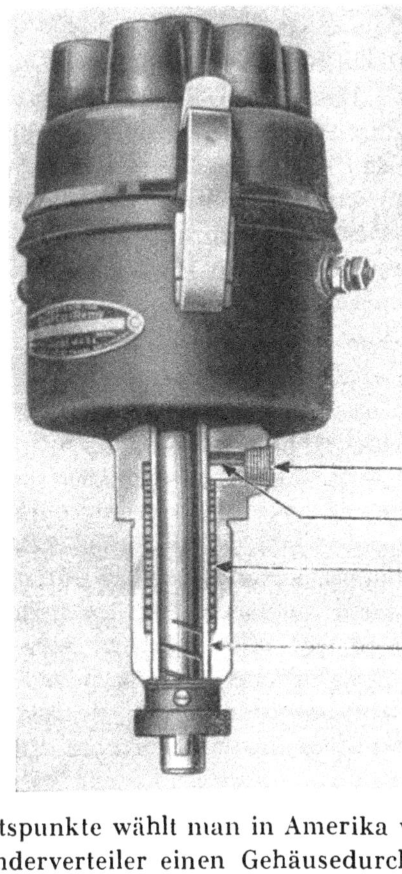

Bild 115. Delco-Sechszylinder-Zündverteiler

beiden Gesichtspunkte wählt man in Amerika vielfach besonders für Sechszylinderverteiler einen Gehäusedurchmesser von etwa 80 mm.

Einen Sechszylinder-Delco-Zündverteiler, der diesen größeren Gehäusedurchmesser aufweist, bei dem dann auch der Kondensator in das Gehäuse innen eingebaut werden kann, zeigt Bild 115[1]). Dieser Verteiler hat im übrigen grundsätzlich

[1]) Aus J. H. Bolles: Electrical Equipment and Its Application, SAE Quarterly Transactions, April 1949.

denselben Aufbau, den Bild 114 zeigt. Bemerkenswert ist jedoch die in dem Bild geschnitten gezeigte Lagerung der Verteilerachse. Die Achse läuft in einer porösen Sinter-Metall-Lagerbüchse, die in den Gehäuseschaft eingepreßt ist. Die Bohrung im Gehäuseschaft entspricht nur oben und unten dem Außendurchmesser der Büchse, wogegen sie zwischen diesen Einpreßstellen weiter ausgedreht ist, so daß zwischen Lagerbüchse und Schaft ein Hohlraum entsteht, der durch eine mit einer Madenschraube dicht abschließbare Einfüllöffnung mit Schmieröl gefüllt werden kann. Das Öl soll allmählich durch die Poren der Lagerbüchse hindurchdringen und so eine gute Dauerschmierung ergeben, so daß nur in größeren Abständen, also etwa bei Grundüberholung, durch Erneuerung des Ölvorrats nachgeschmiert werden muß. Deutlich zu sehen ist auch in Bild 115 das Rückfördergewinde, das ein Hochsteigen des Motorenöls in das Verteilerinnere vermeiden hilft.

Für hohe Drehzahlen und Zylinderzahlen, besonders acht und mehr Zylinder, kommen noch andere Gesichtspunkte hinzu, die einen größeren Verteilerdurchmesser erfordern. Die Erreichung genügender H ö c h s t d r e h z a h l bei Batteriezündern für Sechs-, Acht- und Mehrzylindermotoren ist nämlich durchaus nicht immer ganz einfach. Die bei Batteriezündung erreichbare Höchstdrehzahl ist dadurch begrenzt, daß bei zu kleiner Schließungszeit der Strom und damit das Feld in der Zündspule nicht mehr genügend Zeit haben, um die erforderliche Stärke zu erreichen, und daß von einer gewissen Drehzahl ab der Unterbrecherhebel nachzittert und damit den Aufbau des Feldes vollends stört (siehe Abschnitt II, Seite 85). Manchmal arbeitet nun der Unterbrecher noch einwandfrei, aber die Zündspule kann keine genügende Spannung mehr liefern, oder umgekehrt. Will man hohe Funkenzahlen erreichen, so kommt es in erster Linie darauf an, den Unterbrecher möglichst wenig träge und seine Schließungsdauer so groß wie möglich zu machen. Das ist mit e i n e m Unterbrecher nur in begrenztem Maße möglich, einmal aus konstruktiven Gründen, zum andern, weil der Unterbrecher bei hohen Drehzahlen so stark vom Nocken angestoßen wird, daß er der Nockenform gar nicht mehr folgt und also selbst seine Öffnungsdauer bestimmt. Der zur Vermeidung dieser Schwierigkeiten praktisch am häufigsten benutzte Ausweg ist vom Rennmagnetzünder

(z. B. Bosch FH und JO) übernommen worden; es ist die Verwendung von z w e i abwechselnd arbeitenden, elektrisch p a r a l l e l g e s c h a l t e t e n U n t e r b r e c h e r n , die so eingestellt sind, daß sie nur über einen ganz kleinen Winkel beide zugleich öffnen. Dadurch wird die Schließungszeit groß und es steht doch jedem Unterbrecher ein genügend langer Öffnungs-

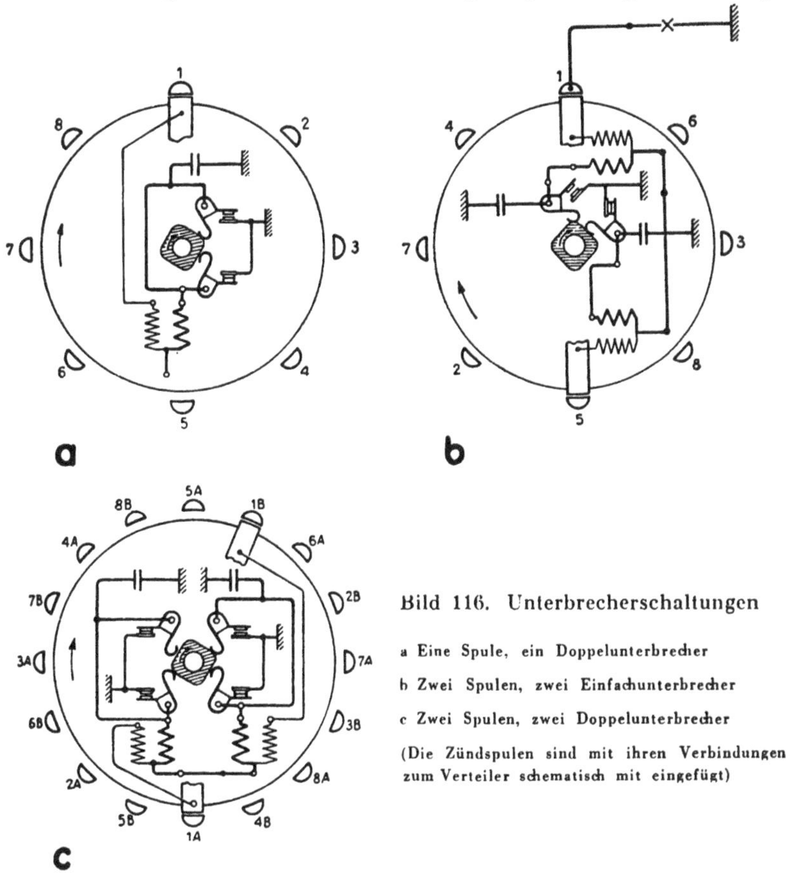

Bild 116. Unterbrecherschaltungen

a Eine Spule, ein Doppelunterbrecher

b Zwei Spulen, zwei Einfachunterbrecher

c Zwei Spulen, zwei Doppelunterbrecher

(Die Zündspulen sind mit ihren Verbindungen zum Verteiler schematisch mit eingefügt)

winkel zur Verfügung, da er ja nur bei jedem zweiten Funken arbeitet; dies hat natürlich auch höhere Lebensdauer der Kontakte und Gleitstücke zur Folge. Das grundsätzliche Schaltbild dieser Anordnung zeigt Bild 116 a.

Mit dieser Unterbrecheranordnung arbeiten die hochwertigen teuren Verteiler für schwere und vielzylindrige Wagen. Der zur Unterbringung der beiden Unterbrecher notwendige Raum ist außer dem Überschlagweg der Verteilerscheibe und den Abmessungen des Selbstverstellers der dritte Grund für die Anwendung größeren Durchmessers bei diesen Verteilern. Als Beispiele zeigen die Bilder 117 und 118 einen Bosch VG 8 und einen Scintilla B 8 Verteiler. Beide haben einen sehr soliden Aufbau und verwenden 2 Unterbrecher und dementsprechend für einen Achtzylinder-Motor einen Nocken mit 4 Kuppen. Die Kontaktöffnung der beiden Unterbrecher ist nachstellbar; dar-

Bild 117. Bosch-Achtzylinder-Zündverteiler

über hinaus ist aber der eine Unterbrecher gegen den anderen verstellbar, so daß der Abstand der Zündzeitpunkte zweier aufeinanderfolgender Zylinder genau eingestellt werden kann. Der für beide Unterbrecher gemeinsame Kondensator sitzt beim Bosch-Verteiler innerhalb des Gehäuses, beim Scintilla-Verteiler außen am Gehäuse, durch einen besonderen Deckel geschützt. Beim Bosch-Verteiler ist der Verteilerläufer mit einer Schraube auf dem Nocken festgeschraubt. Man sieht in Bild 117 den Verteilerläufer mit seinen drei kleinen Ventilationsflügeln, die der besseren Durchlüftung des Überschlagverteilers dienen, darunter den eingebauten gekapselten Papierwickelkondensator, sowie einen der beiden Unterbrecher. Der Primäranschluß, mit dem das von der Zündspule kommende Niederspannungskabel verbunden wird, führt den Strom isoliert durch das Gehäuse hindurch und steht innen mit dem isolierten Kondensatoranschlußdraht, mit der Feder des Unterbrecherhebels und über eine im Bild sichtbare Stromschiene auch mit der Feder des zweiten durch den Verteilerläufer verdeckten Unterbrechers in Verbindung. Die Hochspannung wird von der Zündspule der in dem Bild abgenommenen Verteilerscheibe zugeführt und im Betrieb von der in der Mitte der Verteilerscheibe sichtbaren Kohle auf die Elektrode des Verteilerläufers weitergegeben, die dann den Strom auf die kreisförmig in der Verteilerscheibe eingepreßten Segmente über einen kleinen Luftspalt der Reihe nach

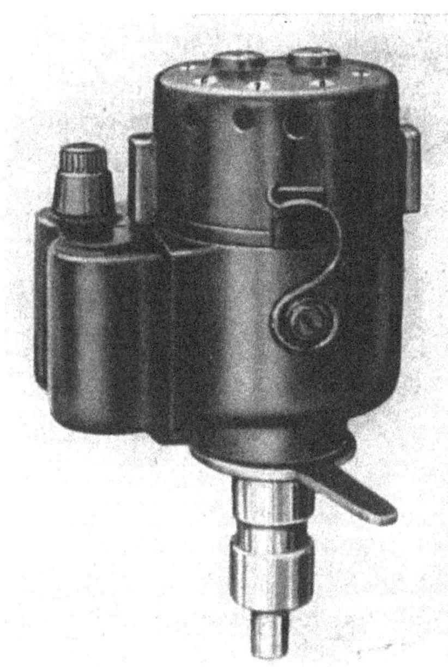

Bild 118. Scintilla-Achtzylinder-Zündverteiler

verteilt. Die Hochspannungskabel werden auch hier von oben in entsprechende Anschlußbüchsen der Verteilerscheibe eingesteckt. Die in Bild 118 gezeigte Scintilla-Verteilerscheibe dagegen ist ein Beispiel des Kabelabgangs senkrecht zur Verteilerachse nach beiden Seiten hin und für eine Verteilerscheibenbefestigung, bei der statt der sonst üblichen Blattfedernanordnung aus Draht gewickelte Federn gewählt sind, die beim Niederklappen weniger vom Gehäuse abstehen. Um den Spannungsverlust am Überschlagverteiler möglichst klein zu halten, sind beim Scintilla-Verteiler die feststehenden Elektroden waagerecht geriffelt, der Verteilerläufer dagegen an der den Elektroden zugekehrten Seite senkrecht.

Bei noch höheren Drehzahlen reicht die Schließungszeit auch bei Verwendung von 2 Unterbrechern nicht aus, um ein genügend großes Feld in der Zündspule aufzubauen. Dann trennt man die beiden Unterbrecher — wie Bild 116 b zeigt — elektrisch voneinander und schaltet jeden mit je einer Spule in Reihe. Bei einem Achtzylinder-Motor haben also je 4 Zylinder ihren eigenen Batteriezünder und dieser kann nun genügend lange Schließungsdauer haben. Die beiden Zündspulen sind an einen doppelten Verteilerläufer angeschlossen. Diese Bauart wird ebenfalls in Sonderfällen verwendet. Durch eine kleine Änderung eines solchen Verteilers, nämlich dadurch, daß man die Unterbrecher gleichzeitig öffnen und schließen läßt, kann man z. B. aus einem Achtzylinder-Verteiler für sehr hohe Drehzahlen einen normalen Vierzylinder-Verteiler, aber für zwei Kerzen pro Zylinder, also einen Zwillingszünder machen.

Bild 116 c endlich zeigt die Schaltung für den Zwillings-Zündverteiler für hohe Drehzahlen, für den Fall also, daß in jedem Zylinder zugleich an zwei Kerzen zwei unabhängig voneinander erzeugte Funken springen und außerdem für jeden Kerzensatz zur Erreichung genügender Schließungszeiten je zwei Unterbrecher nacheinander öffnen und schließen sollen. Bild 119 zeigt einen derartigen Hochleistungs-Zündverteiler, den Bosch VGH 8 × 2. Dieser Verteiler, der vor allem für Schnelltriebwagen verwendet wurde, hat nicht weniger als 4 Unterbrecher, von denen zwei mit einer Spule auf einen Kerzensatz, die beiden anderen mit einer zweiten Spule auf den zweiten Kerzensatz arbeiten. Der vierhöckrige Nocken betätigt die Unterbrecher, von denen je 2 um 45° versetzt sind. Alle Unterbrecher sind gegeneinander verstellbar. Die im Bild entfernte Verteilerscheibe hat 16 Segmente, die abwechselnd zu den beiden verschiedenen Kerzensätzen gehören. Im Verteilerläufer sitzen zwei elektrisch voneinander getrennte Segmente, die an zwei verschiedenen Spulen liegen. Das eine Segment nimmt die Hochspannung von einer federnden Zentralkohle in der Verteilerscheibe, das andere mit einer umlaufenden federnden Kohle von einem Schleifring in der Verteilerscheibe ab.

Weniger häufig angewendet wird eine andere Möglichkeit, höhere Drehzahlen zu erreichen; sie besteht darin, daß man die Schließungszeit des Unterbrechers bei allen Drehzahlen konstant hält. Dies kann auf verschiedene Weise geschehen: Mallory verwendet zwei parallel geschaltete Unterbrecher, die auf zwei getrennten, durch Zentrifugalkraft gegeneinander verschiebbaren Nocken laufen; bei niedrigen Drehzahlen überdecken sich die beiden Schließungswinkel, bei höheren Drehzahlen überlappen sie sich nur, so daß der gesamte Schließungswinkel größer wird. Paris et Rhône verwendet einen Nocken, der so profiliert ist, daß der Schließungswinkel

Bild 119. Bosch-Achtzylinder-Zwillings-Zündverteiler

am einen Ende kurz, am andern lang ist; ein Zentrifugalregler verschiebt den Nocken axial so, daß die Schließungsdauer praktisch konstant ist. Den früher stark verbreiteten V a r i a t o r, der durch Erhöhung des Primärstromes höhere Drehzahlen gewährleisten soll (s. Seite 56), hat man auch fast gänzlich wieder verlassen. Diese Möglichkeiten werden erwähnt, weil sie allesamt den Vorteil bieten, gute Höchstdrehzahlen zu ergeben, ohne bei niederer Drehzahl den Wattverbrauch des Batteriezünders zu erhöhen; sie sind aber nicht zu großer Bedeutung gelangt, weil sie zu konstruktiven Schwierigkeiten geführt haben.

Endlich sei noch eine von Watson[1]) angegebene, physikalisch interessante S c h a l t u n g geschildert, bei der die Zeit, die der einzelnen Spule zum Aufspeichern von Energie zur Verfügung steht, verdoppelt wird.

[1]) Coil Ignition Systems a. a. O. S. 43.

Betrachten wir zunächst am grundsätzlichen Schaltbild 120 das Prinzip der Speicherung. Eine Induktionsspule L_1, die Batterie B und die Primärspule S_1 eines Transformators sind in Reihe geschaltet, parallel zur Primärspule liegt der Unterbrecher U mit dem Kondensator C. Ist der Unterbrecher geschlossen, dann fließt der Strom über den Unterbrecher zur Induktionsspule L_1; wird der Unterbrecher geöffnet, dann fließt

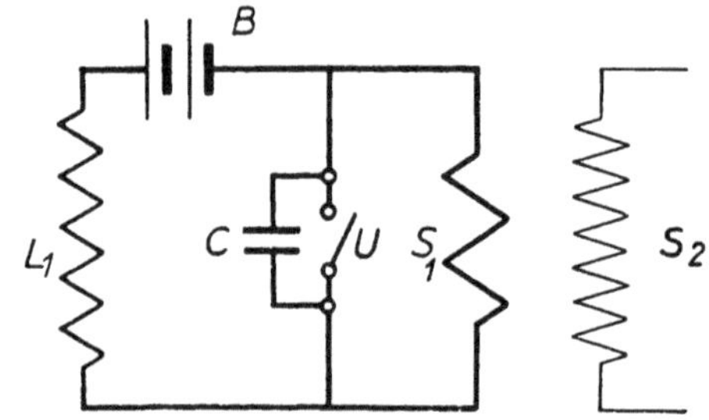

Bild 120. Speicherzündung, grundsätzliches Schaltbild

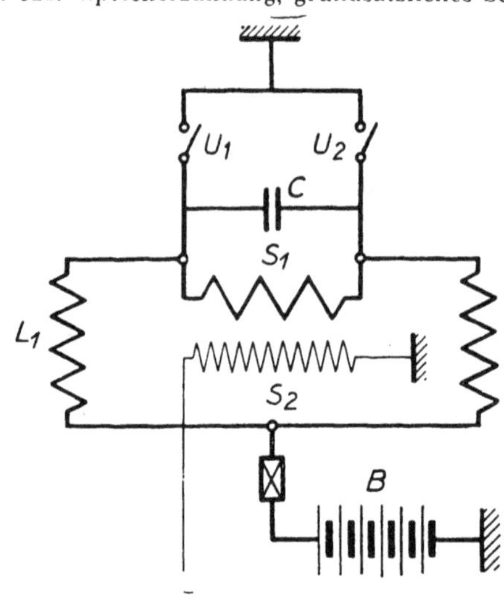

Bild 121. Watson-Speicherzündung, vollständiges Schaltbild

die Energie, die sich in der Spule L_1 aufgespeichert hat, in die Primärspule S_1 und bewirkt, daß das magnetische Feld im Transformator sehr rasch anwächst, also in der Sekundärwicklung S_2 ein Spannungsstoß entsteht. Sobald der Unterbrecher schließt, fließt der Batteriestrom wieder über den Unterbrecher und das magnetische Feld im Transformator bricht zusammen

Die ausführliche Schaltung zeigt Bild 121. Sie enthält statt der Spule L_1 zwei parallel geschaltete Induktionsspulen L_1 und L_2 und ebenfalls zwei parallel geschaltete Unterbrecher U_1 und U_2; dazwischen liegt die Primärwicklung S_1 des Transformators. Die beiden Unterbrecher arbeiten abwechselnd, so daß ihre Kontakte nie gleichzeitig geöffnet sind. Wird der eine Unterbrecher geschlossen, so wächst der Strom in der zugehörigen Spule; wird dieser Unterbrecher geöffnet, dann fließt die Energie dieser einen Spule in den Transformator; in gleicher Weise arbeitet sodann der zweite Unterbrecher, nur mit dem Unterschied, daß der Strom im Transformator in entgegengesetzter Richtung fließt. Während also jeder Unterbrecher einmal öffnet und jede Spule einmal die aufgespeicherte Energie abgibt, liefert der Transformator zwei Funken. Um möglichst viel Energie auf den Sekundärkreis übertragen zu können, hat der Transformator einen gut geschlossenen Eisenkreis, damit aber auch starke Dämpfung und schlechten Wirkungsgrad. Aus diesem Grunde hat die Anordnung bisher nur geringe praktische Anwendung gefunden.

Einen Aufbau besonderer Art hat der Zündverteiler der amerikanischen Firma Ford, so wie er im bekannten Ford-V 8-Wagen Verwendung fand. Wie Bild 103 zeigt, wird von einer mit dem Verteiler zusammengebauten Zündspule die Hochspannung in der Mitte abgenommen und über einen Stromabnehmer einem umlaufenden Schleifring zugeführt. Dieser trägt zwei Segmente, die in zwei Ebenen die Hochspannung auf zwei Verteilerscheiben mit je vier Segmenten verteilen, die auf den beiden Seiten des Zündverteilers sitzen. Der Schleifring ist von einer doppelt gelagerten Achse getragen, die vor dem Schleifring den Nocken trägt, der einen Doppelunterbrecher steuert. Die beiden Unterbrecher sind nach Bild 116a parallel geschaltet, jedoch ist der Nocken bei diesem Achtzylindertyp mit acht Höckern ausgebildet. Es arbeiten also die beiden Unterbrecher nicht so, wie bei den oben beschriebenen Verteilern mit Doppelunterbrechern, daß jeder zweite Zylinder von einem anderen Unterbrecher gesteuert wird, sondern so, daß immer der eine Unterbrecher den Strom schließt, dann der zweite Unterbrecher sich parallel schaltet, darauf der erste Unterbrecher öffnet ohne daß eine Öffnung des Stromkreises auftritt, da der zweite Unterbrecher noch geschlossen ist, und daß dann erst der zweite

Unterbrecher und damit der Stromkreis geöffnet wird. Dies hat zur Folge, daß einer der Unterbrecher immer den Schließungsvorgang, der andere den Öffnungsvorgang steuert, und man erzielt so trotz langer Öffnungszeit des einzelnen Unterbrechers doch eine genügend lange Gesamtschließungszeit des Kreises (Bild 122). Der Kondensator ist im Zündspulengehäuse über dem Unterbrecherraum angeordnet. Das ganze

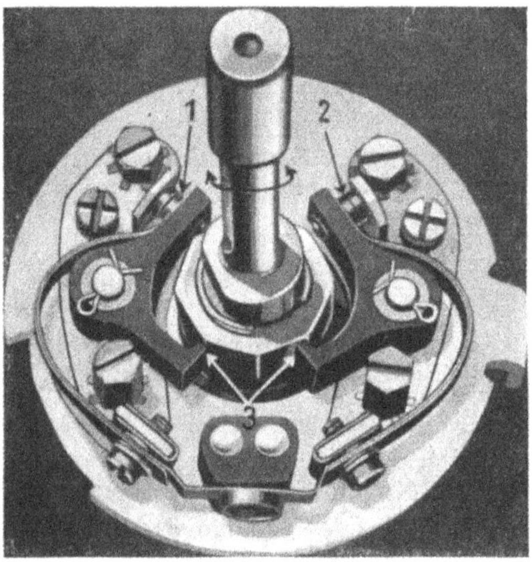

Bild 122. Ford-V 8-Doppelunterbrecher

Gerät ist auf den besonderen Einbau am Fordmotor zugeschnitten. Die Achse liegt im Gegensatz zu den meisten Zündverteilern waagerecht, die beiden Verteilerscheiben auf den Seiten des Verteilers liegen bei Einbau des Verteilers vor dem Motor symmetrisch zu den beiden Zylinderreihen des V-Motors. Die Zündspule ist bereits oben beschrieben; ihre Anordnung am Verteiler mit Primärwicklung innerhalb der Sekundärwicklung verlangt die Anwendung eines Vorschaltwiderstands zur Abführung der Wärme. Der Vorschaltwiderstand ist getrennt von Spule und Verteiler in einer besonderen Einheit am Chassis untergebracht. Fliehkraftversteller und Unterdruckversteller beeinflussen die Stellung des Nockens zur Zünderachse und damit den Zündzeitpunkt. Hierüber soll im Abschnitt V, Seite 305 noch etwas gesagt sein.

Für Motorräder mit einem oder zwei Zylindern baut Bosch einen Unterbrecher, der zu der oben beschriebenen kleinen Motorrad-Zündspule paßt. Das topfförmige Gehäuse aus Aluminium (Bild 123), das den Unterbrecher enthält, sitzt mit einem Lagerhals in einer Bohrung des Motorgehäuses; die Unterbrecherplatte kann zum Verstellen des Zündzeitpunktes durch einen Bowdenzug verdreht werden. Der umlaufende Unter-

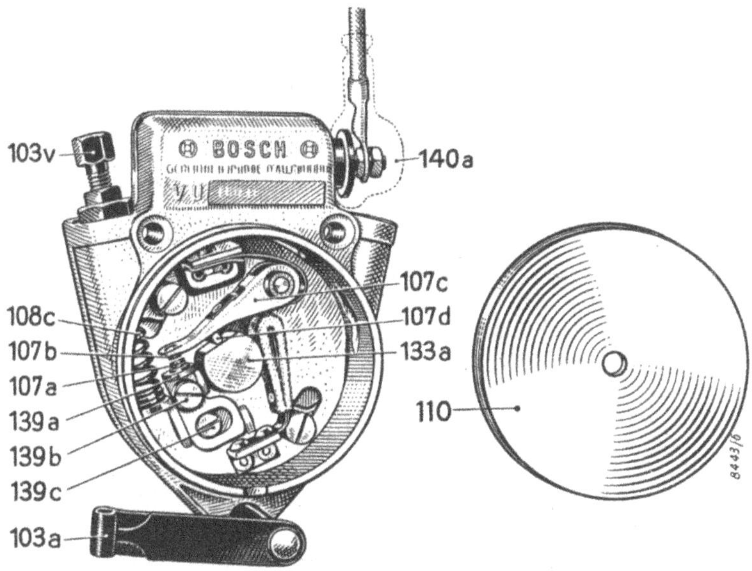

Bild 123. Bosch-Unterbrecher für Einzylindermotoren

103a Haltefeder des Unterbrecherdeckels
103v Bowdenzug-Schraube
107a Amboßkontakt
107b Hebelkontakt
107c Unterbrecherhebel
107d Unterbrecher-Gleitstück
108c Bowdenzug-Feder
110 Unterbrecherdeckel
133a Unterbrechernocken an der Motorwelle
139a Kontaktträger
139b Befestigungsschraube des Kontaktträgers
139c Exzenterschraube zum Verschieben des Kontaktträgers
140a Primäranschlußschraube für das von der Zündspule kommende Kabel

brechernocken — ein- bzw. zweihöckerig — sitzt auf der Motorwelle. Nach vorn ist der Unterbrecher durch einen Blechdeckel, bei der Zweizylinderausführung durch eine Verteilerscheibe abgeschlossen; im letzteren Falle führt der auf dem Nocken sitzende Verteilerläufer die von der Zündspule dem mittleren Kabelanschlußstutzen zugeführte Hochspannung abwechselnd einem der beiden anderen Anschlußstutzen und damit den beiden Kerzen zu.

Um bei Batteriezündern für Zweizylinder-Motoren den Verteiler zu ersparen, kann man auch zwei Unterbrecher verwenden, die vom gleichen Nocken gesteuert werden. Zu jedem Unterbrecher gehört eine Zündspule, so daß die Zündung des einen Zylinders ganz unabhängig von der des anderen ist.

An dieser Stelle sei auch die vor allem bei Motorrädern u. U. vorhandene Gefahr eines Vergaserbrandes besprochen. Ein solcher kann z. B. entstehen, wenn der Motor infolge der Kompression zurückpendelt ehe die Zündung eingeleitet ist. Das Einlaßventil des Motors wird bei dieser Rückwärtsbewegung wieder geöffnet — gleichzeitig öffnet bei einem Nocken mit zu kurzer Schließungsdauer der Unterbrecher. Der dabei entstehende „falsche Funke" entzündet das Gemisch im Zylinder: dieses brennt dann durch das offene Einlaßventil bis in den Vergaser zurück, und dort kann ein Brand entstehen, falls kein Schutzsieb vorhanden ist. Dieser Brand des überfließenden Benzins am Vergaser kann auf zweierlei Weise vermieden werden: einmal durch Einbau eines Luftfilters mit Metallgewebe (nicht mit Filzeinlage!), zum andern dadurch, daß man die Schließungsdauer des Unterbrechernockens verlängert. Gibt man z. B. bei Einzylinder-Viertaktmotoren dem Unterbrechernocken eine Schließungsdauer von 210°, so entsteht der falsche Funke beim Rückwärtspendeln erst dann, wenn das Auslaßventil offen, das Einlaßventil geschlossen ist. Die Verlängerung der Schließungsdauer des Unterbrechernockens führt zu einer Änderung der elektrischen Verhältnisse, die in der Regel die Wahl einer besonderen Zündspule erforderlich macht.

Im Anschluß an die bisher behandelte, weit verbreitete Normalausführung der Batteriezündung sollen nun noch einige **Sondersysteme der Batteriezündung** behandelt werden.

Bei bestimmten Einspritzmotoren, z. B. Hesselman-Motoren, hängt die Zeit, die zur Aufbereitung des eingespritzten Kraftstoffs erforderlich ist, sehr stark von vielen Faktoren (Drehzahl, Belastungszustand, Brennstoffbeschaffenheit, Einspritzmenge) ab. Der Zündzeitpunkt kann dann nicht genau auf den Zeitpunkt des Auftreffens von richtig aufbereitetem Gemisch auf die Kerze abgestimmt werden. Man versucht aber, die Zündung bei allen Betriebszuständen sicherzustellen, indem man einen genügend lang andauernden Zündfunken erzeugt. Dies ist bei den meisten Magnetzündern ohnehin der Fall, erfordert jedoch bei Batteriezündung, wo der Funken in der Regel nur sehr kurzzeitig ist, besondere Maßnahmen. Die Firma

Bosch hat z. B. für einen Hesselman Sechs-Zylinder-Motor einen Sechs-Zylinder-Zündverteiler nach Schaltbild 116 b, jedoch mit dreihöckrigem Nocken, gebaut, bei dem das Segment des Verteilerläufers im Umfang verlängert ist, so daß der über einen großen Winkel andauernde Zündfunken ohne Schwierigkeiten gesteuert werden kann. Die Zündfunken werden durch zwei Zündspulen erzeugt, die neben hohen Windungszahlen einen bis auf

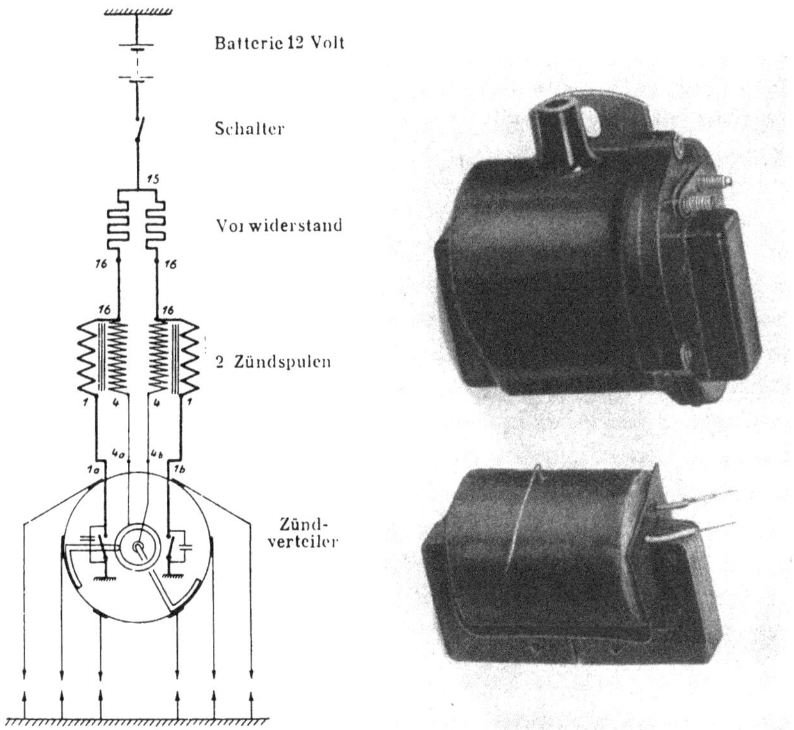

Bild 124. Batteriezündung für Hesselman-Motoren

einen kleinen Luftspalt stark geschlossenen Eisenkreis, also hohe Induktivität aufweisen (s. Bild 124). Für diese Spulen mußte man wieder zu der alten Bauart mit außenliegender Sekundärwicklung zurückkehren, weil sich so am besten die hohe Induktivität erreichen ließ. Durch Anwendung getrennter Vorwiderstände wird die Ruhestromsicherheit dabei in ähnlicher Weise wie beim Ford-Batteriezünder gewährleistet. Die notwendige lange Schließungszeit des Unterbrechers ist dadurch erreicht, daß jeder Unterbrecher und jede Spule nur drei Zylinder versorgen muß. Man erhält mit dieser Anlage eine Funkendauer von 40^0 und mehr an der Kurbelwelle und damit Verhältnisse, die dem Magnetzünder mindestens entsprechen und eine ausreichende Zündung auch bei ungünstigen Betriebsverhältnissen sichern.

Eine besondere Art von Zündspulen, die hauptsächlich früher weit verbreitet waren, sind die sogenannten Summerzündspulen. Ähnlich wie bei jedem Funkeninduktor wird bei diesen das magnetische Feld der Spule zur Ablenkung eines vor dem Eisenkern stehenden Ankers benutzt, dadurch ein Kontakt geöffnet und der Stromkreis unterbrochen. Dieser Anker vibriert nun ständig hin und her und liefert eine Reihe aufeinanderfolgender Funken. Man kann auch dieses Funkenband steuern, indem man einen besonderen nockengesteuerten Unterbrecher so schaltet, daß er die Summerkontakte überbrückt, also nur bei seiner Öffnung das Funkenband aufzutreten beginnt. Von dem Funkenbündel erhoffte man eine besonders sichere Zündung beim Anwerfen, besonders bei schwer entzündlichem Gemisch. Daß das Funkenbündel gegenüber einem kräftigen Einzelfunken Vorteil bietet, ist jedoch noch nicht nachgewiesen. Dagegen ist Tatsache, daß die Nachfrage nach Summerspulen als Betriebsspulen in den letzten Jahren stark nachgelassen hat. Nur im Gebiet sehr niederer Drehzahlen liefert die Summerspule einwandfreie Zündung, da bei höheren Drehzahlen infolge der Trägheit des Summers während der Öffnungsdauer des Hauptunterbrechers der Summer nicht zur Zeit öffnet, wodurch Aussetzer auftreten.

Dagegen ist die Summerspule in letzter Zeit auf einem anderen Gebiet wieder zu größerer Bedeutung gelangt, und zwar zum Anlassen von Glühkopfmotoren, wie sie heute vielfach in Zugmaschinen verwendet werden. Um diese anlassen zu können, baut man neben dem Glühkopf noch eine Kerze ein, die solange das Gemisch entzünden muß, bis der Glühkopf genügend erwärmt ist. Um nun den teureren Unterbrecher und seinen Antrieb zu sparen, verwendet man eine Zündspule mit angebautem Summer, die für die nötige Kerzenspannung sorgt (Bild 125).

Schließlich möge noch eine Zündungsart wenigstens erwähnt werden, die auf einem von den bisher beschriebenen gänzlich abweichenden Grundsatz beruht die Hochfrequenzzünd u n g[1]). Sie ist zwar bisher trotz zahlreicher Versuche nicht in nennenswertem Maße praktisch verwirklicht worden, aber doch theoretisch interessant genug. Das Prinzip sei an Bild 126 erläutert:

Die Batterie B ist über den Unterbrecher U, die Primärwicklung L_1 einer Zündspule und die Masse geschlossen. Beim

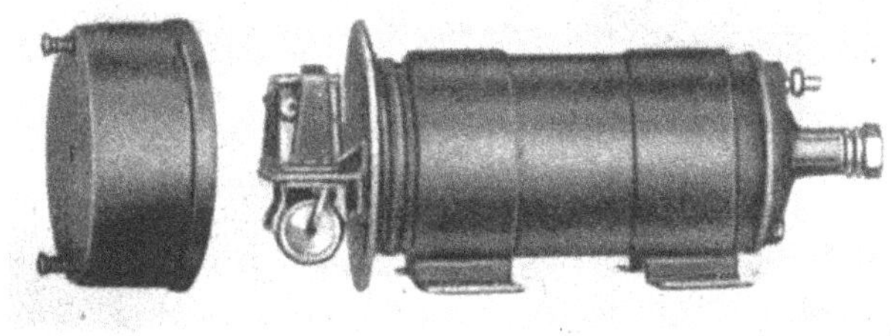

Bild 125. Bosch-Summeranlaßspule für Glühkopfmotoren

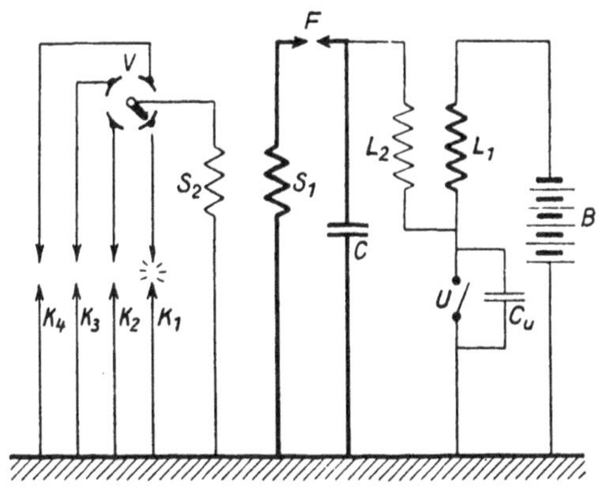

Bild 126. Hochfrequenzzündung, Schaltbild

Öffnen des Unterbrechers wird in der Sekundärwicklung L_2 Hochspannung induziert; diese wird jedoch nicht den Kerzen zugeführt, sondern lädt den Kodensator C auf, bis seine Ladung sich an der Funkenstrecke F und über die Primärwicklung S_1 eines Teslatransformators in Hochfrequenzschwingungen ausgleicht. Dadurch werden wiederum in der Sekundärwicklung S_2 Hochfrequenzschwingungen erzeugt und erst diese über den Verteiler den Zündkerzen zugeführt.

---

[1]) M. Strelow, Die Verwendung von Hochfrequenzfunken für die Entflammung des Gasgemisches in Brennkraftmaschinen. Diss. Berlin 1933.

Der Vorteil der Hochfrequenzzündung liegt vor allem darin, daß sie von der Kerzenverrußung weniger abhängig ist. Dem stehen jedoch vorläufig noch die Nachteile entgegen: sie ist teurer als die übliche Zündung, kapazitätsempfindlich, die Funkenstrecke ist eine weitere Fehlerquelle usw., so daß sich die von verschiedenen Firmen[1]) entwickelten Schaltungen noch nicht durchzusetzen vermochten.

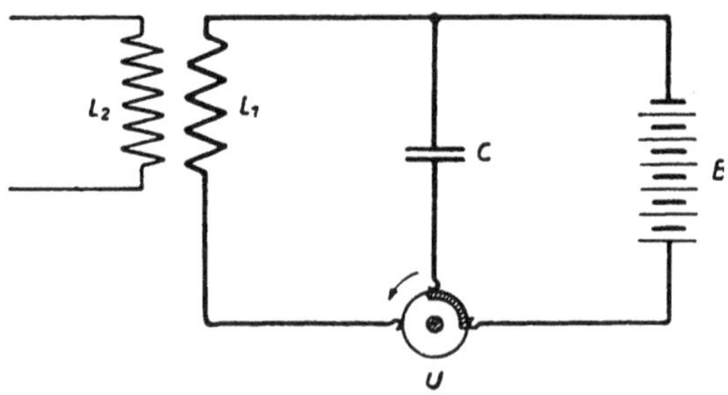

Bild 127. Lanchester-Kondensatorzündung, Schaltbild

Bisher ebenfalls nur von theoretischem Interesse ist die von Lanchester[2]) angegebene Kondensatorzündung. Wie das Schaltschema (Bild 127) zeigt, schaltet das Umlaufsegment U den Kondensator C abwechselnd auf die Batterie B und auf die Primärwicklung L_1 der Zündspule. Auf diese Weise wird — unabhängig von der Drehzahl — Energie im Kondensator aufgespeichert und dann über die Spule entladen. Die Schaltung hat den Vorteil, daß der Stromkreis in keiner Stellung des Segments geschlossen ist, praktisch aber den Nachteil, daß sie an wesentlich höhere Betriebsspannungen gebunden ist, als sie bei Kraftwagen üblich sind.

In neuester Zeit hat man versucht, einen Hochspannungskondensator mit mehreren tausend Volt aufzuladen und ihn durch besondere Steuerorgane unmittelbar auf die Zündkerzen zu entladen. Man hat sich dabei bemüht die Spannung, die die Kerze zum Überschlag braucht, so niedrig wie möglich zu halten durch Wahl kleinster Elektrodenabstände[3]) und Ausbildung der Überschlagstelle als Gleitstelle für den Funken (Gleitfunkenkerze siehe Abschnitt VI, Seite 351). Der Vorteil einer solchen

[1]) Lodge, Strelow und Prunzel usw.

[2]) F. W. Lanchester, Coil Ignition, Journal of the Institution of Automobile Engineers, London Januar 1929.

[3]) Smits, D. R. P. 683 661.

Zündung wäre Unabhängigkeit von trockener Verrußung der Kerze. Die Aufladung des Kondensators kann bei ortsfesten Anlagen durch das Lichtnetz erfolgen, bei Kraftfahrzeugen ist man auf die Batterie angewiesen und muß die hohe Spannung erst (zum Beispiel durch eine besondere Batteriezündung, durch deren Zündspule man den Kondensator laden läßt) schaffen. Alle diese Versuche reichen an die Einfachheit und Billigkeit der normalen Batteriezündung jedoch nicht heran.

3. Kombinierte Maschinen

Der Wunsch nach gedrängter Anordnung des Kraftfahrzeugzubehörs und Vermeidung zu vieler Antriebe führt seit einer Reihe von Jahren zu zahlreichen Kombinationen, deren wichtigste der Z u s a m m e n b a u von **Lichtmaschine** und **Magnetzünder** ist. Um dem Motorenbauer einen besonderen Antrieb für den Magnetzünder zu ersparen, wird die Lichtmaschine häufig an beiden Enden mit Achsstummeln versehen, so daß Magnetzünder und Lichtmaschine in T a n d e m a n o r d n u n g eingebaut werden können (s. Bild 128). Ein weiterer Schritt ist der, die Gehäuse von Lichtmaschine und Magnetzünder fest miteinander zu verbinden, so daß auch nur e i n e Befestigung am Motor nötig ist, wie z. B. bei der Kombination der Firma

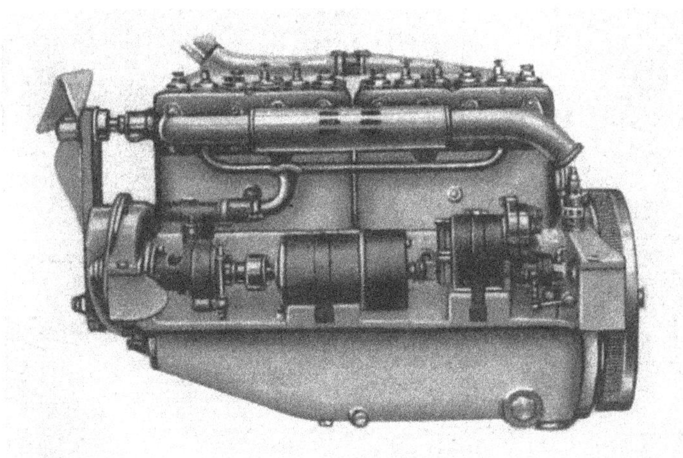

Bild 128. Tandemanordnung von Magnetzünder und Lichtmaschine

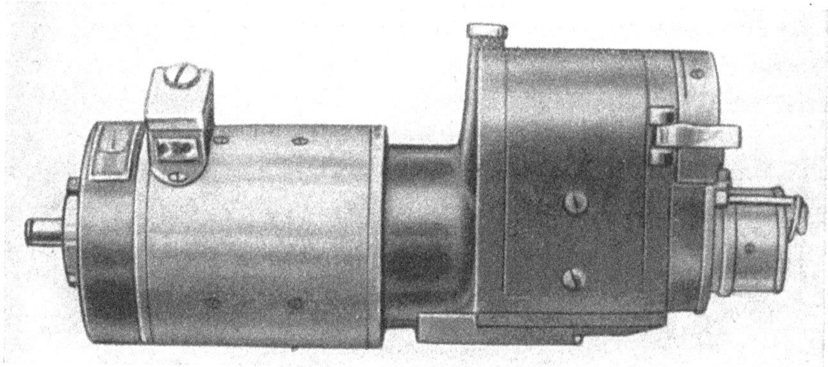

Bild 129. Marelli-Lichtmaschine mit angebautem Magnetzünder

Marelli, die Bild 129 zeigt. Bei all diesen Anordnungen wird jedoch an Raum nichts oder doch nur wenig gespart.

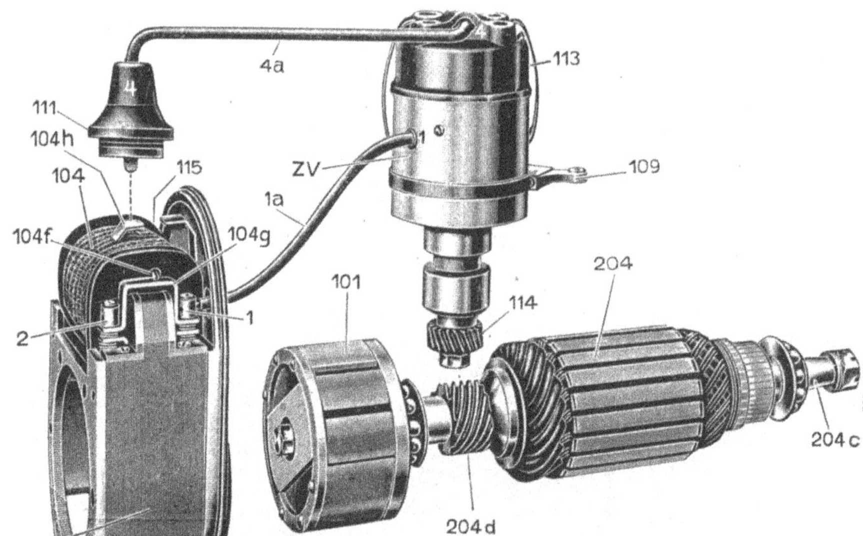

Bild 130. Bosch-Lichtmagnetzünder mit Umlaufmagnet

1 Primärkabelanschlüsse
1a Primärkabel zwischen Anker und Unterbrecher
2 Kurzschlußkabelanschluß
4 Hochspannungskabelanschlüsse
4a Hochspannungskabel zwischen Stromabnehmer und Verteilerscheibe
101 Umlaufmagnet mit Polschuhen
102 Ankerpolschuhe
104 Zündanker
104f Ende der Primärwicklung Anschlußbügel
104h Hochspannungsanschlußwinkel
109 Verstellhebel
111 Stromabnehmer
113 Verteilerscheibe
114 Schraubenrad auf der Verteilerwelle
115 Sicherheitsfunkenstrecke
204 Lichtmaschinenanker
204c Antriebsachse
204d Schraubenrad auf dem Lichtmaschinenanker
ZV Zündverteiler mit eingebautem Selbstversteller, Unterbrecher u. Kondensator

Es gibt aber auch Anordnungen, bei denen der Zusammenbau tatsächlich raumsparend ist; z. B. zeigt Bild 130 einen Lichtmagnetzünder, bei dem ein Umlaufmagnet aus Kobaltstahl fliegend auf dem einen Ende der Lichtmaschinenachse befestigt ist. Der Magnet läuft mit seinen Polschuhen zwischen den Ankerpolschuhen um, die den Fluß dem darüber liegenden, feststehenden Zündanker zuführen. Unterbrecher und

Bild 131. Lucas-Lichtmagnetzünder „Magdyno" für Motorräder

Verteiler sind in einem besonderen Turm senkrecht zur Antriebsachse der ganzen Maschine angeordnet und werden mit einem Schraubenrad angetrieben. Wegen des Magnetzünders läuft die Maschine als Vier-Zylinder-Typ mit Kurbelwellendrehzahl, als Sechs-Zylinder-Typ mit $1^1/_2$facher Kurbelwellendrehzahl.

Noch mehr als beim Kraftwagen ist man beim Kraftrad in dem Raum für Zündung und Lichtmaschine eng begrenzt; daraus erklärt sich, daß gerade für kleine Lichtleistungen und Ein- und Zweizylinder-Zünder besonders viele kombinierte Bauarten auf den Markt gebracht worden sind. Bei Einführung der Beleuchtung am Kraftwagen war es noch eher möglich, einen Antrieb für die zusätzliche Lichtmaschine zu finden — etwa durch Heranziehen des Ventilatorantriebs —, als beim Kraftrad, wo die geschlossene und gedrängte Bauart den Antrieb einer besonderen Lichtmaschine in den meisten Fällen nicht mehr gestattete. Als am Kraftrad die elektrische Beleuchtung eingeführt wurde, hat man deshalb ums Jahr 1920 vor allem solche kombinierten Lichtmagnetzünder entwickelt, die ohne weiteres an die Stelle des Ein- und Zweizylindermagnetzünders gesetzt werden konnten, möglichst sogar, ohne daß die Befestigungselemente,

Bild 132. Noris-Lichtmagnetzünder

also vor allem das Spannband geändert zu werden brauchten. Als Beispiel solcher Konstruktionen erwähnen wir die Magdyno der englischen Firma Jos. Lucas Ltd., Birmingham, die Bild 131 aufgeschnitten zeigt: man sieht übereinander Licht- und Zündanker, deren Achsen durch Zahnräder gekuppelt sind, Lichtmaschinenregler und Unterbrecher. Eine andere Lösung ist die „Noris"-Zündlichtmaschine der Firma Noris-Zündlicht A.-G., Nürnberg (Bild 132). Der bei Ein- und Zweizylindertypen über dem Anker vorhandene leere Raum im Magnetbügel wird für eine kleine Lichtmaschine ausgenutzt. Diese Anordnung hat vielen anderen gegenüber den Vorteil, daß beim Herausnehmen der Lichtmaschine die Zündung einwandfrei weiterarbeitet. Einen noch engeren Zusammenbau zeigt ein Lichtmagnetzünder der Robert Bosch G. m. b. H. in Bild 133. Es ist hier versucht, Lichtmaschine und Zündteil so eng zusammenzudrängen, daß die Bauhöhe der eines Magnetzünders entspricht und also das Spannband in keiner Weise geändert zu werden braucht. Zwischen der oben liegenden Lichtmaschine und der Grundfläche der Maschine läuft der Zündanker. Lichtmaschinengehäuse einerseits und Grundplatte andererseits bilden zugleich je einen Magnetpolschuh für den untenliegenden Zündungsteil. Die beiden Polschuhe sind durch zwei Stabmagnete, die also magnetisch parallel geschaltet sind miteinander verbunden. Die Magnetpolschuhe sind also im Gegensatz zum normalen Zünder

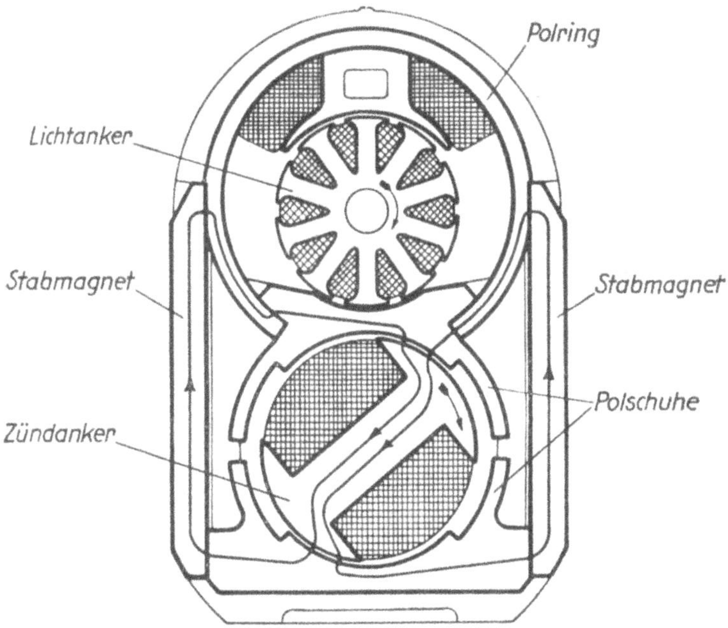

Bild 133. Magnetflußverlauf im Bosch-Lichtmagnetzünder mit parallel geschalteten Stabmagneten

mit Umlaufanker um 90 Grad verdreht, der Flußwechsel tritt bei Horizontalstellung des Ankers auf. Demgemäß ist dieser Zünder nach Bild 51 zu magnetisieren. Der Anker der Lichtmaschine wird über ein Zwischenrad von der Magnetzünderachse aus angetrieben. Die Leistung der Lichtmaschine beträgt 30 Watt, die Zündleistung entspricht der eines größeren Zweizylinder-Magnetzünders.

Ein eigenartiger Gedanke liegt der Bauart des ML-„Maglita“ der Firma Lucas zugrunde. Bei gemeinsamem Magneten für Licht und Zündung soll die Flußänderung im Licht- und Zündanker von n u r e i n e m u m l a u f e n d e n A n k e r hervor-

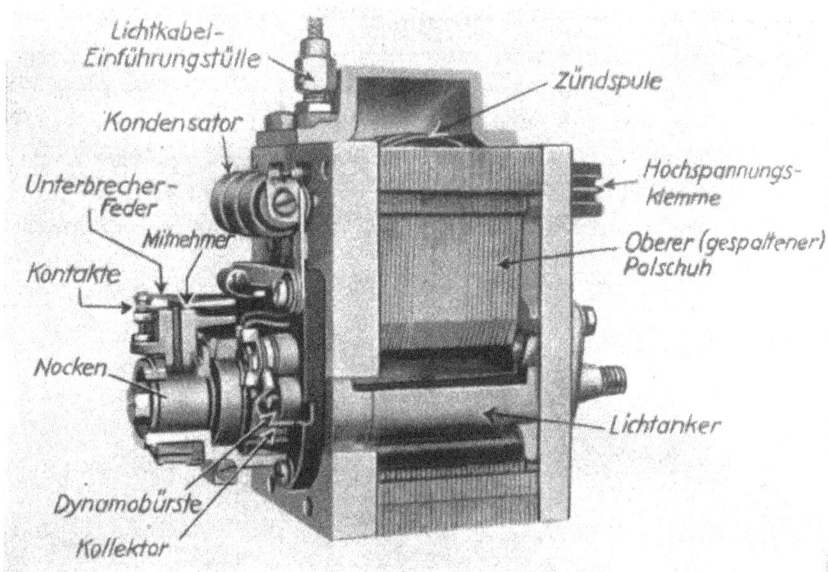

Bild 134. Lucas-ML-Lichtmagnetzünder

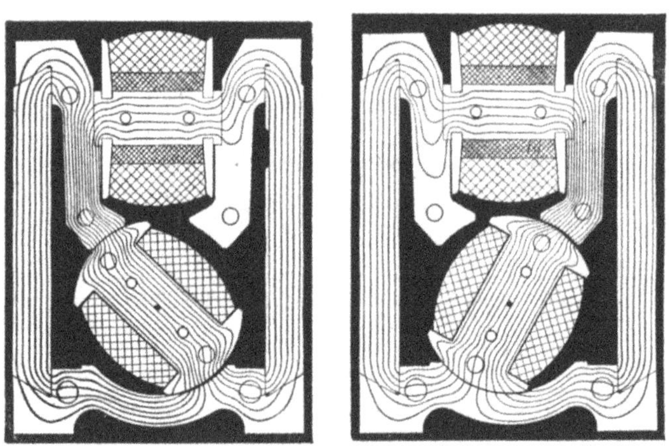

Bild 135. Magnetflußverlauf des ML-Lichtmagnetzünders

gerufen werden. Bild 134 zeigt die aufgeschnittene Maschine, Bild 135 das Magnetflußschema. Oben befindet sich der feststehende Zündanker, unten der umlaufende Lichtanker. Stabmagnete schließen das Gehäuse an beiden Seiten ab. Verfolgt man den Flußverlauf, so sieht man, daß der Lichtanker vom ganzen, der Zündanker nur vom halben verfügbaren Fluß durchsetzt wird, ferner, daß im Lichtanker pro Umdrehung zwei Flußwechsel, im Zündanker dagegen vier Flußwechsel entstehen; von diesen werden allerdings nur zwei ausgenützt. Der große Vorteil dieser Anordnung besteht natürlich darin, daß nur ein umlaufender Anker vorhanden ist und damit Kugellager und die Zahnradübersetzung vermieden werden. Der Nachteil ist eine verhältnismäßig schlechte Ausnützung der wirksamen Teile für die Zündung und eine für die Batterieladung nicht sehr günstige Charakteristik der Lichtstromkurve. Die Bauart eignet sich hauptsächlich für Einzylinder-Motoren, denn der Verteiler, den die Zweizylinder-Ausführung braucht, ist hier nicht einfach anzubringen.

Man hat auch versucht, bei Einzylinder-Magnetzündern den unbenützten der beiden Zündungsflußwechsel zur Lichtstromentnahme zu verwenden. Man entnimmt der Primärwicklung eines Einzylinder-Magnetzünders etwa während einer halben Zündankerumdrehung Strom zur Lichtausbeute, um sie während der anderen Hälfte der Zündankerumdrehung normal als Zündwicklung arbeiten zu lassen.

Bei Verwendung derartiger Apparate ohne Batterie entsteht allerdings ein noch bis zu hohen Drehzahlen stark flackerndes Licht infolge des intermittierenden Lichtstroms. Bei Verwendung einer Batterie muß dagegen eine besondere Vorrichtung vorgesehen werden, die bei niederer Drehzahl den Rückstrom aus der Batterie in die Primärwicklung und damit die Entladung der Batterie verhindert; diese ist aber entweder kompliziert und teuer, oder sie vermindert die Lichtleistung beträchtlich. So bestechend auf den ersten Blick der Gedanke ist, den unausgenützten Abriß eines Einzylinder-Magnetzünders zur Lichtstromerzeugung heranzuziehen, so muß ihm doch grundsätzlich das Bedenken entgegengebracht werden, daß die erzielbare Lichtleistung für Kraftfahrzeuge ziemlich ungenügend ist. Ein Einzylinder-Magnetzünder wirtschaftlicher Abmessungen vermag nur etwa folgende Lichtleistung aus der Zündprimärwicklung zu liefern:

1 bis 1,5 W bei 1000 Uml./min,
3 bis 4 W bei 2000 Uml./min,
5 bis 6 W bei 3000 Uml./min.

Diese Leistung reicht nach unseren Erfahrungen auch für ein kleines Kraftrad nur dann aus, wenn es bei Tag sehr viel, bei Nacht aber nur ausnahmsweise gefahren und Standlicht so gut wie ganz vermieden wird, oder wenn die Beleuchtungsanlage so schwach ist, daß sie gewissermaßen nur als Notbeleuchtung, z. B. für kurze Stadtfahrten bei Nacht, angesehen wird. Treffen diese Betriebsbedingungen nicht zu, so wird man sich häufig über ungeladene Batterie zu ärgern haben und gut daran tun, sie hin und wieder nachzuladen, da man sonst mit ihrer allmählichen Zerstörung rechnen muß.

Bild 136. Bosch-Lichtbatteriezünder für Vierzylindermotoren

Ebenso wie man Magnetzünder und Lichtmaschine zu einer Einheit verschmilzt, baut man häufig auch **Batteriezünder** oder deren Teile mit der **Lichtmaschine** zusammen. Die folgenden Bilder bringen einige typische Beispiele.

Bild 136 zeigt zunächst einen von der Firma Bosch entwickelten Lichtbatteriezünder für Kraftwagen: an eine Lichtmaschine normaler Bauart ist der Zündverteiler ZV angebaut; der Wellenstumpf der Lichtmaschine dient als Antriebszapfen. Die Welle des Zündverteilers steht senkrecht zur Lichtmaschinenwelle und wird von ihr durch Schraubenräder angetrieben.

Eine einfache Bauweise ergibt sich für Einzylinder-Motoren; die Bilder 137 und 138 zeigen je eine ähnliche Ausführung der Robert Bosch G. m. b. H. und der Noris-Zündlicht A.-G. für Viertaktmaschinen. Im oberen Teil des Gehäuses sitzt die Lichtmaschine, deren Anker durch eine im unteren Gehäuseteil gelagerte Vorgelegewelle angetrieben wird. Das hintere Ende dieser Welle, die mit Steuerwellengeschwindigkeit umläuft, trägt den Nocken des Unterbrechers. Diese Typen sind entwickelt worden, um den Magnetzünder gegen Batteriezündung mit Lichtmaschine austauschen zu können, für Motorräder also, bei denen nachträglich eine Lichtmaschine eingebaut werden soll,

Bild 137. Bosch-Lichtbatteriezünder für Einzylinder-Viertaktmotoren

Bild 138. Noris-Lichtbatteriezünder für Einzylinder-Viertaktmotoren

jedoch keine weitere Antriebsmöglichkeit besteht. Ähnliche Zünder werden auch für Zweitakt- und Zweizylinder-Motoren gebaut; die letzteren tragen dann statt des Unterbrecherdeckels die Verteilerscheibe.

Die gleichen Firmen bauen auch Lichtbatteriezünder in wesentlich einfacherer Ausführung, die allerdings für den nachträglichen Austausch des Magnetzünders weniger geeignet sind. Bei diesen läuft die Lichtmaschine mit Kurbelwellendrehzahl um, der Nocken bei Zweitaktmaschinen ebenfalls, wogegen er bei Viertaktern auf die halbe Drehzahl, also auf Steuerwellendrehzahl untersetzt wird. Diese Bauart zeigt Bild 139. Der durch Bowdenzug verstellbare Unterbrecher mit seinem Untersetzungsgetriebe, der Kondensator, sowie der Regler und Schalter der Lichtmaschine sind unter der Kapsel am hinteren Ende der

Bild 139. Bosch-Lichtbatteriezünder mit untersetztem Unterbrecher

Bild 140. Noris-Lichtanlaß-Batteriezünder

Lichtmaschine mit untergebracht, die auch Kollektor und Bürsten der Lichtmaschine mit abdeckt.

Eine Lichtanlaß-Zündmaschine ohne Versteller ist der Typ K 16 der Noris A.-G. (Bild 140): ein einfacher Elektromotor, der beim Anlassen als Anlaßmotor, im Betrieb als Lichtmaschine arbeitet und auch den Batteriezündunterbrecher enthält[1]).

Eine Gruppe für sich bilden die verschiedenen **Schwungradzünder;** sie werden in der Regel als kombinierte Maschinen für Licht und Zündung gebaut und sind deshalb hier einheitlich

---

[1]) S. auch Schwunganlaß-Lichtbatteriezünder, S. 229.

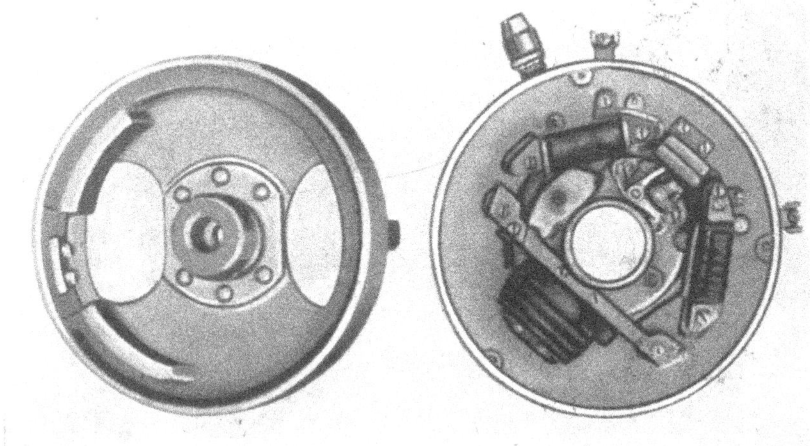

Bild 141. Safi-Schwunglichtmagnetzünder

zusammengefaßt worden. Der Grundgedanke dieser Gruppe ist, die umlaufenden Lichtmaschinen- oder Zünderteile freifliegend unmittelbar auf die Kurbelwelle aufzusetzen und ganz oder teilweise als Schwungrad des Motors zu benutzen. Besonders bei den kleineren und mittleren Motorrädern, an Fahrradhilfsmotoren und Außenbordmotoren, sogar bei manchen ganz kleinen Wagen mit Ein- und Zweizylindermotoren findet man diese billige Bauweise.

Der Schwung-Magnetzünder hat fast stets Umlaufmagneten und feststehenden Anker. Die Masse des Magnets läßt sich auf diese Weise sehr gut als Teil der Schwungmasse ausnutzen und die feststehende Wicklung kann bei Einzylinder-Motoren ohne Zwischenschaltung eines Stromabnehmers oder Schleifrings mit der Kerze verbunden werden. Das Schwungrad, an dem die Magnete und ihre Polschuhe befestigt sind, besteht zweckmäßig aus antimagnetischem Material, um jede unnötige Streuung zu vermeiden. Es wird fast stets mit seiner Nabe auf die Kurbelwelle aufgesetzt und dort festgezogen. Die Nabe trägt gleichzeitig den Umlaufnocken, der den feststehenden Unterbrecher steuert. Unterbrecher, Licht- und Zündanker sowie Kondensator sitzen meist auf einer gemeinsamen Platte.

Einige charakteristische Beispiele der Gruppe Schwung-Magnetzünder zeigen die folgenden Bilder. Zuerst Bild 141, ein Schwunglichtmagnetzünder der Firma Safi. Ein fliegend auf

Bild 142. Villiers-Schwunglichtmagnetzünder

der Kurbelwelle befestigbares Schwungrad aus antimagnetischem Werkstoff enthält einen Umlaufmagnetring aus Chromstahl, der an einer Stelle ein kleines Stück offen ist und hier Polschuhe trägt, die auf der Innenseite des Rings liegen. Auf einer feststehenden Grundplatte sitzen ein Zündanker und zwei Lichtanker, sowie der Unterbrecher und Kondensator des Zünders. Die Anker sind so angeordnet, daß der Fluß des Magnets bei seiner Drehung nacheinander diesen Zündanker und die Lichtanker durchsetzt. Der Zündanker ist dreizackig ausgebildet, so daß beim Umlaufen des Magnets die Polschuhe zuerst vor dem linken und mittleren und unmittelbar darauf vor dem mittleren und rechten Zacken stehen. Dadurch wechselt bei der Drehung des Schwungrads der Fluß im mittleren Zacken, der die Wicklung trägt, rasch seine Richtung, was für eine gute Zündung vorteilhaft ist. Die Nabe in der Mitte des Schwungrads, mit der das Schwungrad auf die Kurbelwelle aufgesteckt wird, ist zugleich als Nocken ausgebildet, auf dem der feststehende Unterbrecher schleift. Die Lichtwicklungen haben bei dieser Bauart allerdings keinen Flußwechsel, sondern bei jeder Umdrehung nur einen Flußeintritt und Flußaustritt, so daß die Lichtstromausbeute verhältnismäßig klein ist.

Beim vierpoligen Schwungradmagnetzünder der Firma Villiers (Bild 142) ist nur e i n Lichtanker vorhanden. Vier Kobalt-

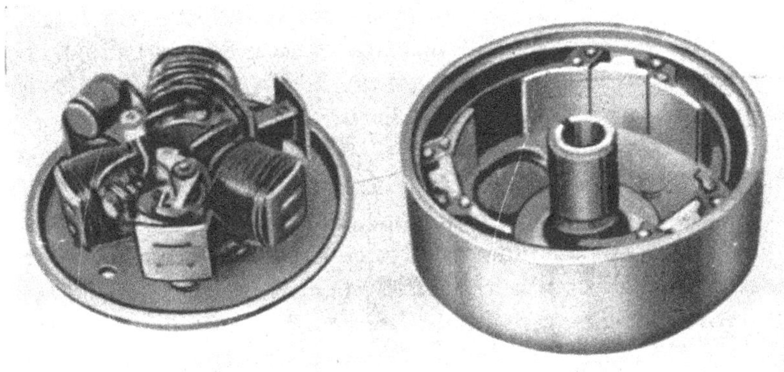

Bild 143. Bosch-Schwunglichtmagnetzünder mit sechspoligem Stern

magnete und vier Polschuhe sind in abwechselnder Reihenfolge als Kreisring im Schwungrad angeordnet. Die Magnete sind so magnetisiert, daß immer zwei Nordpole oder zwei Südpole an ein und demselben Polschuh liegen. Bei der Drehung des Schwungrads schickt ein Magnet nach dem andern über die Polschuhe seinen Fluß durch den sehnenartig im Kreis liegenden Zündanker auf der einen Seite und den entsprechenden Lichtanker auf der andern Seite der Ankerplatte. Mit jedem Wechsel des Magneten wechselt auch der Fluß in den Ankern seine Richtung, da an der Stelle des Nordpols des einen Magnets nach 90 Grad Drehung der Südpol des nächsten Magnets steht. Auf diese Weise hat man im Licht- und Zündanker bei jeder Umdrehung des Schwungrads vier Flußwechsel. Der vollkommene Flußwechsel ermöglicht eine verhältnismäßig gute Lichtausbeute und der vierfache Wechsel erzeugt ein auch bei niederer Drehzahl weniger stark flackerndes Licht. Der Nocken hat, wie bei allen Einzylinderzündern nur eine Kuppe, so daß nur ein Flußwechsel bei jeder Umdrehung zur Zündung ausgenützt wird. Der Unterbrecher dieses Typs ist, um gut vor Staub geschützt zu sein, eingekapselt und sitzt mit den Ankern zusammen auf einer gemeinsamen Ankerplatte. Diese billige Sehnenankerbauart hat auch, wie unten gezeigt wird, in neuester Zeit große Bedeutung erlangt.

Wenn man jedoch zu einer Lichtleistung dieser Schwunglichtmagnetzünder kommen wollte, die die Bedürfnisse der Kraftradbeleuchtung heute wirklich befriedigt, mußten mehr als vierpolige Lösungen geschaffen werden, die dann auch eine

Frequenz ergaben, die bei niederer Motordrehzahl ein flackerfreies Licht auch ohne Akkumulatorenbatterie ermöglicht. Die erste sechspolige Lösung der Firma Bosch zeigt Bild 143. Mit diesen Schwunglichtmagnetzündern gelang es erstmals, eine Lichtleistungsausbeute von etwa 15 Watt bei 2500 Umdrehungen in der Minute bei brauchbaren Abmessungen zu erzielen. Um den sechspoligen Ankerstern läuft das Messingschwungrad mit seinen drei Kobaltstahlmagnetsegmenten. Jeder Magnet hat zwei Polschuhe. Keile aus antimagnetischem Werkstoff, mit Schrauben vom Schwungrad her zwischen die Polschuhe gezogen, spannen die Polschuhe und die Magnete ab. Die Polschuhe sind so ausgebildet, daß gleichmäßige Polschuhabstände am ganzen Umfang entstehen, die Magnete sind im Gegensatz zur vorhergehend besprochenen Bauart so magnetisiert, daß immer auf einen Nordpol ein Südpol folgt, da bei dieser Bauart die Enden der einzelnen Magnete ja voneinander magnetisch getrennt sind. Auf dem Ankerstern tragen drei der Arme Wicklungen, davon zwei die parallelgeschalteten Lichtspulen und einer die Zündspule; die anderen drei Kerne dienen nur dazu, den magnetischen Kreis zu schließen; außerdem tragen sie Kondensator und Unterbrecher. Bei jeder Umdrehung wechselt der Fluß in den beiden Lichtwicklungen sechsmal seine Richtung; der Unterbrecher aber öffnet bei jedem Umlauf nur einmal.

Diese Bauart mit sechspoligem Stern ist als Vorläufer des heute üblichen Schwunglichtmagnetzünders von Interesse. Erst die Erfindung und Entwicklung des Alnimagnetstahls in den Jahren zwischen 1930 und 1940 machte aber den Schwunglichtmagnetzünder hoher Lichtleistung einfacher Bauart lebensfähig. Infolge der hohen Koerzitivkraft des neuen Stahls konnten die Magnetlängen nunmehr sehr kurz bemessen werden, und so gelang es, bei nicht zu großem Durchmesser des Schwungrads eine recht große Zahl von Magneten auf dem Schwungradumfang unterzubringen und damit auch ohne die beschriebene geniale, aber teuere sternförmige Bauart die Flußwechselzahl im Lichtanker so zu steigern, daß die Lichtstromausbeute und die Frequenz für ein gutes und gleichmäßiges Licht für Krafträder als wirklich befriedigend angesehen werden konnte. Einen solchen Schwungradmagnetzünder hoher Lichtleistung zeigt die sechspolige Sehnenankerbauart der Firma Bosch in Bild 144. In einem

Aluminiumguß-Schwungrad sind sechs Alnimagnete und sechs Polschuhe, in abwechselnder Reihenfolge kreisförmig angeordnet, eingegossen, und zwar so, daß die Magnete völlig von Aluminium umgossen sind und nur die geblätterten Polschuhe am Innenumfang des Schwungrads etwas heraussiehen. Das Schwungrad ist fest mit einer Stahlnabe verbunden, die ein konisches Loch enthält, mit dem sie auf den Kegelstumpf der

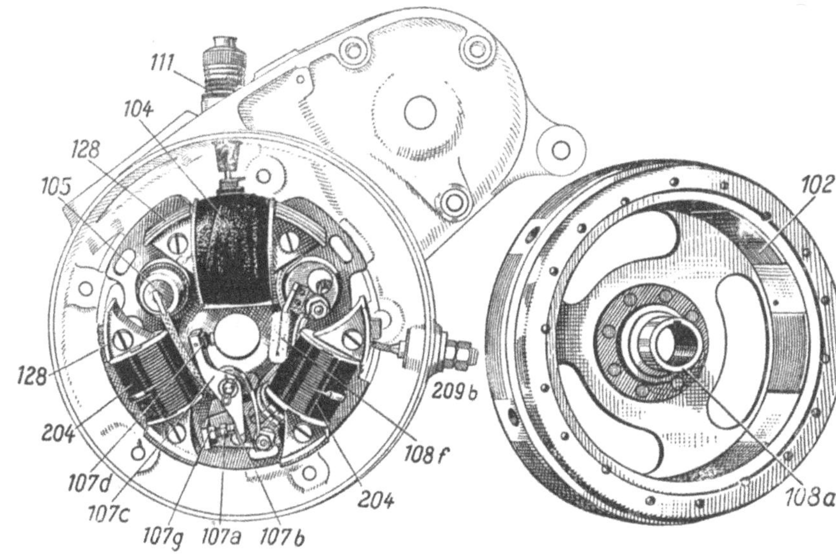

Bild 144. Bosch-Schwunglichtmagnetzünder (17 Watt)

102 Schwungrad mit Magneten und Polschuhen
104 Zündankerwicklung
105 Kondensator
107a Amboßkontakt
107b Hebelkontakt
107c Unterbrecherhebel
107d Fibergleitstück
107g Kontaktträger
108a Nabe mit Umlaufnocken
108f Schmierfilz
111 Stromabnehmer
128 Ankerkerne auf Grundplatte festgeschraubt
204 Lichtwicklungen
209b Lichtstromanschluß

Kurbelwelle des Motors aufgezogen werden kann. Die Stahlnabe ist an ihrer Außenform sauber geschliffen und hat einen Höcker zur Ablenkung des Unterbrechers. Das Schwungrad ist sorgfältig ausgewuchtet. Der feststehende Teil ist eine Ankerplatte, die am Kurbelgehäuse festgeschraubt wird und einen Zündanker und zwei Lichtanker trägt, die sehnenförmig innerhalb des Schwungrads so liegen, daß jeder Anker zwei aufeinander folgende Polschuhe überbrückt. Die Licht- und Zündanker sind geblättert und mit eigenartigen Hörnern, die als Ankerpolschuhe wirken, versehen. In den Zwischenräumen zwischen den Ankern sitzt der zweiarmige Unterbrecherhebel, der mit seinem Ablenkstück auf der Nabe des Schwungrads schleift, der gekapselte Papierkondensator, der den Nocken schmierende federnde Schmierfilz und die Anschlußklemme des Lichtkabels. Die Lichtwicklungen sind parallel geschaltet und erzeugen bei jeder Schwungradumdrehung entsprechend den sechs Flußwechseln sechs Spannungswellen, die Zündwicklung erzeugt in der Regel nur einen Hochspannungsstoß, entsprechend der einmaligen Unterbrecheröffnung. In Sonderfällen können auch für Zweizylindermotoren zwei Spannungsstöße pro Umdrehung erzeugt und durch entsprechende Verteilersegmente auf die Zylinder verteilt werden. In der Regel wird die Hochspannung unmittelbar von einem in die Zündwicklung eingewickelten Kontaktstück durch einen im Kurbelgehäuse sitzenden feststehenden Stromabnehmer abgenommen und der Zündkerze des Zylinders zugeführt.

Diese Bauart ist auch unter Weglassen der Lichtwicklung vielfach als Schwungmagnetzünder ohne Licht für kleine Hilfsmotoren verwendet worden. Dabei wird manchmal von der Zünderfirma der Magnetring, bestehend aus den in einem Ring mit Aluminium oder Zink zusammengegossenen Magneten und Polschuhen, ohne Nabe bezogen und von der Motorenfirma in das Schwungrad eingepreßt (siehe Bild 145). Oft ist dann auch der Unterbrecher nicht auf einer Platte mit der Wicklung montiert, sondern ein getrenntes Bauelement. Das richtige Zusammenarbeiten all dieser Teile am Motor erfordert dann freilich vom Motorenbauer besondere Sorgfalt.

Hauptsächlich aber hat die beschriebene Bauart in der Ausführung als Schwunglichtmagnetzünder weite Verbreitung gefunden. Für Kleinstmotorräder wurde sie von Bosch als reine Wechselstromanlage für 17 Watt Lichtleistung gebaut, und es wird von ihr eine Bilux-Lampe 6 Volt 15 Watt für Fern-, beziehungsweise Abblendlicht und außerdem ein Schluß- und Nummernlicht für 6 Volt und 2 Watt gespeist. Für das Standlicht ist eine Stabbatterie vorgesehen, die eine kleine Standlampe für 6 Volt 0,6 Watt zusammen mit dem bei Stand auf diese Batterie umgeschalteten Schlußlicht speist.

Für größere Motorräder dagegen hat die Firma Bosch eine leistungsfähigere Anlage mit einem Lichtmagnetzünder derselben Bauart, aber höherer Lichtausbeute geschaffen (Bild 146).

In diesem Falle sind die sechs Magnete mit ihren Polschuhen in ein Messingschwungrad eingesetzt und die Lichtleistung ist auf etwa 30 Watt verstärkt. Außer dem Zündanker und den

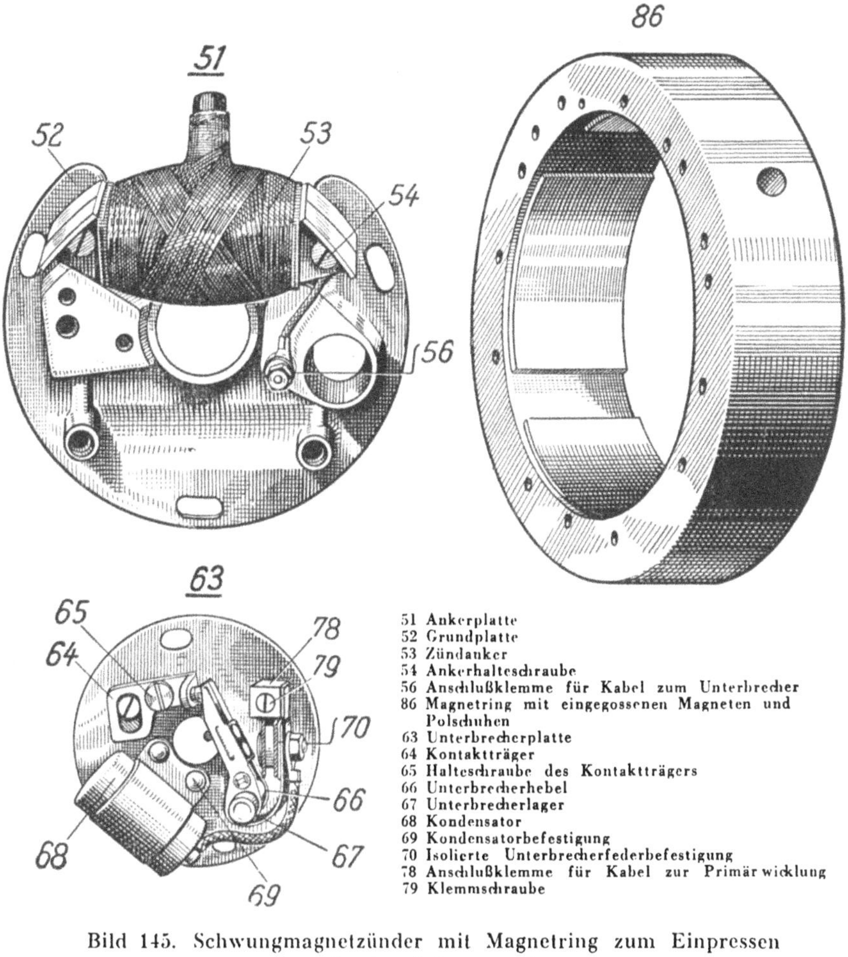

51 Ankerplatte
52 Grundplatte
53 Zündanker
54 Ankerhalteschraube
56 Anschlußklemme für Kabel zum Unterbrecher
86 Magnetring mit eingegossenen Magneten und Polschuhen
63 Unterbrecherplatte
64 Kontaktträger
65 Halteschraube des Kontaktträgers
66 Unterbrecherhebel
67 Unterbrecherlager
68 Kondensator
69 Kondensatorbefestigung
70 Isolierte Unterbrecherfederbefestigung
78 Anschlußklemme für Kabel zur Primärwicklung
79 Klemmschraube

Bild 145. Schwungmagnetzünder mit Magnetring zum Einpressen in das Schwungrad

beiden Lichtankern ist noch ein vierter zwischen diesen Ankern liegender Anker eingesetzt, der die Aufgabe hat, eine Akkumulatorenbatterie über einen im Scheinwerfer untergebrachten Trockengleichrichter aufzuladen. Diese Akkumulatorenbatterie speist an Stelle der Trockenbatterie Standlicht und Horn, während für Fahrt Fernlicht, Abblendlicht und Rücklicht völlig unabhängig von der Batterie nur durch die Wechsel-

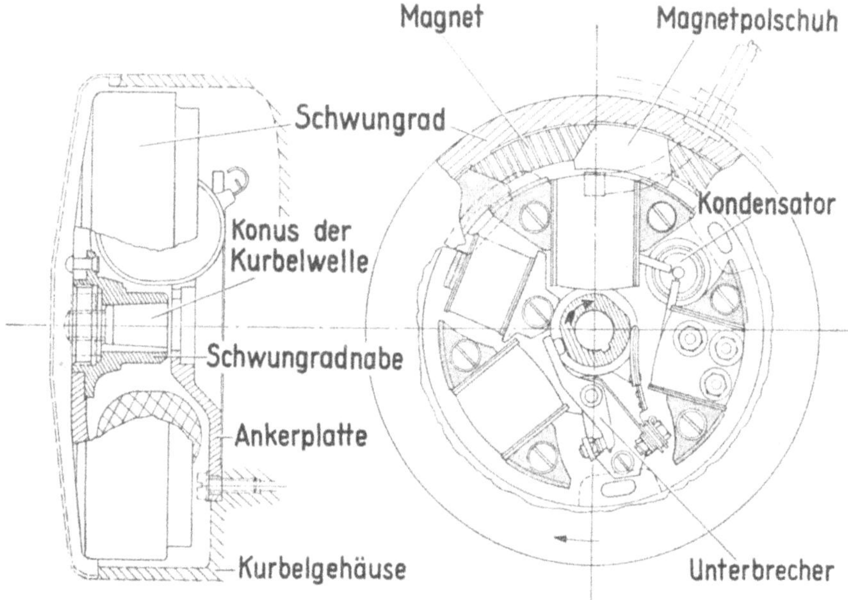

Bild 146. Bosch-Schwunglichtmagnetzünder (30 Watt)

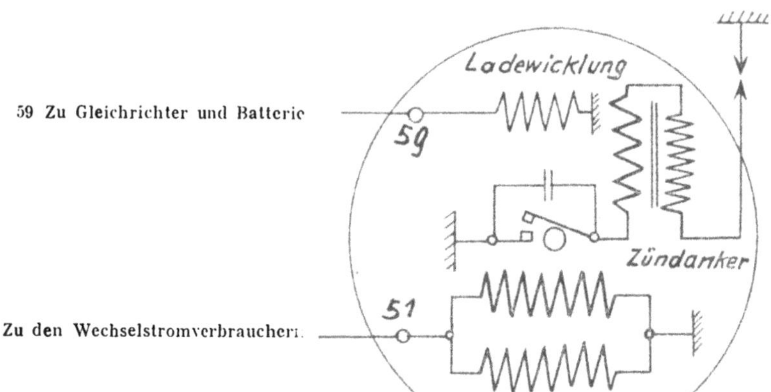

Bild 147. Schaltbild eines Bosch-Schwunglichtmagnetzünders

stromwicklungen des Schwunglichtmagnetzünders versorgt werden (siehe Bild 147). Den Flußwechsel in der Ladewicklung zeigt Bild 148. Der Trockengleichrichter ist ein kleiner einplattiger Seelengleichrichter, der leicht im Scheinwerfer untergebracht werden kann. Als Batterie wird eine 6 Volt-7,5 Ampere-

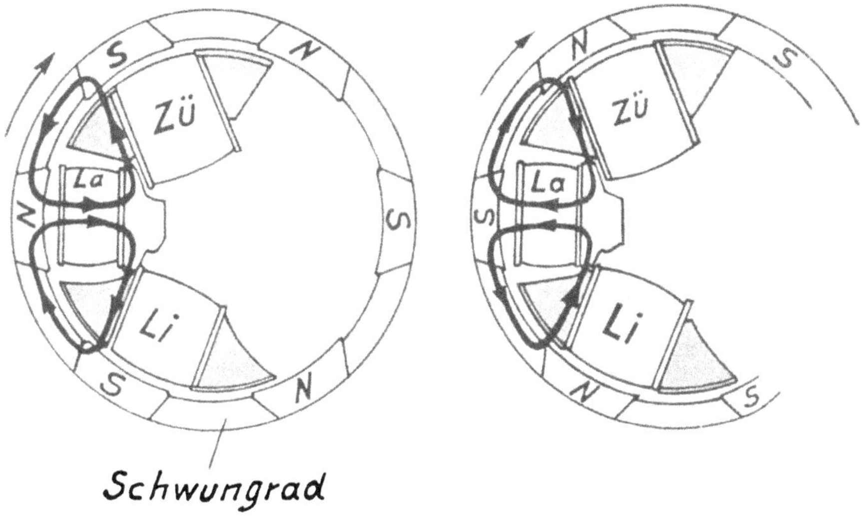

Bild 148. Flußwechsel in der Ladewicklung

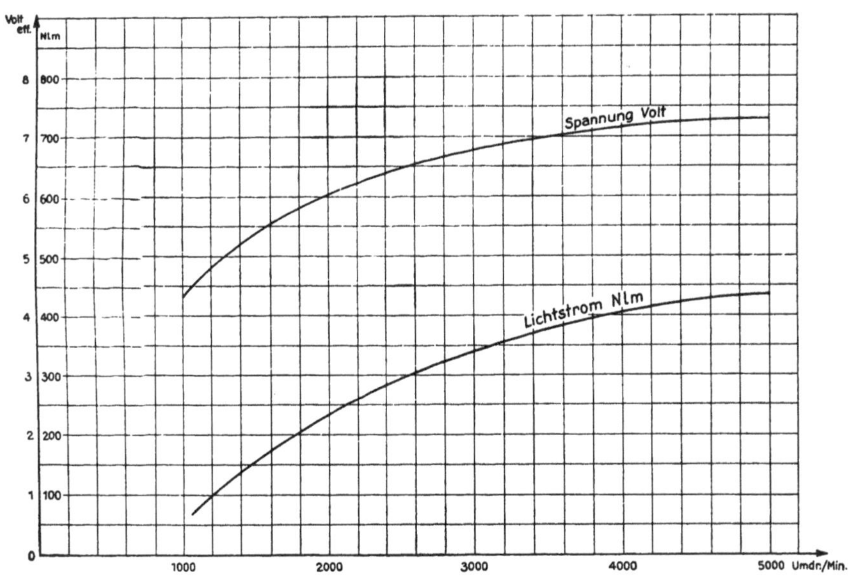

Bild 149. Spannung und Lichtstrom an der 25 Watt-Lampe eines Schwunglichtmagnetzünders abhängig von der Motordrehzahl

stunden-Batterie verwendet. Das Fern- und Abblendlicht wird bei dieser Anlage durch eine 6 Volt 25 Watt Biluxlampe erzeugt. Durch entsprechende Ausbildung der Wicklungen ist dafür ge-

Bild 150. Lukas-Schwunglichtmagnetzünder

sorgt, daß einerseits die Glühlampen bei hoher Drehzahl nicht infolge Überspannung durchbrennen und andererseits die Lichtausbeute bis herunter zu ziemlich niederer Fahrgeschwindigkeit gut und flackerfrei ist, auch ohne daß eine Batterie die Spannungsgleichmäßigkeit sichert. Dies ist bei diesen permanent magnetischen Maschinen ohne Regler möglich, besonders infolge der hohen Flußwechselzahl der besprochenen Bauart und der sehr hohen Leistung des Alnistahls. Bild 149 zeigt die Spannung und Lichtausbeute an den Glühlampen in Abhängigkeit von der Drehzahl, um ein grundsätzliches Bild von der Lichtspannungscharakteristik eines solchen Schwungradlichtmagnetzünders zu geben. Einzelheiten über die Lichtseite werden im Teil II dieses Werks bei Besprechung der Lichtmaschinen des Kraftfahrzeugs gegeben.

Schließlich soll noch ein zweipoliger Schwunglichtmagnetzünder der Firma Lucas (Bild 150) mit einer ungewöhnlichen Schaltung erwähnt werden: es werden nur die Lichtwicklungen direkt vom Magneten beeinflußt und der Kern der Zündwicklung ist in sich geschlossen. Der Lichtstrom fließt, wie das Schaltbild (Bild 151) zeigt, als Primärstrom durch die Primärwicklung der Zündspule; solange der Unterbrecher, der parallel zu den Lichtspulen liegt, offen ist, fließt der Lichtstrom über die Primärwicklung und die Lampe zur Masse ab. Schließt der Unterbrecher, dann fließt fast der ganze Lichtstrom über den Unterbrecher, da jetzt Primärwicklung und Lampe durch den

Unterbrecher überbrückt sind. Um den Primärstrom zu unterbrechen, wird bei dieser Schaltung im Gegensatz zu den bisher beschriebenen Bauarten der Unterbrecher geschlossen. Allerdings fließt bei dieser Bauart über die Unterbrecherkontakte anstatt des kleinen Primärstromes der wesentlich größere Lichtstrom.

Zur Zündseite des Schwungradlichtmagnetzünders ist allgemein noch folgendes zu sagen: Die Verstellung des

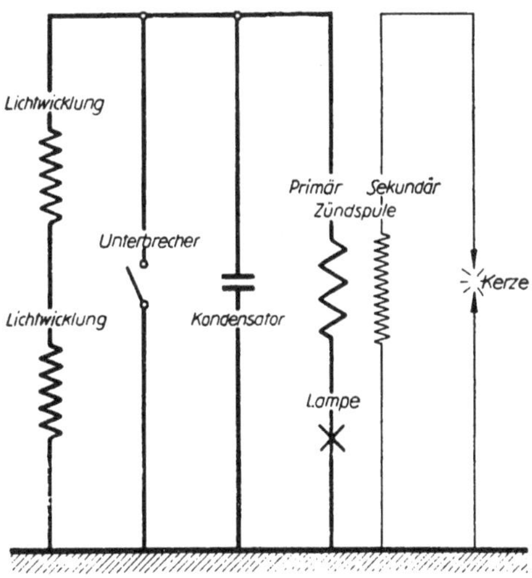

Bild 151. Schaltbild des Lukas-Schwunglichtmagnetzünders

Zündzeitpunkts bereitet bei dieser Zündergattung Schwierigkeiten. Die sogenannte Abrißverstellung, also ein Verschieben des Unterbrechers, ohne daß die Stellung der den Magnetfluß steuernden Teile zum Motor verändert wird, ist bei den vielpoligen Typen kaum möglich. Beim vielpoligen Zünder und beim Dreizackanker ist der Flußwechsel auf einen so kleinen Winkel beschränkt, daß jedes Verschieben der Unterbrecheröffnung aus dem Punkt der optimalen Ankerabrißstellung heraus schon zu wesentlicher Einbuße an Zündleistung führen muß, die bei den relativ kleinen Zündertypen nicht gerne in Kauf genommen wird, weil sie zu erschwertem Anlassen und großer Empfindlichkeit auf Kontaktabnützung führen würde. Eine Antriebsverstellung durch Verdrehen des ganzen Schwungrads gegenüber der Kurbelwelle erscheint bei der verhältnismäßig großen Masse des Schwungrads nicht ratsam. Deshalb hat man dort, wo Zündzeitpunktverstellung nicht zu umgehen ist, die ganze Ankerplatte mit Zünd- und Lichtankern, Unterbrecher und Kondensator konzentrisch um die Kurbelwelle verdrehbar angeordnet und so eine Handverstellung über Gestänge oder Bowdenzug ermöglicht. In der Regel aber verzichtet man auf jede Art von Verstellung. Dies ist um so mehr möglich, als die kleineren Zweitaktmotoren, für die der Schwungradmagnetzünder zumeist verwendet wird, nicht viel Vorzündung brauchen und ohne erhebliche Rückschlaggefahr mit voller Vorzündung angelassen werden können.

Beim größeren Viertaktmotor hat die Verstellfrage und die Gefahr des unzeitigen Funkens die Verwendung des ja grundsätzlich mit Kurbelwellengeschwindigkeit umlaufenden Schwungradzünders bisher kaum erlaubt. Es ist allerdings grundsätzlich nicht unmöglich, Schwungradzünder auch für Viertaktmotoren zu verwenden, da der um 360 Grad nach dem gewünschten Funken auftretende unzeitige Funken, der am Ende des Auspuffhubs kommt, nicht schadet, vorausgesetzt, daß das Einlaßventil nicht zu früh geöffnet wird. Man muß jedoch darauf achten, daß keine sonstigen falschen Funken etwa in den Ansaughub gelangen. Dies ist bei sehr hoher Drehzahl und vielpoligen Magnetsystemen nur dann mit Sicherheit vermeidbar, wenn der Sekundärstrom durch einen am umlaufenden Teil des Schwungradzünders angebrachten Verteilerfinger gesteuert wird, der Ankerwicklung und Stromabnehmer nur über einen kleinen Winkel des Umlaufs miteinander durch einen Überschlagweg verbindet. Einen solchen Verteilerfinger verwendet man, wie oben angegeben, ähnlich auch bei Zweizylindermotoren, um den beiden Zylindern um 180 Grad an der Kurbelwelle versetzte Spannungsstöße abwechselnd zuzuführen. Für Einzylinderzweitaktmotoren jedoch ist ein derartiger Hochspannungsunterbrecher oder Verteiler nicht notwendig. Dadurch, daß man den Unterbrecher über den größten Teil des Nockenumlaufs geschlossen hält, entstehen falsche Funken höchstens in einem Gebiet, in dem sie beim Zweitaktmotor völlig unschädlich sind. Gerade die Einfachheit der Bauart ist aber der Gesichtspunkt, der beim Einzylinderzweitaktmotor dem Schwungradlichtmagnetzünder zu seiner weiten Verbreitung verholfen hat.

Da das Schwungrad des Schwungmagnetzünders oft das Schwungrad des Motors ersetzt oder wenigstens einen Teil der

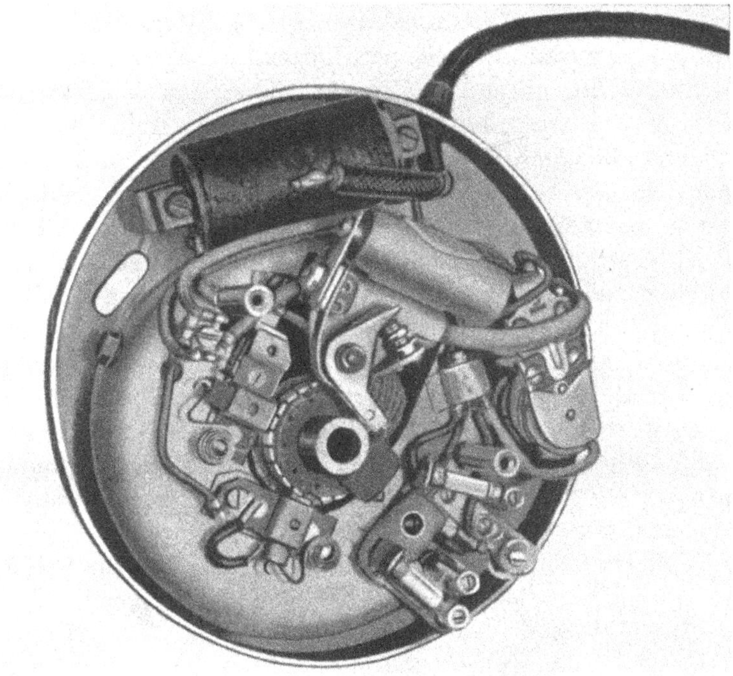

Bild 152. Noris-Schwunglichtbatteriezünder

vom Motorbauer benötigten Schwungmasse bildet, ist das Schwungmoment des umlaufenden Zünderteils für den Motorenfachmann von Bedeutung. Es wird auf Wunsch vom Zünderhersteller angegeben und beträgt z. B. bei dem oben erwähnten Bosch-Schwunglichtmagnetzünder für Kleinmotoren (bis etwa 125 ccm Zylinderinhalt) 215 kg cm^2 und bei dem entsprechenden größeren Typ für Motorräder (bis 250 ccm Zylinderinhalt) 410 kg cm^2.

Da bei der Batteriezündung nur der Nocken und allenfalls noch der Verteilerläufer angetrieben werden muß, gibt es keinen reinen Schwung-Batteriezünder; dagegen sind Schwung-Lichtbatteriezünder gebräuchlich, bei denen der Lichtanker die Schwungmasse bildet und an diesen lediglich der Nocken des Batteriezünders angebaut ist.

Ein Beispiel für einen Schwunglichtbatteriezünder zeigt Bild 152, die sogenannte Scheibendynamo der Noris-Zündlicht A. G. Nürnberg. Der Anker einer vierpoligen Gleichstromlichtmaschine ist ähnlich wie das Magnetschwungrad eines Schwungradmagnetzünders fliegend auf das Kurbelwellenende des Motors aufgesetzt. Er trägt außer dem Kollektor noch den Unterbrechernocken. An die Stelle der Ankerplatte des Schwungradmagnetzünders tritt ein Blechgehäuse, das auf der einen Seite die Feldpole, auf der anderen Seite die Kollektorbürsten, den Lichtmaschinenregler und den Rückstromschalter, den Unterbrecher, den Kondensator und die Zündspule trägt. Die Zündspule zeigt nicht die sonst übliche Bauart mit geschlossenem Gehäuse und außen liegender Primärwicklung, sondern ist ganz ähnlich wie der Zündanker eines Schwungradmagnetzünders aufgebaut: eine auf geblättertem Kern unmittelbar aufgewickelte, feststehende Ankerwicklung mit Primärwicklung innen, Sekundärwicklung außen. Das Hochspannungskabel ist ohne Verwendung eines Stromabnehmers unmittelbar an einen in die Hochspannungswicklung eingewickelten Metallteil angelötet. Das Gehäuse wird mit der Seite, die die Feldpole trägt, so auf den Motor aufgesetzt, daß der fliegend auf der Kurbelwelle sitzende Anker von den Polen umfaßt wird, und der Kollektor und Nocken durch ein Loch im Boden des Gehäuses unmittelbar in den Vorderraum hereinragen. Auf diese Weise kommt der Kollektor an die Bürsten, der Nocken an den Unterbrecher zu liegen. Das Ganze wird mit einer Blechstaubkappe abgeschlossen.

Die Lichtleistung dieser Maschine ermöglicht Beleuchtung des Kraftrads mit 25 Watt 6 Volt Biluxlampe für Fern- und Abblendlicht, entsprechendem Rücklicht, sowie 1,5 Watt Standlicht. Es handelt sich um eine spannungregulierende Anlage, die mit einer Batterie ständig zusammenarbeitet.

Der einfache organische Anbau der Schwungradkombinationen an den Zweitakteinzylindermotor hat dazu geführt, daß heute das kleine und mittelstarke Kraftrad in der Regel eine der beiden Schwungradlösungen für Zündung und Licht aufweist: entweder Schwunglichtmagnetzünder oder Schwunglichtbatteriezünder. Die Anlage mit Schwunglichtmagnetzünder hat man auch schon Magnetstromanlage, die Anlage mit Schwunglichtbatteriezünder Batteriestromanlage genannt. Wenn man auf volles Licht auch bei ganz langsam laufendem oder stillstehendem Motor Wert legt, wird man dem Schwunglichtbatteriezünder den Vorzug geben, bevorzugt man

Bild 153. Bosch-Schwung-Anlaß-Lichtbatteriezünder

dagegen die Batterieunabhängigkeit von Zündung und Licht und die besondere Einfachheit der Anlage ohne Kollektor und Regler, so wird man den Schwunglichtmagnetzünder wählen. In beiden Fällen aber ist vom Motorenbauer darauf zu achten, daß die Lagerung der Kurbelwelle sehr gut sein muß. Geringes Schwanken des Achsstummels auf den der Anker des Schwunglichtbatteriezünders oder das Schwungrad des Schwunglichtmagnetzünders aufgesetzt wird, kann schon Störungen der Licht- und Zündanlage hervorrufen. Man bedenke, daß diese Schwungzünder ja keine eigene Lagerung haben und andererseits doch mit der Genauigkeit der feinmechanisch-elektrischen Maschine arbeiten müssen.

Beim Schwunglichtbatteriezünder kann man noch einen Schritt auf dem Weg der Kombinationen weitergehen und die Lichtmaschine auch als Anlasser ausbilden. Man erhält so den Schwung-Anlaß-Lichtbatteriezünder, der hin und wieder zum Beispiel für kleine Lieferwagen Verwendung gefunden hat. Bild 153 zeigt einen Schwung-Anlaß-Lichtbatteriezünder der Firma Bosch. Über die Einzelheiten von Lichtmaschine, Anlasser und deren Kombination müssen wir auf Teil II (Lichtmaschine und Batterie) und Teil III (Stromverbraucher) dieses Werkes verweisen. Hier sei nur erwähnt, daß derartige Maschinen auch für Zweizylindermotoren Verwendung gefunden haben, und zwar ohne Verteiler, dadurch, daß zwei Unterbrecher nacheinander von einem Nocken gesteuert werden, von denen jeder mit einer besonderen Zündspule zusammenarbeitet. Jede Spule steht mit ihrer Hochspannungsklemme mit der Kerze eines der beiden Zylinder in Verbindung.

Zum Schluß werde noch die **Verwendung mehrerer Zünder an einem Motor** besprochen! Hierbei unterscheidet man die Doppelzündung und die Zwillingszündung. Bei der Doppelzündung speist man die Kerzen wahlweise von einem der beiden Zünder und erreicht damit eine besonders

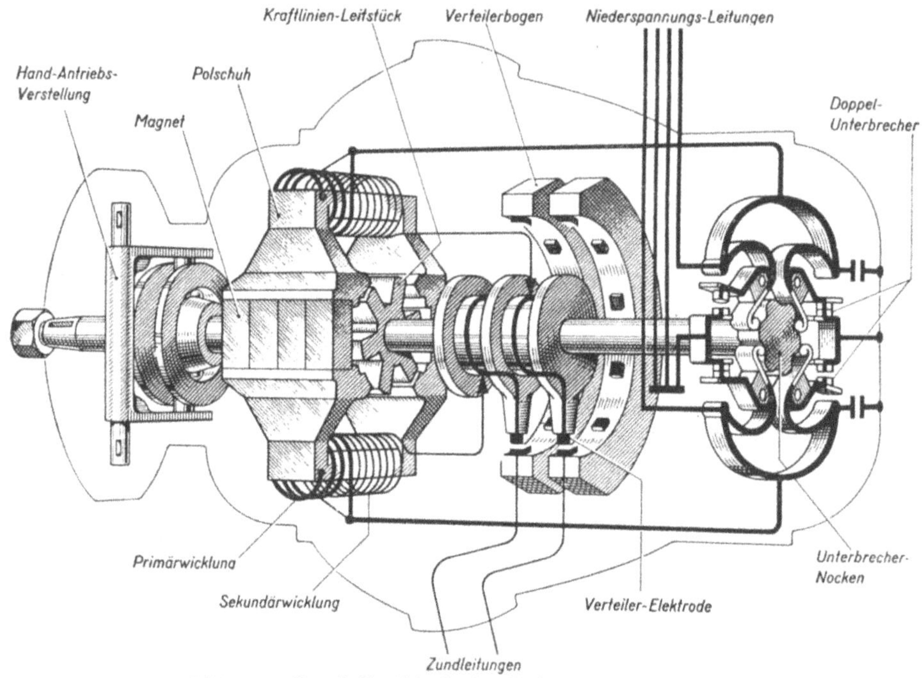

Bild 154. Bosch-Zwölfzylinder-Zwillingsmagnetzünder

hohe Betriebssicherheit: bei der Zwillingszündung baut man in jeden Zylinder zwei Kerzen und speist jeden Satz von einem Zünder, so daß also in jedem Zylinder zwei Zündfunken überspringen, und zwar vielfach nicht genau zur gleichen Zeit. Man erreicht auf diese Weise außer der erhöhten Sicherheit eine bessere Verbrennung und damit eine bessere Leistung des Motors. In beiden Fällen kann man entweder zwei völlig voneinander getrennte Zünder verwenden, oder aber zum mindesten den Antrieb, häufig aber auch Verteilergehäuse und Versteller für beide Zünder gemeinsam benutzen.

Die Doppelzündung ist früher oft in der Form benützt worden, daß man auf einen Zündverteiler wahlweise die Zündspule einer Batteriezündung oder einen Magnetzünder arbeiten ließ. Heute ist diese Doppelzündung kaum mehr gebräuchlich. Bei der Zwillingszündung, also für zwei Kerzen in jedem Zylinder, hat man manchmal Batteriezündung für den einen, Magnetzündung für den andern der beiden Kerzensätze verwendet. In neuerer Zeit ist aber für große Motoren, z. B. Flugmotoren, die zwei Kerzensätze benötigen, fast ausschließlich Magnetzündung für die beiden Kerzensätze verwendet worden, und zwar entweder durch Einbau von zwei völlig getrennten Magnetzündern oder durch Einbau der in den Bildern 90, 96 und 97 gezeigten sogenannten Zwillingsmagnetzünder. Bei ihnen sind die mechanisch getriebenen Teile gemeinsam, die beiden Zündseiten arbeiten aber elektrisch unabhängig voneinander. Während der Scintilla- und Splitdorf-Zwillingszünder je zwei getrennt angetriebene Verteiler speist, ist beim Steuerwellenzwillingsmagnetzünder von Bosch (Bild 154) auch die Verteilung mit dem Magnetzünder räumlich vereinigt. Da diese Zwillingszünder interessante Beispiele kombinierter Maschinen darstellen, sollen sie hier wenigstens erwähnt werden, auf Einzelheiten glauben wir jedoch nicht eingehen zu sollen, da diese Typen zumeist auf dem Flugzeuggebiet und nur ausnahmsweise auf dem hier behandelten Kraftfahrzeuggebiet verwendet wurden.

V. Der Zünder am Motor

1. Wahl des Zünders und Einbau

Nachdem in den bisherigen Abschnitten der Zünder und seine Bauelemente im Einzelnen behandelt wurden, sollen nun noch zusammenfassend alle die Gesichtspunkte dargestellt werden, die hinsichtlich des Zusammenwirkens von Zünder und Motor von besonderer Bedeutung sind, also vor allem: Auswahl des geeigneten Zünders, Einbau, Wartung, Störungen und Instandsetzung, sowie die Anwendung besonderer Hilfsgeräte, die für die Funktion der Zündung am Motor wichtig sind. Diese Fragen sind es ja, die nicht nur den Motorenbauer, sondern auch den Motorenbenützer, den Kraftfahrer auch dann berühren, wenn er sich nicht mit allen Einzelheiten des Zünderproblems befassen will. Eine Zusammenfassung dieser Punkte scheint deshalb erwünscht.

Bei der **Auswahl des geeigneten Zünders** ist auf die besonderen Anforderungen Rücksicht zu nehmen, die die sehr verschiedenen Konstruktionsformen und Betriebsverhältnisse des Verbrennungsmotors entsprechend ihrem sehr unterschiedlichen Verwendungszweck stellen. Zur Erläuterung seien aus der großen Zahl der Motoren und Zünder einige charakteristische Gruppen zusammengestellt:

a) Der Einzylinder-Zweitaktmotor des Motorrads, der Gartenfräse und des Hilfsantriebs verlangt wenig Zündspannung, arbeitet mit hoher Drehzahl, Lichtmaschine und Batterie können, wenn überhaupt nötig, sehr klein sein. Der Motor ist auf niedrigen Preis und große Einfachheit zugeschnitten und bedarf eines möglichst einfachen Zünders und Zünderantriebs. Er braucht bei hoher Drehzahl keine große Vorzündung und kann schon mit erheblicher Vorzündung ohne Rückschlaggefahr angeworfen werden, kommt also mit einem Zünder mit wenig oder gar keiner Zündzeitpunktverstellung aus.

Der Zünder kann mit Kurbelwellengeschwindigkeit angetrieben werden, und man braucht kaum Torsionsschwingungen zu beachten, kann also ohne elastisches Glied auch größere Massen mit der Kurbelwelle kuppeln. Dort wo kein Lichtbedarf vorhanden ist, wählt man den kleinen einfachen Einzylindermagnetzünder oder, um die Lagerung und Kupplung zu sparen und gedrängter zu bauen, den Schwungmagnetzünder. Dort, wo Lichtbedarf vorhanden ist, wählt man in der Regel den Schwunglichtmagnetzünder oder den Schwunglichtbatteriezünder (siehe Abschnitt IV, 3, Seite 228).

b) Der Zweizylindermotor und der Einzylinderviertaktmotor des großen Motorrads und des Kleinwagens erhält in der Regel besonderen Antrieb für den Zünder mit Steuerwellengeschwindigkeit. Man wählt Lichtmagnetzünder oder Lichtbatteriezünder, manchmal auch getrennte Antriebe für eine kleine Lichtmaschine und einen besonderen kleinen Einzylinder- oder Zweizylindermagnetzünder oder Batteriezünder. Dabei wird zumeist Handverstellung mit Bowdenzug, bei Batteriezündern auch Fliehkraftverstellung angewandt.

c) Personenwagenmotoren mit vier, sechs und acht Zylindern fordern selbsttätige genaue Anpassung des Zündzeitpunkts an den Betriebszustand, gute Zündleistung beim Anlassen, geringen Preis. Fast stets werden diese Motoren mit Zündverteiler und Spule ausgerüstet, zumal hierfür ausreichende Lichtmaschine und Batterie ohnehin zur Verfügung steht. Der Zündzeitpunkt wird stets durch Fliehkraftversteller, manchmal mit zusätzlichem Unterdruckversteller, genau den Motor- und Betriebsbedürfnissen angepaßt, wodurch sparsamster Kraftstoffverbrauch erzielbar ist. Einzelheiten über die selbsttätige Verstellung sind im dritten Kapitel dieses Abschnitts beschrieben (Seite 294).

d) Lastwagenmotoren für Dieselbetrieb brauchen keine Zündung: Vier- und Sechszylinder-Lastwagen-Ottomotoren für Benzinbetrieb stellen ähnliche Forderungen wie Personenwagenmotoren, nur daß mechanisch höhere Beanspruchung und rauherer Betrieb zu berücksichtigen ist, oft auch die Startbedingungen besonders bei Kälte ungünstiger sind. Diese Motoren erhalten heute in der Regel Zündverteiler und Zündspule. Bei Lastwagen-Ottomotoren, die auf Gasbetrieb umgestellt werden, kommt man bei nicht zu großem Elektrodenabstand der Zündkerzen trotz der zumeist höheren Verdichtung noch mit den Zündspulen und Zündverteilern des Benzinbetriebs aus, muß aber auf die veränderte, größere Vorzündung achten. Lastwagenmotoren, die von Dieselbetrieb auf Gasbetrieb umgestellt

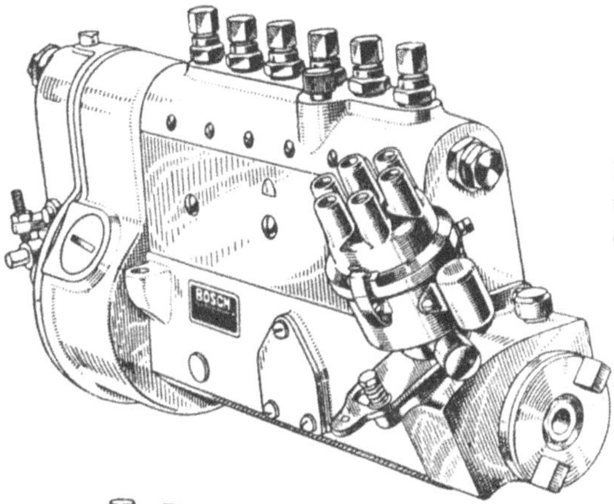

Bild 155. Anbau des Zündverteilers an die Dieseleinspritzpumpe anstelle des Spritzverstellers (nach Großmann)

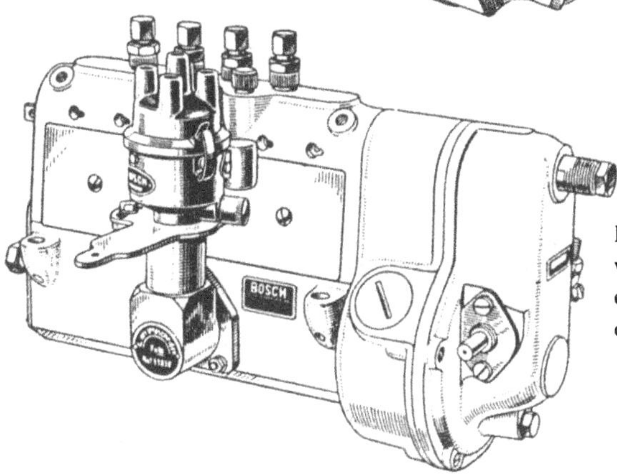

Bild 156. Anbau des Zündverteilers an die Dieseleinspritzpumpe anstelle der Schwerölförderpumpe (nach Umbscheiden)

werden oder von Anfang an für Gasbetrieb mit hoher Verdichtung gebaut sind, brauchen unbedingt Zündspulen und Verteiler, die für besonders hohe Spannungsanforderungen geeignet sind. Für den Umbau sind besondere Umbausätze geschaffen worden, die erlauben, ohne erhebliche Änderung den Zündverteiler anstatt der Dieseleinspritzpumpe einzubauen (siehe Seite 258) oder an der Dieseleinspritzpumpe anzubauen (Bild 155 u. 156)[1]).

[1]) Aus O. Busselmaier und W. Weber: Das elektrische Zubehör von Generatorgasmotoren, MTZ Heft 8, 1942.

Dabei ist auf die Drehzahlbegrenzung, die bei solchen Dieselmotoren infolge der großen Massen ihrer umlaufenden Teile notwendig ist, durch Anordnung eines besonderen Fliehkraftreglers geachtet, der die Drosselklappe bei Überschreitung der Höchstdrehzahl schließt und nichts mit dem Zündzeitpunkt-Fliehkraftversteller zu tun hat.

e) Traktormotoren arbeiten zumeist in Fahrzeugen ohne Batterie. Auch dort, wo eine Batterie vorhanden ist, besteht zumeist keine Gewähr für ausreichende Wartung der Batterie, und man will deshalb die Zündung von ihr unabhängig gestalten. Man wählt also den Magnetzünder. Keine hohen Drehzahlen, aber Beständigkeit gegen rauhen Betrieb, Staub und Feuchtigkeit, sehr lange wartungsfreie Lebensdauer, Bedienbarkeit von ungeschultem Personal und einwandfreie Leistung bei großer Hitze und Kälte werden verlangt. Es handelt sich zumeist um langsam laufende Vierzylindermotoren, die nicht viel Vorzündung brauchen. Die dafür verwendeten Magnetzünder (siehe z. B. Bild 86) erhalten fast immer zur Anlaßerleichterung den im dritten Kapitel dieses Abschnitts (Seite 309) beschriebenen Schnapper, der schon bei ganz langsamem Durchdrehen des Motors den Läufer des Zünders ruckartig durchreißt und so einen kräftigen Zündfunken erzeugt. Er hat auch den Vorteil, daß der Funken beim Schnappvorgang, also beim Anlassen, viel später entsteht als beim Betrieb mit hoher Drehzahl, und daß man deshalb zumeist bei diesen Traktoren ganz ohne besondere Zündzeitpunktverstelleinrichtung auskommen kann. Es ist wichtig, daß man sich bei diesen Motoren über die verlangte Zündspannung klar wird. Stellen schon Traktorbenzinmotoren infolge der oft mangelhaften Kerzenwartung (nicht rechtzeitiges Nachbiegen der abgebrannten Elektroden) im landwirtschaftlichen Betrieb recht hohe Anforderungen an die Spannung des Zünders, so erfordern besonders Gasmotoren mit Verdichtungsgraden z. B. von 1 : 10 und mehr Zünder besonders hoher Schlagweite. Es ist aber andererseits durchaus möglich, daß sogar aus Dieselmotoren umgebaute Traktorgasmotoren mit einem Verdichtungsgrad von 1 : 12 oder gar 1 : 14 mit Zündern normaler Zündspannung betrieben werden können, wenn beim Anlassen mit Dekompression gearbeitet, der Zündkerzenelektrodenabstand bei Beginn des Betriebs klein gehalten und während des Betriebs rechtzeitig nachgestellt wird (0,3 bis 0,4 mm!).

Es müssen die vom Motor verlangten Spannungen bei den verschiedenen Betriebszuständen eben geprüft werden. Ebenso muß der Zünder entsprechend den Bedingungen von Kälte und Hitze gewählt werden, wobei besonders in Gegenden mit Steppenklima (der Holzfällerbetrieb des kanadischen Winters, tropische Betriebe) den Schmierverhältnissen der Gleit- und Kugellager, des Unterbrechers und Schnappers Beachtung zu schenken ist. Bei Abänderung von Dieselmotoren auf Gasmotoren muß darauf geachtet werden, daß der Magnetzünder nicht wie die Einspritzpumpe des Dieselmotors mit Steuerwellengeschwindigkeit anzutreiben ist, also nicht ohne weiteres an ihre Stelle gesetzt werden kann, sondern daß besondere Vorkehrungen für den Antrieb mit Kurbelwellengeschwindigkeit beim Vierzylindermotor zu treffen sind.

f) Omnibusmotoren haben häufig Magnetzünder, um hohe Betriebssicherheit und Lebensdauer zu erzielen. Besonders bei Überlandomnibussen mit dem häufig Tag und Nacht pausenlos andauernden Dauerbetrieb ergeben sich in kurzer Zeit ungewöhnlich hohe Fahrkilometerzahlen. Dieser Dauerbetrieb muß ohne Abnützung über lange Strecken durchgestanden werden, jeder Ausfall ist verhängnisvoll. Es handelt sich um Vier-, Sechs- und Achtzylindermotoren mit verhältnismäßig hoher Drehzahl am Zünder bei starker Schüttelbeanspruchung und oft großer Erwärmung. Für diesen Zweck wird man also besonders hochwertige Magnetzünder einsetzen, aber auch hochwertige Batteriezünder haben sich schon eingeführt, zumal im Omnibusbereich eine gute Beaufsichtigung der Batterie in der Regel gewährleistet ist.

g) Rennmotoren werden für die Wagenrennen als Acht- oder Zwölfzylindermotoren gebaut. Besonders hohe Anforderungen liegen vor hinsichtlich hoher Drehzahl und Funkenzahl, sowie hinsichtlich höchster Betriebssicherheit und Zündzeitpunktgenauigkeit. Bei 7000 Motorumdrehungen in der Minute müssen z. B. von einem 12-Zylinderzünder 42 000 Funken in der Minute oder 700 Funken in der Sekunde mit mechanischen Elementen gesteuert werden, und jeder Funke muß dabei mit einer Genauigkeit von dem Bruchteil eines Kurbelgrads also einer Genauigkeit von der Größenordnung einer hunderttausendstel Sekunde auftreten. Dafür wird dann allerdings an die Lebensdauer eine geringere Anforderung gestellt. Man wählt für diese Motoren Spezialmagnetzünder, Vier-, Sechs- und Achtabrißtypen höchster Leistung und Genauigkeit.

h) Ortsfeste Motoren mit ein, zwei, vier und mehr Zylindern, z. B. für Kompressoren und dergleichen, werden zumeist mit Magnetzündern ausgerüstet, da Lichtanlage und Batterie oft fehlen, und man sich nicht auf Wartung verlassen kann. Man muß weniger auf hohe Drehzahlen als auf einwandfreies Arbeiten bei niederer Drehzahl achten. Oft wird Schnapper als Anlaßhilfe vorgesehen. Es ist wichtig, daß der Zünder die nötige Betriebszündspannung auch bei niederster Betriebsdrehzahl leisten kann. Die verlangte Spannung richtet sich im wesentlichen nach der Verdichtung des Motors. Die Zündzeitpunktverstellung erfolgt in der Regel von Hand.

i) Flugmotoren sollen hier ebenfalls der Vollständigkeit halber am Rande erwähnt werden. Auch sie erhalten Hochleistungs-Spezialmagnetzünder. Die einzelnen Bedingungen dieser Zünder, die nicht dem Fahrzeugbetrieb dienen, zu besprechen, würde die hier gestellte Aufgabe überschreiten.

Es ist zwar bekannt, daß alle Teile des Kraftfahrzeugs im Betrieb sehr stark beansprucht werden, und daß es besonders bei den Zündeinrichtungen nicht leicht ist, den hohen mechanischen und den hohen elektrischen Anforderungen in gleicher Weise gerecht zu werden. Trotzdem wird noch vielfach die Tatsache, daß ein zweckmäßiger **Einbau** die Lebensdauer der Zündvorrichtungen und damit die Betriebssicherheit des Kraftfahrzeugs wesentlich erhöht, zu wenig berücksichtigt. Deshalb soll hier der Einbau der Zündvorrichtungen im Kraftfahrzeug noch besonders besprochen werden.

In Abschnitt I ist bereits darauf hingewiesen, daß der Zünder zwangläufig — nicht mit gleitender Übertragung — angetrieben werden muß; ebenfalls ist schon in Bild 9 zusammengestellt, welche Übersetzung zum Motor der Antrieb der einzelnen Zündertypen erfordert.

Wenden wir uns zuerst zum Schwungzünder! Es liegt im Wesen des Schwungzünders, daß seine umlaufenden Teile nicht eigengelagert sind, sondern unmittelbar, also ohne Kupplung auf die Kurbelwelle aufgesetzt werden. Da es sich fast stets um Einzylindermotoren handelt, hat man mit Drehschwingungen der Kurbelwelle nicht zu rechnen, braucht also auch keine elastische Kupplung zwischen Zünder und Motor. Das Schwungrad wird mit einer Nabe auf den Konus der Kurbelwelle gesteckt und durch eine Mutter gegen den Konus festgezogen. Der Konus hat zumeist einen größten Durchmesser von 15 mm und eine Steigung 1 : 10. Man beachte dabei, daß das Schwungrad gut angezogen wird, dabei aber kein zu großes Drehmoment ausgeübt wird, um die Nabe des Schwungrads nicht zu sprengen. Als notwendiges und zulässiges Drehmoment wird für den Bosch-Schwungmagnetzünder 4 mkg angegeben. Die richtige Lage des Schwungrads und die Sicherung gegen Verdrehung wird durch einen Keil bewirkt, der zur Hälfte in der Keilnut des Kurbelwellenachsstummels zur Hälfte in der Keilnut der Schwungradnabe liegt. Der Motorenbauer muß, da keine einstellbare Kupplung vorhanden ist, darauf achten, daß die Keilnut genau in einer bestimmten Stellung der Kurbelwelle angebracht wird, so daß bei der Stellung des Schwungrads, bei der der Nocken den Unterbrecher öffnet, bei der also die Zündspannung entsteht, der Kolben den richtigen, der verlangten Vorzündung entsprechenden Abstand vom Totpunkt hat. Eine Feineinstellung des Zündzeitpunkts ist beim Schwungbatteriezünder durch Verschieben des Unterbrechers, beim Schwungmagnetzünder durch Verdrehen der Anker und Unterbrecher tragenden Ankerplatte in einem zur Achse konzentrischen Einpaß möglich. Unterbrecher bzw. Ankerplatte werden dann bei genau stimmender Zündlage fixiert. Doch ist diese Verdrehung bei Magnetzündern zumeist infolge der festliegenden Lage des Kabelaustritts nur um wenige Winkelgrade möglich.

Es gibt grundsätzlich zwei Arten der Schwungzünderanordnung am Motor. Die häufiger verwendete ist die, bei der die Ankerplatte mit Zünd-, bzw. Lichtanker, Unterbrecher, Kondensator und Stromabnehmer unmittelbar am Kurbelgehäuse befestigt wird, und durch sie der Achsstummel der Kurbelwelle hindurchtritt, auf den dann das Schwungrad so aufgesetzt wird, daß es die feststehenden Teile nach dem Motorgehäuse hin umgreift (siehe Bild 146). Beim Aufsetzen des Schwungrads ist darauf zu achten, daß der Unterbrecher und der zumeist an der Ankerplatte angebrachte Schmierfilz, der den Nocken schmieren soll, nicht bei dem axialen Hereinschieben der Schwungradnabe beschädigt wird. Um Eindringen von Staub und Wasser zu verhindern, deckt eine besondere Abschlußkapsel das Ganze

Bild 157. Einbau des Schwunglichtmagnetzünders im Fichtel und Sachs 125 ccm-Motor

ab. Die Feineinstellung der Ankerplatte erfolgt nach Abnahme der Verschlußkapsel durch Öffnungen im Schwungrad hindurch. Die Bilder 157 und 158 zeigen Motoren mit eingebauten Schwunglichtmagnetzündern dieser Bauart. Eine andere Bauart, die bei den Ilomotoren der Firma Pinneberg angewandt wurde, ist die, zuerst das Schwungrad auf den Achsstummel der Kurbelwelle so aufzusetzen, daß sein Hohlraum nicht dem Kurbelgehäuse zugekehrt ist, und dann über das Schwungrad

Bild 158. 98 ccm-Fahrradmotor
mit eingekapseltem Schwunglichtmagnetzünder

als Abschlußgehäuse einen Topf zu stülpen, der mit seinem Rand am Motorgehäuse zentriert und befestigt wird und in seinem Innenraum die feststehenden Teile des Schwungmagnetzünders: Anker, Unterbrecher und Kondensator so angeordnet enthält, daß sie in das Schwungrad in Richtung des Motorgehäuses hineingreifen. Auch hier beachte man beim Aufstülpen des Topfs, daß durch die Axialbewegung keine Beschädigung von Unterbrecher und Schmierfilz eintritt.

Ähnlich wird beim Schwunglichtbatteriezünder das Polgehäuse über den auf der Kurbelwelle fliegend aufgesteckten Lichtanker gestülpt. Es dient allerdings dann nicht als Abschluß, sondern trägt auf seiner Außenseite die Kollektorbürsten, den Unterbrecher und die Zündspule, so daß es seinerseits nochmals durch eine Blechkapsel abgeschlossen wird, wie dies der Einbau an einem 125 ccm Motorrad auf Bild 159 zeigt.

Der Magnetzünder mit eigener Lagerung wird in der Regel über eine Kupplung angetrieben, die so gebaut sein muß, daß kleine Achsschwankungen nicht zu Schä-

Bild 159. 125 ccm-Motor mit Schwunglichtbatteriezünder

den führen. Die Drehschwingungen des Motors sind vom Zünder fernzuhalten. Entweder sorgt der Motorenbauer dafür, daß der Zünderantrieb weitgehend drehschwingungsfrei ist,

Bild 160. Bosch-Federkupplung

oder es werden elastische Kupplungen zwischen Antrieb und Zünder eingebaut. Früher sehr weit verbreitet war die in Bild 160 gezeigte Bosch-Federkupplung, bei der die eine Kupplungshälfte ein Blattfederpaket trägt, das in entsprechende, mit Fiberauflage versehene Nuten der anderen Kupplungshälfte eingreift. Diese Bauart ist jedoch aus Preisgründen völlig verlassen und zwar zu Gunsten der Gummikupplung. Bild 161 zeigt die Pallas-Simms-Kupplung, bei der ein doppelt gezahntes Gummiglied zwischen den beiden entsprechend gezahnten Kupplungshälften liegt und Bild 162 die Bosch-Gummi-Kupplung,

Bild 161. Pallas-Simms-Kupplung

bei der eine kreuzweis genutete Gummischeibe das Übertragungsglied bildet. Um das Ausschlagen der Nuten in rauhem Betrieb zu verhüten, werden die Nuten in manchen Fällen mit harten Backen versehen. Die beiden Kupplungshälften sind in der Regel mit Konus und Keil auf der zugehörigen Achse befestigt.

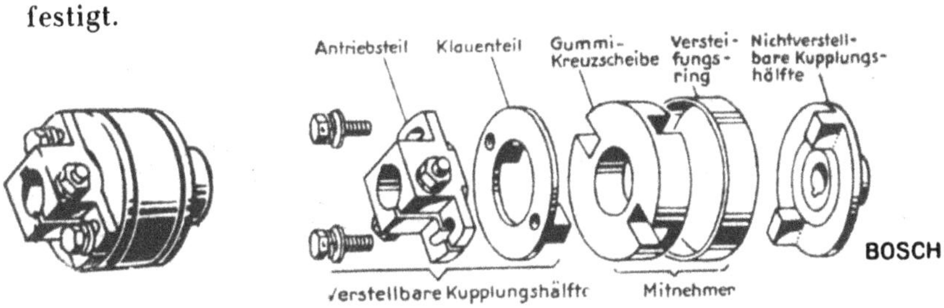

Bild 162. Bosch-Gummikupplung

Die meisten Kupplungen sind einstellbar, d. h. ihre Hälften lassen sich gegeneinander verschieben. Dies erleichtert das später zu besprechende Einstellen des Zündzeitpunkts wesentlich. In Bild 162 z. B. sieht man, wie die Einstellung durch Lösen der beiden Feststellschrauben und Verdrehen des Flansches der einen Kupplungshälfte vorgenommen werden kann. Bei der Simmskupplung wird durch Verdrehen des auf beiden Seiten gezahnten Gummiglieds eingestellt; die beiderseitigen Zahnzahlen sind um einen Zahn verschieden, so daß man Winkelverschiebungen von wenigen Graden vornehmen kann, indem man das Gummiglied zahnweise nach der einen oder anderen Richtung versetzt.

Beim Einbau des Zünders ist besonders darauf zu achten, daß die treibende und getriebene Welle möglichst in der gleichen Achse und die Kupplungshälften axial nicht zu eng aufeinander sitzen, damit bei Wärmedehnungen kein Druck auf die Kugellager der Zünderachse auftritt.

Bei Magnetzündern ist der unmittelbare Antrieb durch Zahnräder nach Möglichkeit zu vermeiden; wo dies nicht möglich ist, soll der Zahneingriff nicht zu eng sein und ein elastisches Glied an irgendeiner Stelle zwischen Motor und Zünder eingeschaltet werden. Antrieb des Magnetzünders durch Kette und Kettenrad findet man heute kaum mehr.

Schon seit Jahren ist man bestrebt, die Hauptmaße des Zünders, besonders der Antriebsteile, zu vereinheitlichen. Für den Achsstumpf des Magnetzünders hat sich der Einheitskonus 1 : 5 weitgehend durchgesetzt. Daneben wird allerdings nach wie vor die zylindrische Achse, ihrer kürzeren Baulänge halber, verlangt. Der Achsdurchmesser kann wohl auf die Einheitsmaße, 13 mm für kleine, 15 mm für große Magnetzünder, festgelegt werden, dagegen ändert sich die Achshöhe mit Leistung und Größe des Magnetzünders stark. Immerhin ist die Frage aufzuwerfen, ob die heute bestehenden Achshöhen: 30, 35, 38, 45 und 50 mm wirklich alle erforderlich sind. Bei den Zündern für Vförmige Zylinderversetzung sollte man sich mit 45° Zylinderwinkel bescheiden können; die Sonderausführungen von Lage, Größe und Bauart des Verstellhebels und hauptsächlich die übergroße Zahl verschiedener Verstellbereiche müßten eingeschränkt werden.

Da bisher auch hinsichtlich der Drehrichtung des Kraftfahrzeugzünders keine Einheitlichkeit besteht, und da der Zünder vermöge seiner grundsätzlichen Eigenschaften nicht für Rechts- und Linkslauf gleich ausgeführt werden kann, ist bei Bestellung und Einbau die erforderliche Drehrichtung zu beachten. Bei Magnetzündern wird diese als von der Antriebsseite aus gesehen bezeichnet. Bei Änderung der Drehrichtung eines Magnetzünders ist stets die Stellung des Unterbrechernockens zum Unterbrecher und die Stellung des Verteilersegments zu ändern, außerdem ist Auswechseln des Unterbrechers und häufig Umwechseln der Polschuhe notwendig. Für Ausnahmefälle, z. B. Bootsmotoren, werden auch umsteuerbare symmetrische Magnetzünder gebaut, bei denen die Frühzündungsstellung des Verstellhebels für Linkslauf Spätzündung für Rechtslauf und umgekehrt ergibt.

Die Befestigung des eigen gelagerten Magnetzünders ist recht verschiedenartig: Man unterscheidet Befestigung mit Spannband, mit Pratzen, Grundplattenbefestigung und Flanschbefestigung. Die häufigste Befestigungsart ist die bekannte Spannbandbefestigung. Ihr Vorteil gegenüber anderen Befestigungsarten ist, daß der Zünder sehr einfach anzubringen und abzunehmen ist. Bild 163 zeigt oben die Spannbandbefestigung bei ebener und zylindrischer Auflagefläche. Um zylindrische Auflage zu ermöglichen, ist die Grundfläche der meisten Zünder an den Kanten zentrisch zur Zünderachse abgerundet. Die zylindrische Auflage ist der ebenen unbedingt vorzuziehen. Eine seitliche Verschiebung des Zünders aus seiner Lage beim Einbau oder im Betrieb ist bei zylindrischer Auflage nicht zu befürchten, und durch geringes Verdrehen des Zünders ändert sich — falls kein Paßstift vorhanden ist — lediglich der Zündzeitpunkt, was das Einstellen erleichtert. Kein oder höchstens ein Paßstift ist erforderlich, während bei ebener Auflage die Grundplatte mindestens mit zwei Paßstiften versehen sein muß, die in entsprechende Paßstiftlöcher des Zünders eingreifen. Diese Paßstifte bei ebener Grundplatte erschweren den Einbau, ohne die Sicherheit gegen Achsversetzung zu geben, die die zylindrische Auflage mit sich bringt. Spannschraube und Sicherungsmutter sind stets gut anzuziehen, um ein Lockern des Zünders zu vermeiden.

Bei Magnetzündern mit Bügelmagneten sollte stets Tombakspannband verwendet werden, da Stahlspannband bei den meisten Typen den Magnetfluß des permanenten Magnets vom Anker ablenkt. Wo noch Stahlspannbänder verwendet werden, sollte mindestens durch Anbringen von Abstandsnieten aus Messing das unmittelbare Anliegen des Spann-

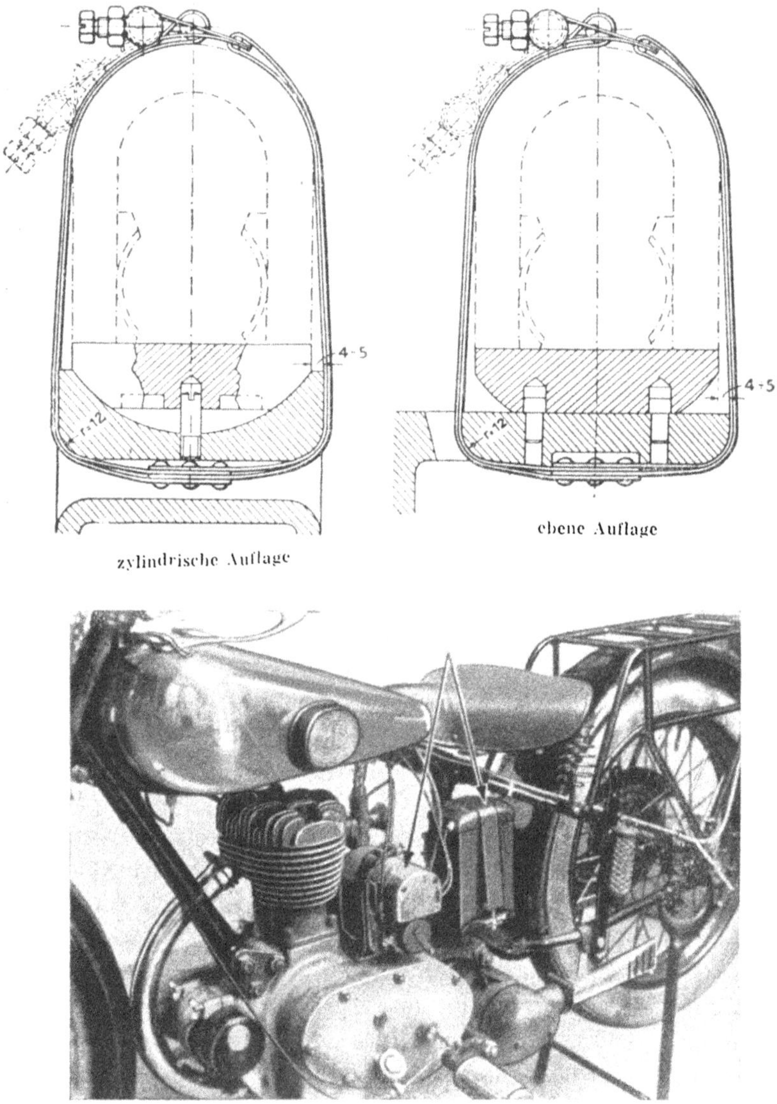

Bild 163. Spannbandbefestigung

bandes an den Magnetschenkeln verhindert werden. Zum Ausgleichen der Achshöhe von Magnetzünder- und Antriebsachse werden häufig Metallunterlagplatten verwendet. Diese sollen, hauptsächlich bei Verwendung von Stahlspannbändern, unbedingt aus Messing oder Aluminium, nicht aus Eisen sein.

Als Beispiel für zweckmäßigen Einbau zeigt das Bild 163 unten einen kleinen Lichtmagnetzünder auf einem Viertakt-Zweizylinder-Motor eines Kraftrades. Das Spannband ist deutlich sichtbar.

Die Befestigung der Zünder durch Anschrauben an die Grundplatte war früher allein üblich und ist heute noch hauptsächlich in Amerika verbreitet. In Europa findet man sie noch viel beim Motorrad; hier hauptsächlich infolge des geringen Preises und, wie man hin und wieder hören kann, deshalb, weil die Diebstahlgefahr bei Festschrauben geringer ist als bei dem leicht zu lösenden Spannband. Außerdem wird diese Befestigung bei Traktoren verwendet, weil dort einfache Bauelemente bevorzugt werden. Beim Festschrauben wird viel gesündigt durch zu lange oder zu kurze Schrauben. Beide Fehler haben ungenügende Befestigung, zu lange Schrauben aber auch häufig schwere Beschädigungen des Zünders, Zusammendrücken der Polschuhe und dergleichen, zur Folge.

Die Grundplattenbefestigung empfiehlt sich nur bei ebener Auflagefläche, da z. B. bei zwei diagonal versetzten Schrauben auf zylindrischer Grundplatte leicht ein Verdrehen des Zünders eintritt.

Da das Festschrauben des Zünders von unten den Einbau sehr erschwert, wird vielfach verlangt, daß die Grundplatte des Magnetzünders auf beiden Seiten so übersteht, daß der Zünder von oben festgeschraubt werden kann (s. Bild 82). Um diese unschöne und unzweckmäßige Form des Gehäuses zu umgehen, wird häufig das Zündergehäuse mit seitlichen Aussparungen versehen, in die Pratzen eingreifen können, die, ebenfalls von oben festschraubbar, den Zünder halten (s. Bild 83). Diese Pratzenbefestigung erfordert jedoch Sicherung des Zünders gegen Verdrehen, entweder durch Paßstifte oder mindestens durch seitlich angebrachte Metalleisten.

Weiterhin besteht vielfach der Wunsch, den Zünder an den Motor anzuflanschen. Zu diesem Zwecke werden dann die Zünder oft mit am Gehäuse des Zünders angegossenem oder angeschraubtem Zwei-, Drei- oder Vierlochflansch geliefert. Beispiele für diese Bauart sind der Fordbatteriezünder Bild 103 und der Boschmagnetzünder Bild 85, der SEV-Steuerwellenzünder Bild 99 und die Zwillingszünder Bild 90 und 96. Die Befestigungslöcher im Flansch sind zumeist als Langlöcher ausgebildet, damit der Zünder, der am Motorgehäuse in einem zur Antriebsachse zentrischen Einpaß sitzt, zur Einstellung des Zündzeitpunkts um einige Winkelgrade verdreht werden kann.

Bei der Flanschbefestigung ist die Gefahr des Eindringens von Öldämpfen in den Zünder besonders groß; deshalb ist eine Befestigungsart ratsam, wie sie Bild 164 zeigt: der Zünder ist nicht unmittelbar am Kurbelgehäuse befestigt, sondern zwi-

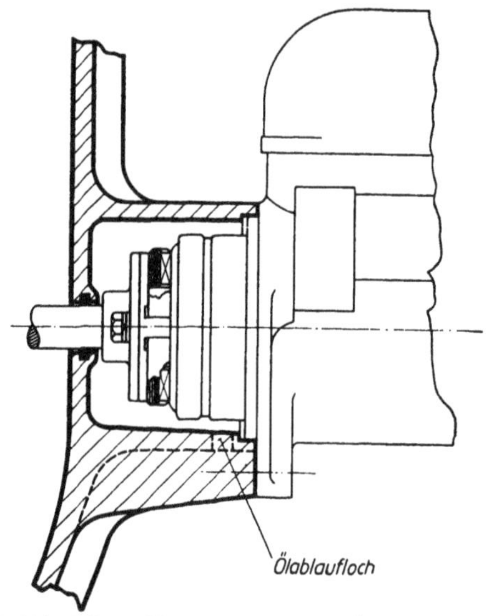

Bild 164. Flanschbefestigung und Ölschutzkammer

schen beiden bildet ein Gehäuseansatz eine Kammer, in der die Kupplung untergebracht ist. Entlüftungs- und Ölablauflöcher lassen die Öldämpfe unschädlich entweichen, die durch den Überdruck im Kurbelgehäuse trotz der Dichtung in die Kammer eingedrungen sind.

Der Zündverteiler des Batteriezünders wird in der Regel am Lager der Verteilerachse befestigt, und zwar ist im allgemeinen der Einbau mit senkrecht stehender oder geneigter Achse üblich, im Gegensatz zum Magnetzünder, der meist mit waagerechter Achse eingebaut wird. Nur bei besonderen, übrigens teuereren Zündverteilern ist waagerechter Einbau zulässig. Der Zündverteiler sitzt mit seinem Lagerhals in einer Bohrung des Zylinderkopfes oder des Kurbelgehäuses, letzteres besonders bei oben gesteuerten Motoren und untenliegender Nockenwelle.

Damit der Zündverteiler sich nicht in der Achsenrichtung verschieben kann, sondern fest auf seinen Sitz gepreßt wird, ist er mit einer Haltevorrichtung versehen; Bild 165 a zeigt als Beispiel einen Zündverteiler mit der heute meist üblichen Verstellhebelbefestigung, Bild 165 b mit Segmentbefestigung. Bei der Verstellhebelbefestigung ist eine Schraube durch einen Schlitz des Verstellhebels geführt und im Motorgehäuse fest-

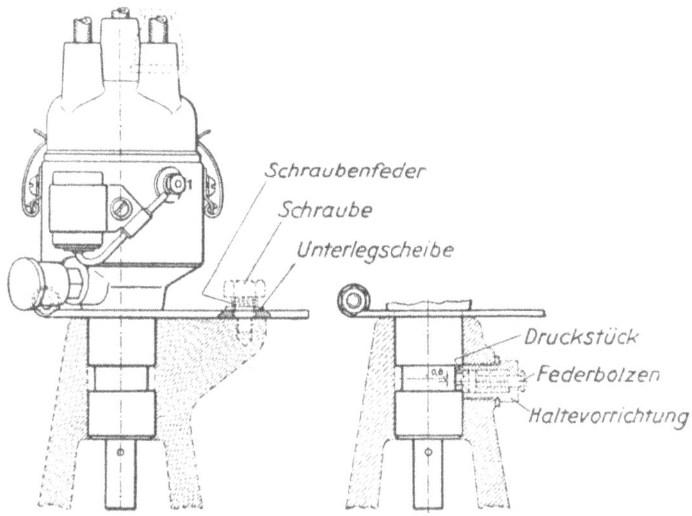

a) Verstellhebelbefestigung b) Segmentbefestigung

Bild 165. Befestigung des Zündverteilers

gezogen. Soll die Handverstellung trotzdem betätigt werden können, so wird der Druck der Schraube, wie das Bild zeigt, durch eine Schraubenfeder und eine Scheibe auf den Verstellhebel übertragen. Bei der Segmentbefestigung liegt in der Nut des Zündverteiler-Lagerhalses ein segmentförmiges Druckstück, in dessen Loch das kegelige Ende eines in das Motorgehäuse eingeschraubten Federbolzens eingreift. Die Mitte des Federbolzens liegt eine Kleinigkeit tiefer als die Mitte der Segmentbohrung, so daß der Federbolzen den Zündverteiler nach unten auf seinen Sitz zieht. So kann bei beiden Befestigungsarten die Handverstellung durch Verdrehen des ganzen Zündverteilers trotz guter axialer Sicherung ohne zu großes Drehmoment ausgeführt werden.

Der A n t r i e b d e s Z ü n d v e r t e i l e r s erfolgt mit Steuerwellengeschwindigkeit. In der Regel wird der Verteiler von der Nockenwelle des Motors aus angetrieben und zwar über ein Schraubenradgetriebe 1 : 1, so daß der Verteiler senkrecht zur Nockenwelle steht. Dabei sitzt manchmal das eine Rad unmittelbar auf der Achse des Verteilers, so daß eine besondere Lagerung dieses Rades nicht nötig ist. Das Rad ist auf das zylindrische Achsende aufgeschoben und mit einem Stift ver-

Bild 166. Einbau des Bosch-Zündverteilers VJ 6 und der Bosch-Zündspule TK 6 am Opel 2,5 Liter-Motor

stiftet, der durch eine senkrechte Bohrung von Rad und Achse geht. Diese Art des Antriebs findet sich besonders dort, wo der Zündverteiler auf der Seite des Kurbelgehäuses leicht schräg stehend untergebracht ist und ganz nahe der dort vorbeiführenden Nockenwelle sitzt. Ein bemerkenswertes Beispiel dieser Anordnung zeigt der Einbau des Bosch-Zündverteilers in den 2,5 Liter-Motor des Opel Kapitän Personenwagens und des Opel Blitz Lastwagens. Er ist in Bild 166 in der Ansicht und in Bild 167 in einer vereinfachten Schnittzeichnung dargestellt. Hier ist nicht nur das Ritzel auf die Verteilerachse selbst auf-

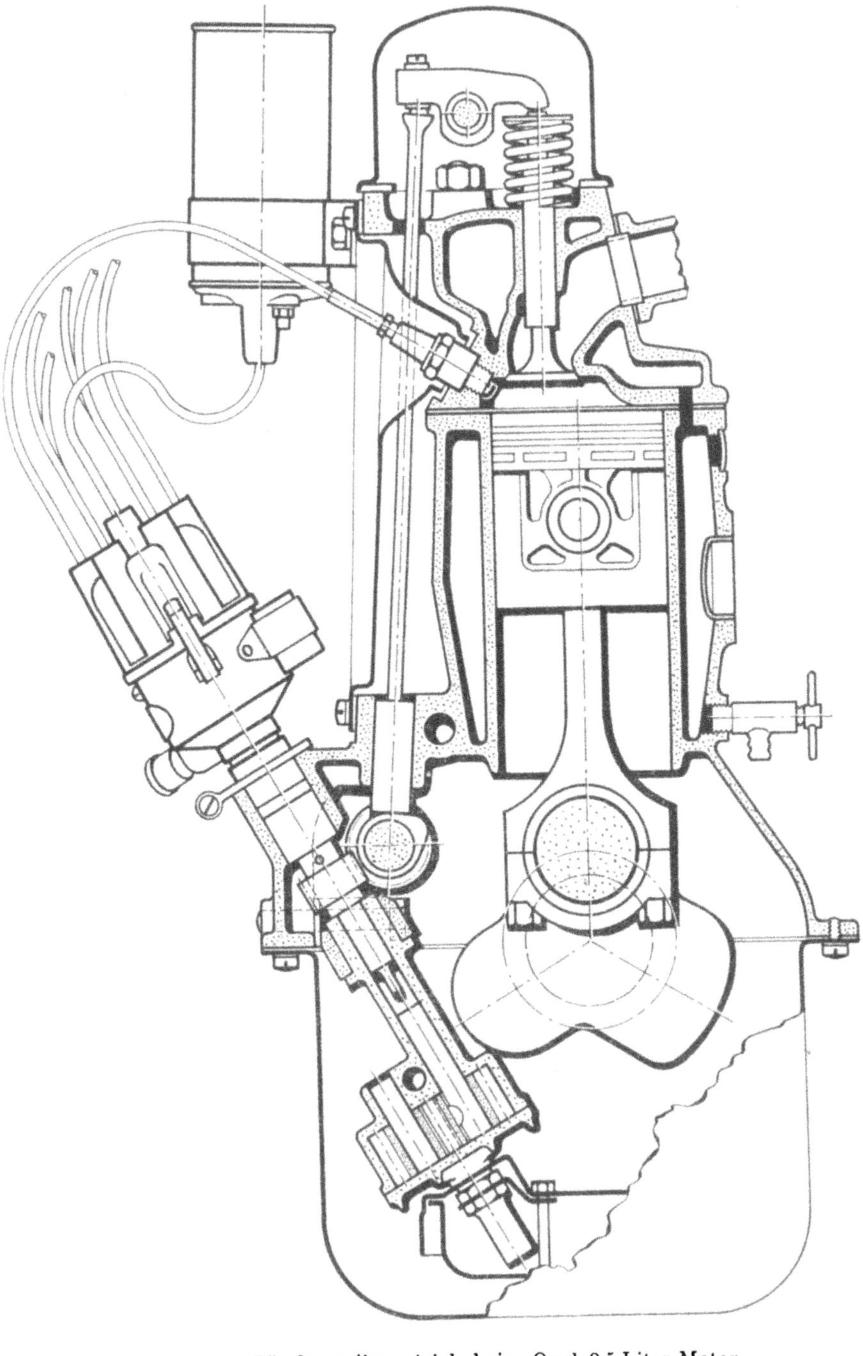

Bild 167. Zündverteilerantrieb beim Opel 2,5 Liter-Motor

geschoben, sondern die Achse ist über das Ritzel hinaus verlängert und treibt über eine Klaue ihrerseits die Ölpumpe des Motors. In anderen Fällen wird das Schraubenritzel auf eine besonders gelagerte Zwischenachse gesetzt, die oft noch für andere Antriebe ausgenützt wird und über eine Klauenkupplung die Verteilerachse antreibt. Die Kupplung ist dann zumeist so

Bild 168. Einbau des Bosch-Zündverteilers VE 4 und der Bosch 6 Volt-Zündspule am Volkswagenmotor

ausgebildet, daß die Antriebsachse einen Sägeschlitz hat in den ein blattförmiger rechteckiger Zapfen der Verteilerachse oder ein Klauenpaar einer auf die Verteilerachse geschobenen und mit einem Stift befestigten Mitnehmerhülse beim Einsetzen des Verteilers hineingreift. Zapfen und Sägeschlitz sind häufig etwas aus der Achsmitte gesetzt, um die Kupplung nur in einer bestimmten Stellung und nicht um 180 Grad verdreht vornehmen zu können. Einen solchen Antrieb hat z. B. der Zündverteiler im Volkswagenmotor, der unmittelbar oberhalb der Brennstoffpumpe sitzt (s. Bild 168), die von der Zwischenachse aus mitgesteuert wird. Dort, wo die Entfernung zwischen der Nockenwelle und dem Zündverteiler zu groß ist, muß zwischen Nockenwelle und Verteilerwelle eine besondere zur Nockenwelle senkrechte Welle vorgesehen werden, von der der Verteiler dann angetrieben wird. Bild 169 zeigt ein Beispiel hierfür[1]). In solchen Fällen verwendet man auch Verteiler mit Verlängerungswellen. Um eine etwaige Versetzung zwischen den Achsen der Antriebswelle und des Verteilers auszugleichen, ist die Verlängerungswelle nachgiebig mit der Verteilerwelle ge-

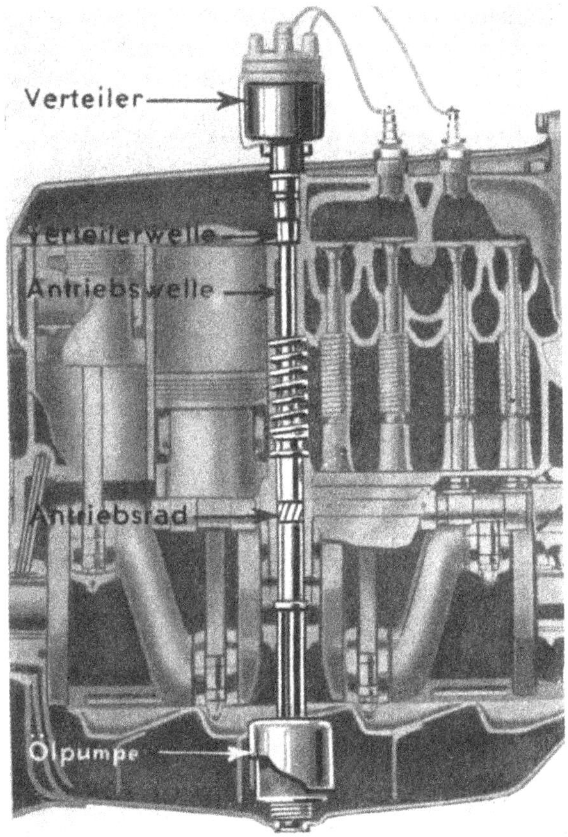

Bild 169. Einbau des Zündverteilers am Vierzylinder-Ford-Motor

kuppelt: eine Kuppelhülse umgreift die beiden Wellenenden mit etwas Spiel, und die beiden Kuppelstifte sind kreuzweise versetzt und in den Achsen drehbar, so daß eine Art Kardangelenk entsteht.

[1]) Antrieb des im Zylinderkopf des untengesteuerten Motors sitzenden Zündverteilers: Siehe auch das schematische Bild 229 auf S. 325.

Im Bild 170 sind die wichtigsten in Deutschland gebräuchlichen Einbauabmessungen des Zündverteilers zusammengestellt. Dabei sind die Maße mit ihren Toleranzen nach DIN eingetragen. Man sieht unter a den Ritzelantrieb, unter b den

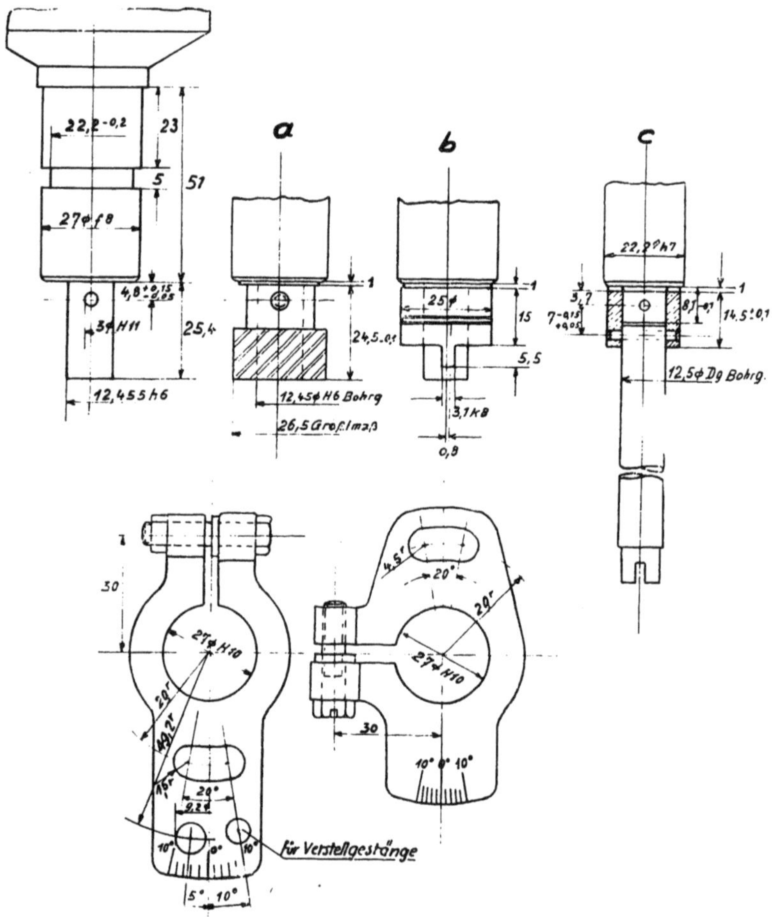

Bild 170. Wichtige Einbaumaße des Zündverteilers

Kupplungsantrieb und unter c den Antrieb mit Verlängerungswelle und Kardangelenk. Auch beim Antrieb mit Kupplung ohne Verlängerungswelle ist es zweckmäßig, geringfügige Versetzung der Verteilerachse und der Antriebsachse durch entsprechende Ausbildung der Kupplung zu berücksichtigen. Man macht zu diesem Zweck die Kupplung zweiteilig. Der obere, auf die Verteilerachse geschobene und mit ihr fest verstiftete Teil greift mit Klauen in den unteren, ebenfalls auf die Verteilerachse geschobenen und mit dem oberen Teil nur lose mit einer Feder verbundenen Kupplungsteil ein. Der untere Kupplungsteil erst greift mit einem zu dem Klauenpaar des oberen Kupplungsteils senkrecht stehenden Klauenpaar in die entsprechende Aussparung der treibenden Achse. Dadurch, daß der untere Kupplungsteil mit geringer Luft auf der Verteilerachse sitzt, und die Klauen oben und unten senkrecht zueinander stehen, entsteht die für kleine Achsversetzungen nötige Beweglichkeit.

Der Durchmesser des Verteilerschafts beträgt — was auch der amerikanischen SAE-Norm entspricht — in der Regel 27 mm. Lediglich dort, wo der Zündverteiler nicht im Kurbelgehäuse, sondern im Zylinderkopf sitzt, versucht man hin und wieder aus Raumgründen den Schaftdurchmesser auf 22,2 mm herabzudrücken, was aber leicht, besonders bei Verteiler mit Kompobüchsen zu gefährlich schwacher Schaftwandstärke führt. Die Schaftlänge beträgt in Deutschland in der Regel 51 mm, wird aber in Ausnahmefällen auch kleiner gewählt und beträgt im Ausland nach SAE-Norm 41 mm. Die in Deutschland übliche größere Länge gewährleistet höhere Sicherheit gegen Ausschlagen des Verteilers in seinem Sitz, besonders auf schlechten Straßen. Dabei ist zu beachten, daß von der Schaftlänge in der Regel noch etwa 3 mm für das auf den Schaft aufgeschobene Halteblech abzuziehen sind, so daß das eigentliche Maß der Einstecktiefe des Verteilerschafts nur 48 bzw. 38 mm beträgt. Das Halteblech, das häufig auch als Verstellhebel dient, enthält eine dem Schaftdurchmesser entsprechende Bohrung und ist einseitig geschlitzt. Die zu beiden Seiten des Schlitzes zu Ösen gebogenen Blechteile können mit einer Schraube zusammengezogen werden, so daß das Blech fest auf den Schaft geklemmt wird. Das Blech ist dann oft noch mit einer Gradskala versehen, die die Verschiebung des Zündzeitpunkts um eine bestimmte Gradzahl etwa bei Änderung der Oktanzahl des Brennstoffs erleichtern soll. Hierüber ist noch weiter unten zu sprechen. Die Befestigung des Blechs nach Bild 165 a am Motor erfolgt in Deutschland in der Regel in einem Abstand von 29 mm. In Amerika nach SAE in einem Abstand von 49 mm von der Verteilerachsmitte. Man sieht in Bild 170 Befestigungsbleche, die den verschiedenen Maßen entsprechend Löcher oder bei Handverstellung Langlöcher für die Befestigungsschrauben enthalten.

Fast stets wird das Antriebselement (Ritzel, Kupplung oder Hülse der Verlängerungswelle) zugleich dazu benützt, um die Verteilerachse gegen axiale Verschiebung nach oben zu sichern, wobei eine Fiberscheibe zwischen das Antriebselement und das Schaftende gelegt wird. Der Verteilerachs-Durchmesser ist einheitlich etwa 12,5 mm und der Abstand des Stiftlochs in der Verteilerachse zum Ende des Schafts 4,8 mm. Bei dem entsprechenden Stiftloch im Ritzel bzw. in der Kupplung ist die Stärke der einzulegenden Fiberscheibe zu berücksichtigen. Die Länge des aus dem Schaft herausstehenden Achsstummels beträgt beim Ritzel und vielfach auch bei der Kupplung 25,4 mm, so daß der Achsstummel bei der Kupplung noch etwas in eine entsprechende Bohrung der Antriebsachse hineinragt. In Ausnahmefällen besonders auch beim Verteiler mit Verlängerungswelle ist der Achsstummel kürzer und zwar etwa 8 mm. Die Drehrichtung des Zündverteilers ist vorzugsweise rechtslaufend bei Sicht auf den Verteilerläufer von oben. Es wäre wünschenswert, wenn die in Bild 170 gegebenen Einbaumaße baldmöglichst ausschließlich angewandt würden im Interesse einheitlicher Herstellung und leichteren Ersatzeinbaus.

Wie bereits in Abschnitt III, Seite 134 erwähnt, ist sorgfältig darauf zu achten, daß Öl nicht in das Innere des Zündverteilers, vor allem nicht in die Unterbrecherkammer gelangt. Es sind daher verschiedene Vorrichtungen entwickelt worden, die einen Übertritt von Öl aus dem Motorgehäuse in den Zündverteiler verhindern, vor allem das Ölrückfördergewinde, bei dem das Öl durch die Fliehkraft in einem Steilgewinde wieder abwärts befördert wird.

In neuester Zeit sind Bestrebungen im Gang, den Ölzutritt zum Zündverteiler so zu dosieren, daß Antriebsritzel und Verteilerlager genügend geschmiert wird, aber kein Öl im Verteiler hochsteigt. Trifft der Motorenbauer die entsprechenden Vorkehrungen, so kann er erreichen, daß das Nachschmieren und die Staufferbüchse am Zündverteiler wegfällt.

Der Platz, an dem der Zünder unterzubringen ist, richtet sich in erster Linie nach den Raumverhältnissen am Kraftfahrzeug und Motor. Wichtig dabei ist, daß der Zünder gut im Zuge der Kühlluft und nicht unmittelbar an besonders heißer Stelle sitzt. Auspuffleitungen und dergleichen sind gefürchtete Feinde des Zünders, insbesondere der Isolation, der Gummikabel und Bakelitteile. Fernzuhalten vom Zünder ist Schmutz, Öl und Benzin. Die letztgenannten können auch in dampfförmigem Zustand schweren Schaden, hauptsächlich am Unterbrecher, anrichten. Es ist also verfehlt, den Magnetzünder oder Zündverteiler z. B. unmittelbar unter oder neben den Vergaser oder in die Nähe des Ölentlüfters zu setzen. Zündspulen werden zumeist am Motorkörper, oft aber auch an der Spritzwand befestigt; anzustreben ist es auf jeden Fall, sie möglichst in unmittelbarer Nähe des Zündverteilers anzubringen, um die hochbeanspruchte Hochspannungsleitung zwischen beiden kurz zu halten und damit die Gefahr von Durchschlägen zu vermeiden. Die Zündspulen sind zumeist mit bauchbindenartig um die Spule gelegten und am Gehäuse punktförmig angeschweißten Bändern versehen, die mit ihren Enden von der Spule abstehen und dort Langlöcher zur Aufnahme von Befestigungsschrauben haben. Der Einbau geht aus den Bildern 166, 167 und 168 hervor. Man beachte die vorbildlich übersichtliche Kabelführung mit dem kurzen Kabel von Spule zu Verteiler infolge der mit dem Spulendeckel nach unten eingebauten Zündspule. Auch mit Rücksicht auf möglichst geringe Störung des Autoradio- und Fernsehempfangs (siehe Seite 285) ist diese möglichst kurze Hochspannungskabelführung zu empfehlen. Die Langlöcher der Zündspulenschelle haben in der Regel einen mittleren Abstand von 72 mm voneinander, eine Breite von 9 mm und eine Länge von 9,5 mm. Bei einzelnen Typen ist eine besondere Masseverbindung zwischen Spule und Motorkörper nötig, im allgemeinen ist dies aber wegen der in Abschnitt II besprochenen Sparschaltung nicht der Fall.

Beim Zündverteiler wird häufig der Fehler gemacht, daß er an eine Stelle gesetzt wird, an der bei Sturzregen oder Abspritzen des Fahrzeugs größere Mengen Wasser durch Öffnungen der Motorhaube auf den Verteiler gelangen können. Zwar sind neuere Verteiler so gebaut, daß durch Überstehen der Verteilerscheibe über das Gehäuse oder sonstige Dachrinnen- oder Tropfrandkonstruktionen der Verteiler ziemlich tropfwassersicher ist, doch ist stets zu beachten, daß der Zündverteiler wegen seines Ozon erzeugenden Überschlagverteilers gute Lüftung braucht, um Säurebildung zu vermeiden, und daß diese billig nur auf

Bild 171. Einbau des Batteriezündverteilers anstelle der Dieseleinspritzpumpe

Kosten der Wassersicherheit möglich ist. Einmal eingedrungenes Wasser führt oft nicht gleich zu Anständen, sondern erst dann, wenn es durch die vom Motor dem Verteiler im Betrieb aufgedrückte Wärme verdampft, sich an der durch den Kühlwind abgekühlten Verteilerscheibe niederschlägt und dort Kriechwege bildet. Es ist also aus diesem Grunde falsch, die Verteilerscheibe des Zündverteilers zu stark dem Kühlwind auszusetzen.

Der Einbau des Zündverteilers in den auf Gasbetrieb umgestellten Dieselmotor hat, wie erwähnt (Seite 235) zu besonderen Einbausätzen geführt, die als Dieselumstellzünder bezeichnet werden und so ausgebildet sind, daß sie an die Stelle der Einspritzpumpe gesetzt werden können. Sie enthalten den Zündverteiler und wie an der Einspritzpumpe einen besonderen Fliehkraftregler, der bei Überschreiten der Höchstdrehzahl nun nicht mehr die Einspritzmenge des Dieselöls sondern die Gaszufuhr begrenzt. Den Einbau des Dieselumstellzünders der Firma Bosch sowie einen Schnitt des Umstellzünders zeigen die Bilder 171 und 172. Über eine Kupplung wird die Antriebsachse getrieben, die in einem den Abmessungen der Boscheinspritzpumpe entsprechenden Gehäuse gelagert ist. Auf ihrem Ende sitzt, in ein Gehäuse eingeschlossen, ein Fliehkraftregler, dessen Zentrifugalbewegung bei einer bestimmten Drehzahl die Schwenkung eines Hebels veranlaßt, der mit einem Gestänge die Drosselklappe und damit die Gaszufuhr schließt. Von der Achse aus, deren Lagergehäuse zugleich den Schmiervorrat enthält, wird der senkrecht stehende Zündverteiler über

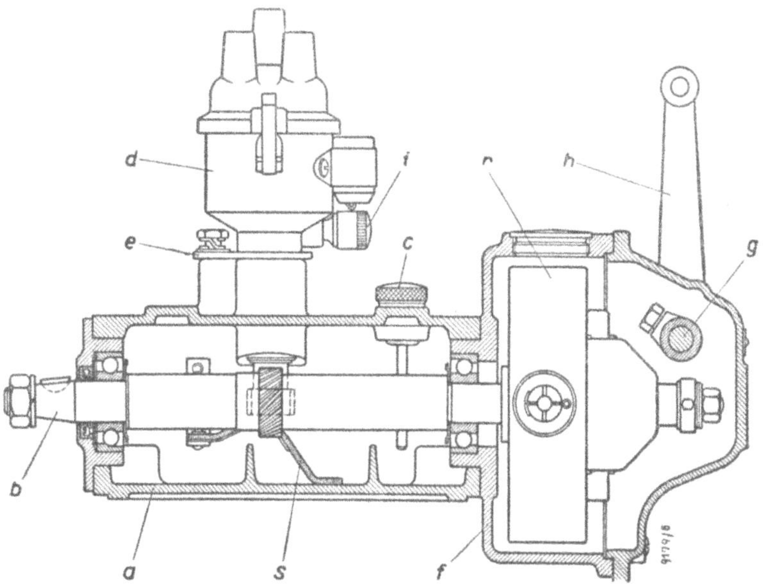

a Gehäuse
b Antriebsachse
c Ölstandszeiger und Öleinfüllstutzen
d Zündverteiler
e Verstellhebel
f Gehäuse des Drehzahlbegrenzers
g u. h Achse und Hebel des Drehzahlbegrenzers
i Staufferbüchse
r Drehzahlbegrenzer
s Schmierfilz

Bild 172. Bosch-Dieselumstellzünder

ein über einen Schmierfilz geschmiertes Schraubenräderpaar angetrieben. Auf den nachträglichen Anbau des Zündverteilers an die Dieseleinspritzpumpe an Stelle der Schmierölförderpumpe oder des Spritzverstellers wurde am Anfang dieses Abschnitts bereits hingewiesen (s. Bild 155 u. 156).

Hat man den Zünder befestigt, so wird der **Zündzeitpunkt** eingestellt; in der Regel dreht man den Motor so, daß der Kolben eines Zylinders die für Frühzündung vorgeschriebene Stellung einnimmt. Dieser Punkt ist entweder am Motorschwungrad bezeichnet oder durch unmittelbares Messen im Zylinder zu finden. Man benutzt zum Einstellen von Mehr-

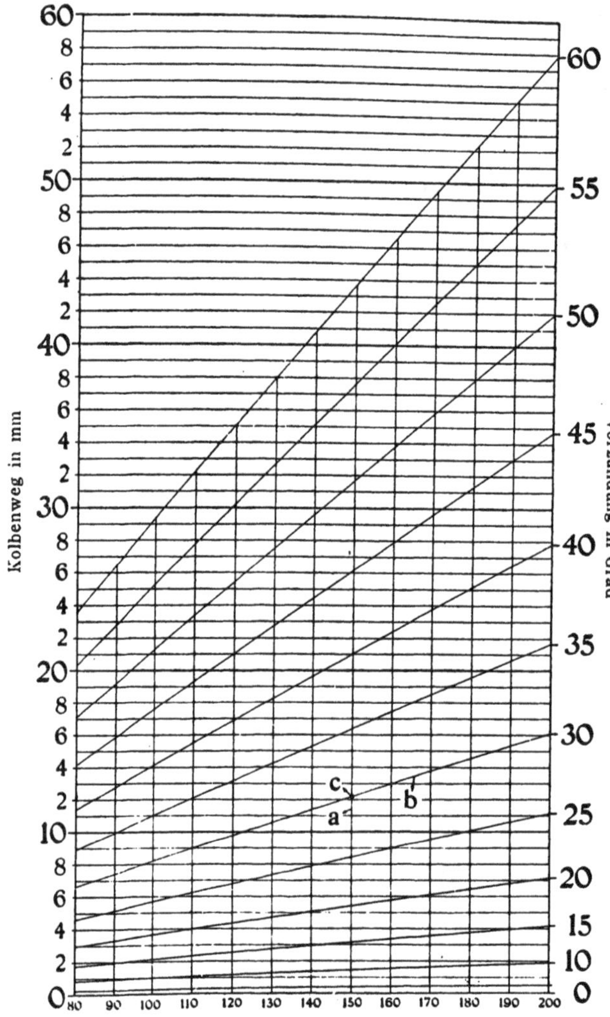

Bild 173. Tafel zur Umrechnung der Vorzündung (für ein Pleuelstangenverhältnis r : l = 1 : 4,5)

Beispiel: Einzustellende Vorzündung 30°, Hub des Motors 2 r = 150 mm. Man sucht auf dem waagerechten Maßstab „Kolbenhub in mm" die Zahl 150 und geht auf der zugehörigen senkrechten Linie a bis zum Schnittpunkt c mit der schrägen Linie b, die nach dem Maßstab rechts für eine Vorzündung von 30° gilt. Die durch den Schnittpunkt c gezogene Waagerechte gibt auf dem Maßstab links den entsprechenden Kolbenweg in mm an. Bei einem Motor von 2 r = 150 mm Hub und einem Pleuelstangenverhältnis r : l = 1 : 4,5 entspricht also einem Drehwinkel der Kurbel von 30° ein Kolbenweg von 12,2 mm.

zylindermotoren in der Regel den ersten, der Kraftentnahme entferntesten Zylinder und stellt — bei Viertaktmotoren — zuerst den Kompressionshub eines Kolbens fest, dadurch, daß man durch Verschließen einer Zylinderöffnung, z. B. des Kerzensitzes, mit dem Finger den Kompressionsdruck beim Vorwärtsdrehen des Motors wahrnimmt. Dann bewegt man den Kolben in die obere Totpunktlage und aus dieser zurück um die vorgeschriebene und z. B. an einer Reißnadel markierte Millimeterzahl. Ist die erforderliche Vorzündung, d. h. der Abstand des Zündzeitpunkts von der Totpunktstellung, nur in Winkelgraden bekannt, so muß man unter Zugrundelegung des Kolbenhubes die Winkelgrade in mm Weg umrechnen. Man benutzt dazu Rechentafeln. Bild 173 zeigt eine dieser Tafeln, die durch das angegebene Anwendungsbeispiel am besten verständlich gemacht wird. Bei den meisten Motoren wird die erforderliche Vorzündung bei Höchstleistung etwa ein Zehntel des Kolbenhubs betragen.

Steht nun der Kolben richtig, so ist — bei Frühzündungsstellung des Verstellhebels[1]) — der Zünder gerade in die Stellung zu bringen, in der er für den eben eingestellten Kolben den Zündfunken liefert und der Unterbrecher zu öffnen beginnt. Um die Kabel richtig anschließen zu können, ist bei vielen Zündern der Kabelanschluß, der mit der Zündkerze des Zylinders 1 verbunden werden soll, mit der Ziffer 1 oder sonstwie auffällig bezeichnet; man muß also die Zünderachse solange verdrehen, bis die Verteilerelektrode dem Segment gegenübersteht, das zum Kabelanschluß 1 gehört. Bei Magnetzündern trägt oft das Verteilerzahnrad je eine Marke R und L für Rechts- und Linkslauf, man kann dann nach Abnahme der Verteilerscheibe die Achse

[1]) Bei Selbstverstellung wird nicht der Frühzündungspunkt, sondern der Spätzündungspunkt der Einstellung des Zünders zugrunde gelegt. Dadurch ändert sich an der beschriebenen Art der Einstellung nichts, nur wird der Kolben des Motors in die bei Spätzündung verlangte Zündstellung gebracht.

Bei gemischter Verstellung, d. h. wenn ein Zünder mit Selbstverstellung und Handverstellung ausgerüstet ist, bringt man den Kolben in diejenige Lage, die man erreichen will, wenn der Selbstversteller auf Spätzündung steht, also in die Kolbenstellung, die der maximal gewünschten Vorzündung abzüglich dem Verstellbereich des Selbstverstellers entspricht.

Um jedes Spiel an den Zahnrädern auszuschalten, empfiehlt es sich, die Einstellung allgemein bei Vorwärtsdrehen des Motors und Zünders vorzunehmen. Eine Ausnahme bildet der Zünder mit Schnapper, der bei Rückwärtsdrehung eingestellt werden muß.

des Zünders solange drehen bis, je nach der verlangten Drehrichtung eine von diesen Marken sich mit einer Marke am Gehäuse oder einem sonstigen feststehenden Teil deckt (Bild 174). Bei anderen Magnetzündern muß sich die Marke am Verteilerrad mit einer Marke des Ritzels decken. Dort, wo der Umlaufnocken mit der Geschwindigkeit des Verteilerrads angetrieben wird. kann auch an diesem die Marke angebracht sein. die dann

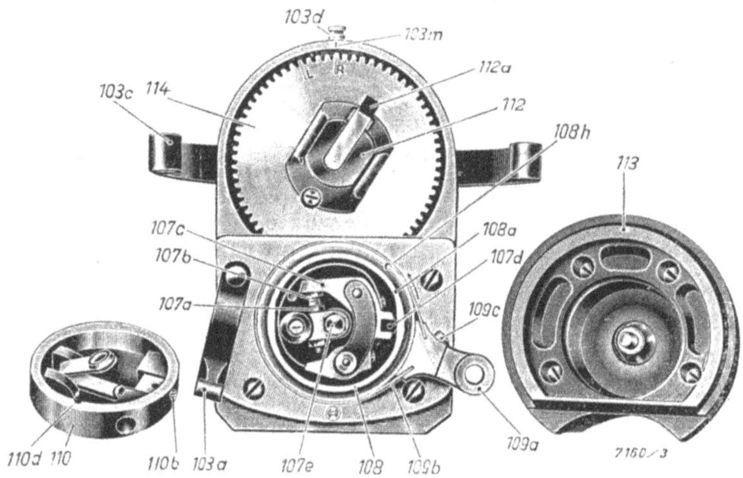

103a Feder zum Halten des Unterbrecherdeckels
103c Feder zum Festhalten der Verteilerscheibe
103d Klappöler
103m Einstellmarke
107a Amboßkontakt
107b Hebelkontakt
107c Unterbrecherhebel
107d Gleitstück im Unterbrecherhebel
107e Schraube zum Befestigen des Unterbrechers
108 Nockenring
108a Unterbrechernocken
108h Stellstift
109a Verstellhebel
109b Spannband zum Befestigen des Verstellhebels
109c Spannschraube
110 Unterbrecherdeckel
110b Kurzschlußklemme
110d Aussparung für Stellstift 108h
112 Verteilerläufer
112a Verteilerkohle
113 Verteilerscheibe
114 Verteilerrad

Bild 174. Magnetzünder, Verteilerscheibe und Unterbrecherdeckel abgenommen

auf eine entsprechende Marke eines feststehenden Teils, etwa des Unterbrecherlagerbolzens, weist, wenn die Antriebsachse des Zünders in der Stellung steht, die für die Einstellung des Zündzeitpunkts an Zylinder 1 maßgebend ist. Beim Zündverteiler ist in der Regel am Gehäuserand eine Marke angebracht, auf die die Elektrode des Verteilerläufers bei der Einstellung zeigen muß. An Stelle der Marke wird oft auch die am Verteilergehäuserand angebrachte Fräsung oder Erhöhung verwendet, die zur Sicherung der richtigen Verteilerscheibenlage dient (s. Bild 175).

Der so grob eingestellte Zünder wird mit dem wie oben beschrieben eingestellten Motor gekuppelt, der Zündverteiler wird dabei vorsichtig in der Stellung, in der er nachher festgemacht werden soll in seinen Einpaß am Lagerschaft gesetzt bis die Kupplungsteile ineinanderpassen, bzw. die Schraubenränder im Eingriff sind. Sodann erfolgt die Feineinstellung beim Magnetzünder durch Nachstellen der Kupplung oder durch Ver-

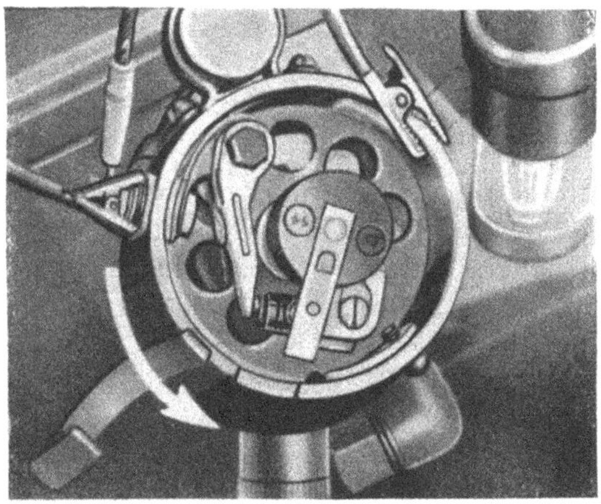

Bild 175. Einstellen des Zündverteilers mit Prüflampe an einem Opel-Motor

drehen des ganzen Zünders in den Langlöchern des Flansches, bei Schwungmagnetzündern in den Langlöchern der Ankerplatte, beim Batteriezünder am einfachsten durch Verdrehen des Zündverteilers. Man stellt dabei den Öffnungsaugenblick des Unterbrechers fest, also den Zeitpunkt, in dem das Gleitstück am Unterbrecherhebel auf den Nocken aufläuft und die Kontakte gerade beginnen sich zu öffnen. Diese Stellung wird am einfachsten durch einen dünnen Metallstreifen von weniger als $^1/_{20}$ mm Dicke ermittelt, der zwischen die Kontakte gelegt wird und sich im Öffnungsaugenblick leicht herausziehen läßt. (Vor der Verwendung von Papierstreifen ist zu warnen, da etwa hängenbleibende Fasern Kontaktstörungen verursachen können.) Beim Batteriezünder kann man eine kleine Glühlampe (je nach Spannung der im Fahrzeug eingebauten Batterie eine 6 oder 12 Voltlampe) zwischen die Primäranschlußklemme des

Zündverteilers und Masse, also parallel zum Unterbrecher schalten, wie es das Bild 175 zeigt. Wird die Zündung eingeschaltet, und die Verteilerachse verdreht, so leuchtet im Augenblick der Öffnung der Kontakte die Glühlampe auf. Das Bild zeigt den Anschluß der Einstellampe mit Hilfe von zwei Klammerkabelschuhen, die auf den Primäranschlußbolzen des Verteilers und auf das Verteilergehäuse sehr einfach aufgeklemmt werden. Man sieht auch deutlich die richtige Stellung des Verteilerläufers, dessen Segment auf die Kante der Gehäuseaussparung zeigt. Die Zündzeitpunkteinstellung mit der Glühlampe hat gegenüber der Einstellung mit dem Metallstreifen den Vorteil der Unabhängigkeit von etwaiger Höcker- oder Kraterbildung auf den Kontakten, kann aber beim Magnetzünder nicht ohne weiteres angewandt werden.

In dieser Stellung, in der die Verteilerelektrode an der richtigen Marke steht und der Unterbrecher gerade zu öffnen beginnt und in der andererseits der Motor in der Stellung steht, in der gezündet werden soll, sind dann Motor und Zünder endgültig zu kuppeln, bzw. der Zünder am Motor festzumachen. Dann sind die Zündkabel anzuschließen. Zunächst sind Kabelanschluß 1 und Zündkerze des Zylinders 1 zu verbinden; beim Anschließen der weiteren Kabel ist sodann der Umlaufsinn des Verteilers zu beachten. Am Magnetzünder mit Stirnradübersetzung zwischen Zünder- und Verteilerläufer ist zu beachten, daß der Umlaufsinn des Verteilers dem Umlaufsinn des Zünderläufers entgegengesetzt gerichtet ist. Der Umlaufsinn des Magnetzünders wird benannt bei Draufsicht auf die Antriebsachse, der des Batteriezündverteilers bei Draufsicht auf den Verteilerläufer, bzw. die Verteilerscheibe (also nicht bei Draufsicht auf den Antrieb).

Außer der Reihenfolge der Verteilersegmente ist die Zündfolge der Motorzylinder wichtig. Sie ist z. B. beim Viertakt-Vierzylindermotor 1, 3, 4, 2 oder 1, 2, 4, 3, beim Viertakt-Sechszylindermotor fast stets 1, 5, 3, 6, 2, 4 oder 1, 4, 2, 6, 3, 5. Dabei geben die Zahlen die räumliche Aufeinanderfolge der Zylinder an. Als Zylinder 1 ist der von der Kraftentnahme (Schwungrad) am weitesten entfernte Zylinder bezeichnet[1]).

---

[1]) Ist der Zylinder 1 schwer zugänglich, so daß ein anderer für die Einstellung benutzt werden muß, so ist die Zündfolge entsprechend zyklisch zu vertauschen.

Die **Hochspannungskabel,** die die Verbindung zwischen Verteiler und Zündkerzen, beim Batteriezünder außerdem die Verbindung zwischen Zündspule und Verteiler herstellen, bestehen aus biegsamen Kabelseelen von verdrillten Drähten, die mit einer starken Weichgummihülle isoliert sind. Empfehlenswert ist es, Kabel zu verwenden, die über der Weichgummiisolierung noch eine lackierte umklöppelte Gewebehülle tragen, die fest auf das Gummikabel aufgebracht die Zerstörung der Gummischicht durch Strahlung verhindert und so die Lebensdauer des Kabels ganz wesentlich erhöht[1]). Der Außendurchmesser des Hochspannungskabels beträgt heute in der Regel 7 mm, schwächere Kabel sind nicht durchschlagfest genug, stärkere Kabel erfordern zu viel Raum besonders an den Anschlußteilen, die deshalb in der Regel für 7 mm Kabelanschluß gebaut sind. Ein Verlegen der Kabel in Metallrohren oder -schläuchen erhöht die Durchschlagsgefahr und vermehrt die Sekundärkapazität des Zünders erheblich. Eine metallumschlossene Verlegung wird deshalb nur dort angewandt, wo besonders hohe Ansprüche an drahtlosen Empfang im Fahrzeug, besonders auf dem Kurzwellengebiet, gestellt werden. In solchen Fällen muß dann besonders auf Stärke und Qualität der isolierenden Gummihülle der Kabel geachtet werden, auch ist Gewebeumklöppelung oder Neopreneschutzhülle unbedingt nötig.

Verlegen der Kabel unmittelbar nebeneinander hat bei größeren Kabellängen schon zu Anständen geführt, wenn infolge kapazitiver Übertragung Funken nicht an der Kerze springen, die zünden soll und unter Kompression steht, sondern an der Kerze, die am Nachbarkabel angeschlossen ist und vielleicht gerade nicht unter Kompression steht, also schon bei recht geringer Spannung einen Überschlag zuläßt. In solchen Fällen hat man schon durch Verlegen der Kabel in Metallrohr gegenüber dem sonst üblichen Fiberrohr Besserung erzielen können. Vor allem sind die Kabel übersichtlich zu verlegen, scharfe Knicke,

[1]) In neuester Zeit werden besonders in Amerika Kabel empfohlen, die anstelle der Lackgewebeumhüllung eine Hülle aus Neoprene oder aus Glasgewebe mit Neoprene-Überzug als Strahlungsschutz tragen, wodurch die Gefahr von Feuchtigkeitsaufnahme behoben wird, die an der Schnittfläche bei Lackgeweben besteht, und außerdem eine besonders gute Ölbeständigkeit erreicht werden soll. Siehe hierüber L. C. Wolcott: Design and Installation of Wiring Systems for Commercial Vehicles, SAE Quaterly Transactions, April 1949.

überhaupt kleine Krümmungsradien müssen vermieden werden, und dort, wo ein Übergang aus freier Luft in Metallhülle nicht zu vermeiden ist, muß unbedingt dafür gesorgt werden, daß dieser ganz allmählich erfolgt. Also keine scharfen Kanten sondern trompetenartige Erweiterung der Metallteile an der Kabelaustrittsstelle! Wichtig ist, daß von den Kabeln Wärme und Öl oder Benzin ferngehalten wird. Die Kabel sollen nicht am Motor aufliegen, sondern durch Tragringe aus Isolierstoff oder dergleichen gehaltert werden, soweit sie nicht ohne Halterung frei zwischen den Anschlußpunkten in der Luft hängen. Damit die Wege vom Zündverteiler zu den Kerzen möglichst kurz werden und die Kabellängen gleichmäßig sind, ist der Einbau des Verteilers in der Mitte des Motorblocks besonders zu empfehlen. Besonders mag betont werden, daß schadhafte Kabel

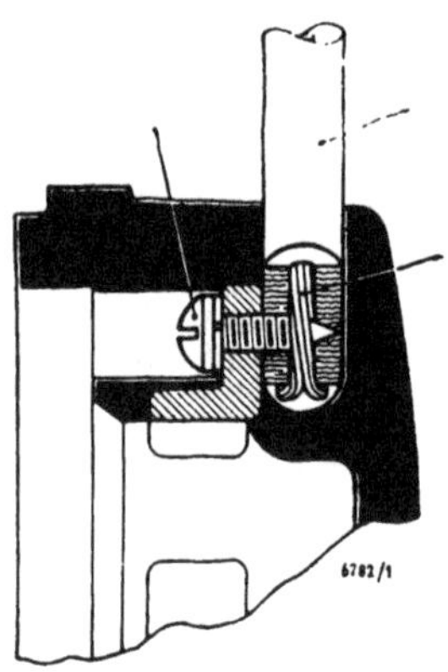

Bild 176. Spitzschraubenbefestigung

grundsätzlich zu erneuern und nicht mit Isolierband oder dergleichen zu flicken sind, wenn man sich vor plötzlich auftretenden Schwierigkeiten schützen will.

Die Befestigung des Kabels im Verteiler oder Stromabnehmer erfolgt bei den verschiedenen Zünderbauarten auf sehr mannigfache Weise. Beim Magnetzünder beliebt ist vor allem die Spitzschraubenbefestigung (Bild 176), bei der die Halteschraube Gummihülle und Kabelseele des in eine Bohrung des Anschlußteils eingesteckten Kabels durchsticht und so einen guten Kontakt und mechanischen Halt des Kabels gewährleistet. Das Kabel wird dabei in der Regel nur abgeschnitten und ohne jede Abisolierung in das Kabelloch gesteckt: will man besonders guten mechanischen Halt, isoliert man das Ende der Kabelseele auf etwa 2 mm Länge ab und legt die einzelnen Drähtchen um, so daß sie strahlenförmig die Schnittfläche bedecken, aber nicht über sie hinausragen. Das Kabel wird so gegen Ausreißen besonders gut gesichert. Eine andere Art der Kabelbefestigung zeigt Bild 177 an einem Stromabnehmer. Hier wird das Kabel glatt abgeschnitten und durch den Krümmer

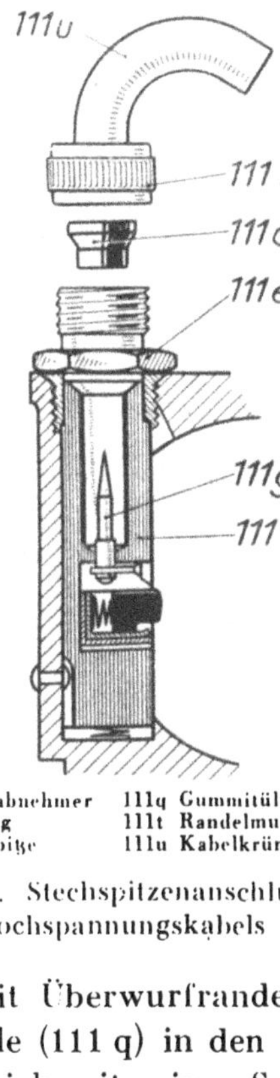

111 Stromabnehmer
111e Fassung
111g Stechspitze
111q Gummitülle
111t Randelmutter
111u Kabelkrümmer

Bild 177. Stechspitzenanschluß des Hochspannungskabels

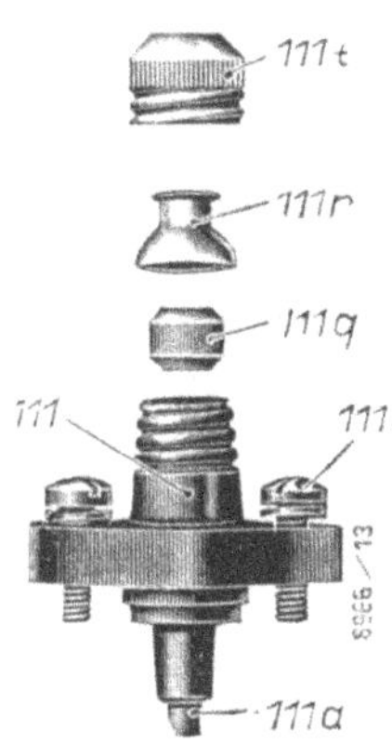

111 Stromabnehmer
111a Federnde Stromabnehmerkohle
111e Befestigungsschraube
111q Gummitülle
111r Blechtülle
111t Überwurfmutter

Bild 178. Stromabnehmer mit Stechspitzenanschluß und Kordelgewinde

(111 u) mit Überwurfrandelmutter (111 t) sowie eine konische Gummitülle (111 q) in den Stromabnehmer (111) gesteckt. Dort spießt es sich mit seiner Seele axial auf den Nagel (111 g) und wird durch Festschrauben der Überwurfmutter auf die Fassung (111 e) befestigt, da die konische Tülle bei dem auf sie ausgeübten Axialdruck sich auch verengt und so das Kabel festklemmt. Diese Befestigungsart mit Stechspitze ist besonders einfach zu montieren und vor allem auf dem Kraftradgebiet in der vereinfachten Ausführung (Bild 178) an Magnetzündern, Schwungmagnetzündern und Zündspulen beliebt. Dabei ist zumeist auf dem Stromabnehmer selbst schon ein Kordelgewinde

im Bakelitwerkstoff eingepreßt. Eine Überwurfmutter aus Blech (111 t), durch die das Kabelende gesteckt wird, wird auf das Kordelgewinde des Bakelitteils aufgeschraubt und drückt über eine Metalltülle (111 r) die konische Gummitülle (111 q) auf den Stromabnehmer und befestigt so das durchgesteckte und auf der Stechspitze aufgespießte Kabel fest und wasser-

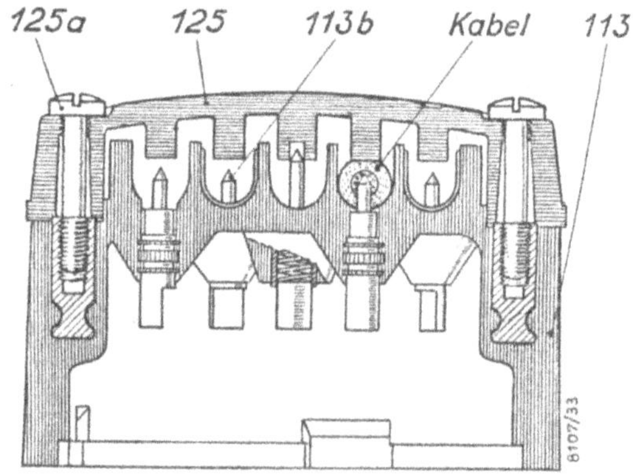

113 Verteilerscheibe
113b Stechspitze
125 Bakelitdeckel zum Festhalten und Abdecken der Kabelenden
125a Befestigungsschraube des Bakelitdeckels

Bild 179. Kabel in Nuten der Verteilerscheibe auf Stechspitzen

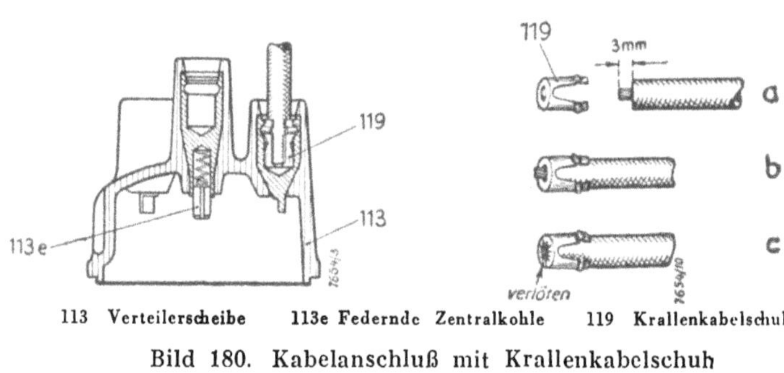

113 Verteilerscheibe 113e Federnde Zentralkohle 119 Krallenkabelschuh

Bild 180. Kabelanschluß mit Krallenkabelschuh

dicht. Wichtig ist bei dieser einfachen Befestigungsart, daß das Kabel nicht zu stark im Durchmesser vom Normalmaß abweicht, nicht zu weich ist, damit es sich nicht einschnürt, und daß die Gummitülle gute Beständigkeit gegen die Strahlung der Hochspannung hat. Bei Zündverteilern mit Kabelabführung senkrecht zur Verteilerachse werden manchmal die Kabel in Nuten der Verteilerscheibe eingelegt und dabei auf Stechspitzen aufgedrückt und dann mit einem Bakelitdeckel in ihrer Lage gehalten (Bild 179).

Die weitaus meist verbreitete Befestigung des Hochspannungskabels ist aber heute der bei der Wagenbatteriezündung an Zündspule und Zündverteiler fast allgemein angewandte Steckanschluß mit Krallenkabelschuh (Bild 180). Das Kabel wird an seinen Enden auf 3 mm abisoliert, in den zylindrisch geformten Blechdrückteil, den Kabelschuh (119) so eingesteckt, daß das Drahtbündel durch das Bodenloch sticht. Die einzelnen Drähtchen werden umgelegt, so daß sie strahlenförmig den Boden des Kabelschuhs bedecken aber nicht über diesen hinausstehen, und werden mit dem Kabelschuh verlötet. Der zylindrische Teil des Kabelschuhs ist doppelt geschlitzt, also federnd und am oberen Ende mit kleinen Nasen, sogenannten Krallen versehen. Das Kabel wird mit dem Kabelschuh in den Anschlußturm gesteckt, in dem ein Metallteil einbakelitisiert ist, der am unteren Ende die feste Elektrode der Verteilerscheibe oder sonstwie den Anschlußteil zur Abnahme der Hochspannung bildet. Am oberen Ende ist der Metallteil ein topfförmiger Hohlkörper, der das Kabelende mit dem Kabelschuh aufnehmen kann. Er enthält in seinem obersten Teil eine Rille, in die die Krallen des Kabelschuhs so einschnappen, daß Kabel und Kabelschuh zwar durch das Federn des geschlitzten Kabelschuhs leicht hereingedrückt werden aber nur mit einer gewissen Kraft wieder herausgezogen werden können. Es ist wichtig, daß der Metallteil vom Zünderbauer nicht zu tief in den Turm des Bakelitteils versenkt wird, damit das Kabel leicht und sicher ganz bis auf den Grund des Metallteils eingeführt wird. Ein nicht völlig eingestecktes und durch Einschnappen der Krallen gesichertes Kabel bringt die Gefahr ungenügenden Kontakts und des Einbrennens des Bakeliturms, was zur Zerstörung des

Bild 181. Gummikappe zur Dichtung des Hochspannungskabelanschlusses

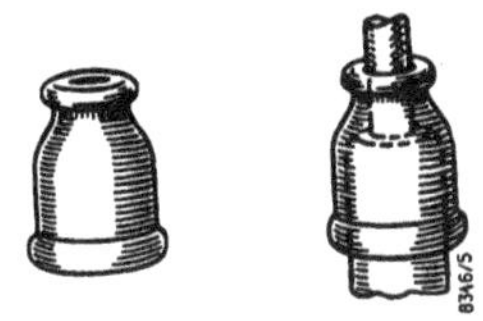

ganzen Isolierteils führen kann. Um die Öffnung des Anschlußturms, in der das Kabel natürlich nicht dicht sitzen kann, vor Spritz- und Regenwasser zu sichern, wird häufig eine Gummikappe über das Kabel gezogen, durch die das Kabel dicht hindurchführt und die elastisch und dicht auf dem Turm sitzt (Bild 181).

Die Befestigung des Kabels an der Kerze kann auf verschiedene Weise geschehen. Bild 182 zeigt den früher viel verwendeten Rajah-Kabelschuh, der in die Nut der Kerzenhutmutter eingehakt werden kann. Sein einfacherer Bruder, der Haarnadelkabelschuh ist heute noch häufig angewandt (Bild 183). Vor allem hat sich aber der sogenannte Kabelstecker

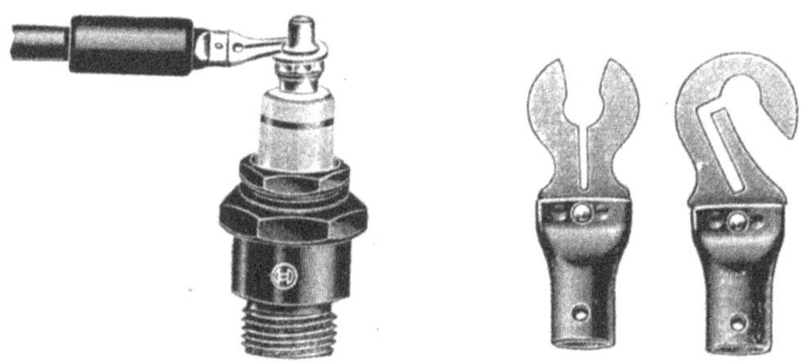

Bild 182. Rajah-Kabelschuh

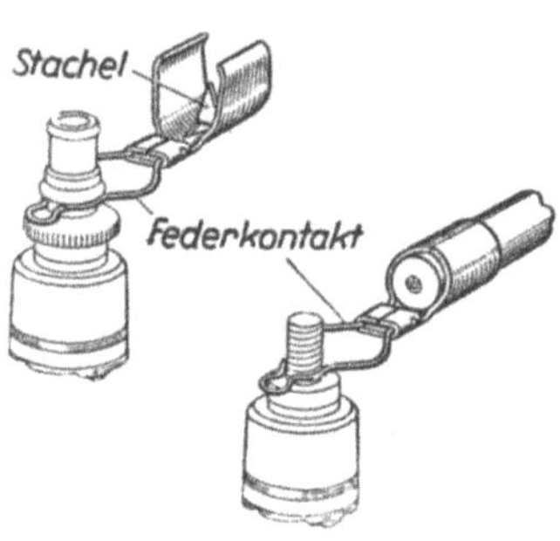

Bild 183. Haarnadel-Kabelschuh

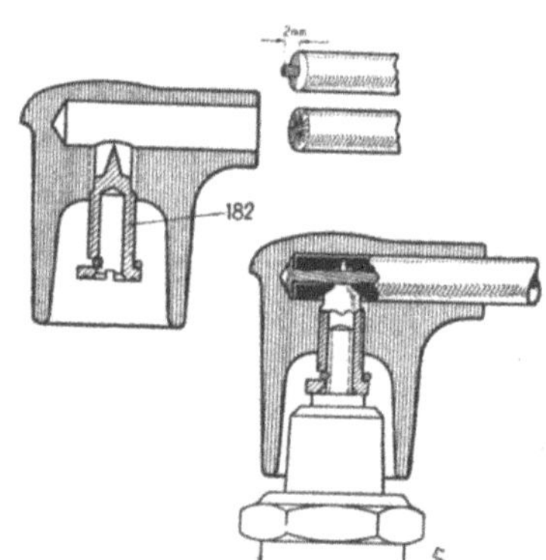

182 Spitzschraube mit Federring

Bild 184. Isolierter Kabelstecker

weitgehend eingeführt, der es gestattet, die Kerzenkabel sehr rasch zu lösen und wieder anzuschließen. Bild 184 zeigt eine isolierte Ausführungsform, bei der dies bei laufendem Motor gefahrlos möglich ist. Die Spitzschraube, mit der das Kerzenkabel im Stecker befestigt wird, ist als Hülse ausgebildet, die über das Anschlußgewinde der Zündkerze geschoben wird und dieses mit einem Federring festhält. Wenn man auf die Isolierung verzichtet, kommt man zu einem sehr einfachen und billigen Kabelstecker, wie ihn z. B. Opel verwendet (Bild 185). Über das Kerzenkabel wird eine geschlitzte Hülse geschoben, deren Widerhaken in die Gummiisolation des Kabels eingreifen und das Abrutschen verhindern. Das andere Ende der Hülse ist gewellt und wird federnd über den Kopf der Kabelanschluß-mutter oder über das Anschlußgewinde der Mittelelektrode geklemmt. Bei starker Spritzwassergefahr, z. B. am Motorrad wird gerne die sogenannte Regenschutzkappe (Bild 186) gebraucht. Das Kabel wird durch den Stutzen geführt, über das freigelegte

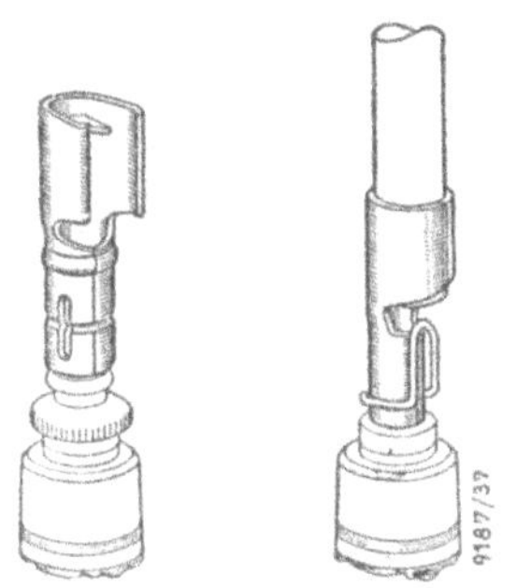

Bild 185. Unisolierter Kabelstecker

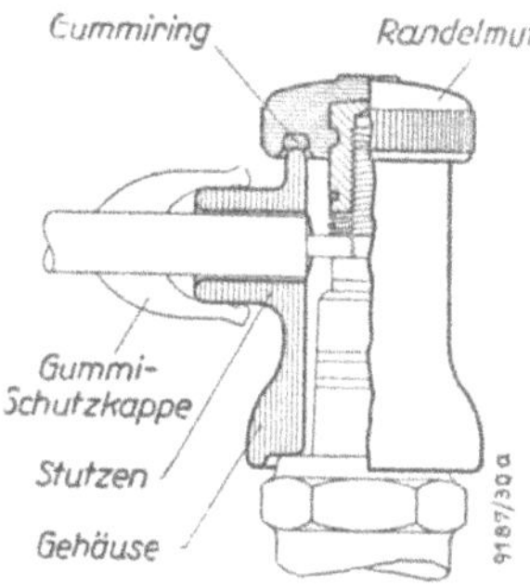

Bild 186. Regenschutzkappe

Ende der Kabelseele wird ein Metallröhrchen geschoben, zur Öse gebogen, über das Anschlußgewinde gestreift und die Randelmutter wird auf das Anschlußgewinde geschraubt. Die aus Isolierstoff bestehende Kappe wird von der Randelmutter auf das Kerzengehäuse gedrückt, zugleich wird durch eine Schraubenfeder die Kabelöse auf dem Bund der Mittelelektrode festgehalten und durch einen Gummiring die Randelmutter gegen die Kappe dicht angepreßt. Eine Gummitülle schützt den Kabeleintritt vor Spritzwasser.

Eine Kabelbefestigungsart, die besonders für Kerzenstecker heute gern verwendet wird, ist die in Bild 196 auf Seite 284 am sogenannten Entstörstecker gezeigte Holzschraubenkabelbefestigung. In die Bohrung eines Isolierteils ist eine Metallholzschraube so eingesetzt, daß das Ende des Hochspannungskabels in die Bohrung des Isolierteils eingedrückt und durch Drehen des ganzen Isolierteils auf die Holzschraube geschraubt werden kann. Da die Holzschraube sich in die Kabelseele einbeißt, bildet sie den Kontakt mit der Seele und kann die weitere Fortleitung des Stroms übernehmen. Das Kabel kann, da es ziemlich passend in die Bohrung hineingeht, beim Eindringen der Holzschraube nicht ausweichen und sitzt dadurch ganz gut im Isolierteil. Diese Befestigungsart eignet sich besonders für Kerzenstecker, aber auch für Stromabnehmer an Zündern, dagegen weniger für Verteilerscheiben, da sich die einzelnen Kerzenstecker oder Stromabnehmer leichter auf das Kabel schrauben lassen als umgekehrt das Kabel in den Isolierteil.

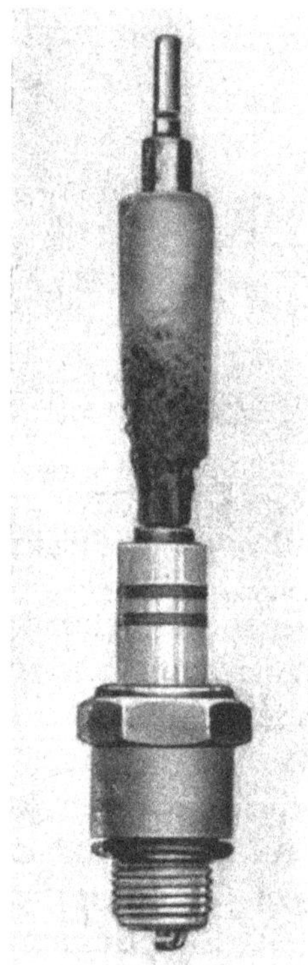

Bild 187. Zerstörung eines Kerzenanschlußsteckers durch zu starke Erwärmung und Überschläge zur Masse

Dort, wo besondere Anschlußteile für den Kerzenanschluß nicht zur Verfügung stehen, kann man natürlich zur Not auch die Kabelseele unmittelbar mit der Anschlußmutter auf der Mittelelektrode der Kerze festschrauben.

Besondere Isolierteile werden am Kerzenanschluß des Kabels dort angewandt, wo der Kerzensitz vertieft ist. Dies ist ganz besonders dort der Fall, wo Kerzen nachträglich eingesetzt werden müssen, z. B. bei den auf Generatorgas umgebauten Dieselmotoren. Dabei ist vor allem darauf zu achten, daß die Kriech- und Überschlagwege nicht zu klein werden und die

Temperatur für den gewählten Isolierstoff nicht zu hoch wird. Der Überschlagweg in freier Luft soll mindestens 18 mm, der Kriechweg entlang dem Isoliermaterial sogar mindestens 25 mm betragen. Die zulässige Temperatur für Hartgummiteile ist etwa 100 Grad C, die für Bakelitteile etwa 120 bis 150 Grad C je nach Qualität des Bakelits. Die Durchschlagfestigkeit der meisten Isolierteile, besonders des Bakelits, ist nicht so groß, daß sie unmittelbar mit ihrer Wandstärke hochspannungsführende Teile von Masse trennen können, ohne daß sie nach längerer oder kürzerer Zeit durch Strahlung Schaden nehmen und durchschlagen. Mit Rücksicht auf einwandfreies Ausbakelitisieren soll nämlich die Wandstärke des Bakelits 2 bis 3 mm nicht überschreiten. Es sollte deshalb stets ein angemessener Luftabstand zwischen dem Bakelitanschlußteil und Masse gesichert sein. Wo Bakelit oder Hartgummi als Isolator nicht ausreicht, muß der mehr wärme- und strahlungsfeste keramische Isolator verwendet werden. Ein Beispiel für den Kabelanschluß bei vertieftem Kerzensitz zeigt Bild 257 in Abschnitt VI, 3. Ein Beispiel eines durch starke Erwärmung und Funkenüberschlag zerstörten Anschlusses zeigt Bild 187. Der verwendete Isolierstoff war für die hier aufgetretene Beanspruchung nicht wärmebeständig genug.

Beim Batteriezünder ist der Verlegung der **Primärkabel** besondere Beachtung zu schenken. Genügender Kupferquerschnitt, mindestens 1,0 mm² Litze, gute Kabelverbindungen, genügende Isolierung und übersichtliche Anordnung sind die Hauptbedingungen für zuverlässiges Arbeiten der ganzen Zündung. Die Drahtanschlüsse müssen unbedingt gut verschraubt werden. An Zündspule und Zündverteiler sind hierfür zumeist genormte Schraubenbolzen vorgesehen, um die das auf 20 mm abisolierte Kabel herumgelegt wird, um dann mit Hilfe einer Sechskantmutter festgezogen zu werden. Beim Zündverteiler ist zu beachten, daß zwei Sechskantmuttern übereinander am Primäranschlußbolzen vorgesehen sind; die eine dient zum Halten des Bolzens im Gehäuse und hält zugleich die Unterbrecherfeder mit fest. Sie muß also gut festgezogen bleiben. Nur die obere Mutter darf für die Befestigung des Kabels gelöst und wieder festgezogen werden. Da der Kabelanschlußbolzen gegen das Gehäuse isoliert ist, muß darauf geachtet werden, daß Kabelseele oder Kabelschuh nicht mit dem Gehäuse in Berührung kommen. Am besten wird zum Primärkabelanschluß ein Kabelschuh am Kabel angebracht. Bild 188 zeigt den Bosch-Kabelschuh und seine Befestigung. Das Kabel wird etwa 5 mm abisoliert, ein Stückchen Gummischlauch wird über das Kabel ge-

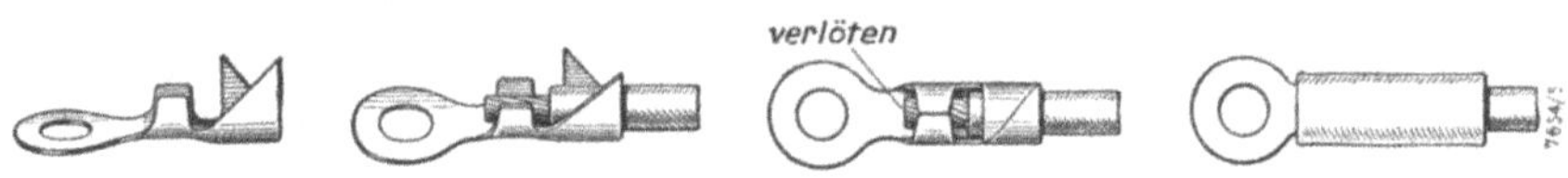

Bild 188. Primärkabelschuh

schoben, durch Umbiegen der Lappen des Kabelschuhs wird das Kabel in den Schuh eingeklemmt und die Kabelseele wird im Schuh festgelötet. Hierauf schiebt man den Gummischlauch über den Kabelschuh. Bild 189 zeigt die richtige und falsche Stellung des Primärkabelschuhs an der Zündspule. Der Kabel-

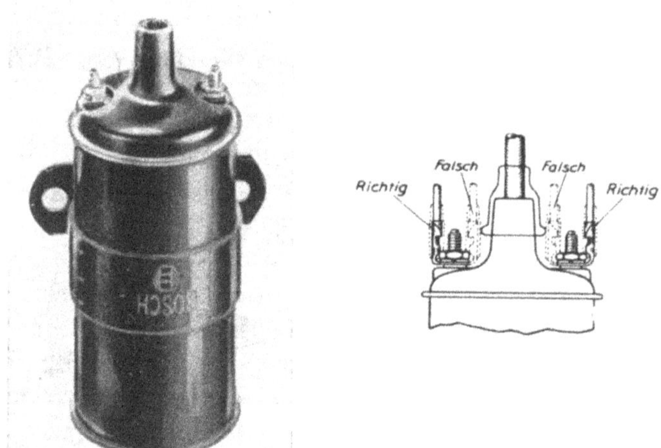

Bild 189. Zündspule, Kabelbefestigung

schuh soll nach außen abgehen und nicht nach dem Hochspannungsturm hin gerichtet sein, um Strahlung und Überschlaggefahr von der Hochspannungsausführung her zu vermeiden. Während beim Batteriezünder alles darauf ankommt, zu große Übergangswiderstände in den Primärleitungen und Anschlüssen zu vermeiden, ist es beim Magnetzünder wichtig, daß die Kurzschlußleitung, die dem Abstellen der Zündung dient, keinen Wackelkontakt hat und für die hier auftretende ziemlich hohe Primärspannung einwandfrei isoliert ist. Für das Kurzschlußkabel sind zumeist am Unterbrecher geeignete Anschlußbolzen vorgesehen. Als Beispiel einer leicht lösbaren Verbindung des Kurzschlußkabels mit dem Zünder zeigt Bild 190 einen Stöpselanschluß, der in den Zünder eingesetzt auf eine Blattfeder drückt, die mit dem Unterbrecher in Verbindung steht. Das Kabel wird auf 15 mm abisoliert und dann durch die Überwurfmutter (137 f) und eine metallische und eine isolierte Kabeltülle (137 e und b) gesteckt. An der Isoliertülle (137 b) befindet sich ein Metalleinsatz mit Gewinde, durch dessen Boh-

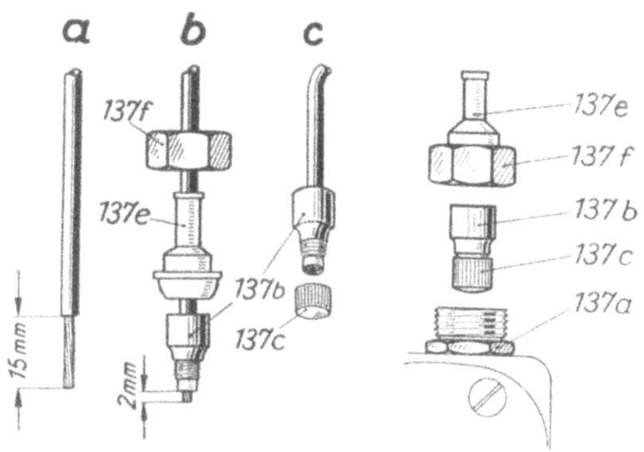

137a Fassung 137b Isolierte Kabeltülle 137c Metallkappe
137e Blechkabeltülle 137f Überwurfmutter

Bild 190. Stöpselanschluß des Kurzschlußkabels

rung die Kabelseele durchgeführt wird. Dann werden die Drahtenden auf 2 mm Länge strahlenförmig umgelegt, und eine Metallkappe (137 c) wird zur Befestigung darüber geschraubt. Die Isoliertülle und die Metalltülle werden mit dem Kabel in den Zünder eingeführt und mit der Überwurfmutter so festgeschraubt, daß die Metalltülle mit ihrem Konus dicht am Gehäuse sitzt und die Isoliertülle mit ihrer Metallkappe auf die genannte zum Unterbrecher führende Feder drückt. An die Metalltülle kann ein Metallgewebeschlauch zum Schutz des Kabels und zur Funkentstörung angeschlossen werden.

Zum Einbau des Zünders gehört endlich die **Übertragung der Verstellhebelbewegung** der Handverstellung vom Führersitz zum Zünder. In den seltenen Fällen, in denen an Kraftwagen noch Handverstellung gebraucht wird — in der Regel erfolgt die Verstellung vollautomatisch — besteht die Übertragung aus einem G e s t ä n g e mit Kugelgelenken, oder, bei Krafträdern fast stets, aus einem B o w d e n z u g, der mit einem

Drahtzug und gerastetem Handhebel betätigt wird. Bei der Bowdenzugverstellung wird häufig die Frage aufgeworfen, ob die Feder den Verstellhebel nach Früh- oder Spätzündung ziehen soll, d. h. ob es vorteilhafter ist, wenn bei Reißen des Drahtzugs oder bei ungenügender Hemmung des Bedienungshebels der Verstellhebel am Zünder auf Früh- oder Spätzündung geht. Eine einheitliche Lösung dieser Frage ist bisher nicht gefunden worden. Bei Zug auf Spätzündung besteht die Gefahr, daß unnötig mit Spätzündung gefahren wird. was bei Magnetzündern zu starkem Kontaktabbrand führt und Erwärmung und Leistungsabfall des Motors verursacht. Bei Zug auf Frühzündung besteht andererseits die Gefahr von Rückschlägen beim Anwerfen.

2. Störungen, besondere Betriebsverhältnisse, Instandsetzung

Die meisten Zünder sind so gebaut, daß sie kaum einer **Pflege** bedürfen. Bei vielen Konstruktionen ist sogar die Schmierung der Lagerstellen überflüssig, ja schädlich, da durch Kugellagerung und entsprechende Fettvorräte für genügende zwangläufige Schmierung für Zehntausende von Fahrkilometern gesorgt ist. In diesem Fall genügt es, bei Generalreparatur des ganzen Wagens auch den Zünder nachsehen und schmieren zu lassen.

Wo Schmierung erforderlich ist, z. B. an Gleitlagerstellen am Batteriezündverteiler, Verteiler des Magnetzünders, Getriebe im Lichtmagnetzünder und Dieselumstellzünder, sind stets deutlich Schmierlöcher oder Schmierbehälter erkennbar. Auch hier ist aber vor übertriebener Schmierung zu warnen. Man wird stets der Gebrauchsanweisung den Zeitraum, für den eine Schmierung ausreicht, die Menge der Schmierung und den Schmierstoff entnehmen können. Allgemein läßt sich nur sagen, daß bei Ölschmierung sauberes, leicht angewärmtes, nicht zu dickflüssiges Öl, bei Fettschmierung sauberes Fett mit nicht zu geringem Tropfpunkt (etwa 160 Grad C) genommen werden muß. Beim Zündverteiler ist die Staufferbüchse alle 2000 km eine Umdrehung nachzuziehen, nötigenfalls zu füllen.

Außer der Schmierung bedarf noch der Unterbrecher einer gewissen Aufmerksamkeit, doch wird auch bei ihm zumeist mehr Schaden als Nutzen durch unnötiges Herumarbeiten angerichtet. Bei Magnetzündern mit Platinkontakten ist dort, wo starke Höckerbildung auftritt, die sehr vorsichtige Entfernung des Höckers mit sauberer Spezialkontaktfeile zu empfehlen. Dort, wo große Abnützung auftritt und infolgedessen die Kon-

Bild 191. Kontakteinstellung am Zündverteiler des Vierzylinder-Ford-Motors

taktöffnung bei völliger Öffnung des Unterbrechers den vorgeschriebenen Wert überschreitet, ist Richtigstellung des Kontaktabstands zu empfehlen. Die Kontaktöffnung soll beim gebräuchlichen Zündverteiler und Schwungzünder 0,4 bis 0,5 mm, beim Magnetzünder dagegen in der Regel 0,3 bis 0,4 mm betragen, wenn der Unterbrecher auf der höchsten Stelle des Nockens steht. Die meisten Unterbrecher sind so gebaut, daß man bei der Einstellung nach Lösen einer Befestigungsschraube den Amboß des Unterbrechers verschieben und dadurch die Kontaktentfernung verändern kann (s. Bild 191 und 192). Zur Erleichterung der Verschiebung des Amboßwinkels dient oft eine exzentrisch ausgebildete Schraube (siehe hierüber auch Abschnitt III, 3, Seite 131). Es muß auf größte Genauigkeit, sicheres Wiederanziehen der Feststellschraube und darauf geachtet werden, daß sich beim Anziehen der Feststellschraube die Kontaktöffnung nicht wieder verändert. Zur Feststellung des Kontaktabstands metallene Kontaktlehren, kein faserndes Material benutzen (Bild 193)! Bei Wolframkontakten, besonders beim Batteriezünder, ist Reinigung der Kontaktoberfläche nur bei Auftreten von Anständen oder bei Generalüberholung des Motors und Zünders zu empfehlen und dann möglichst nur in geeigneter Werkstätte durch Abziehen der Kontakte auf

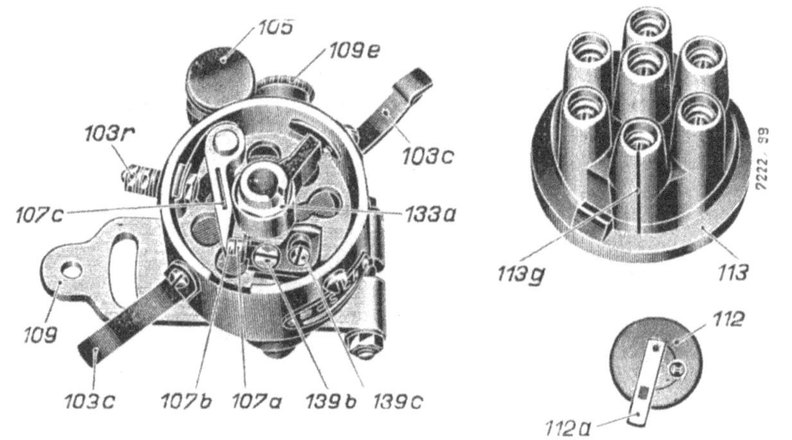

103c Haltefedern der Verteilerscheibe
103r Anschlußklemme für Primärkabel von der Zündspule
105 Kondensator
107a Amboßkontakt
107b Hebelkontakt
107c Unterbrecherhebel
109 Verstellhebel
109e Staufferbüchse
112 Verteilerläufer
112a Verteilerläuferelektrode
113 Verteilerscheibe
113g Markierung für Zylinder 1
133a Nocken
139b Feststellschraube des Kontaktwinkels
139c Excenterschraube zum Bewegen des Kontaktwinkels und Einstellen der Kontaktöffnung

Bild 192. Sechszylinder-Zündverteiler, Verteilerscheibe und Verteilerläufer zur Kontakteinstellung abgenommen

einem Ölstein. Bei dieser Gelegenheit kann dann auch die Nockenschmierung erneuert werden, etwa durch Aufbringen eines Keils aus sehr temperaturbeständigem, sich nicht entmischendem feinstem Spezialfett an dem Ablenkstück des Unter-

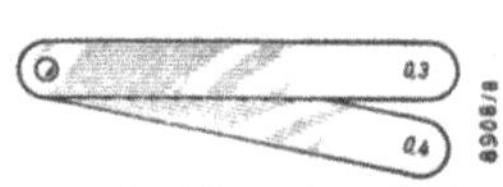

Bild 193. Lehren für Unterbrecherkontaktabstand

brechers. Man hüte sich dabei allerdings vor jedem Zuviel, das nur dem Arbeiten der Kontakte schaden kann! Solche Spezialfette werden von Zünderfirmen in dafür geeigneten Tuben geliefert. Ein Reinigen der Kontakte von Oxyd durch Kontaktfeilen oder sonstige harte Gegenstände ist, wie schon in Abschnitt III, 3 erwähnt, zumeist wertlos, da das nichtleitende

Anstand	Ursache	
1. Motor klopft	Zündung erfolgt zu früh	Verstelleinric Zünder zum
	Glühzündungen	Wärmewert d Kerzenstein g
2. Motor wird heiß und beschleunigt sich nicht	Zündung erfolgt zu spät oder zu früh	Verstelleinric Zünder zum Unterbrecher
3. Rückschäge in den Vergaser	Glühzündungen	Motor zu hei Ungeeignete zen nicht g
	Funke springt in den falschen Zylinder	Zünder falsch Kerzenkabel Verteilerschei
4. „Zündkerzenblasen"	Kerze nicht dicht am Sitz Kerze nicht dicht am Stein	Dichtung ver Kerze ungenü Stein zerspru
5. Aussetzer an bestimmten Zylindern	Fehlerhafter Übergang der Hochspannung zur Masse zwischen Verteiler und Kerze	Zündkerze ve Zündkerze du Zündkerzenel Kerzenkabel Durchschlag Überschlag a
	Unterbrechung zwischen Verteiler und Kerze oder zu große Überschlagwege an Verteiler- oder Kerzenelektroden	Kabel gelöst Elektrodenab Kabel sitzt ni BeimÜbersc Sonstige Ver
	Unterbrecher öffnet oder schließt nicht vor bzw. nach jedem Unterbrecherhöcker	Unterbrecher
6. Unregelmäßiges Aussetzen oder völliges Wegbleiben der Zündung. (Bleibt die Zündung plötzlich ganz weg, so ist der Fehler nicht an den Kerzen, sondern am Zünder zu suchen).	Dauernder oder kurzzeitiger Schluß oder Durchschlag Spannung führender Teile nach Masse	Zündkerzen v Zündkerzen ä Zündkerzen i Verteilerschei innen naß Bei Magnetzü schluß Bei Batteriez Bei Batteriez " " Kriechübersc und dergl. Durchschlag Durchschlag
	Unterbrechung oder zu großer Überschlagweg in Stromleitungen	Verteiler-, St Bei Batteriez " " " " " " " " " " Ende der Sek Eine Leitung und Unter
	Unterbrecher feuert	Kontakte sin Öl- oder Ben Schlechter K densator u
		Kontakte sin wandfrei (I

…elle	Abhilfe
…gestellt	Mehr nach Spätzündung einstellen. Unter Umständen Verstelleinrichtung instand setzen. Selbstversteller dem verwendeten Kraftstoff anpassen.
…gestellt	Zünder neu einstellen.
…edrig	Kerzen höheren Wärmewerts verwenden.
	Kerze erneuern.
…gestellt	Zündung richtig einstellen, unter Umständen Selbstversteller dem verwendeten Kraftstoff anpassen.
…gestellt	Zünder neu einstellen.
…ntakte abgenutzt	Instand setzen und neu einstellen.
…en)	Weniger Gas geben. Motor und Kühlung nachsehen, unter Umständen Zündung richtig einstellen.
…ter Kerzensitz oder Ker…ogen	Kerzen höheren Wärmewerts verwenden. Kerzensitz berichtigen. Kerzen anziehen.
	Zünder neu einstellen.
	Kabel richtig an die Kerzen anschließen.
…der naß	Scheibe mit Lappen ausreiben.
	Dichtungsring anbringen.
	Kerze festziehen.
….	Kerze erneuern.
…t	Kerze reinigen, unter Umständen Kerze mit kleinerem Wärmewert einsetzen, unter Umständen Vergasereinstellung berichtigen, bei Generatorgas nach Reinigungsanlage sehen.
	Ersatzkerze einsetzen.
…en sich	Aufbiegen der Masseelektroden auf 0,6 mm Abstand.
	Neues Kabel einziehen.
…gment zur Masse	Verteilerscheibe erneuern.
…m Verteiler außen herunter	Feuchtigkeit und Schmutz entfernen, unter Umständen Elektrodenabstand der Kerzen berichtigen.
	Kabel wieder richtig anbringen.
… zu groß	Masseelektroden bis auf den Abstand 0,6 mm einbiegen.
…Verteiler	Kabel neu einziehen.
…neidenabstand zu groß	Verteilerscheibe instand setzen lassen oder erneuern.
	Zünder instand setzen lassen.
… abgenützt	Unter Umständen hilft Verstellen der Kontakte.
	Nocken erneuern, am besten Zünder instand setzen lassen.
	Unter Umständen Vergasereinstellung berichtigen.
…ölt	Entfernen der Rußschicht aus der Kerze. Ersatzkerze einsetzen, unter Umständen Kerze mit kleinerem Wärmewert.
	Kerzen abwischen.
	Motor ohne Kerzen einigemal durchdrehen. Trockene Kerzen einsetzen.
…re Isolierteile außen oder …asser)	Sorgfältig abtrocknen.
…hlußvorrichtung hat Masse-	Kurzschlußdeckel abnehmen.
	Kurzschlußkabel erneuern oder Fehlerstelle gut mit Isolierband umwickeln.
	Unter Umständen Schlüsselschalter reparieren.
…schadhaft	Spule ersetzen.
…imärkabel hat Masseschluß	Kabel erneuern.
… zwischen Verteiler und …durchgeschlagen	Kabel erneuern.
…twege infolge Kohlenstaub	Schmutz mit trockenem Lappen entfernen, unter Umständen beschädigte Isolationsteile erneuern.
…fer oder Stromabnehmer	Verteilerläufer oder Stromabnehmer ersetzen.
…oder Kondensator	Ankerkern oder Kondensator ersetzen. In der Regel Zünder der Erzeugerfirma zur Reparatur senden.
… oder Massekohle gebrochen	Neue Kohlen einsetzen.
…kabel schadhaft	Neues Kabel anbringen.
…altwiderstand …geschmolzen oder zerrissen	Vorschaltwiderstand erneuern.
… Schlusses …rung durchgeschmolzen	Schluß beheben und Sicherung erneuern.
…ltvorrichtung … in Ordnung	Schlüsselschalter nachsehen.
…te Anschlußkontakte …Kabel oder ungenügende …everbindung	Anschlüsse in Ordnung bringen. Hauptsächlich die beiden Unterbrecheranschlüsse beachten.
…ule hat Unterbrechung	Zündspule erneuern oder instand setzen lassen.
… abgebrochen	Ankerkern oder Spule ersetzen.
…rimärwicklung, Kondensator …rbrochen	Leitung erneuern, unter Umständen Zündanker instand setzen lassen.
…(hauptsächlich bei Wolfram)	Kontakte mit sauberem Messer oder Ölstein reinigen.
…Unterbrechergehäuse	Ursache der Dämpfe beseitigen, Zünder abdecken. Lüftung des Unterbrechergehäuses nachsehen.
…nterbrechung zwischen Kon…r	Unterbrecher- und Kondensatoranschluß nachsehen, u. U. Kondensator auswechseln.
… und schließen nicht ein-	Kontakte mit sauberem Messer reinigen, besser aber mit Öl-

		Sonstige Vert
	Unterbrecher öffnet oder schließt nicht vor bzw. nach jedem Unterbrecherhöcker	Unterbrecherr
	Dauernder oder kurzzeitiger Schluß oder Durchschlag Spannung führender Teile nach Masse	Zündkerzen v Zündkerzen ä Zündkerzen in Verteilerschei innen naß Bei Magnetzü schluß Bei Batteriezü Bei Batteriezü „ „ Kriechübersch und dergl. Durchschlag a Durchschlag v
6. Unregelmäßiges Aussetzen oder völliges Wegbleiben der Zündung. (Bleibt die Zündung plötzlich ganz weg, so ist der Fehler nicht an den Kerzen, sondern am Zünder zu suchen).	Unterbrechung oder zu großer Überschlagweg in Stromleitungen	Verteiler-, St Bei Batteriezü „ „ „ „ „ „ „ „ „ „ Ende der Sek Eine Leitung und Unterb
	Unterbrecher feuert	Kontakte sind Öl- oder Benz Schlechter Ko densator un
	Unterbrecher schließt nicht richtig oder öffnet nicht mehr	Kontakte sinc wandfrei (b Kontakte abge Kontakte abge Nocken oder Feder oder geblieben
	Zünder läuft nicht mit dem Motor um	Kupplung nic
	Batterie ist zu stark entladen (bei Batteriezündung)	Zündungsscha Lichtmaschine Kabel zwische oder Schluß Batterie schad

Man beachte: In dieser Tafel sind nur Störungsu ersten Spalte angeführten Anstände können jedoch auch herrühren. Z. B. können Glühzündungen nicht nur vo ständen mit den Ventilen oder von Ölkohle, in den Verb Rückschläge in den Vergaser v

Bild 194:

	Zünder instand setzen lassen.
abgenützt	Unter Umständen hilft Verstellen der Kontakte. Nocken erneuern, am besten Zünder instand setzen lassen.
lt	Unter Umständen Vergasereinstellung berichtigen. Entfernen der Rußschicht aus der Kerze. Ersatzkerze einsetzen, unter Umständen Kerze mit kleinerem Wärmewert.
	Kerzen abwischen.
	Motor ohne Kerzen einigemal durchdrehen. Trockene Kerzen einsetzen.
e Isolierteile außen oder sser)	Sorgfältig abtrocknen.
lußvorrichtung hat Masse-	Kurzschlußdeckel abnehmen. Kurzschlußkabel erneuern oder Fehlerstelle gut mit Isolierband umwickeln. Unter Umständen Schlüsselschalter reparieren.
hadhaft	Spule ersetzen.
märkabel hat Masseschluß	Kabel erneuern.
zwischen Verteiler und urchgeschlagen	Kabel erneuern.
wege infolge Kohlenstaub	Schmutz mit trockenem Lappen entfernen, unter Umständen beschädigte Isolationsteile erneuern.
r oder Stromabnehmer	Verteilerläufer oder Stromabnehmer ersetzen.
ler Kondensator	Ankerkern oder Kondensator ersetzen. In der Regel Zünder der Erzeugerfirma zur Reparatur senden.
der Massekohle gebrochen	Neue Kohlen einsetzen.
abel schadhaft	Neues Kabel anbringen.
ltwiderstand geschmolzen oder zerrissen	Vorschaltwiderstand erneuern.
Schlusses ung durchgeschmolzen	Schluß beheben und Sicherung erneuern.
vorrichtung in Ordnung	Schlüsselschalter nachsehen.
e Anschlußkontakte abel oder ungenügende verbindung	Anschlüsse in Ordnung bringen. Hauptsächlich die beiden Unterbrecheranschlüsse beachten.
le hat Unterbrechung	Zündspule erneuern oder instand setzen lassen.
abgebrochen	Ankerkern oder Spule ersetzen.
märwicklung, Kondensator brochen	Leitung erneuern, unter Umständen Zündanker instand setzen lassen.
hauptsächlich bei Wolfram)	Kontakte mit sauberem Messer oder Ölstein reinigen.
nterbrechergehäuse	Ursache der Dämpfe beseitigen, Zünder abdecken, Lüftung des Unterbrechergehäuses nachsehen.
erbrechung zwischen Kon-	Unterbrecher- und Kondensatoranschluß nachsehen, u. U. Kondensator auswechseln.
und schließen nicht ein-	Kontakte mit sauberem Messer reinigen, besser aber mit Ölstein abschleifen lassen oder erneuern. Kleine Löcher oder Höcker in den Kontakten sind unschädlich.
	Auf 0,3 mm Öffnung nachstellen, unter Umständen Kontakte ersetzen.
abgesplittert	Kontakte ersetzen.
ützt	Kontakte nachstellen, unter Umständen Nocken oder Unterbrecher erneuern.
hen oder Hebel hängen	Unterbrecherteile ersetzen.
	Kupplung instand setzen und neu einstellen.
h eingeschaltet	Zündung und sämtliche Stromverbraucher abschalten und nach längerer Ruhepause von Hand anwerfen oder anschieben.
alter nicht in Ordnung	Lichtmaschine instand setzen.
ne und Batterie schadhaft el der Lichtanlage	Kabel und Anschlüsse nachsehen.
	Batterie instand setzen, unter Umständen destilliertes (in Notfällen Regen-) Wasser nachfüllen, versuchen, schlechte Zelle abzuschalten und nur mit den guten Zellen die Batteriezündung zu speisen.
	In allen Fällen Anlassen mit Anlaßmotor vermeiden; wenn möglich, durch Bergabrollen des Wagens Motor anwerfen, stets auf mittlerer Drehzahl halten.
	In allen Fällen Batterie bei nächster Gelegenheit nachsehen und an fremder Stromquelle aufladen lassen.

ben, die sich auf die Zündung beziehen. Die in der
nicht mit der Zündung zusammenhängenden Störungen
lotor oder Kerzenfehlern, sondern ebensogut von An-
ragenden Kanten, Dichtungen usw. hervorgerufen werden.
Ventilen oder Brennstoffmangel.

r Zündung.

Oxyd des Wolframs viel zu hart für derartige Werkzeuge ist, ja es ist eine solche Wartung schädlich, da stets die Gefahr besteht, daß durch solche Maßnahmen Verunreinigungen auf die Kontakte getragen werden. Auch geringste Verunreinigungen sind dabei oft von unheilvollem Einfluß. Man arbeite also an den Kontakten nur dann herum, wenn erwiesenermaßen die Zündung infolge Kontaktoxydation aussetzt, und auch dann ist es besser, mit einem sauberen Messer am Kontaktoxyd zu schaben, als mit einer meist nicht sauberen Feile Reinigungsversuche zu machen.

Wenig Wartung, große Betriebssicherheit muß der Leitgedanke bei der Zünderkonstruktion sein, denn die Zündungsstörung ist zweifellos eine der heimtückischsten Erscheinungen, mit denen der Kraftfahrer zu kämpfen hat. Hat er doch vielfach weder die Kenntnisse noch die Hilfsmittel, um Zünderstörungen zu beheben und damit den Motor wieder betriebsfähig zu machen.

Die Fehler, die zum Versagen der Zündung führen, sind so mannigfach, daß es nicht möglich ist, sie hier restlos aufzuzählen. In der großen Tafel Bild 194 ist versucht, einen Überblick über die wichtigsten **Störungen** und ihre Behebung zu geben. Die in der Tafel angeführten ersten vier Anstände sind für den geübten Kraftfahrer leicht und einwandfrei zu erkennen, dagegen ist bei plötzlichem Wegbleiben der Explosionen, bei Versagen des Anwerfens oder Aussetzen einzelner Zylinder vor allen Dingen davor zu warnen, den Fehler kritiklos an der Zündung zu suchen. Hauptsächlich Vergaserstörungen sind von Zündungsstörungen oft nicht ohne weiteres zu unterscheiden. Ist begründeter Verdacht auf Störung der Zündung vorhanden, so erweist es sich häufig als zweckmäßig, bei der Untersuchung folgendermaßen vorzugehen, um rasch den Fehler zu erkennen: Entfernen eines Kabels von der Kerze und Durchdrehen des Motors bei eingeschalteter Zündung; beobachten, ob zwischen dem Kabelschuh und dem Motorkörper ein Funke in 2—3 mm Abstand überspringt. Springt der Funke an sämtlichen Kerzenkabeln, so sind die Kerzen zu untersuchen, am besten durch Einsetzen von Ersatzkerzen, die jeder Kraftfahrer mitführen sollte. Ist nach Einsetzen der Ersatzkerzen die Störung noch nicht behoben, so liegt der Anstand mit ziemlicher Sicherheit nicht an der Zündung. Man kann bei isolierten Kerzensteckern auch die Kerze aus dem Motor herausschrauben, das Kerzengesicht prüfen und, falls es einwandfrei ist (siehe hierüber Abschnitt VI, Seite 363), den Kerzenstecker wieder auf die Kerze aufsetzen und Kerze mit Stecker mit angeschlossenem Kabel so auf den Motor legen, daß der Kerzenkörper Kontakt mit der Motormasse hat (s. Bild 195). Nun beobachtet

Bild 195. Prüfen ob der Zündfunke an der Kerze springt

man beim Durchdrehen des Motors und eingeschalteter Zündung, ob der Funke zwischen den Kerzenelektroden springt. Springt der Funke an der Kerze oder zwischen dem abgezogenen Kerzenkabel und dem Motorkörper nicht, so wird man die Zündungsanlage näher untersuchen müssen. Hat man sich überzeugt, daß die Zündkabel in Ordnung sind und der Zünder beim Durchdrehen des Motors mitläuft, so entfernt man bei Magnetzündern das Kurzschlußkabel und versucht, ob der Motor nun richtig läuft. Beim Batteriezünder zieht man am besten das von der Zündspule zum Verteiler führende Hochspannungskabel aus dem Verteiler, nimmt die Verteilerscheibe ab, dreht den Motor so durch, daß die Unterbrecherkontakte geschlossen sind und versucht nun durch Anheben des Unterbrecherhebels mit der Hand bei eingeschaltetem Zündschlüssel einen Funken zwischen dem Zündspulenkabelende und der Motormasse zu erzeugen, dadurch, daß man mit der einen Hand das Hochspannungskabel der Zündspule einige mm vom Motorkörper entfernt hält, mit der anderen Hand den Unterbrecherhebel bewegt. Springt hierbei ein Funke, so liegt der Anstand an der Verteilung. Man wird die Verteilerscheibe und den Verteilerläufer ansehen darauf, ob diese Teile nicht beschädigt sind. Insbesondere im Sommer, bei größerer Luftfeuchtigkeit und nach starkem Sturzregen kommt es hin und wieder vor, daß Feuchtigkeit ins Innere des Zünders dringt und sich an der Verteilerscheibe oder sonstigen Isolationsteilen niederschlägt, den Zündstrom also zur Masse ableitet. In solchen Fällen müssen die Isolationsteile sorgfältig mit einem trockenen Tuchlappen abgerieben werden. Bei Überschlagverteilern ist dem Anfressen der Elektroden nur dann Beachtung zu schenken, wenn dadurch der Elektrodenabstand zwischen feststehender und umlaufender Elektrode erheblich größer geworden ist. Entsteht beim Bewegen des Unterbrecherhebels am Unterbrecherkontakt starkes Feuer, so liegt der Anstand am Kondensator, vor allem an seiner Verbindung mit dem Unterbrecher, entsteht ganz leichtes Feuern an den Kontakten, so daß man sieht, daß Primärstrom fließt, springt aber kein Funke am Hochspannungskabel, so ist wahrscheinlich die Sekundärseite der Zündspule beschädigt: sieht man dagegen an den Kontakten nicht das geringste Anzeichen von Stromdurchgang, so hat wahrscheinlich der Primärkreis der Batteriezündung Unterbrechung. Man wird in diesem Fall in erster Linie die Primärkabel und hauptsächlich ihre Anschlüsse an die Zündorgane untersuchen. Man vergesse dabei nicht festzustellen, ob der Anschluß der Kabel und der Masseverbindung an den Polköpfen der Akkumulatorenbatterie in Ordnung ist! Man überzeuge sich, ob die Kontakte des Unterbrechers nicht starke Oxydbildung oder sonstige Verunreinigungen zeigen und beachte dabei das oben über die Unterbrecherwartung gesagte! Bei starker Kontaktabnützung ist Nachstellen des Kontaktabstands nötig. Hin und wieder kommt es auch vor, daß die Kontakte bis fast zu ihrer Eisengrundlage abgenützt oder durchgewandert sind, oder, hauptsächlich bei Wolfram, abgesprungen sind. In diesem Fall ist Auswechseln des Unterbrecherhebels oder des Ambosses oder des ganzen Unterbrechers erforderlich. Beim Magnetzünder ist die Eingrenzung des Fehlers nicht so einfach, weil die Bauelemente geschlossener zusammengebaut sind, und nur bei laufendem Zünder Strom entsteht. Auch hier muß in erster Linie nach dem Unterbrecher gesehen werden:

ebenso sind alle Hochspannungsisolationen einschließlich des Stromabnehmers auf Durchschläge oder Verschmutzung anzusehen. Bei Schleifbahnverteilern wird man prüfen, ob die Verteilerscheibe mit Kohlenstaub verschmiert ist; auch in diesem Falle ist leichtes Abreiben mit einem sauberen Tuchlappen und anschließend hauchdünnes Einfetten der Verteilerbahn zu empfehlen. Man beachte auch alle Schleifkohlen und prüfe nach, ob keine von ihnen abgebrochen ist!

Erfolgen die Zündungen der einzelnen Zylinder unregelmäßig zueinander, so kann der Anstand an der Zahnradübersetzung zum Verteiler oder sonst an der Verteilung liegen; hauptsächlich bei umlaufenden Unterbrechernocken kann ungleiche Abnutzung des Nockens vorliegen. Besonders bei Batteriezündern muß auch auf Wackelkontakte am Kondensatoranschluß und am Unterbrecher sowie auf vorübergehende Kurzschlüsse an diesen Teilen geachtet werden. Alle übrigen Fehler, soweit sie nicht, wie z. B. das Streifen umlaufender Teile, rein mechanischer Natur sind, sind auf einfache Weise nicht zu beheben und oft nicht festzustellen. Hauptsächlich muß hier nochmals davor gewarnt werden, den Anker oder Magnet vom Magnetzünder wegzuziehen oder gar an den Wicklungen irgend etwas ausbessern zu wollen. Fehler, die das Innere der Zünder wesentlich berühren, können nur von erfahrenen Spezialisten behoben werden. Die Ausführungen über die Einzelteile in Abschnitt III werden hierüber genügend Klarheit geschaffen haben.

Die meisten Firmen liefern die wichtigsten Teile des Zünders als Ersatzteile. Es war früher vielfach üblich, gewisse Ersatzteile, die leicht auszuwechseln sind, im Kraftfahrzeug mitzuführen. Zu diesen gehören hauptsächlich der Unterbrecher, Schleifkohlen, Kohlenhalter, Federn und dergleichen, Teile, die von manchen Firmen sogar in besonderen Ersatzteilpackungen zu kaufen waren. Auch ganze Zündspulen wurden als Ersatzteile mitgenommen. Nachdem die Zuverlässigkeit der Zündanlage immer größer geworden ist, und nachdem das Kundendienstnetz der Zünderfirmen immer verbreiteter und deshalb die Beschaffung von Ersatzteilen immer leichter möglich wurde, hat man auf das Mitführen von Ersatzteilen zumeist verzichtet. War doch nicht vorauszusehen, daß der Krieg und die Kriegsauswirkungen den Kraftfahrer in der Beschaffung der Ersatzteile auch auf diesem Gebiet vor so große Schwierigkeiten stellen würden.

Bei der weiten Verbreitung der Batteriezündung hat es sich als sehr vorteilhaft erwiesen, daß der Unterbrecherhebel fast aller Zündverteiler in den Abmessungen gleich und deshalb leicht austauschbar ist. So ist z. B. der Blech-Hebel des verbreitetsten amerikanischen Verteilers, des Delcoverteilers ohne weiteres vertauschbar mit dem Hebel des deutschen Boschverteilers, ja Bosch hat sogar in einem seiner neueren Magnetzündertypen einen mit dem Batteriezünder austauschbaren Unterbrecherhebel eingesetzt. Der amerikanische Malloryverteiler, der in den in Europa heute so viel laufenden Jeep-Fahrzeugen eingesetzt ist, hat allerdings andere Abmessungen.

Noch ein Wort zu den **besonderen Betriebsbedingungen,** die unter Umständen an den Zünder gestellt werden. Zuerst zur Forderung nach Entstörung: Es ist hin und wieder die Frage aufgeworfen worden, ob der Zünder des Verbrennungsmotors durch elektrische Wellen gestört werden kann. Es steht jedoch außer allem Zweifel, daß die Energie, die auf drahtlosem Wege praktisch übermittelt werden kann, bei weitem nicht ausreicht, irgendwelche Störungen der Zündung hervorzubringen. Dagegen ist der umgekehrte Fall zu stärkerer Bedeutung gelangt, daß nämlich die vom Zünder ausgesandten hochfrequenten Schwingungen den drahtlosen Empfang stören oder unmöglich machen. Ein störungsfreier Empfang wird jedoch häufig gefordert, nicht nur für Polizei und Heereszwecke, sondern auch für Autoradioempfang des Privatwagens. Beim Fernsehen wird die Störung durch die Zündung des Kraftwagens auf größere Entfernung eine Rolle spielen und ihre Unterdrückung wichtig werden[1]). Die Entstörung der Zündung[2]) wird dadurch schwierig, daß nicht nur der Zünder und seine Kerzen als Sender hochfrequenter elektrischer Wellen wirken, sondern auch alle Leitungen, die mit den Apparaten in Zusammenhang stehen.

---

[1]) Mit Rücksicht auf das Fernsehen wird in den Vereinigten Staaten von Amerika eine Störfeldstärke von 35 μ V/m in etwa 15 m Entfernung vom Fahrzeug als Grenze des Zulässigen angesehen. Siehe hierüber: P. J. Kent: The Automotive Industry's Participation in Reduction of Radio and Television Interference, SAE Summer Meeting, French Lick, 7. 6. 1948.

[2]) Vgl. W. Dorn, ETZ, 1930, S. 1610; F. C. Shoemaker, Journal of Automotive Engineers, Juli 1927, S. 28.

Man versucht, durch Einschalten von Kapazität zwischen Primärleitungen und Masse sowie durch Einschalten von Induktivität in die Primärleitungen die hochfrequenten Wellen nach Masse abzuführen und damit ihren Übertritt ins Netz zu verhindern. Ferner kann durch völlige metallische Umhüllung des Zünders und der Leitungen und durch Verbindung der Umhüllung mit Masse die Ausstrahlung der Wellen weitgehend

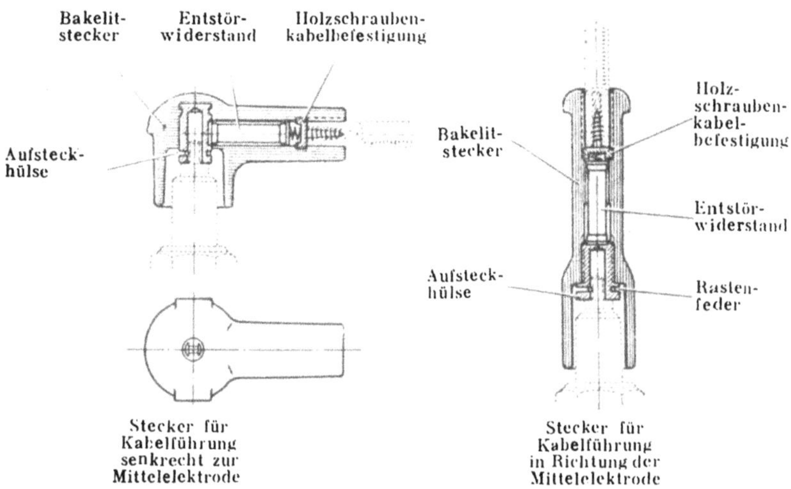

Bild 196. Kerzenstecker mit Entstörwiderstand, sogenannter Entstörstecker

unterdrückt werden, und schließlich kann man, besonders dort, wo es sich nicht um sehr kurze Wellen beim Empfang handelt, also beim Rundfunkempfang im Kraftfahrzeug, die Schwingungsdauer der Störwellen so zu vergrößern suchen, daß sie groß wird gegenüber der zu empfangenden Welle und daher nur noch wenig Einfluß auf den Empfang hat. Diese besonders wichtige und verhältnismäßig einfache Art der Entstörung erreicht man dadurch, daß man vor die Kerzen und vor den Zündverteiler Widerstände in der Größenordnung von 10 000 Ohm schaltet. Diese sind entweder aus Draht gewickelt oder aus gepreßtem Widerstandsmaterial hergestellt. Bei diesen ist es wichtig, daß sie ihre Widerstandsgröße nicht zu sehr mit der Frequenz und Temperatur ändern. Die Widerstände werden zumeist entsprechend Bild 196 in Isolierkörper aus Bakelit oder keramischem Werkstoff eingebaut, die zugleich als Kerzenkabelstecker dienen. Ein solcher Widerstandsstecker kommt auf jede Kerze und ein weiterer Widerstandskörper wird in die Hochspannungszuleitung von der Zündspule zum Verteiler unmittelbar am Verteiler eingeschaltet, häufig sogar auf den mittleren Anschlußturm des Zündverteilers aufgesetzt.

Neuerdings wird auch vorgeschlagen, den Widerstand unmittelbar in die Mittelelektrode einzubauen, zumal er — besonders bei großer sekundärer Kapazität der Anlage — von günstigem Einfluß auf die Herabsetzung des Kerzenelektrodenabbrands ist. Auf die Vorteile kurzer Kabelführung zwischen Zündspule und Zündverteiler auch hinsichtlich Entstörung ist nochmals hinzuweisen. In Amerika wird aus diesem Grund eindringlich empfohlen, eine Länge von 20 cm für dieses Kabel nicht zu überschreiten. Auch für die zu den Kerzen führenden Hochspannungskabel ist natürlich möglichst kurze Leitungsführung vorteilhaft.

Richtig angewandte Entstörung bedeutet keine Gefahr für die Betriebssicherheit der Anlage, falsch angewandte oder unsachgemäß ausgeführte dagegen ist nicht nur zwecklos, sondern kann auch die Lebensdauer des Zünders herabsetzen und seine Betriebssicherheit erheblich gefährden. Besonders zu beachten ist, daß die eingeschalteten Widerstände, Kapazitäten und — übrigens sehr selten angewandten — Induktivitäten die Daten des Zünderkreises nicht wesentlich verändern dürfen. So darf beim Batteriezünder ein etwa angewandter Entstörkondensator nicht an die Leitung von der Zündspule zum Verteiler angeschlossen werden, da er hier die parallel zum Unterbrecher liegende Kapazität verändern würde. Er wird vielmehr an d e r Klemme der Zündspule angeschlossen, die mit dem Zündschalter, bzw. der Batterie in Verbindung steht. An der Kurzschlußleitung des Magnetzünders darf kein Kondensator angeschlossen werden, weil er die parallel zum Unterbrecher liegende Kapazität verändern würde.

Ist für hohe Anforderungen an die Entstörung der Zündanlage Umhüllung der Geräte und ihrer Leitungen erforderlich, so ist zu beachten, daß sie nur dann einen Wert hat, wenn sie l ü c k e n l o s durchgeführt wird und alle metallischen Verbindungen der Hülle sehr sorgfältig gemacht werden. Die Hoch- und Niederspannungsleitungen werden gemeinsam oder einzeln in Metallrohren oder in geklöppelten Metalldrahtschläuchen geführt, die an die Metallumhüllung des Zünders und der Kerze mit Klemmen oder Verschraubungen angeschlossen sind. Auch die Gehäuseteile selbst sind durch elastische metallische Einlagen lückenlos miteinander in gute metallische Berührung zu bringen. Die metallische Umhüllung einer Zündkerze zeigt Bild 197, die eines Zündverteilers Bild 198, die eines Magnetzünders Bild 85 (Seite 149).

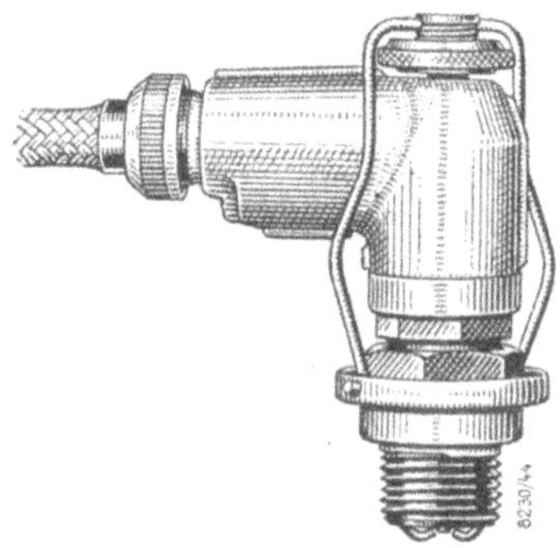

Bild 197. Zündkerze mit Entstörkappe

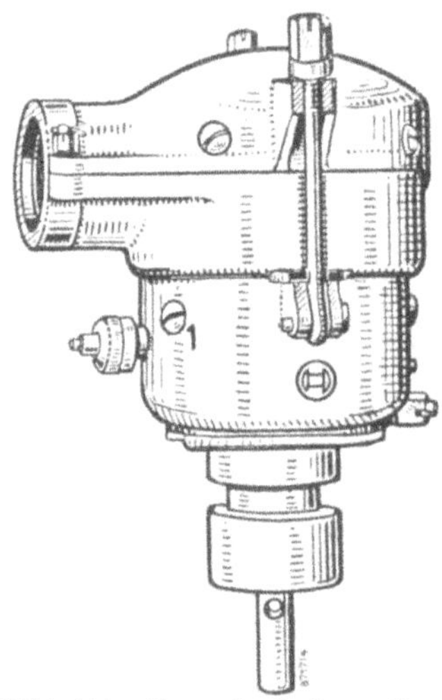

Bild 198. Batteriezündverteiler mit Entstörkappe

Man bedenke, daß eine solche Entstörung die Masse an die Hochspannung führenden Teile in viel stärkerem Maß heranbringt als dies beim normalen Zünder der Fall ist. Die Isolationsbeanspruchung und die Belastung der Zünder sind also wesentlich stärker, und es müssen auch in dieser Richtung besondere Vorsichtsmaßnahmen getroffen werden, um die Betriebssicherheit nicht nur der Funkanlage, sondern auch der Zündanlage zu gewährleisten. Insbesondere ist auf folgende Punkte zu achten:

1. Entstörte Hochspannungsleitungen dürfen nie mit zu starker Krümmung verlegt werden (mindestens 30 mm Krümmungsradius!), weil sonst die Isolation der Leitung in kurzer Zeit zerstört wird.
2. Scharfe Kanten oder Drahtspitzen an der Umhüllung sind zu vermeiden, weil sonst die Isolation des in der Nähe vorbeiführenden Kabels bald zerstört wird.

3. Die Innenseite des Entstörgehäuses ist mit einem Isolierlack zu überziehen.
4. Die Hochspannungskabel dürfen nicht zu weit abisoliert werden, damit nicht die Kriech- oder Überschlagwege zwischen Leitung und Masse unzulässig verkleinert werden.
5. Die Entstörkabel oder -schläuche sind möglichst oft auf jeden Fall aber am Anfang und Ende einer Leitung gut leitend mit Masse zu verbinden.
6. Die Hochspannungsleitungen müssen so kurz wie möglich geführt werden, vor allem, wenn sie in einzelnen Entstörschläuchen verlaufen; je länger die Entstörkabel sind, um so mehr wird der Zünder beansprucht, um so geringer wird die an der Kerze verfügbare Zündleistung.
7. In den Entstörrohren dürfen die Kabel nicht zu lose verlegt werden, aber auch — vor allem in den Krümmungen — nur leicht gedrückt werden.
8. Stoßfugen in den Entstörteilen, insbesondere in der Querrichtung, sind unbedingt leitend zu überbrücken.
9. Die Isolation der Hochspannungsleitungen darf an keiner Stelle beschädigt sein, um Durchschläge zu vermeiden; reine Gummikabel werden rasch durch Strahlung zerstört.
10. Die Anschlüsse der Niederspannungsleitungen sind sorgfältig auszuführen (gute metallische Verbindung, Litzen am besten verzinnen!).

Sonderbedingungen ganz anderer Art bringt der Betrieb bei übergroßer Hitze und Luftfeuchtigkeit in tropischem und subtropischem Klima und bei übergroßer Kälte, z. B. im sibirischen und kanadischen Raum, mit sich. Bei Betrieb in großer Hitze ist besonders auf die Schmierung zu achten, damit nicht durch zu leicht flüssige Fette am Nocken, Unterbrecher und in den Lagern die Schmierung versagt, und Schäden am Unterbrecher angerichtet werden. Tropfpunkt des Fetts mindestens 160 Grad C! Fett darf sich nicht entmischen! Ferner ist in heißem Klima oft die Sand- und Staubplage von großer Bedeutung für das Arbeiten des Zünders. Da heute weitgehend Überschlagverteiler verwendet werden, ist der Zündverteiler sowohl des Batteriezünders wie des Magnetzünders gut gelüftet. Es erweisen sich in staubigem und tropischem Gelände besondere Staubschutzvorkehrungen als unerläßlich, hauptsächlich bei Heckmotoren und Traktormotoren, da bei jenen die Kühlluft hinter dem Fahrzeug ohnehin stark staubgesättigt ist und bei diesen oft keine Abdeckung durch Kühlerhaube und dergleichen vorhanden ist. Man schützt den Zünder durch Siebe und Filter, Umlenkungen in den Luftkanälen und dergleichen und muß vor allem darauf achten, daß der Staub, wenn er ein Stück in die Kanäle eingedrungen ist, wieder durch die Fahrzeugerschütterungen nach unten herausfallen kann und nicht die Lüftungslöcher und Kanäle verstopft. Der Fahrzeugbenützer hat besonders darauf zu achten, daß beim Nachsehen der Zündung, also beim Abnehmen der Verteilerscheibe, Herausnehmen der Kerze und dergleichen ja kein Staub in den Zünder oder Motor eindringt. Diese Vorsichtsmaßnahme ist gar nicht so einfach durchzuführen, und es ist unter Umständen besser, den Zünder ohne Not überhaupt nicht nachzusehen, als Gefahr zu laufen, Staub in sein Inneres zu bringen. Der Staub ist ein schlimmer Feind vor allem der Unterbrecherkontakte, des Unterbrechernockens und -gleitstücks und des Selbstverstellers, selbstverständlich auch aller Lagerstellen. Auch bei Gelegenheit der Nachschmierung mit Fett oder Öl kann Staub und feiner Sand mit in die Lagerstellen gebracht werden und wirkt dann verheerend. Säuberlichstes Abstauben und Abwaschen, jedoch ohne daß Waschmittel in die Lüftungsöffnungen eindringen darf, ist vor jeder Arbeit am und im verstaubten Zünder dringend anzuraten! Bei Zündspulen achte man darauf, daß sie keine zu hohen Temperaturen annehmen. Also vor allem kein Stehenlassen unter Ruhestrom bei großer Hitze, kein plötzliches Abstellen des stark hochgejagten Motors, sondern allmähliches Auskühlen im Leerlauf!

Die f e u c h t e Hitze der tropischen und subtropischen Länder birgt besondere Gefahren für die Isolationen der Zünder in sich, da viele Isolierlacke sich unter ihrem Einfluß zersetzen. Vor allem bei Magnetzünderankern ist es wichtig, sogenannte tropensichere Wicklungen zu wählen, die mit besonders tropenbeständigen Isolierungen ausgerüstet sind. Bemerkenswert ist, daß nicht so sehr der B e t r i e b eines Zündankers einen Anker mit nicht tropenbeständigen Isolierstoffen zerstört, sondern vielmehr seine L a g e r u n g sogar bei besonderer Tropenverpakkung. Der eingebaute Anker im Zünder leidet infolge seiner Betriebserwärmung und der elektrischen Strahlung viel weniger unter dem Tropeneinfluß als der dem lackerhärtenden Betrieb nicht ausgesetzte Anker im Ersatzteillager. So traten schon manche Fälle auf, in denen der Anker eines Magnetzünders wieder und wieder ausgewechselt wurde, weil immer der Ersatzanker infolge von Lagerung in den Tropen schon beim Einbau nahe an das Ende seiner Lebensdauer gekommen war. Neuere Magnetzünder werden zumeist ohne weiteres tropenfest gebaut und Zündspulen sind infolge ihrer gekapselten Ausführung und der Verwendung unlackierter Isolierstoffe weniger tropenempfindlich, soweit sie im Gehäuse vergossen und einwandfrei gekapselt oder ölgetränkt sind.

Außergewöhnliche Kälte erfordert auch besondere Sorgfalt bei der Schmierung, hauptsächlich am Magnetzünder, damit keine Lager festsitzen. Vor allem bei Anwendung des unten zu besprechenden Schnappers ist nicht nur der Schnapper selbst entsprechend kältebeständig zu schmieren, sondern ebenso die Lagerstellen des Zünders, hauptsächlich ein etwaiges Gleitlager des Verteilers. Man wählt möglichst ein Schmierfett mit einem Gefrierpunkt von — 57 Grad C, für die Ölschmierung kältebeständiges sog. Orionöl mit einem Stockpunkt von — 50 Grad C. Bei außergewöhnlich starker Kälte ist auch die große Empfindlichkeit der Hochspannungskabel zu beachten. Es sollte an den Kabeln nur in der warmen Garage herumgebogen werden. Daran denke man vor allem beim Kerzenwechsel!

Als außergewöhnliche Beanspruchung muß endlich die hohe Gemischverdichtung der Gasmotoren angesehen werden wegen der starken elektrischen Beanspruchung der Isolierteile und Kriechwege. Hier gilt es darauf zu achten, daß der Elektrodenabstand der Kerzen klein eingestellt und rechtzeitig nachgestellt wird, ehe zu großer Elektrodenabstand und Abbrand der Zündanlage schadet und den Betrieb zusammenbrechen läßt. Die Kerze sollte in solchen Fällen nicht über 0,6 mm Elektrodenabstand erreichen!

Wenn Schäden am Zünder auftreten, ist es stets wichtig, eine gut eingerichtete Werkstätte aufzusuchen, sich dort Ersatzteile einsetzen zu lassen und die beschädigten Teile oder Apparate der Ursprungsfirma zur **Instandsetzung** zuleiten zu lassen. Nur sie kann für eine wirklich einwandfreie fachmännische Instandsetzung dieser hochempfindlichen und stets mit Sonderwerkstoffen und Sonderwerkzeugen hergestellten Elemente Gewähr bieten.

Die wichtigsten Ersatzteile eines Zünders — Magnetzünders oder Batteriezünders — sind:

a) der Anker, bzw. die Zündspule,

b) der Unterbrecher mit Hebel und Amboß und seinen Kontakten,

c) die Isolierteile, wie Verteilerscheibe, Verteilerläufer, Stromabnehmer, bzw. Zündspulendeckel,

d) der Kondensator,

e) alle Schleif- oder Kontaktkohlen und ihre Federn, z. B. die Kohle in der Mitte der Verteilerscheibe am Zündverteiler, die Kohlen in Stromabnehmern, die Massekohlen im Unterbrecher und Gehäuse des Magnetzünders,

f) die Kugellager.

Von all diesen Teilen kann in der Regel nur der Unterbrecherhebel und der Unterbrecheramboß durch Abschleifen der Kontakte auf dem Ölstein unmittelbar instandgesetzt werden. Allenfalls kann eine Reparatur der Zündspule, wenn der Deckel zerbrochen ist, durch Erneuerung des Deckels in besonders eingerichteten Werkstätten erfolgen; es ist aber beim Abstechen des Bördelrandes und beim Wiedereinbördeln des neuen Deckels besondere Sorgfalt anzuwenden. Die Zündspulenwicklung selbst kann im allgemeinen nicht instandgesetzt werden, da die Vergußmasse ein Herausnehmen und Abwickeln der Spule ohne Zerstörung nicht erlaubt. Beim Magnetzünder kann unter Umständen die Sekundärausführung instandgesetzt werden, doch ist allgemein vor der Arbeit an Wicklungen dringend zu warnen, wenn nicht besonders geschulte Leute und die vorgeschriebenen Werkstoffe und Verfahren zur Verfügung stehen.

Nicht unerwähnt soll bleiben, daß mit dem Auswechseln von Kondensatoren viel Unfug getrieben wird. Es ist richtig, daß es sich nicht lohnt, den Kondensator zu reparieren, und daß in früheren Jahren manche Firmen Kondensatoren auf den Markt brachten, die nicht feuchtigkeitsdicht genug waren, um die für den Zünderkondensator nötige besonders hohe Qualität für lange Zeit aufrecht zu erhalten. An den Zünderkondensator muß man eben viel höhere Ansprüche stellen als an den Rundfunkkondensator. Die neueren, dicht gekapselten Kondensatoren der großen Zünderfirmen sind aber äußerst zuverlässig, und es besteht kein Zweifel, daß in heutiger Zeit viele Kondensatoren ohne jeden triftigen Grund ausgewechselt werden. Man wechselt den Kondensator aus, um alles getan zu haben, ebenso wie man am Magnetzünder den Magnet „aufmagnetisiert", eine Maßnahme, die auch in den meisten Fällen völlig überflüssig ist und auf solche Fälle beschränkt werden sollte, in denen durch Abziehen des Ankers oder des Magneten eine ungewöhnliche Schwächung verursacht wurde. Das Auswechseln des Unterbrecherhebels und des Ambosses dagegen ist in vielen Fällen mit Rücksicht auf Erneuerung der oxydierten Kontakte nicht zu verurteilen.

3. Hilfseinrichtungen der Zünder

Unter Hilfseinrichtungen der Zünder verstehen wir alle die Apparate, die zwar die Zündung unmittelbar beeinflussen, aber doch nicht unbedingt zur Erzeugung oder Verteilung der Zündspannung notwendig sind.

Einer der bekanntesten Apparate ist der **Fliehkraft-Selbstversteller,** der den Zweck hat, den Zündzeitpunkt selbsttätig in Abhängigkeit von der Motordrehzahl zu verstellen. Mit steigender Drehzahl verdreht er mit Fliehgewichten gegen den Druck von Federn entweder die Zünderachse zur Motorachse (Antriebsverstellung) oder den Unterbrechernocken gegen den Unterbrecher (Nockenverstellung). Bei sinkender Drehzahl drücken die Federn die Fliehgewichte in ihre Ruhelage zurück.

Bei der Batteriezündung verdreht der Versteller stets Nocken und Verteilerläufer gegenüber der Antriebsachse, so daß — wie aus Abschnitt II hervorgeht — die elektrischen Verhältnisse durch die Verstellung nicht beeinflußt werden. Beim Magnetzünder dagegen verwendet man beide Verstellerarten. Wird der Magnetzünder-Läufer gegenüber der Antriebsachse verdreht, so sind ebenso wie bei der Batteriezündung die elektrischen Verhältnisse bei Früh- und Spätzündung die gleichen, und der Verstellbereich ist nur durch die Verstellerbauart begrenzt. Bei Magnetzündern läßt sich der Antriebsversteller in vielen Fällen nachträglich anbauen. Andererseits muß dieser Versteller ziemlich große Verstellkräfte ausüben können, um das Drehmoment des Abrisses und die Trägheit des Läufers zu überwinden.

Bei der Nocken- oder Abrißverstellung dagegen werden Unterbrecher und Nocken gegeneinander verdreht, allenfalls auch noch das Verteilerrad. Auf diese Weise hat der Versteller nur verhältnismäßig geringe Verstellarbeit zu leisten, kann also leichter und kleiner sein als bei der Antriebsverstellung.

Bild 199. Bosch-Kupplungsversteller

Andererseits ändern sich bei dieser Verstellung die elektrischen Verhältnisse (siehe Abschnitt II) und die niederste Drehzahl bei Spätzündung ist in der Regel schlechter als bei Frühzündung.

Es folgen nun einige Beispiele für die verschiedenen Verstellerbauarten, zunächst der in Bild 199 gezeigte B o s c h - A n t r i e b s v e r s t e l l e r, der nach dem oben Gesagten f ü r M a g n e t z ü n d e r bestimmt ist, auf den Antriebskonus des Zünders fliegend aufgesetzt wird und gleichzeitig die eine Hälfte der Antriebskupplung bildet. Er besteht aus dem Gehäuse, das die Kupplungsklauen für eine Gummikupplung trägt und zwangläufig vom Motor angetrieben wird, und dem Verstellflansch, der auf dem Läufer des Magnetzünders befestigt ist und auf dem das Gehäuse verdrehbar gelagert ist. Die Verdrehung der beiden Teile gegeneinander wird durch die beiden Fliehgewichte bewirkt, die an ihrem Drehpunkt auf Bolzen im Gehäuse gelagert sind. An ihrem anderen Ende tragen die Fliehgewichte Zapfen, die von den Enden des Verstellflansches kulissenartig umfaßt werden. Bei Stillstand des Motors liegen die Fliehgewichte unter der Einwirkung verschiedener Federn in ihrer Ruhelage gegen die Achse hin, die beiden Verstellerteile sind in einer Stellung zu einander, die der Spätzündungslage entspricht. Bei laufendem Motor werden die Fliehgewichte durch

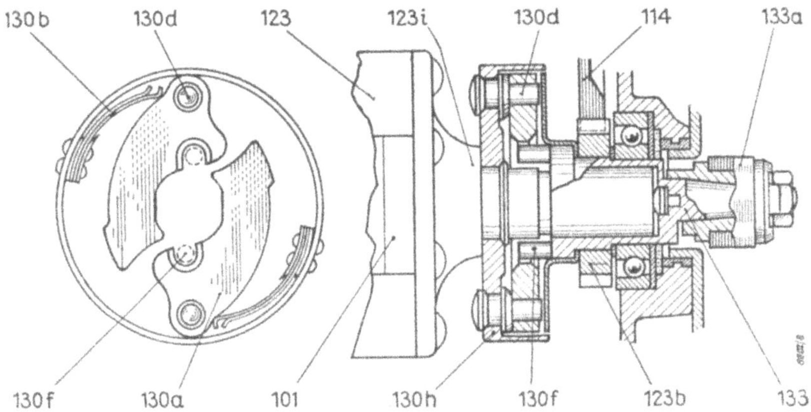

101 Umlaufmagnet
114 Verteilerzahnrad
123 Magnetpolschuh
123b Ritzel des Verteilergetriebes
123i Läuferdeckel
130a Fliehgewicht
130b Verstellerfedern
130d Lagerbolzen des Fliehgewichts
130f Mitnehmerbolzen
130h Verstellergehäuse
133 Traghülse für Ritzel, Nocken und Kugellager (drehbar auf dem Achsstummel des Läuferdeckels gelagert)
133a Nocken

Bild 200. Abrißselbstversteller

die Fliehkraft nach außen gedrückt und verdrehen dabei über die Abwälzkurve der Kulisse den auf der Zünderachse befestigten Verstellflansch gegenüber dem mit dem Motor gekuppelten Gehäuse des Verstellers, verstellen also Zünder und Motorwelle gegeneinander so, daß der Zünder gegen den Motor vorauseilt, also der Zündzeitpunkt nach Frühzündung verschoben wird. Bei sinkender Drehzahl gehen die Fliehgewichte unter dem Einfluß der Federkräfte wieder zurück, so daß bei Stillstand des Motors der Zünder wieder auf Spätzündung eingestellt ist.

Als Beispiel für eine Abrißverstellung zeigt Bild 200 einen in einen Boschmagnetzünder eingebauten Selbstversteller, der den Unterbrechernocken mit dem Ritzel des Verteilergetriebes verdreht.

Bei der Batteriezündung, bei der die Fliehkraftverstellung weiteste, fast umfassende Verbreitung gefunden hat, ist der Selbstversteller als Nockenversteller immer in den Verteiler eingebaut, und zwar zwischen Zündverteilerachse und Umlaufnocken. Der Nocken sitzt auf einem Zapfen der Achse in einem Gleitlager und trägt den Verteilerläufer, so daß dieser im Zündzeitpunkt stets die gleiche Stellung zum Verteiler-

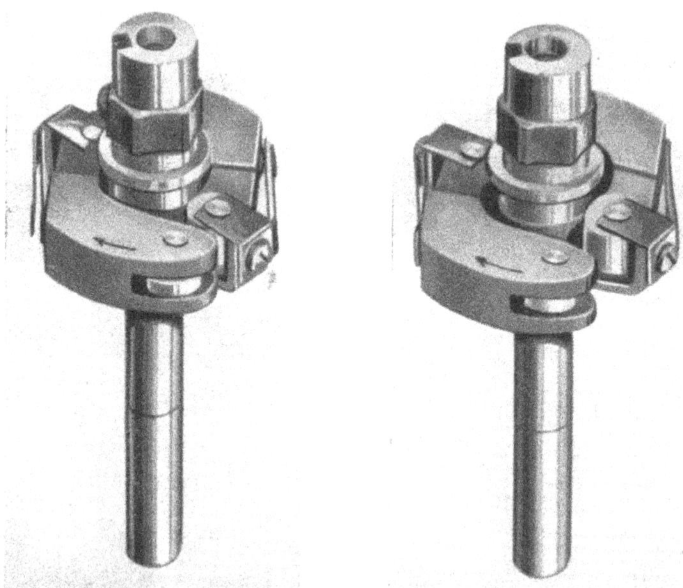

Ruhestellung (Spätzündung) Größtausschlag (Frühzündung)

Bild 201. Fliehkraftversteller mit Blattfedern

segment hat. Eine fest auf der Achse sitzende Tragplatte, die zumeist auch unter Zwischenlage einer Fiberscheibe den Anschlag der Achse am Gehäuseboden darstellt, trägt zwei Bolzen, auf denen zwei Fliehgewichte in Gleitlagern gelagert sind. Diese greifen an mit dem Nocken verbundenen Hebelarmen an und verdrehen so bei ihrer Zentrifugalbewegung den Nocken. Eine ältere Bauart der Firma Robert Bosch zeigen wir in Bild 201; sie gleicht grundsätzlich dem in Bild 199 gezeigten Antriebsversteller für Magnetzünder. Man beachte die Anordnung mehrer Blattfedern, die nacheinander wirksam werden, der Fliehkraft entgegenwirken und dadurch eine zuerst rascher, später langsamer ansteigende Verstellkurve ermöglichen, die durch Einsatz verschiedener Federpakete in weiten Grenzen verändert werden kann.

Heute verwendet man aus Preisgründen bei Batteriezündung fast ausschließlich aus S t a n z t e i l e n aufgebaute Selbstversteller. Die eleganteste Lösung ist hierfür wohl die der amerikanischen Firma Delco, die wir in Bild 202 zeigen. Auf die Verteilerachse ist eine gestanzte Tragplatte aufgepreßt, die zwei Lagerbolzen eingenietet trägt. Auf diesen sind zwei gestanzte Blechteile als Fliehgewichte in eingestanzten Lagerlöchern ge-

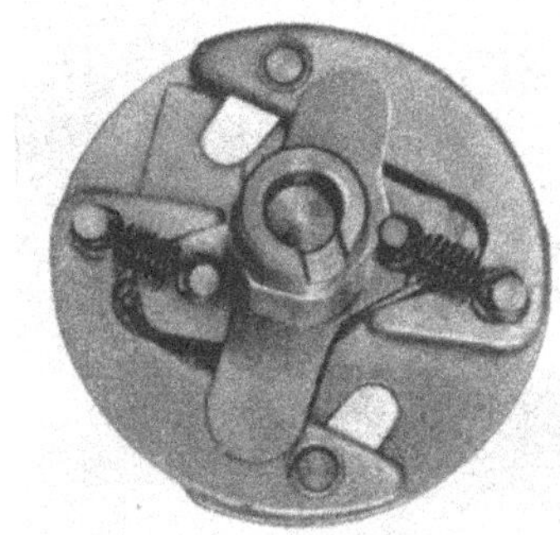

Bild 202. Delco-Fliehkraftversteller

lagert. Sie sind zweiarmig. Der eine längere Arm ist die als Fliehgewicht wirkende Masse. Er trägt einen eingenieteten Bolzen, der nach unten schauend in einem eingestanzten Schlitz der Tragplatte läuft und durch Anschlagen an das Ende des Schlitzes den Weg der Fliehgewichte und damit den Verstellbereich begrenzt. Der andere Arm des Fliehgewichts greift mit seiner sehr sauber und gratfrei gestanzten Innenfläche an der ebenso genau und sauber gestanzten Kante eines am Nocken befestigten Stanzteils an. Bei der Bewegung der Fliehgewichte nach außen wälzt sich die Innenkante des kurzen Fliehgewichtarms, beginnend in der Nähe des Drehpunkts, auf der Kante des am Nocken befestigten Stanzteils ab und verdreht auf diese Weise den Nocken, der auf einem Zapfen der Achse gelagert ist. Die beiden Fliehgewichte greifen völlig symmetrisch am Nockenteil an. Zwei Schraubenfedern sind zwischen den Lagerbolzen der Fliehgewichte und dem Nockenteil ausgespannt; sie sind in Bolzen, die auf der am Nocken befestigten Stanzplatte aufgenietet sind, eingehängt und ziehen den Nocken in der Drehrichtung des Verteilers auf Spätzündung, wobei sie zugleich über die kurzen Arme der Fliehgewichte diese in die Innenlage bis zu ihrem inneren Anschlag in der Tragplatte hereinziehen. Diese Kraftschlüssigkeit hat den Vorteil, daß die Fliehgewichte bei niederer Drehzahl nicht klappern. Gegen Auf- und Niedergehen in der Achsrichtung des Verteilers werden die Fliehgewichte durch ein am Nocken befestigtes Blechstück niedergehalten. Wichtig am Delcoversteller ist, daß durch die Ab-

Bild 203. Bosch-Fliehkraftversteller mit Schraubenfedern

wälzung der Fliehgewichte auf dem Nockenstanzteil der Hebelarm, mit dem das Fliehgewicht am Nocken angreift, zuerst sehr groß und bei weiterer Bewegung des Fliehgewichts nach außen sehr klein wird, während umgekehrt durch die Art der Federaufhängung das rückdrehende Drehmoment am Nocken zuerst nahezu Null ist, um mit zunehmender Verdrehung durch die zunehmende Federspannung und den größeren Angriffsarm der Federkraft erheblich anzusteigen. Es gelingt auf diese Weise ohne zu große Federbeanspruchung eine mit zunehmender Drehzahl allmählich und geradlinig ansteigende Verstellkurve zu erzielen. Durch Einsetzen verschiedener Federn läßt sich die Steigung der Verstellkurve verändern.

Eine Menge ähnlicher Verstellerbauarten sind heute in den verschiedenen Zündverteilertypen anzutreffen. Aus der großen Zahl dieser Ausführungen greifen wir als Beispiel nur noch den bekannten Selbstversteller der Boschzündverteiler heraus. Wie Bild 203 zeigt, sind wie beim Delcoversteller Fliehgewichte aus gestanztem Blech auf einer Tragplatte in Zapfen gelagert, die mit ihrem kleineren Arm an entsprechenden Armen des Nockens angreifen. Die Schraubenfedern sind aber nicht vom Nocken nach den Lagerbolzen der Fliehgewichte, sondern nach einer besonderen auf der Tragplatte verstellbar angebrachten Haltebrille ausgespannt. Über den Nockenarmen, an denen die Fliehgewichte angreifen, ist noch ein zweiter Stanzteil am Nocken befestigt, der mit seiner genau gestanzten Fläche bei der Drehung des Nockens auf die Schraubenfedern an ihrer Zylinderfläche drückt und sich daran abwälzt. Die Rückstellkraft wird also nicht nur durch die Daten der Feder, sondern auch durch die Form der Abwälzkurve am Federablenkteil des Nockens bedingt und kann außerdem durch Verdrehen der Haltebrille der Feder stark verändert werden. Die Federn liegen in der Ruhelage nahezu radial und werden mit beginnender Nockenverstellung von den Kurvenrücken der Nockenverstellarme abgelenkt. Auf diese Weise beginnt die Verstellung sehr früh und die Verstellkurve verläuft mit zunehmender Verstellung immer flacher. Die Fliehgewichte wälzen sich nicht auf dem Nockenstanzteil ab, sondern wirken stets mit dem gleichen Hebelarm; sie sind oft noch durch zusätzliche Stanzblechteile, die auf ihren längeren Arm aufgenietet sind, verstärkt. Oft greifen die beiden Fliehgewichte nicht symmetrisch am Nockenteil an, sondern mit verschieden langen Hebelarmen. Bosch läßt in diesem Fall zunächst beide Gewichte den Steilanstieg der Verstellkurve bewirken, bis dann das eine Fliehgewicht gegen einen Anschlag stößt und sich abschaltet, während das andere weiterhin den flachen, geraden oder schwach gekrümmten oberen Ast der Verstellkurve bewirkt. Eine solche Verstellinie zeigt z. B. Bild 11 in der mittleren Kurve. Auf diese Weise wird eine für manche Motoren erwünschte Verstellkurve erreicht, um, besonders bei Einstellung der Spätzündung auf den oberen Totpunkt, schon bei niederer Drehzahl rasch auf eine große Vorzündung zu kommen, dann einen Knick in der Kurve zu erhalten, um das Klopfen zu vermeiden, und dann bis zur vollen Vorzündung in flachem Kurvenverlauf zu enden.

Wie wir gesehen haben, kann durch Veränderung der Kurvenbahnen, der Federn und ihrer Vorspannung sowie der Größe und Zahl der Fliehgewichte die Abhängigkeit der Verstellung von der Drehzahl in weiten Grenzen bestimmt werden.

Die meisten Firmen führen eine ganze Reihe von Verstellinien aus, um die Verstellung den Anforderungen der verschiedenen Motoren und der verschiedenen Kraftstoffe möglichst weitgehend anpassen zu können.

Um an einem bestimmten Motor die günstigste Verstellkurve für den Selbstversteller des Zünders zu ermitteln, geht man nach einem von der Robert Bosch G. m. b. H. entwickelten

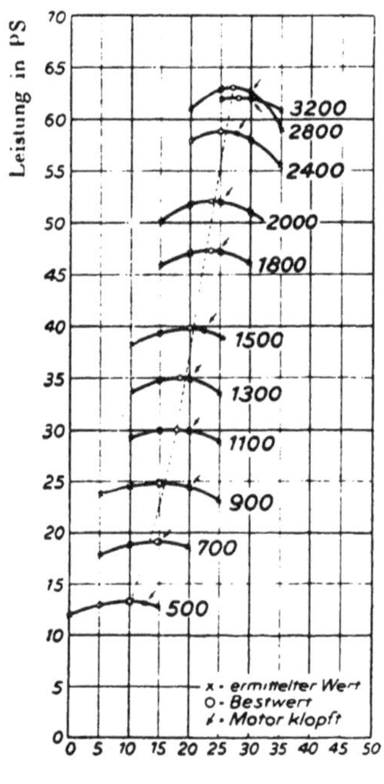

Bild 204. Ermittlung der Zündzeitpunkte höchster Motorleistung bei verschiedenen Drehzahlen

Verfahren so vor: Man mißt die Bremsleistung des Motors bei Vollgas in Abhängigkeit von der Einstellung des Zündzeitpunktes vor OT, und zwar bei einer Reihe von Drehzahlen, die über den ganzen Drehzahlbereich des Motors verteilt sind. Ein Beispiel für die so erhaltene Kurvenschar zeigt Bild 204. Aus den Bestwerten der verschiedenen Kurven ergibt sich dann die erforderliche Verstellung in Abhängigkeit von der Drehzahl. Bild 205 zeigt diese Kurve und den Toleranzbereich, in dem der Leistungsabfall höchstens 1% der Bestleistung beträgt. Der Selbstversteller des Zünders ist dann so zu bauen, daß seine Verstellinie innerhalb dieses Toleranzbereiches liegt.

Der Fliehkraftselbstversteller hat im Lauf der Jahre die Handverstellung bei der Kraftwagenzündung fast völlig abgelöst und wird heute sogar bei Krafträdern vielfach angewandt. Er hat den Vorteil der Unabhängigkeit von der Fahrerbedienung und sichert bei richtiger Anwendung am besten vor Rückschlaggefahr, weil er dafür sorgt, daß beim Anwerfen die Zündung auf Spätzündung, also in der Nähe des oberen Totpunkts statt-

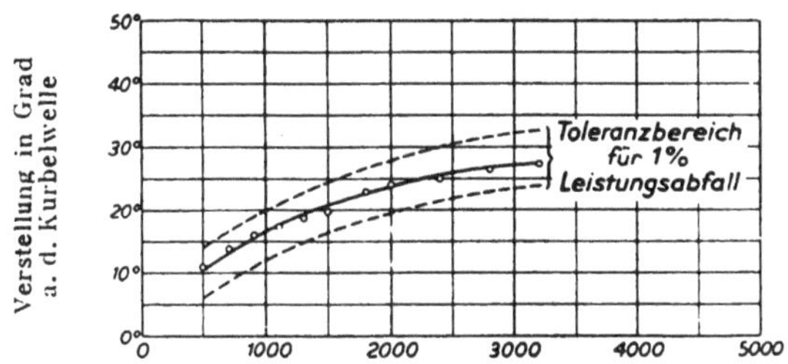

Bild 205. Günstigste Verstellinie, ermittelt aus Bild 204

findet. Mit zunehmender Verbesserung der Selbstverstellung ist man auch von der gemischten Hand- und Selbstverstellung mehr und mehr abgegangen. Ein Überbleibsel der Handverstellung findet sich am Zündverteiler heute noch manchmal insofern, als eine leichte Verdrehmöglichkeit des Zündverteilers in seinem Sitz geschaffen wird, um den Zündzeitpunkt der Oktanzahl des verwendeten Kraftstoffs anzupassen. Es wird dabei jedoch kein Gestänge oder Bowdenzug angewandt, sondern der Verteiler nach Öffnen der Motorhaube und Lösen einer Befestigungsschraube in seinem Sitz etwas verdreht. Hierzu ist dann oft ein besonderer Zeiger angebracht, der auf einer Gradeinteilung der Verstellhebelplatte (siehe Bild 170 auf Seite 254) diese Zündzeitpunktverschiebung, die oft nur wenige Winkelgrade beträgt, anzeigt. Manchmal ist sogar der Verteiler mit einer besonderen Mikrometerschraube zwecks Erreichung einer ganz genauen Zündzeitpunkteinstellung versehen. Durch diese Maßnahmen wird dann der ganze Verstellbereich, in dem der Selbstversteller arbeitet, gegenüber dem Totpunkt je nach der Oktanzahl etwas vor- oder zurückverlegt. An die Stelle der Handverstellung ist aber abgesehen von dieser Oktaneinstellung in neuerer Zeit noch eine andere Verstellart getreten.

die von einem Hilfsgerät ausgeführt wird, das im folgenden beschrieben werden soll:

Zuerst in England und Amerika wurde zusätzlich zum Fliehkraftversteller noch der sogenannte **Unterdruckversteller** benutzt (Bild 206). Er besteht in seiner einfachsten Form aus einem Metallgehäuse mit einer Membran: das Gehäuse ist durch ein Röhrchen mit einer Anzapfung in der Saugleitung oder kurz

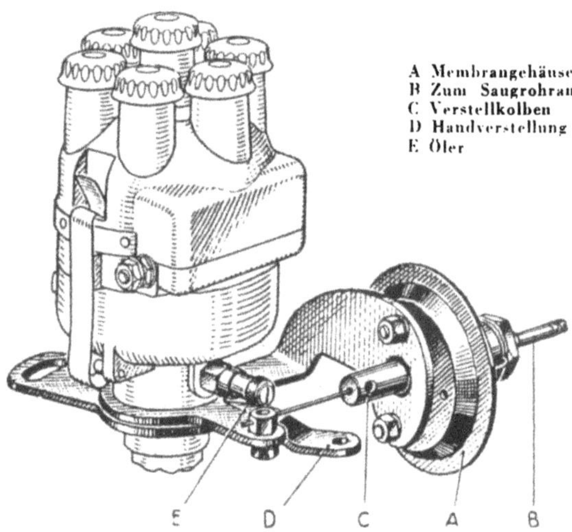

Bild 206. Lucas-Unterdruckversteller

vor der Drosselklappe verbunden. Unter dem Einfluß des Unterdrucks verformt sich die Membran und verdreht dadurch den Zündverteiler, der zu diesem Zweck in seinem Sitz wie bei der Handverstellung drehbar gelagert und mit der Membran mechanisch verbunden ist.

Die Unterdruckverstellung dient verschiedenen Zwecken und wird dementsprechend auch verschieden ausgebildet. Dort, wo der Verstellbereich des Fliehkraftverstellers nicht ausreicht, oder wo die Verstellkurve des Fliehkraftverstellers dem Motor nicht genügend angepaßt werden kann, wird der Unterdruckversteller vielfach dazu verwendet, den Verteiler bei Leerlauf noch mehr auf Spätzündung zu stellen, als dies durch den Fliehkraftversteller schon geschieht. Zu diesem Zweck wird der Unterdruckversteller an die Saugleitung angeschlossen und zieht den Verteiler auf Spätzündung. Bildet man den Fliehkraftversteller freilich so aus, daß er bei niedriger Drehzahl zu verstellen beginnt, rasch Vorzündung ergibt und erst mit weiter steigender Drehzahl nur allmählich weitere Vorzündung ergibt (Knick-Verstellkurve), so kann man den Verteiler so einstellen, daß er auch ohne Unterdruckverstellung genügend Spätzündung für einen günstigen Leerlauf ergibt und doch eine Verstellkurve mit genügend guter Beschleunigung aufweist. Da in Amerika und England in der Regel solche Knick-Kurven nicht gebräuchlich waren, hat sich dort der Unterdruckversteller in dieser Form hin und wieder eingeführt. In Deutschland wurde im allgemeinen schon aus Gründen der Rückschlagsicherheit[1]) beim Anwerfen verlangt, daß bei niederer Drehzahl der Zündzeitpunkt unter keinen Umständen vor OT liegt, und es muß deshalb schon aus diesem Grunde die Verstellkurve entsprechend ausgebildet werden. Man kann sich dabei nicht auf den Unterdruckversteller verlassen, weil nicht immer beim Durchdrehen des Motors ein genügend großer Unterdruck vorhanden ist, um den Verteiler auf Spätzündung zu ziehen.

Es gibt aber für den Unterdruckversteller auch noch eine andere, wichtigere Verwendung. Der Fliehkraftversteller liefert den idealen Zündzeitpunkt für jede Drehzahl nur bei einer bestimmten Drosselstellung, in der Regel für Vollgas, bei Teilgas ist die Füllung der Zylinder geringer, und damit sind Verdichtungsdruck und Verbrennungsgeschwindigkeit kleiner: es ist also theoretisch notwendig, bei den verschiedenen Teilgasstellungen den Zündzeitpunkt gegenüber Vollgas mehr oder weniger vorzuverlegen. Die idealen Verhältnisse lassen sich nur durch sehr komplizierte Einrichtungen herstellen. Man kann aber durch den Unterdruckversteller eine praktisch genügende Korrektur der vom Fliehkraftversteller gelieferten Verstellkurve erzielen, die bei der gebräuchlichen Fahrweise annähernd richtig ist. Zu diesem Zweck benutzt man den höheren Unterdruck bei Teilgas gegenüber Vollgas und läßt den Verteiler auf Frühzündung ziehen. Man zapft dabei nach Bild 207 in der Regel den Vergaser so an, daß bei geschlossener Drosselklappe, also im Leerlauf, der Unterdruck nicht mit dem Unterdruckversteller in Verbindung steht, der Versteller also auf Spätzündung eingestellt ist: bei wenig geöffneter Drosselklappe kann der U n t e r - d r u c k auf den Versteller wirken und z i e h t ihn a u f V o r -

---

[1]) Siehe die Anmerkung auf Seite 22.

zündung; bei weiterer Zunahme der Drosselklappenöffnung sinkt der Unterdruck und damit wandert der Zündzeitpunkt wieder mehr gegen Spätzündung.

Ein Beispiel der Unterdruckverhältnisse am Motor, zeigt Bild 208. Man sieht, daß bei Vollast, also voll geöffneter Drossel-

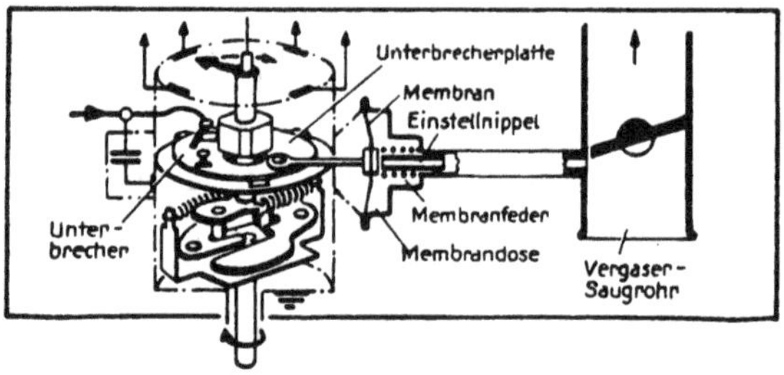

Bild 207. Unterdruckversteller, Schema

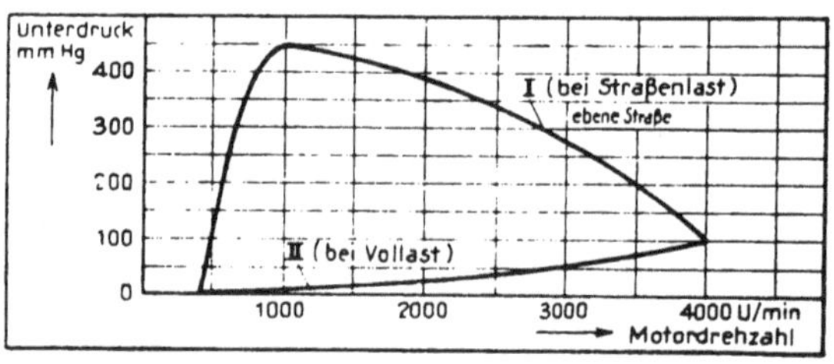

Bild 208. Unterdruck abhängig von der Drehzahl

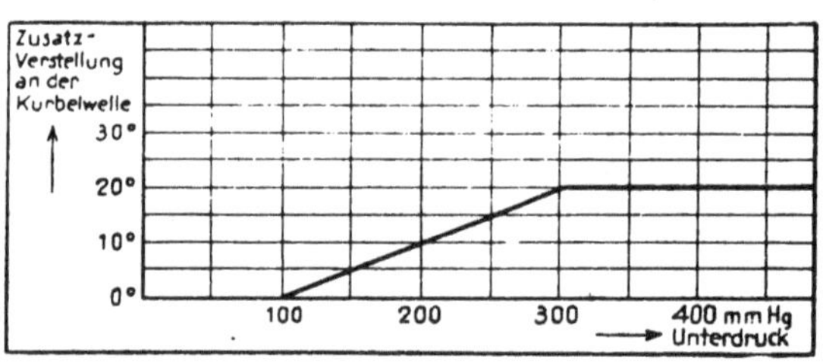

Bild 209. Zusatzverstellung abhängig vom Unterdruck

klappe des Motors, der Unterdruck auch bei hohen Drehzahlen verhältnismäßig niedrig bleibt, während er bei Teillast, wie sie bei Fahrt auf ebener Straße auftritt, etwa nach der unter I gezeigten Linie in Abhängigkeit von der Drehzahl verläuft. Kombiniert man nun Unterdruckversteller und Fliehkraftversteller, und stellt man die Rückstellkräfte des Unterdruckverstellers so ein, daß der Unterdruck nach Bild 209 etwa zwischen 100 und 300 mm Quecksilbersäule den Verteiler oder Unterbrecher auf erhöhte Vorzündung zieht, während unterhalb 100 mm Quecksilbersäule die normale Stellung erhalten bleibt, so wird man bei Vollast die normale Verstellkurve erhalten, während sie bei Teil-

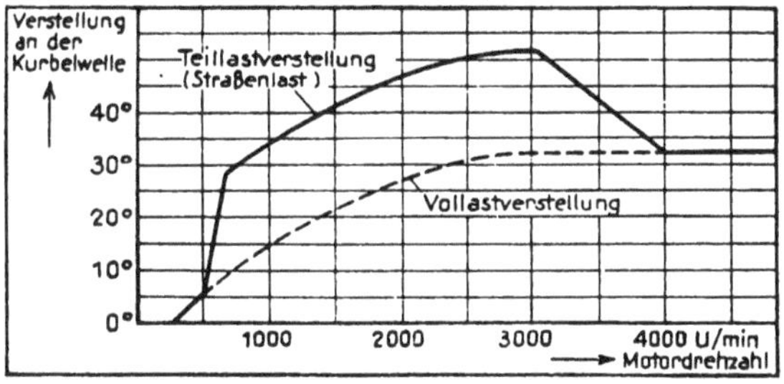

Bild 210. Verstellung bei Teillast

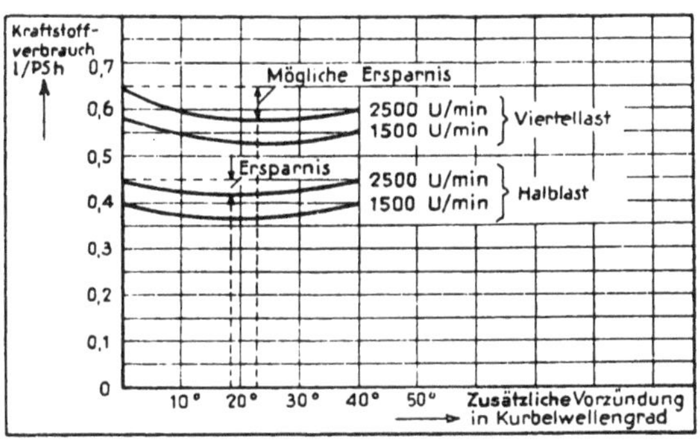

Bild 211. Kraftstoffverbrauch abhängig von der bei Teillast zusätzlich gegebenen Vorzündung

last eine Verschiebung in Richtung Vorzündung nach Bild 210 erfährt. Den Betrag, um den die zusätzliche Unterdruckverstellung den Zündzeitpunkt über den für Vollast richtigen Wert hinaus nach Vorzündung verschieben muß, ermittelt man am besten nach Bild 211 durch Feststellung des Kraftstoffverbrauchs in Abhängigkeit von der zur normalen Vollastzündstellung zusätzlichen Vorzündung. Man sieht an dem Beispiel Bild 211, daß für die einzelnen Belastungen optimale Vorzündungspunkte bestehen, bei denen der Kraftstoffverbrauch ein Minimum wird. Da es nun auf einfache Weise nicht möglich ist, für jeden Belastungzustand den günstigsten Zündzeitpunkt herauszuschälen, begnügt man sich damit, eine zusätzliche Vorzündung zu wählen, die etwa zwischen Viertellast und Halblast liegt, im vorliegenden Beispiel, das für viele Fälle zutrifft, etwa 20 Grad an der Kurbelwelle. Das bedeutet, daß der Unterdruckversteller, wie im Bild 209 und 210 ausgeführt, eine zusätzliche Verstellung von 20 Grad an der Kurbelwelle, 10 Grad an der Verteilerwelle einstellen sollte. Dabei ist die höchst erreichbare

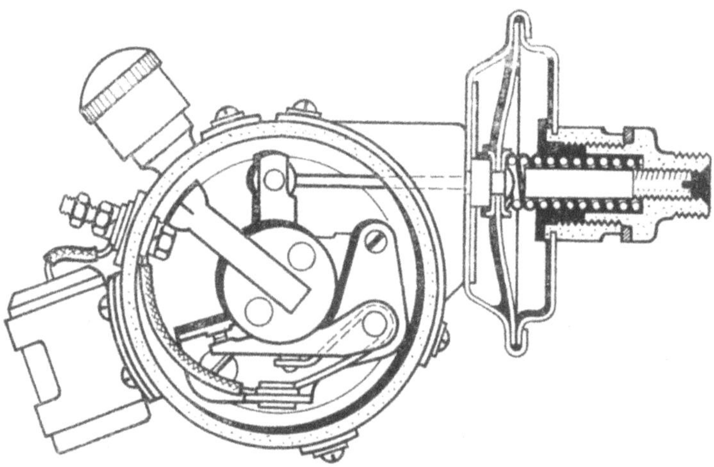

Bild 212. Bosch-Zündverteiler mit Unterdruckverstellung

Kraftstoffersparnis dann zu ermitteln aus dem Unterschied zwischen dem Kraftstoffverbrauch ohne Zusatzverstellung (im Bild 0 Grad) und dem Kraftstoffverbrauch mit Zusatzverstellung (im Bild 20 Grad). Die Ersparnis ist bei dem gezeigten Beispiel also in der Größenordnung von 10%. Diese Ersparnis gilt natürlich nur für den theoretisch günstigsten Fall der dauernden Fahrt mit Teillast und die durch diese Anwendung des Unterdruckverstellers zu erzielende Brennstoffersparnis, bzw. Mehrleistung ist überhaupt nur dann bemerkbar, wenn ein Wagen sehr viel nicht voll ausgefahren wird. Aber bei größeren Motoren, bei denen viel von der Gesamtfahrstrecke nicht mit Vollgas sondern mit wenig Teilgas gefahren wird, erfreut sich der Unterdruckversteller zunehmender Verwendung.

Außer der in Bild 206 gezeigten Bauart, bei der der ganze Zündverteiler durch den Unterdruck in seinem Sitz wie bei der Handverstellung verdreht wird, wird, und zwar überwiegend.

die in Bild 207 angedeutete einfachere Bauart angewandt, bei der nur die Unterbrecherplatte vom Unterdruck verdreht wird. Bild 212 zeigt einen Boschverteiler mit Unterdruckverstellung. Die Membran zieht über einen Drahtzug die Unterbrecherplatte mit dem Unterbrecherhebel in Richtung Frühzündung, während eine Feder zur Rückstellung verwendet wird. Die Unterbrecherplatte muß dazu sehr leicht beweglich aber sehr genau und

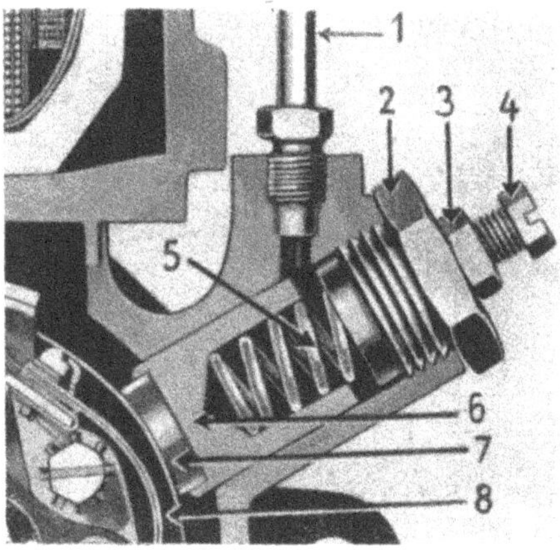

1 Saugrohranschluß 2 Verschlußschraube 3 Gegenmutter 4 Stellschraube 5 Druckfeder 6 Kolben 7 Kolbenbelag 8 Bremsscheibe

Bild 213. Unterdruckversteller des Ford V 8 Batteriezünders

federnd gegen Schüttelschwingungen gesichert sein. Die Verbindung des Unterbrechers mit der Anschlußklemme, bzw. dem Kondensator muß beweglich ausgeführt sein. Zu beachten ist, daß die Verteilersegmente und Segmentabstände nicht zu klein sein dürfen, da hier der Funke je nach Stellung der Unterbrecherplatte an verschiedenen Stellen der Verteilerbahn überspringt, nicht wie bei der Verdrehung des ganzen Verteilers, wo sich an den elektrischen Verhältnissen nichts ändert.

Eine weitere Lösung der Unterdruckverstellung hat F o r d bei dem Achtzylinderverteiler des V 8 angewandt (Bild 213—215). Die Fliehgewichte des Selbstverstellers ziehen in üblicher Weise mit steigender Drehzahl den auf einer runden Scheibe sitzenden umlaufenden Nocken gegenüber der Antriebsachse in Richtung Frühzündung. Die Nockenscheibe, die sogenannte Bremsscheibe, wird durch einen federbelasteten Bremskolben, der sich in einem am Verteilergehäuse angegossenen kleinen Zylinder bewegt. abgebremst und dadurch um einen gewissen Betrag entgegen der Wirkung der Fliehkräfte in Richtung Spätzündung

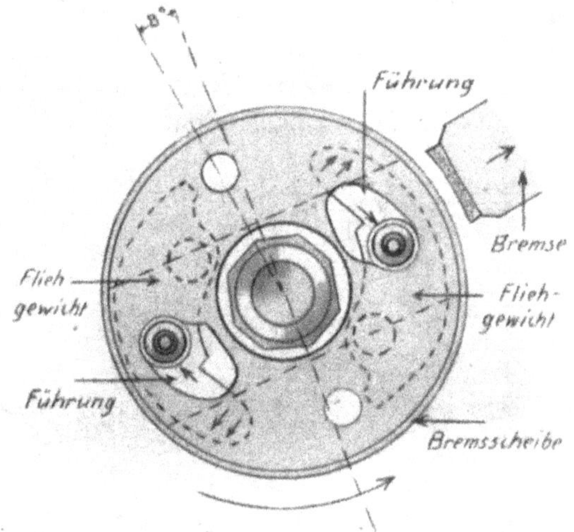

Bild 214. Ford-Unterdruckversteller bei Teillast, Bremse unwirksam

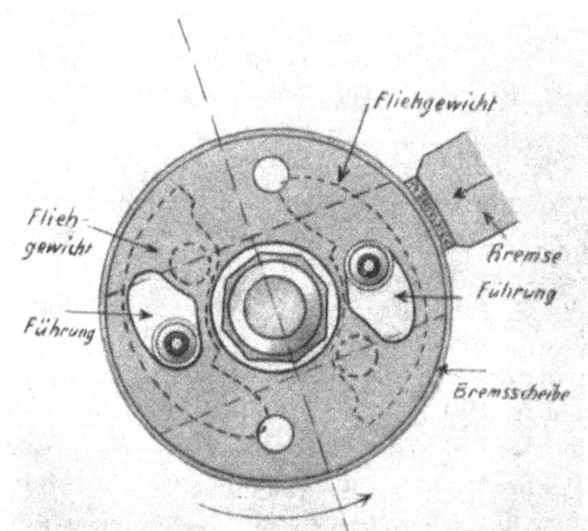

Bild 215. Ford-Unterdruckversteller bei Vollgas, Bremse wirksam

zurückgedreht. Erst wenn durch zunehmenden Unterdruck der Kolben gelüftet wird, ist der Selbstversteller wieder frei von der

Hemmung, und es stellt sich die normale Fliehkraftverstellinie wieder ein. Während bei der vorher beschriebenen Lösung bei Vollast die Fliehkraftverstellung allein maßgebend war und bei Teillast durch den Unterdruck korrigiert wurde, ist bei dieser Lösung die Fliehkraftverstellkurve allein bei Teillast maßgebend, während bei Vollast die Kurve durch die Bremse korrigiert wird. Es muß also in diesem Fall die Verstellkurve des Fliehkraftselbstverstellers bei Teillast festgelegt werden und die Korrektur für Vollast sehr genau sein.

Heute ist Ford dazu übergegangen, die Verstellung ausschließlich durch Unterdruck betätigen zu lassen. Ein Unterdruckversteller der in Bild 212 gezeigten Art wird sowohl am Venturirohr wie an der Drosselklappenschließstelle des Vergasers angeschlossen. Der Fliehkraftversteller fällt weg. Der Unterdruck im Venturirohr zieht den Unterbrecher mit zunehmender Drehzahl auf Frühzündung, der verstärkte Unterdruck an der Drosselklappe bei Teilgas ergibt eine zusätzliche Verstellung auf noch mehr Vorzündung. Es ist noch nicht zu überblicken, in wie weit diese reine Unterdruckverstellung künftig den Fliehkraftversteller ersetzen wird.

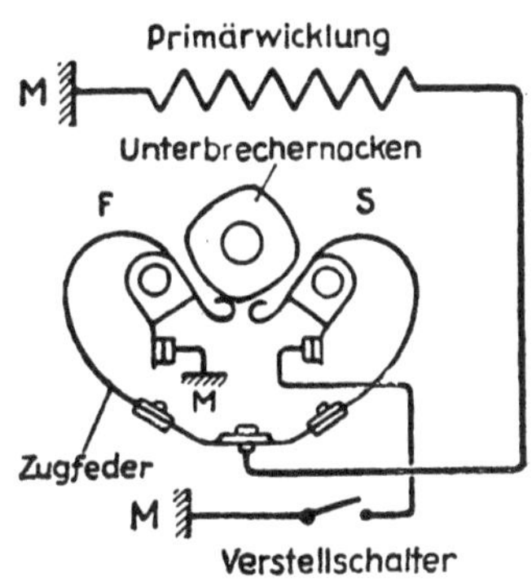

Bild 216. Elektrische Verstellung, Schaltbild

Außer der Hand-, Fliehkraft- und Unterdruckverstellung gibt es noch die sogenannte **elektrische Verstellung,** die dort angewandt werden kann, wo zwischen Spätzündung und Frühzündung nicht allmählich mit sich ändernder Drehzahl, sondern plötzlich verstellt werden soll. Durch Zuschalten eines zweiten Unterbrechers, der später öffnet als der Hauptunterbrecher, aber während der Schließungsdauer des Hauptunterbrechers schon schließt, kann man Spätzündung hervorrufen, während bei Abschalten des zweiten Unterbrechers der Hauptunterbrecher Frühzündung ergibt. Das Schaltbild zeigt Bild 216. Der Spätzündungsunterbrecher wird am besten zweipolig isoliert, so daß der Unterbrecherkontakt, der sonst an Masse liegt, über ein Kabel mit einem Schalter verbunden werden kann, der an entfernter Stelle erlaubt, diesen Unterbrecherkontakt mit Masse

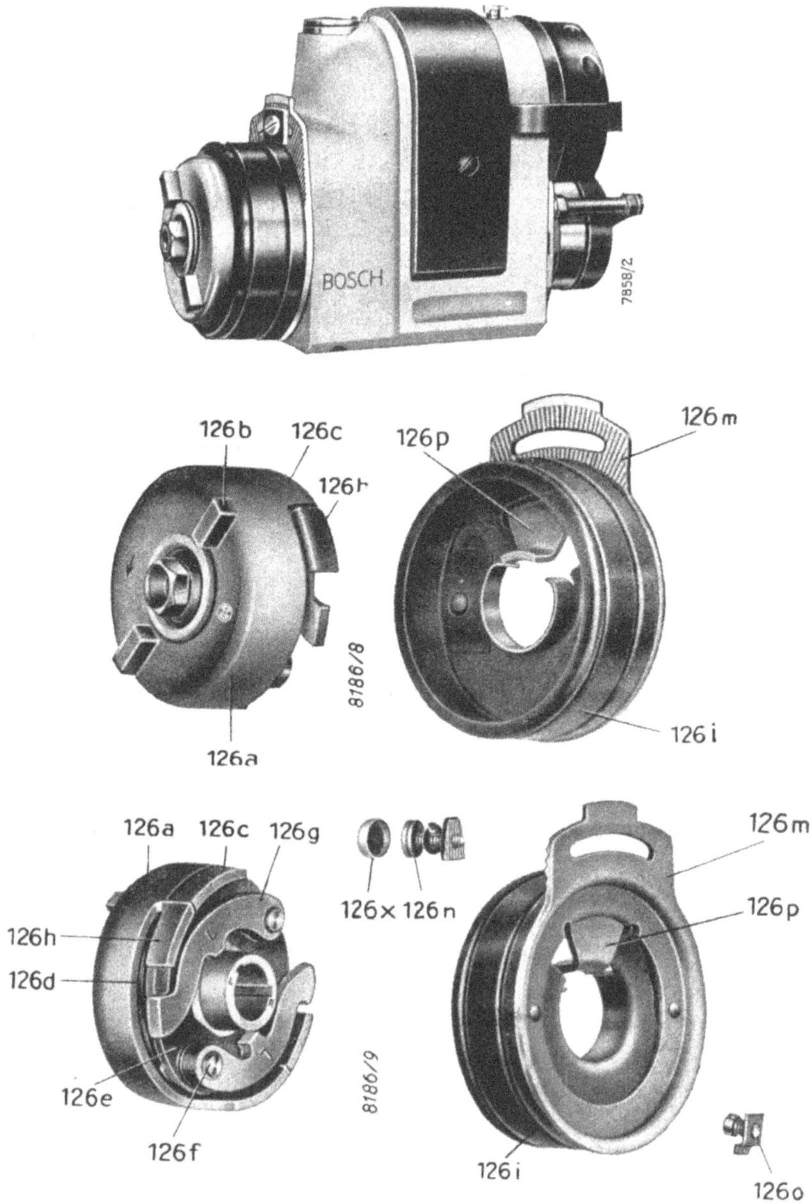

126a Mitnehmerscheibe
126b Mitnehmer (Klaue)
126c Auslösenocken
126d Spannfeder
126e Klinkenträger
126f Drehzapfen für die Klinken
126g Sperrklinken
126h Anschlagnocken
126i Schutzkapsel
126m Befestigungsflansch
126n Befestigungsschraube mit Riffelscheibe
126o Halteplättchen mit Schraube
126p Haltenase
126x Verschlußkapsel für die Schraube 126n

Bild 217. Bosch-Schnapper, an einem Magnetzünder angebracht und zerlegt

zu verbinden und so den Spätzündungsunterbrecher zum Arbeiten zu bringen. Diese elektrische Verstellung, die bei Flugmotoren viel verwendet wurde, wird auch an Fahrzeugmotoren, z. B. in England, hin und wieder angewandt. Sie kann natürlich auch mit anderen Verstellarten verbunden werden.

Nun noch zu einem Gerät mit ganz anderem Zweck, nämlich einem Hilfsmittel für das Anlassen, das dort wo der Magnetzünder verwendet wird, z. B. bei Lastwagen und Traktoren eine hervorragende Rolle spielt! Der Magnetzünder mit **Schnapper** ist eine Kombination des alten Abschnapptyps mit dem umlaufenden Zünder, so daß bei ganz niederer Motordrehzahl die Vorteile des Abschnapptyps (kräftiger Funke bei beliebig kleiner Drehzahl), bei höherer Drehzahl die Vorteile des umlaufenden Magnetzünders erzielt werden. Der Schnapper ist ein Bauelement, das an jedem normalen Magnetzünder (außer dem Schwungmagnetzünder) angebracht werden kann. Oft aber auch ist der Magnetzünder schon ursprünglich für den Einbau eines Schnappers vorgesehen. Der Gedanke des Schnappers möge an der weit verbreiteten Bosch-Schnappkupplung (Bild 217), die nachträglich auf einem Magnetzünder angebracht werden kann, dargestellt sein. Auf dem Achsstummel des Magnetzünders sitzen fliegend die umlaufenden Bauelemente des Schnappers (im Bild auf der linken Seite dargestellt), am Gehäuse sind die feststehenden Bauelemente (im Bild auf der rechten Seite dargestellt) befestigt. Bei langsamer Bewegung der Motorwelle wird die Mitnehmerscheibe gedreht, während der Klinkenträger und der Zündanker dadurch an der Drehung gehindert werden, daß eine der Sperrklinken in eine am Zünder feststehende Haltenase einhakt. Die zwischen Mitnehmerscheibe und Klinkenträger sitzende Spiralbandfeder wird auf diese Weise solange gespannt, bis nach einem bestimmten Drehwinkel einer der beiden Auslösenocken die Sperrklinke an der gebogenen Fläche anhebt. Dadurch kommt die Sperrklinke außer Eingriff mit der Haltenase am Zünder. Unter dem Einfluß der frei werdenden Federspannung wird nun der Zündanker mit großer Beschleunigung in der Drehrichtung vorwärts geschleudert. Dieses Spiel wiederholt sich nach jeder halben Umdrehung der Zünderachse. Auf diese Weise entsteht unmittelbar nach der Klinkenauslösung bei beliebig niederer Motordrehzahl ein intensiver Flußwechsel im Anker und eine genügende, von Drehzahl und Verstellung ziemlich unabhängige Zündspannung. Übersteigt die Zünderdrehzahl ein bestimmtes Maß (etwa 130 Umdrehungen/min), so legen sich die Sperrklinken unter dem Einfluß der Fliehkraft so weit nach außen, daß sie nicht mehr mit der feststehenden Nase am Zünder in Berührung kommen, so daß also bei hoher Drehzahl der Schnapper nicht mehr arbeitet, sondern der Magnetzünder gleichförmig angetrieben wird. Dies

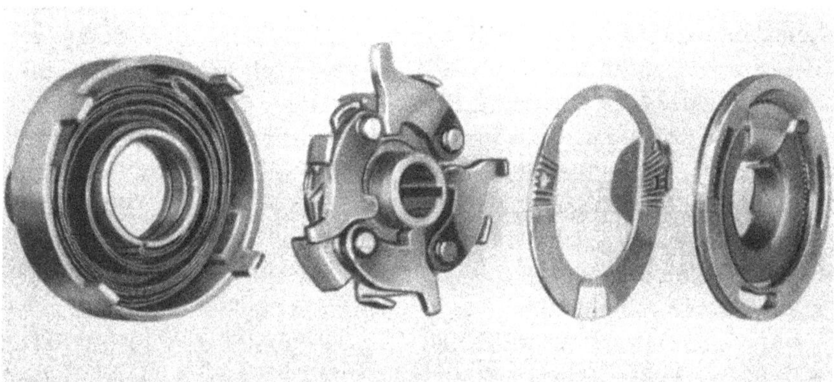

Bild 218. Bosch-Vierabrißschnapper, zerlegt

ist deshalb wichtig, weil die Schnappschläge alle umlaufenden Zünderteile mechanisch sehr hoch beanspruchen.

Der hier besprochene Schnapper gibt zwei Schnappstöße bei jeder Umdrehung. Eine entsprechende Konstruktion für vier Schnappstöße, die also bei Vierabrißmagnetzündern anzuwenden ist, enthält vier Klinken und vier Auslösenocken und ist in Bild 218 dargestellt. Dabei ist die Mitnehmerscheibe mit den Auslösenocken und der Spannfeder vom Klinkenträger getrennt dargestellt, um die Feder und die Lagerung der beiden sich gegeneinander bewegenden Teile besser zu zeigen.

Bei der Bauart der amerikanischen Scintilla-Magneto Co. Inc. (Bild 219) sitzt die Sperrklinke am feststehenden Teil und wird bei niedrigen Drehzahlen durch eine Blattfeder nach innen gedrückt und zum Einhaken gebracht. Der Schnappvorgang selbst verläuft dann in ähnlicher Weise wie beim Bosch-Schnapper: nach einem bestimmten Spannweg drückt ein Nocken die Klinke in die Höhe, die Schnappfeder entspannt sich und zieht den Anker durch. Bei höherer Drehzahl drückt ein kleines, mit umlaufendes Fliehgewicht die Sperrklinke nach außen, bis sie von der Feder festgehalten und so am Einhaken gehindert wird. Bei langsamer Drehung drückt das kurze Ende des Fliehgewichts die Sperrklinke wieder nach innen. Mit Hilfe zweier Druckknöpfe kann außerdem die Sperrklinke beliebig eingehakt oder ausgelöst werden.

Während in Bild 217 ein auf einen normalen Magnetzünder aufgebauter Schnapper gezeigt ist, stellt Bild 220 einen Bosch-

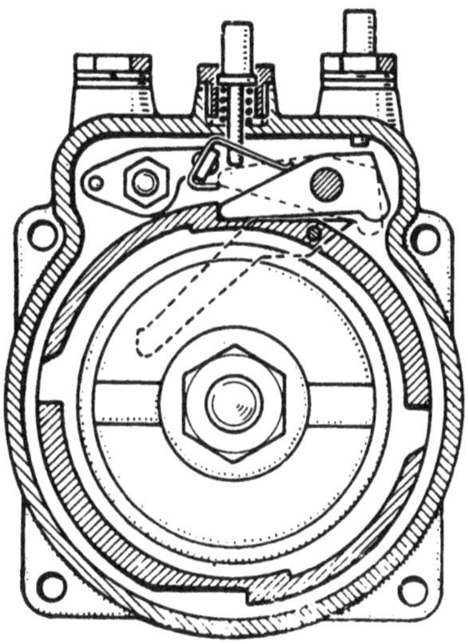

Bild 219. Scintilla-Bendix-Schnapper

magnetzünder dar, bei dem der Schnapper zwar auch fliegend auf der Zünderachse sitzt, aber in den Zünder räumlich schon beim Entwurf dieser Bauart einbezogen wurde. Kurze Baulänge und staubsicherer Schnappereinbau sind die Vorteile dieser Bauart. Im Gegensatz zu diesen Schnapperanordnungen, bei denen eine Kreuzscheibe aus Hartgewebe, die Schnapperklauen mitnimmt und so die Zünderachse antreibt, zeigt Bild 85 einen Boschmagnetzünder mit eingebautem Schnapper, bei dem auf der Antriebseite noch eine besondere Lagerung vorgesehen ist, und der Schnapper ganz innerhalb des Gehäuses liegt. Diese Bauart ermöglicht auch unmittelbaren Antrieb mit auf dem Achsstummel der Antriebsachse sitzendem Zahnrad. Der Zünder ist in diesem Fall so gebaut, daß er entweder mit eingebautem Schnapper oder mit eingebautem Antriebsversteller ohne große Änderung wahlweise geliefert werden kann.

Wesentlich für das richtige Arbeiten eines Schnappers ist, daß die Zünderachse im richtigen Augenblick angehalten wird und der Schnapper im richtigen Augenblick auslöst. Der Zündzeitpunkt ist beim Arbeiten des Schnappers praktisch nicht mehr abhängig von der Früh- oder Spätzündungsstellung des Unter-

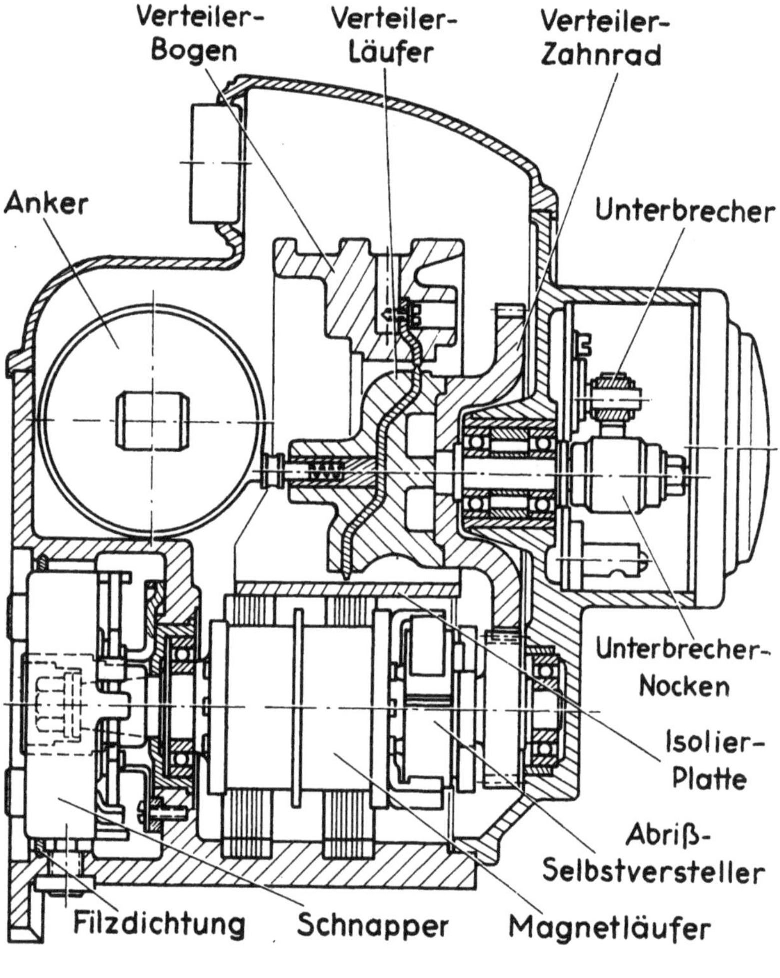

Bild 220. Bosch-Magnetzünder mit eingebautem Schnapper für Kupplung

brechers, sondern wird lediglich bestimmt durch den Auslösezeitpunkt und die sogenannte V e r s c h l e p p u n g. Unter Verschleppung ist dabei der Winkel verstanden, um den sich der Motor bewegt in dem kurzen Zeitraum zwischen Auslösung der Sperrklinke und Überspringen des Zündfunkens, sie ist also um so größer, je größer die Drehzahl ist, mit der der Motor angeworfen wird. Bei den gebräuchlichen Anwerfdrehzahlen und Schnapperkonstruktionen beträgt die Verschleppung bis zu 15°, am Schnapper gemessen, so daß also die Zündung bis zu 15° nach dem Auslösepunkt des Schnappers erfolgen kann. Diese häufig übersehene Tatsache ist für Konstruktion und Einstellung des Schnappers von großer Wichtigkeit. Das Anhalten der Zünderachse muß erfolgen, wenn das Flußmaximum durch den

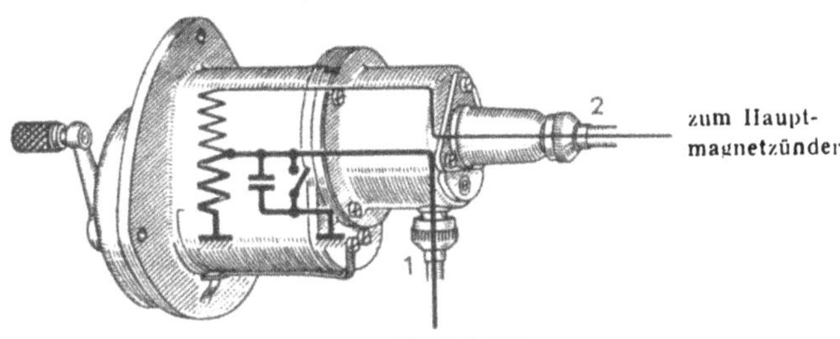

Bild 221. Bosch-Anlaßmagnetzünder

Ankersteg geht. Die Einstellung des Zünders mit Schnapper erfolgt ähnlich wie die des normalen Zünders, nur daß die Zünderachse bis zu ihrer richtigen Stellung nicht in ihrem Drehsinn, sondern gegen ihren normalen Drehsinn zu bewegen ist. Würde man die Zünderachse in ihrem Drehsinn bewegen, so würde die Sperrklinke einhaken und eine richtige Einstellung vereiteln.

Der Schnapper wird dort benutzt, wo sehr schwer anzuwerfende Motoren mit Magnetzündern arbeiten. Hauptsächlich bei großen Lastwagen- und Traktormotoren ist die Durchdrehgeschwindigkeit, die beim Anwerfen erreichbar ist, so gering, daß auch der beste Magnetzünder keine genügende Zündspannung liefert. Der Nachteil des Schnappers ist, daß er einen ziemlich komplizierten Zünderteil bildet und daß der Schnappvorgang die Umlaufteile des Magnetzünders mechanisch stark beansprucht.

Der Vollständigkeit halber soll hier auch noch ein anderes Anlaßhilfsmittel erwähnt werden, das allerdings in der Hauptsache bei Flugmotoren, seltener im Kraftwagenbetrieb angewandt wird: die **Anlaßzündung.** Mit ihr kann man im Gegensatz zum Schnapper Motoren auch ohne Andrehvorrichtung aus dem Stillstand anwerfen, vorausgesetzt, daß die Zylinder zündfähiges Gemisch enthalten. Es gibt Anlaßmagnetzünder und Anlaßbatteriezünder. Der Anlaßmagnetzünder (Bild 221) ist ein besonderer, nicht mit dem Motor gekuppelter kleiner Hilfsmagnetzünder, in dem durch Drehen einer Handkurbel ein Anker mit Hilfe einer Zahnradübersetzung auf sehr hohe Drehzahl gebracht wird. Die in diesem Magnetzünder erzeugten kräftigen Hochspannungsstöße werden in der Regel über den Verteiler des normal mit dem Motor gekuppelten Magnetzünders

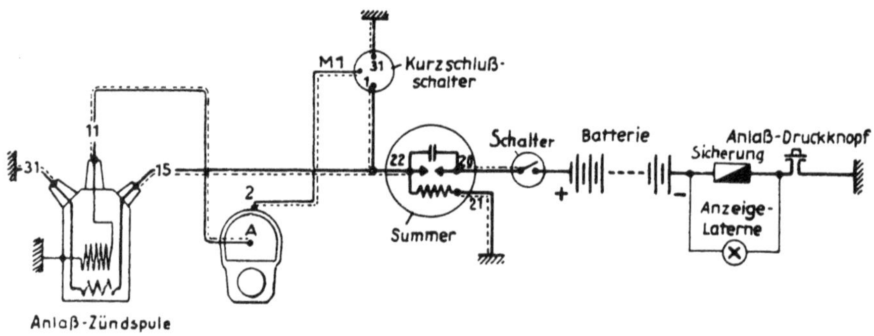

Bild 222. Grundlegende Schaltung der Summer-Anlaßzündung

den Kerzen zugeführt und erzeugen dort eine Reihe von Überschlägen, die das angesaugte Gemisch zur Entflammung bringen. Der Verteiler des Hauptzünders muß besonders für die Anlaßzündung eingerichtet sein. Neben der Hauptelektrode des Überschlagverteilers sitzt die Anlaß-Elektrode, die dieser um beinahe eine Segmentteilung nacheilt und von ihr isoliert ist. Der Anlaßfunke wird der Anlaß-Elektrode und von ihr dem Verteiler-Segment zugeführt und gelangt so zur Kerze. Dadurch, daß die Anlaßspitze um einen bestimmten Winkel gegen die Hauptspitze verschoben ist, erfolgt die Explosion mit Sicherheit in dem Zylinder, dessen Kolben den Explosionshub ausführt, und nicht in dem Zylinder, dessen Kolben den Kompressionshub ausführt, auch dann, wenn der Hauptzünder bei seinem normalen Arbeiten vor Totpunkt zündet. Sobald die ersten Explosionen erfolgt sind, arbeitet der Motor mit dem normalen Magnetzünder ohne Anlaßzündung.

An Stelle des Anlaßmagnetzünders kann man auch die Anlaßbatteriezündung, die sogenannte Summeranlaßzündung, setzen. Sie besteht aus einer Zündspule ähnlich der normalen, für die Wagenbatteriezündung verwendeten

Bauart und dem Summer, einem elektromagnetischen Vibrationsunterbrecher, der die Aufgabe hat, den von der Batterie über die Primärwicklung der Zündspule fließenden Batteriestrom in rascher Folge zu schließen und wieder zu unterbrechen. Dadurch wird in der Sekundärwicklung der Zündspule wie beim Handanlaßmagnet eine Reihe von Hochspannungsstößen er-

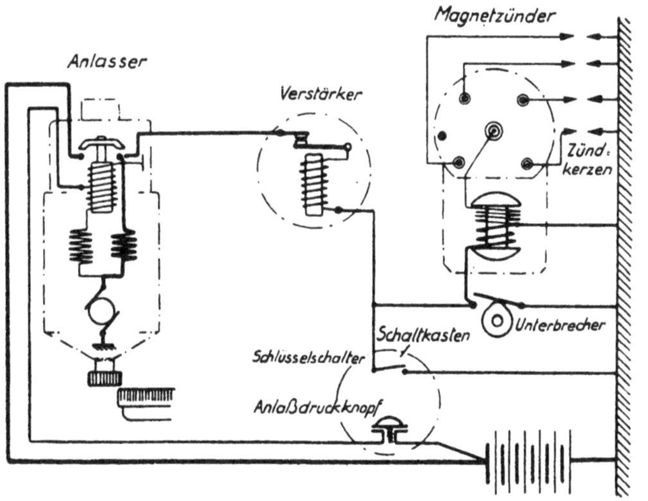

Bild 223. Verstärkerzündung

zeugt, die über die Anlaßelektrode des Betriebsmagnetzünders an die entsprechenden Zündkerzen gelangen und dort ein Funkenband erzeugen. In den Primärstromkreis wird ein Druckknopf eingebaut, bei dessen Betätigung die Summeranlaßzündung anspricht. Die grundsätzliche Schaltung zeigt Bild 222.

Diese Summeranlaßzündung hat gegenüber dem Handanlaßmagnetzünder den Vorteil erheblich geringeren Gewichts und die Möglichkeit, die Zündspule in die unmittelbare Nähe des Betriebsmagnetzünders und des Motors zu setzen, so daß die Hochspannungsleitung zwischen Zündspule und Betriebsmagnetzünder verhältnismäßig kurz ist. Der Nachteil der Summeranlaßzündung gegenüber dem Handanlaßmagnetzünder ist die Abhängigkeit von der Batterie.

Die Summeranlaßspule, bei der ein Summer mit einer normalen Zündspule zusammengebaut ist und die zum Anlassen von Lanz-Glühkopfmotoren mit Hochspannungszündstrom dient, ist in Abschnitt V beschrieben (s. Bild 125).

Zu erwähnen ist in diesem Zusammenhang eine vereinfachte Art des Anlaßbatteriezünders, die früher viel verwendet wurde: der Verstärker. Der Verstärker ist ein Summer ähnlich dem oben beschriebenen; er arbeitet aber nicht mit einer Zündspule zusammen, sondern der von ihm unterbrochene Gleichstrom der Batterie wird in die Primärwicklung des Magnetzünders hineingeschickt. Diese Stromstöße erzeugen in der Sekundärwicklung des Magnetzünders Hochspannungsstöße, die über den normalen Verteiler den Zündkerzen zugeführt werden und schon bei Stillstand und ganz niedriger Drehzahl eine verhältnismäßig gute Schlagweite liefern. Das so erzeugte Funkenband ist durch den Unterbrecher des Magnetzünders gesteuert; solange der Unterbrecher geschlossen ist, geht der intermittierende Strom über den Unterbrecher zur Masse, und es werden keine Funken im Anker erzeugt; sobald aber der Unterbrecher geöffnet ist, geht der Strom durch die Primärwicklung und es entsteht ein Funkband (Bild 223). Auch diese Verstärkerzündung ist von der Batterie abhängig und muß genau auf den Magnetzünder, für den sie verwendet wird, abgestimmt werden, weil sonst der durch die Primärwicklung fließende Batteriestrom den Magneten entmagnetisieren kann.

Es soll nun hier noch das **Abschalten der Zündung** kurz betrachtet werden. Beim Magnetzünder dient das Abschalten der Zündung entweder der Sicherung gegen unberufenes Ingangsetzen des Motors oder — allerdings heute nicht mehr üblich — dem Abbremsen des Kraftfahrzeugs durch Arbeiten des Motors ohne Zündung. Bei der Batteriezündung tritt zu den angegebenen Gesichtspunkten ein dritter, besonders wichtiger: Die Zündung ist abzuschalten, damit nicht unnötig in der Zündspule Strom fließt, die Spule erwärmt und die Batterie entlädt. Beim Magnetzünder wird das Abschalten in der Regel dadurch bewerkstelligt, daß die Primärwicklung kurzgeschlossen wird. Zu diesem Zweck wird der isolierte Unterbrecherkontakt (bei Umlaufankern mit Hilfe einer auf der Unterbrecherschraube schleifenden Kohle im Unterbrecherdeckel, der sogenannten Kurzschlußvorrichtung) mit einem Kabel verbunden, das zum Schaltkasten führt und dort mit Hilfe des Schlüsselschalters (Bild 224) an Masse gelegt wird. Beim Batteriezünder dagegen liegt der dann zweipolige Schlüsselschalter im Primärstromkreis, so daß durch Abschalten jede Stromzufuhr zur

Zündspule unterbunden wird. Vergißt man beim Batteriezünder das Abschalten, so geht Strom durch die Zündspule, vorausgesetzt, daß der Motor so stehen bleibt, daß der Unterbrecher geschlossen ist. Um diese Gefahr auszuschalten, hat man recht verschiedenartige Vorkehrungen getroffen: Man hat versucht, die Schließungsdauer sehr klein zu machen und rechnet dabei

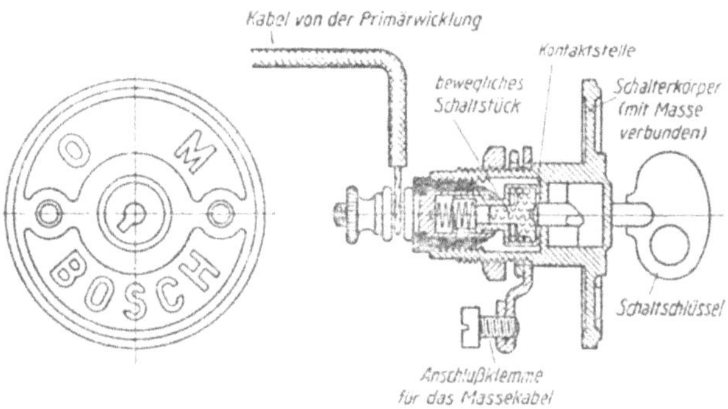

Bild 224. Kurzschlußschalter

mit der Tatsache, daß der Motor in einer ziemlich eng begrenzten Lage auspendelt. Doch ist nie sicher, ob nicht, z. B. bei Stehen des Kraftwagens an einer Steigung, doch einmal der Motor eine Stellung einnimmt, bei der der Unterbrecher geschlossen bleibt, und außerdem ist die kleine Schließungsdauer elektrisch nicht erwünscht (s. Kap. II, Seite 54 und III, Seite 132). Ein anderer Weg geht dahin, selbsttätige Abschaltvorrichtungen in den Stromkreis einzubauen. Man verwertet dabei die Tatsache, daß der Strom bei Stillstand größer ist als der effektive Betriebsstrom bei langsamer Drehzahl. Man verwendet also manchmal Thermostaten, die vom Primärzündstrom geheizt werden und bei bestimmter Erwärmung eine Vorrichtung auslösen, die den Primärkreis unterbricht. Da der Unterschied zwischen dem Strom bei Stillstand bei stark entladener Batterie und dem effektiven Betriebsstrom bei niederer Drehzahl und voller Batterie jedoch gering ist, arbeiten diese Vorrichtungen nicht sehr zuverlässig. Dazu kommt das grundsätzliche Bedenken, das man gegen jede nicht unbedingt notwendige Kontaktstelle im Primärstromkreis mit Rücksicht auf die Betriebssicherheit der Zündung haben muß. Es wurde auch schon die Einschaltung des Zündstroms durch einen Fliehkraftregler versucht. doch ist die erforderliche Anwerfdrehzahl hierbei so hoch, daß der Hauptvorteil des Batteriezünders gegenüber dem Magnetzünder, gute „niederste Drehzahlen" zu haben, sehr verringert wird.

Da beim Batteriezünder vor allem auf geringen Preis gesehen wird, nimmt man in der Regel von selbsttätigen Abschaltvorrichtungen Abstand und begnügt sich damit,

1. eine Anzeigevorrichtung vorzusehen, die den Fahrer darauf aufmerksam macht, daß die Zündung eingeschaltet ist[1]);
2. die Zündspulen möglichst so zu bauen, daß sie bei Ruhestromdurchgang nicht verbrennen und
3. in den Gebrauchsanweisungen und dergl. auf die Notwendigkeit des Abschaltens im Hinblick auf die Batterieentladung hinzuweisen.

Man geht dabei von der Ansicht aus, daß der Kraftfahrer, dem einmal das Anwerfen infolge entladener Batterie unmöglich ist, für alle Zukunft das Abschalten der Zündung nicht vergessen wird.

In neuerer Zeit hat man gerade auf dem Gebiet der Batteriezündung besondere Konstruktionen geschaffen, die ein unbefugtes Einschalten der Zündung erheblich erschweren und dadurch die Gefahr von Wagendiebstählen verringern. Hierzu gehört die Verwendung besonderer Sicherheitsschlösser in Verbindung mit dem Schalter; diese lassen aber immer noch zu, durch Überbrücken des Schalters an einer anderen Stelle die Zündung einzuschalten. Ein weiterer Schritt ist deshalb der Zusammenbau von Zündspule und Schalter mit Sicherheitsschloß, so daß ohne Zerstörung des Schlosses ein Einschalten des Stromkreises für den, der nicht den geeigneten Schlüssel hat, unmöglich ist, es sei denn, daß er eine neue Zündspule einbaut und die vorhandene umgeht. Eine solche Spule mit Schloß

[1]) Die Robert Bosch G. m. b. H. benützt dazu die noch im Teil II dieses Werkes näher zu besprechende sogenannte Lade-Anzeigelampe, die so zwischen Lichtmaschine und Batterie eingeschaltet ist, daß sie aufleuchtet, wenn die Batterie nicht geladen wird, d. h. wenn der automatische Schalter der Lichtmaschine geöffnet ist, und nur erlischt, wenn die Batterie geladen wird, d. h. wenn der automatische Schalter der Lichtmaschine geschlossen ist und die Anzeigelampe überbrückt. Verbindet man mit dem Zündungsschalter einen Schalter, der in der Zuleitung dieser Lade-Anzeigelampe liegt, so erlischt die Anzeigelampe, wenn der Zündungsschalter ausgeschaltet und damit auch die Lade-Anzeigelampe abgeschaltet wird.

Bild 225. Bosch-Lenkschloß

zeigt Bild 112 in Abschnitt IV. Weiterhin hat man versucht, den Schalter zwischen Zündspule und Zündverteiler in den Primärstromkreis einzubauen und dabei die Zuleitung zwischen Schalter und Zündverteiler mit einem Panzerschlauch zu umgeben, so daß ohne Zerstörung dieses Panzers oder des Zündverteilers ein unrechtmäßiges Einschalten der Zündung nicht möglich ist. Außerdem sind gewisse Relais-Konstruktionen geschaffen worden, die beim Anschneiden des Kabels zwischen Schalter und Zündverteiler den letzteren kurzschließen oder mit sonstigen Schalttricks den Diebstahl erschweren. Die weitestgehende Diebstahlsicherung aber, die in neuester Zeit vielfach angewandt wird, besteht darin, mit einem Sicherheitsschloß einen Bolzen zu betätigen, der die Lenkung des Wagens verriegelt und gleichzeitig den Zündschalter sperrt. Dabei ist es dann ausgeschlossen, daß der Wagenbesitzer versehentlich mit verriegelter Lenkung abfährt. Ein solches Lenkschloß zeigt Bild 225; es hat drei verschiedene Schaltstellungen:

1. bei Fahrstellung ist das Schloß entriegelt, die Zündung eingeschaltet, der Schlüssel sitzt;
2. bei Garagenstellung ist das Schloß entriegelt, die Zündung ausgeschaltet, der Schlüssel abgezogen;
3. bei Parkstellung ist das Schloß verriegelt, die Zündung ausgeschaltet, der Schlüssel abgezogen.

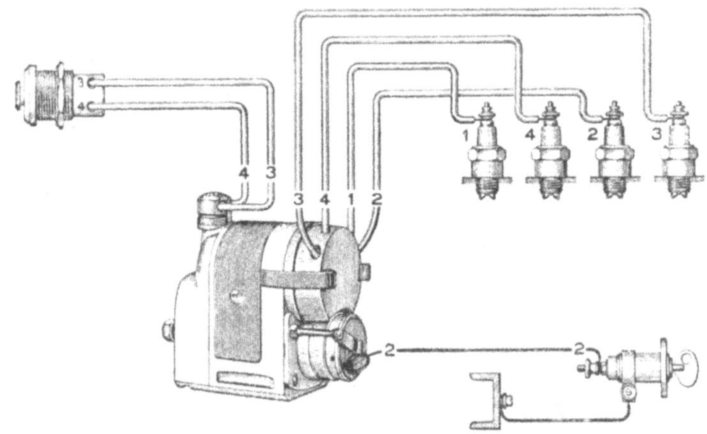

Bild 226. Anschluß der Vorschaltfunkenstrecke an den Stromabnehmer des Magnetzünders

Mit Rücksicht auf Unfallgefahr ist es besonders wichtig, daß das Schloß so gebaut ist, daß man nicht versehentlich beim Ausschalten der Zündung aus der Fahrstellung über die Parkstellung bis zur Garagenstellung durchschaltet und so etwa bei bergabfahrendem Wagen die Lenkung blockiert. Bosch baut deshalb das Lenkschloß so, daß das Ein- und Ausschalten der Zündung durch eine Drehbewegung, das Verriegeln der Lenkung bei Parkstellung jedoch noch durch eine zusätzliche Schubbewegung ausgeführt wird. Das Bosch-Lenkschloß enthält auch die Kontrollampe, die bei eingeschalteter Zündung aufleuchtet und auch den Fußschalter des Anlassers gleich mitbeleuchtet.

Nun sei noch kurz eine Hilfseinrichtung erwähnt, die eine zeitlang größere Bedeutung zu gewinnen schien, dann aber wieder fast völlig verschwunden ist: die **Vorschalt-Funkenstrecke** (Bild 226). Sie sollte das Aussetzen der Zündung infolge verrußter Kerzen verhindern, wurde aber entbehrlich, als man gelernt hatte, durch richtige Kerzenwahl und Gemischeinstellung die Gefahr des Verrußens zu überwinden. Bei verrußten Kerzen fließt, wie bereits in Abschnitt I erwähnt, die Energie des Zünders durch die Rußbrücke ab, ehe die Spannung so weit gestiegen ist, daß ein Überschlag an der Kerze entstehen kann. Man hat daher vor die Kerze eine Unterbrechungsstelle, die Vorschaltfunkenstrecke, geschaltet, die das Abfließen des Zündstroms durch die Rußbrücke verhindert, bis schließlich an der Vorschaltfunkenstrecke ein Funke überspringt. Durch diesen Überschlag entsteht eine steile Wanderwellenfront, die sich leichter über den Luftraum zwischen den Elektroden der Kerze als über den Verrußungswiderstand ausgleicht, also zum Überschlag an der Kerze führt. Da man auch bei Mehrzylindermotoren mit einer Vorschaltfunkenstrecke auskommen wollte, mußte man sie vor den Verteiler einbauen. Sie beansprucht die Isolationsteile des Zünders erheblich stärker als der normale Betrieb, darf also nicht dauernd eingeschaltet sein.

Auf einem ähnlichen Prinzip beruht der sogenannte Lepel-Convertor (Hochfrequenzstromwandler). Dieser hat den Zweck, die Verrußung und Verölung der Kerzen zu unterdrücken. Es handelt sich um eine Reihe kleiner hintereinandergeschalteter Vorschaltfunkenstrecken mit guter Ableitung der Funkenwärme, also kurz, um eine sogenannte Löschfunkenstrecke. Diese wirkt wie eine normale Vorschaltfunkenstrecke, zerteilt aber außerdem den Zündfunken in eine Reihe zeitlich unmittelbar aufeinanderfolgender Funken. Diese Funkenreihe

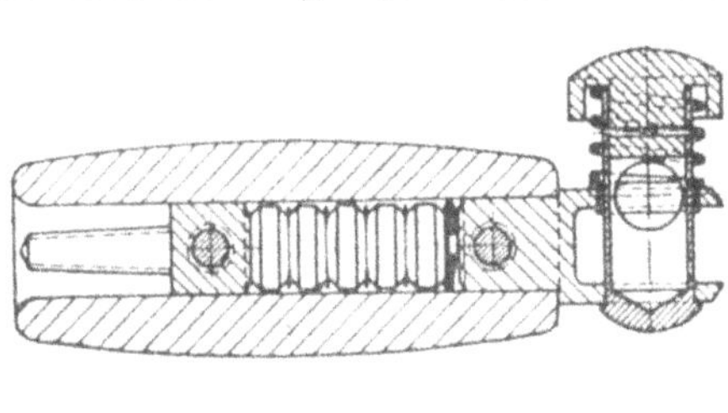

Bild 227. Lepel-Vorschaltfunkenstrecke

hat nicht nur die Aufgabe, verschmutzte Stellen sauberzubrennen, sondern soll auch etwa anwesendes Öl vermöge seiner starken Blaswirkung von der Kerzenelektrode fernhalten. Bild 227 zeigt einen Schnitt durch den Lepel-Stromwandler. Sein normaler Einbau erfolgt zwischen der Kerze jedes Zylinders und dem Zündkabel. Die oben angeführten Nachteile der ständig eingeschalteten Vorschaltfunkenstrecke gelten natürlich auch für diese Anordnung des Lepel-Stromwandlers. Und zwar sind Bedenken gegen diesen nicht abschaltbaren Einbau um so mehr zu äußern, als die Lepelsche Löschfunkenstrecke, wenn sie nicht ganz zuverlässig gebaut ist, eine verhältnismäßig starke Spannungserhöhung mit sich bringt und bei nicht verrußten Kerzen die Anwerfdrehzahlen sehr ungünstig beeinflußt.

Wir erwähnen diese Vorschaltfunkenstrecke deshalb, weil man heute wieder, besonders in Amerika, dazu neigt, ähnliche Maßnahmen zu treffen durch Einbau von Vorschaltfunkenstrecken in die Zündkerze. Diese sind dann allerdings genauer in ihrer Überschlagspannung definiert, damit sie möglichst wenig von der zur Verfügung stehenden Zündspannung wegnehmen und möglichst wenig die Zündanlage beanspruchen.

VI. Zündkerzen

1. Beanspruchung und Arbeitsbedingungen der Zündkerze

Von wesentlicher, manchmal unterschätzter Bedeutung für die Zündung sind Bauart und Zustand der Zündkerze. Bereits im Abschnitt I ist darauf hingewiesen worden, daß die Zündkerze die Aufgabe hat, die Zündspannung isoliert in den Verbrennungsraum einzuführen und dort die Überschlagstrecke zu bilden, an der der Funke überspringt, der das Gemisch entzündet[1]). Es soll nunmehr näher auf ihre Konstruktion eingegangen werden. Diese hängt ab von den **Anforderungen** des Verbrennungsmotors einerseits und des Zündungsvorganges andererseits, Anforderungen mechanischer, thermischer und elektrischer Natur.

Vier Gesichtspunkte sind wesentlich bei einer Zündkerze:

1. Festigkeit des Isolators bei mechanischer, thermischer und elektrischer Beanspruchung,
2. elektrische Isolierfähigkeit des Isolators auch bei hohen Temperaturen,
3. Dichtheit der Zündkerze im Betrieb,
4. Wärmezustand der Zündkerzenteile im Betrieb.

Betrachtet man zu 1 die Vorgänge im Motorzylinder, so sieht man, daß die Kerze außerordentlich schroffen Wechseln an Temperatur und Druck unterworfen ist. Das schematische Diagramm eines Viertakt-Zündermotors in Bild 228 soll dies veranschaulichen. Die angeschriebenen Werte zeigen Temperatur und Druck eines Motors mit einem Verdichtungsverhältnis von 1 : 5 bis 1 : 7. Bei höherem Verdichtungsverhältnis können die Werte noch erheblich über die angegebenen

---

[1]) Die bei Dieselmotoren verwendeten Glühkerzen werden im Teil III dieses Werkes, „Stromverbraucher“, behandelt, da sie hauptsächlich die Aufgabe haben, den Verbrennungsraum zu heizen.

21*

Zahlen hinausgehen. Ansaug-, Verdichtungs-, Arbeits- und Auspuffhub spielen sich bei 3000 Umdrehungen in der Minute je in 0,01 Sekunden ab.

Neben diesen mechanischen und thermischen Beanspruchungen ist eine sehr hohe elektrische Beanspruchung vorhanden. Zwischen Zündstift und Kerzenkörper bestehen, wie aus den vorstehenden Abschnitten hervorgeht, Spannungen von 10 000 bis 30 000 Volt, bei denen Überschläge oder Isolatordurchschläge auch bei stärkster Erwärmung nicht vorkommen dürfen.

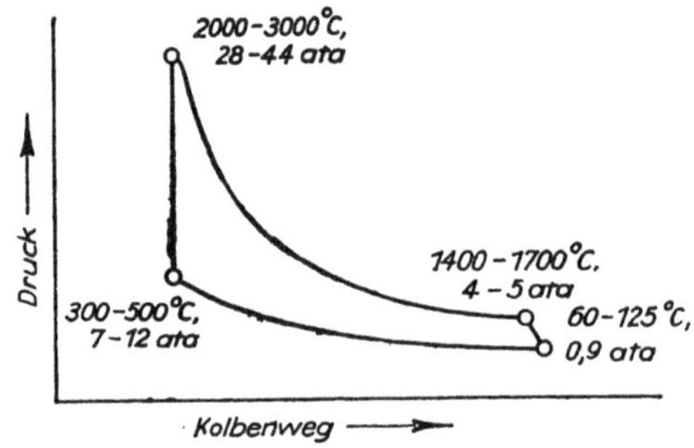

Bild 228. Druckdiagramm des Ottomotors

Dazu kommt Forderung 2: hohe elektrische Isolierfähigkeit des Isolators auch bei hohen Temperaturen. In Abschnitt I und II (Seiten 39 und 50) ist der nachteilige Einfluß eines Verrußungsnebenschlusses zur Zündkerze gezeigt worden. Leitfähigkeit des Kerzenisolators ist genau wie die Verrußung ein Nebenschluß zur Funkstrecke. Wenn auch eine leichte Verrußung nicht immer ganz vermieden werden kann, so muß doch zum mindesten der Widerstand der Rußschicht auf dem Isolator bei jedem Betriebszustand so hoch liegen, daß sie praktisch keine Belastung des Zünders durch Nebenschluß zur Funkenstrecke darstellt. Hiervon ist bei Besprechung der Konstruktionsteile noch die Rede.

Der Sitz der Kerze (Bild 229) unmittelbar im Verbrennungsraum des Motors erfordert drittens, daß sie unbedingt gasdicht ist. Kompressionsverlust ist Leistungsverlust; undichte Kerzen werden unzulässig heiß und geben frühzeitig Glühzündungen. Von einer guten Kerze muß verlangt werden, daß sie in kaltem und warmem Zustand gegen den höchsten Verdichtungsdruck praktisch dicht hält. Wird die Kerze infolge Erwärmung so undicht, daß sie bläst, so zerstört die auftretende Stichflamme den Isolator und erhitzt die Dichtungen so stark, daß sie verschmoren. Betrachtet man in Bild 230 den Aufbau der Kerze, im wesentlichen bestehend aus Kerzenkörper, Zündbolzen und Isolator, so sieht man, daß der Zündbolzen gegen den Isolator, der Isolator gegen den Kerzenkörper und dieser endlich gegen den Motorzylinder abzudichten ist. Von der Abdichtung zwi-

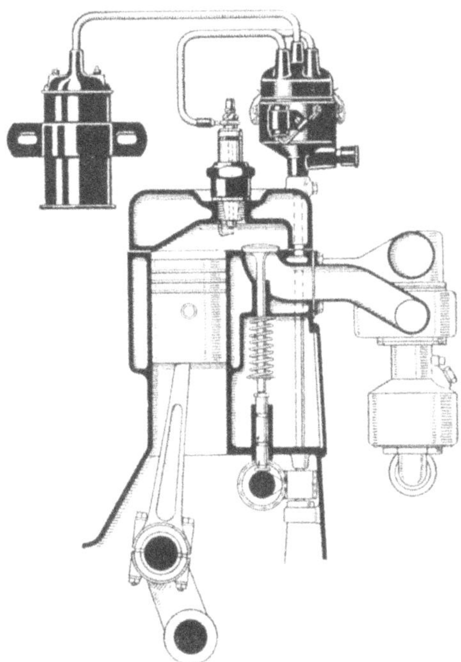

Bild 229. Einbau der Zündkerze am Motor

schen Kerzenkörper und Motor wird unten beim Einbau die Rede sein. Zwischen Isolator und Kerzenkörper liegen Dichtungsringe, die mit Rücksicht auf Wärmebeständigkeit und genügende Anschmiegefähigkeit zumeist aus Kupfer oder Kupferasbest bestehen, und die genügend große Auflageflächen aufweisen müssen. Dabei wird der Isolator mit seinem Schaft gegen den Kerzenkörper gedrückt. Er wird entweder in den Kerzenkörper eingebördelt (siehe Bild 230) oder durch eine Überwurfschraube, wie in Bild 12, in dem Kerzenkörper festgezogen. Die gebördelte Ausführung hat den Vorteil, daß sie billiger ist und die Kerze eine mechanische Einheit bildet, während die Verwendung einer Schraube die leichte Reinigung des Kerzenisolators ermöglicht.

Die Abdichtung der Mittelelektrode, des sog. Zündstifts oder Zündbolzens, ist schwieriger. Bosch dichtet mit einer pulverigen Masse in einer Plandichtung am Ende des Steinkopfs, Champion mit einer ähnlichen Masse in der Mitte des Steins (s. Bild 231), AC und andere amerikanische und englische Firmen dichten durch Einschmelzen der zweiteiligen

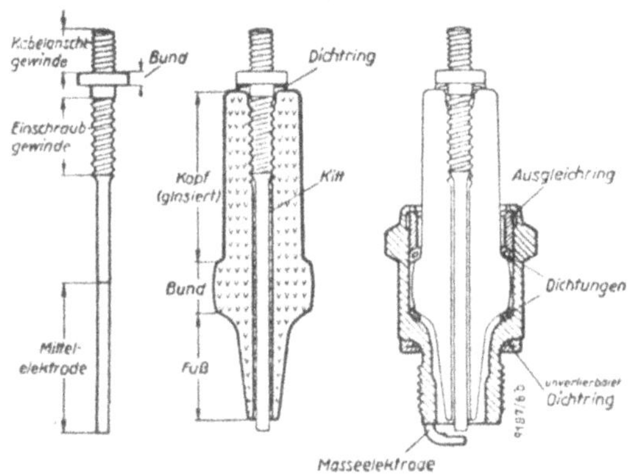

Zündbolzen oder Mittel-elektrode — Isolator mit Zündbolzen — Kerzenkörper mit Isolator und Zündbolzen

Bild 230. Aufbau der gebördelten Bosch-Zündkerze

Mittelelektrode in eine leitende Schmelze von Glas und Metallpulver (s. Bild 232).

Es ist jedoch nicht möglich, für alle Fälle eine völlige Gasdichtheit zu erreichen, vor allem deshalb nicht, weil die physikalischen Eigenschaften der beim Bau einer Kerze verwendeten Stoffe, insbesondere die Wärmedehnungszahlen, ungleich sind; hiervon wird bei Besprechung der Konstruktionsteile die Rede sein. Man muß sich damit begnügen, die Kerzen praktisch gasdicht zu machen, d. h. der unvermeidbare Gasverlust darf nicht so hoch sein, daß er schadet. An neuen Kerzen kann man in kaltem Zustande und bei einem Druck von 20 atü einen Gasverlust von etwa 50 cm³/min zulassen; im Laufe der Betriebszeit wird der Verlust etwas größer, darf aber natürlich nicht so groß werden, daß die Kerze bläst. Immerhin haben eingehende Versuche gezeigt, daß ein Gasverlust von mehreren hundert cm³/min bei 20 atü noch keine nachteilige Wirkung hat.

Die Wärmeeigenschaften der Kerze (Forderung 4) sind von ausschlaggebender Bedeutung für ihr Arbeiten. Bei jeder Explosion nehmen der Stein und die Elektroden der Kerze eine bestimmte Wärmemenge auf: die Kerze erwärmt sich also immer mehr. Erst wenn sie eine bestimmte Temperatur erreicht

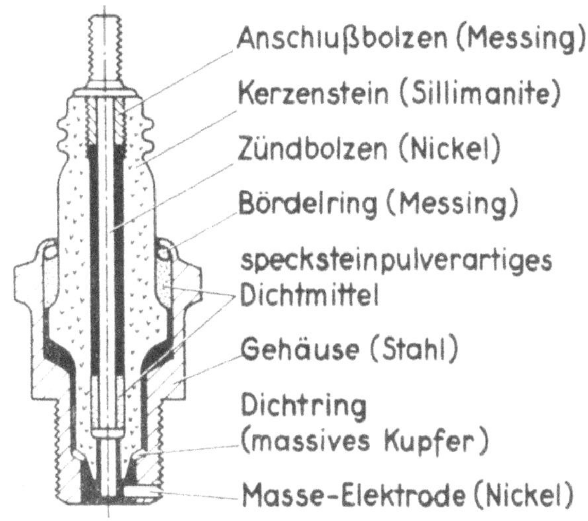

Bild 231. Championkerze

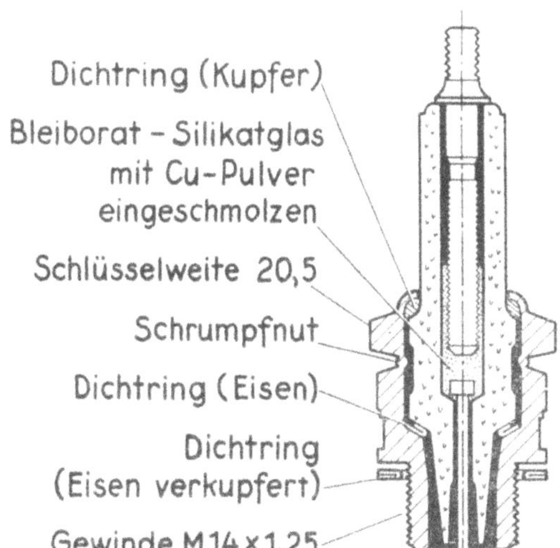

Bild 232. AC-Kerze mit eingeschmolzener Mittelelektrode

hat, das Wärmegefälle nach außen also genügend groß geworden ist, fließt die gesamte Wärmemenge, die bei e i n e r Explosion aufgenommen wurde, bis zur nächsten wieder ab. Je größer dieses Gefälle sein muß, damit der Wärmeausgleich vollständig ist, desto heißer wird die Kerze, d. h. desto höher ist die gleichbleibende Temperatur, auf die sich die ins Innere des Zylinders ragenden Kerzenteile einstellen.

Diese Temperatur soll etwa 500 Grad C betragen (Selbstreinigungstemperatur). Liegt die Temperatur der Kerze längere Zeit unter diesem Wert, so tritt leicht das in Abschnitt I erwähnte Verrußen der Kerze ein. Auf dem Isolatorfuß lagert sich eine stromleitende Ruß- oder Ölkohleschicht ab, die einen Nebenschluß zur Zündkerze bildet oder den Funken an einer unrichtigen Stelle überschlagen läßt. Der Weg, den der Zündstrom oder der an falscher Stelle überschlagende Funke am Isolator entlang kriecht, ist der Kriechweg. Je größer dieser Weg ist, desto geringer ist die Verrußungsgefahr. Dies ist bei der Formgebung des Isolators zu beachten. Ist die mittlere Temperatur der Kerze nicht zu nieder, so verbrennen die Kohlenstoffteilchen auf dem in den Zylinder ragenden Teil des Isolators, dem Isolatorfuß und die Kerze verrußt nicht, vorausgesetzt, daß nicht dauernd mit zu fettem Gemisch (zu reicher Vergasereinstellung) gefahren wird.

Andererseits hat man sich auch vor zu hoher Kerzentemperatur zu hüten, da sonst die sogenannten Glühzündungen auftreten: erreichen der Isolator oder die Elektroden eine Temperatur von mehr als 820 Grad C, so entzündet sich das Gemisch, auch ohne daß ein Funken an den Elektroden überspringt. Zuerst entstehen diese Glühzündungen im Augenblick stärkster Kompression, also ungefähr im richtigen Zündzeitpunkt; man bemerkt sie lediglich daran, daß trotz Abstellen der Zündung weitere Explosionen erfolgen. Steigert sich die Temperatur an den Kerzenteilen weiter, so entstehen die Glühzündungen schon wesentlich vor dem gesteuerten Zündzeitpunkt, der Motor geht hart und läßt plötzlich in der Leistung nach. Bei weiterer Steigerung der Temperatur der Kerzenteile entzündet sich das Gemisch schon beim Eintritt in den Explosionsraum. Rückschläge in den Vergaser (Gefahr des Vergaserbrandes) sind die Folge.

Dies gilt auch für die feinen Schneiden des Kerzengewindes. Es kommt vor, daß eine Kerze für den Motor durchaus geeignet ist und normalerweise keine Glühzündungen gibt; wenn sie aber mit ihrem Gewinde zu weit in den Verbrennungsraum hineinragt, werden die Gewindeschneiden unter Umständen glühend und verursachen Glühzündungen[1]).

Die ins Zylinderinnere ragenden Teile der Kerzen dürfen also im Betriebe weder zu heiß noch zu kalt sein. Sie müssen bei langsamer und Talfahrt heiß genug sein, um Niederschläge von Ruß zu verbrennen, und bei höchster Beanspruchung kalt genug bleiben, um keine Glühzündung zu geben. Man erreicht dies, indem man Wärmezufuhr und Abfuhr in das richtige Verhältnis zueinander bringt.

Da die Wärmezufuhr zur Kerze wesentlich durch die Bauart und Drehzahl des Verbrennungsmotors bestimmt ist, leuchtet ein, daß verschiedene Motoren oft verschiedene Zündkerzen erfordern. Eine Einheitskerze gibt es nicht. Je mehr die Motorenindustrie normalisiert, desto weniger Kerzenarten sind notwendig, doch wird ein hochverdichtender Sportmotor nie mit der Kerze des normal verdichtenden Gebrauchsmotors ausgerüstet werden können.

Zwar werden die Zündkerzen nach den verschiedensten Gesichtspunkten eingeteilt, z. B. in Rennkerzen und Gebrauchswagenkerzen, steinisolierte Kerzen und glimmerisolierte Kerzen, doch geht aus diesen Einteilungen nicht mit unbedingter Sicherheit hervor, in welchem Motor die einzelne Kerze verwendbar ist. Man braucht ein Vergleichsmaß, das die Wärmeeigenschaften der Zündkerzen angibt und ihre Verwendungsmöglichkeit bestimmt. Daher führte die Robert Bosch G. m. b. H. bei ihren Zündkerzen das Maß **„Wärmewert"** ein.

Der Wärmewert gibt an, nach welcher Zeit bei einer Kerze in einem bestimmten Motor unter bestimmten Bedingungen Glühzündungen auftreten. Prüft man alle Kerzenarten an ein und demselben Motor unter denselben Bedingungen (Drehzahl, Kompressionsverhältnis, Kühlwassertemperatur, Gemischbildung sind konstant zu halten; Luftdruck, Lufttemperatur und Luftfeuchtigkeit sind zu beachten!), so kann man an Hand der ermittelten Wärmewerte die Kerzen vergleichen und mit Hilfe der

---

[1]) Glühzündungen entstehen aber nicht nur durch zu heiß gewordene Kerzen; auch an Teilen der Ventile und der Dichtung zwischen Zylinder und Zylinderkopf oder an scharfen Graten, die in den Verbrennungsraum hineinragen, können Wärmestauungen auftreten und zu Glühzündungen führen. Ebenso kann Ölkohle, die sich im Verbrennungsraum abgesetzt hat, leicht ins Glühen kommen, so daß sich daran das angesaugte Frischgas entzündet.

im praktischen Betrieb auf der Straße gewonnenen Erfahrungen die Eignung irgendeiner Kerzenart für eine bestimmte Motorbauart voraussagen.

Für die Auswahl der passenden Kerzen ergibt sich dann die einfache Regel: „Gibt eine Kerze Glühzündungen, so ist sie durch eine Kerze mit dem nächsthöheren Wärmewert zu ersetzen, verschmutzt sie, durch eine solche mit dem nächstniederen Wärmewert.“

Es hat sich zwar heute allgemein eingebürgert, die Wärmeeigenschaften der Zündkerzen durch den Begriff „Wärmewert“ zu kennzeichnen. Da jedoch die einzelnen Firmen die Wärmewerte ihrer Kerzen nicht unter genau den gleichen Bedingungen ermitteln, ergeben sich auch keine übereinstimmenden Zahlen. Auch bezeichnen einige Firmen ihre Kerzen umgekehrt wie die übrigen, nämlich so, daß die niederste Zahl für die Kerze gilt, die im Betrieb am kältesten bleibt, die höchste Zahl für diejenige, die am heißesten wird.

Um die Frage des Wärmezustandes zusammenhängend darzustellen, soll hier gleich auf die Mittel zur Abstimmung des Wärmezustands eingegangen werden. Dabei muß man sich vergegenwärtigen, daß die Wärmeabfuhr weitgehend über den Isolator erfolgt (s. Bild 233) und durch Querschnitt und Länge des

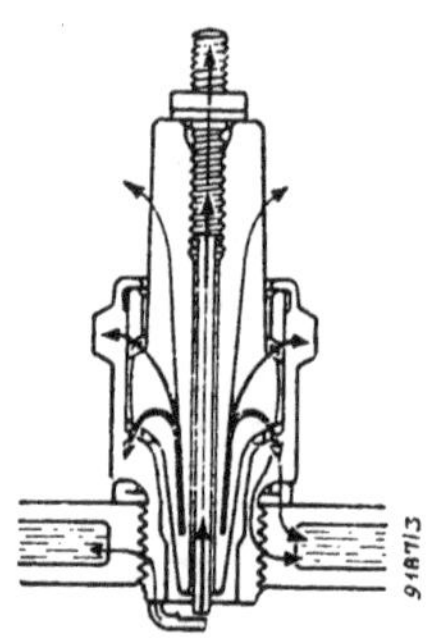

Bild 233. Wärmeabfuhr an der Zündkerze

die Wärme ableitenden Isolatorfußes beeinflußt werden kann. Es ist zu unterscheiden der Wärmezustand der Elektroden und der Wärmezustand des Isolatorfußes. Während die Verrußungsgefahr in der Hauptsache durch den Wärmezustand des Isolators bestimmt ist, können Glühzündungen sowohl von zu heißen Eelektroden als auch von zu heißem Isolator herrühren. Deshalb ist es vorteilhaft, die Elektroden etwas weniger warm werden zu lassen als den Isolator. Dann ist der Wärmezustand des Isolators für Glühzündungen einerseits und für Verrußung andererseits bestimmend. Die Betriebstemperatur der Elektroden kann durch Werkstoffwahl und geeignete Ausbildung in den richtigen Grenzen gehalten werden. Hierüber wird bei Besprechung der Konstruktionsteile zu reden sein. Für die Abstimmung des Wärmezustandes des Isolators gibt es folgende Wege:

1. Veränderung der Form des Isolatorfußes,
2. Wahl eines Isolators mit anderer Wärmeleitfähigkeit.
3. Veränderung der Bohrung des Kerzenkörpers,
4. bei luftgekühlten Motoren Anbringen von Kühlrippen am Kerzenkörper und unter Umständen an der Mittelelektrode,
5. Verbesserung der Wärmeableitung an der Mittelelektrode durch Stoffe besserer Wärmeleitfähigkeit, z. B. Mittelelektrode aus Kupfer oder Silber oder mit Kupferkern.

Bild 232 z. B. zeigt eine Zündkerze für einen Motor mit kleinem Verdichtungsverhältnis, Bild 231 eine Zündkerze für einen Schnelläufer mit hoher Verdichtung. Die Kerze Bild 232 wird bei geringer Zylindertemperatur verwendet, also in einem Motor, der zum Verrußen neigt. Ihr Wärmewert muß daher niedrig liegen, das heißt die Wärmeaufnahme der Kerze muß verhältnismäßig groß, die Wärmeabgabe darf nicht zu groß sein, damit die Selbstreinigungstemperatur nicht unterschritten wird. Um dies zu erreichen, ist die Bohrung des Kerzenkörpers groß, der Isolatorfuß lang und schwach. Im Gegensatz dazu steht die Kerze Bild 231. Sie ist zweckmäßig für hohe Zylindertemperatur, also bei Glühzündungsgefahr. Die Wärmeaufnahme muß klein, die Wärmeabgabe groß sein, damit die Kerze unter Glühtemperatur bleibt. Man wählt die Bohrung des Kerzenkörpers klein und läßt den Steinfuß nicht ganz nach dem Verbrennungsraum vorgehen, um der Verbrennungsflamme den Zugang zum Stein zu erschweren, und man verkürzt den Steinfuß, um die von ihm aufgenommene Wärme klein zu halten und durch den kurzen starken Isolatorquerschnitt gut an den Kerzenkörper und damit an den Kühlwassermantel abzuleiten. Setzt man die Kerze Bild 232 in den für die Kerze Bild 231 passenden Motor, so wird sie glühen und unter Umständen zerstört werden, während die Kerze Bild 231 in einem für die Kerze

Bild 232 passenden Motor verschmutzt, weil sie die Wärme zu gut ableitet und deshalb zu kalt, unter Selbstreinigungstemperatur bleibt.

Beim Umbau von Benzinmotoren in Gasmotoren erweist es sich oft als notwendig, Kerzen höheren Wärmewerts zu verwenden, um den höheren Temperaturverhältnissen des Gasmotors Rechnung zu tragen, hauptsächlich aber um die durch

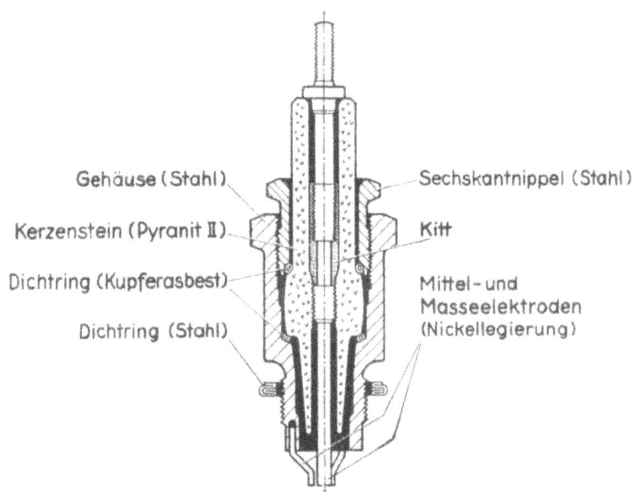

Bild 234. Kerze mit besonders niederem Wärmewert für Hesselmanmotoren

Korrosion beim Gasmotor bei hoher Temperatur besonders gefährdeten Elektroden zu schonen. Dies gilt besonders bei Anthrazitgas.

Bild 234 zeigt ergänzend noch eine zerlegbare Kerze mit besonders niederem Wärmewert, bei der ein sehr langer Kriechweg am Isolatorfuß vorhanden ist. Der Isolator ist so ausgebildet, daß auch zwischen Mittelelektrode und Isolator ein Hohlraum und so ein Kriechweg auf der äußeren und inneren Isolatorfläche entsteht. Solche Kerzen werden vornehmlich für Hesselmanmotoren verwendet.

Bei luftgekühlten Motoren und weitgehender Wärmebeanspruchung der Kerze wird manchmal der Kerzenkörper und sogar die Mittelelektrode mit K ü h l r i p p e n versehen. Die Rennkerze in Bild 235 ist ein Beispiel dafür. Die Kühlrippen sind jedoch wertlos, wenn die Kerze nicht völlig im Fahrwind sitzt, und sind heute zumeist wieder verlassen.

An die Darstellung der Anforderungen, denen heute eine gute Kerze gewachsen sein muß, möge sich ein kurzer **geschichtlicher Rückblick** schließen; er zeigt an verschiedenen markanten

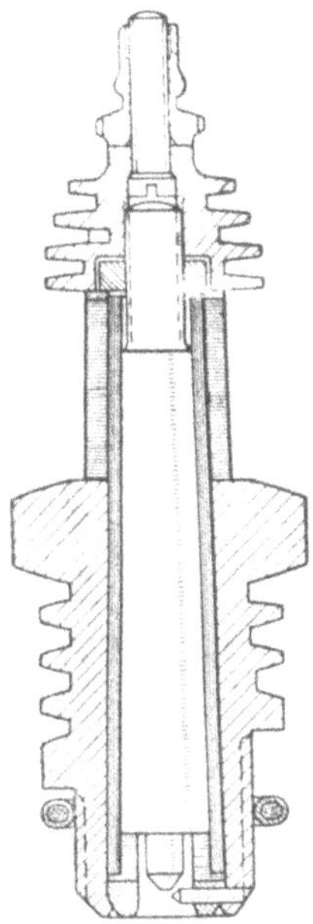

Bild 235. Rennkerze für luftgekühlten Motor mit Kühlrippen

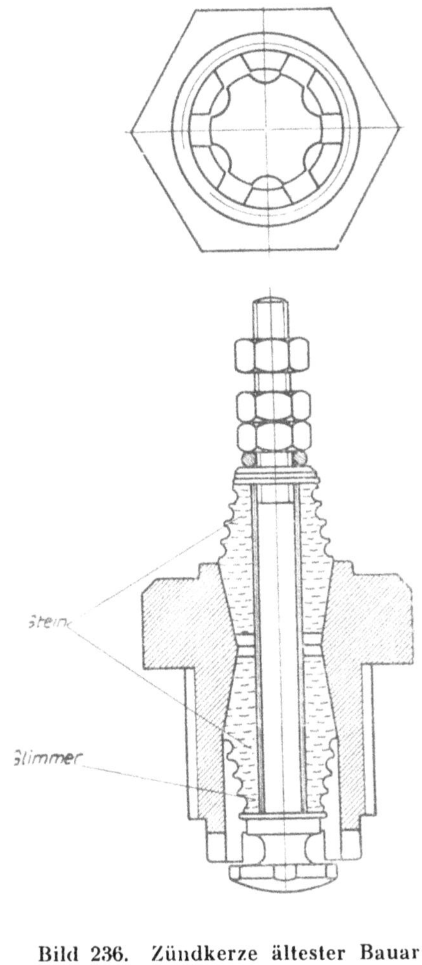

Bild 236. Zündkerze ältester Bauart mit Fräsungen in Körper und Mittelelektrode

Bauarten, wie sich die Kerze allmählich den immer höher steigenden Bedürfnissen anpaßte.

In Bild 236 tritt uns die Bauart der ersten Hochspannungskerze der Firma Robert Bosch entgegen, wie sie ungefähr im Jahre 1902 hergestellt wurde. Beachtenswert ist, daß schon damals versucht wurde, Glimmer und Stein im Isolator zusammen zu verwenden, eine Anordnung, die auch später noch manchmal ausgeführt wurde. Die Ausbildung der Mittelelektrode zeigt, daß damals die Gefahr der Glühzündung noch kaum vorhanden war, da man es mit wenig stark verdichtenden und langsam laufenden Motoren zu tun hatte. Man beachte andererseits, wie durch die Sägeschlitze im Kerzenkörper und die Nutung

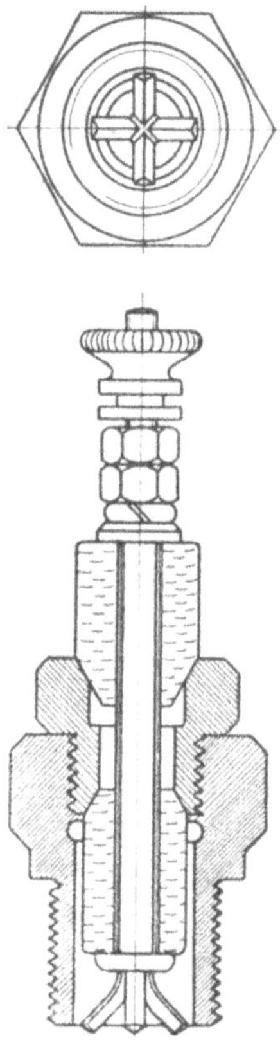

Bild 237. Zerlegbare Kerze mit sternförmiger Mittelelektrode

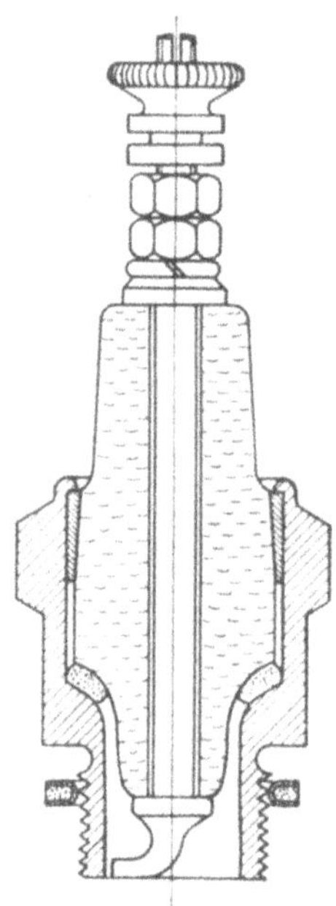

Bild 238. Erste Rennkerze

im Stift eine ganze Reihe von Möglichkeiten zum Überschlag geschaffen waren, und wie man durch Verdrehen des Mittelstifts alle möglichen Funkenstrecken bilden konnte. Damals spielte die Gefahr des Ölansatzes an der Funkenstrecke eine große Rolle, der man — wenn auch praktisch ergebnislos — durch die große Zahl der Funkenstrecken zu begegnen suchte. Bild 237 zeigt eine der ersten zerlegbaren Kerzen, die kurz darauf auf den Markt kamen. Man beachte die sternförmig ausgebildete Mittelelektrode.

Einen wesentlichen Schritt weiter kam man durch Einführung der hakenförmig gebogenen Mittelelektrode in der Kerze Bild 238. Dies war die erste Rennkerze; man hatte sich von der Glühzündungsgefahr frei gemacht, die die große Elek-

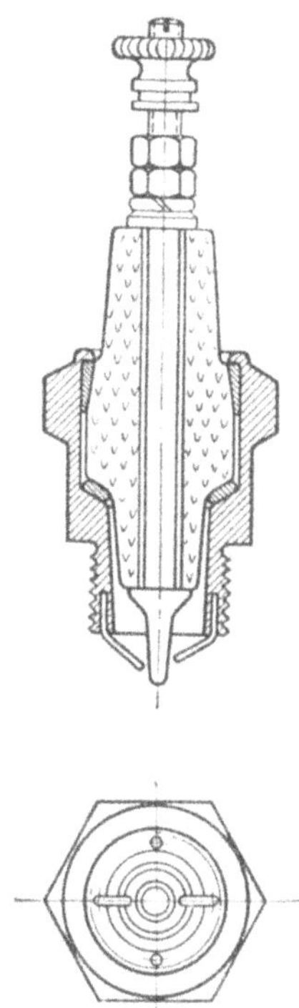

Bild 239. Bosch-Kerze v 1212 c mit Masseelektroden

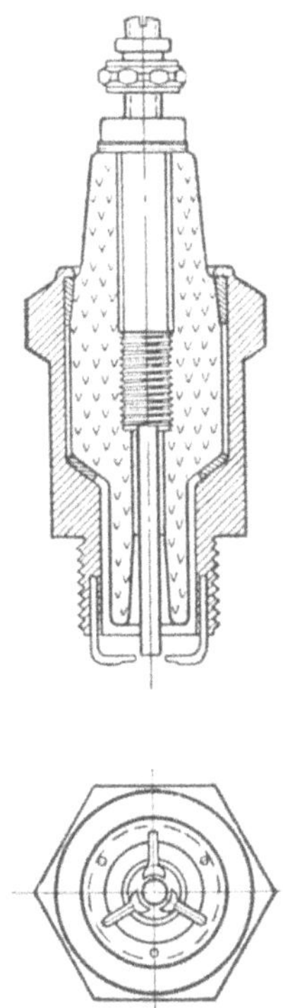

Bild 240. Bosch-Kerze mit Gewindestift und Entenfußelektroden

trodenoberfläche mit sich brachte. Der Stein war ähnlich wie bei den neuesten Kerzen in den Kerzenkörper eingebördelt.

Nun kam bald die Einführung der in dem Kerzenkörper befestigten besonderen Masseelektrode. Als Beispiel zeigt Bild 239 die bekannte Boschkerze v 1212 c, die während des ersten Weltkrieges weite Verbreitung fand. Bild 240 zeigt den im Jahre 1909 erstmals ausgeführten Gedanken, die Mittelelektrode mit einem Gewinde zu versehen und von der Kopfseite her in den Stein einzusetzen. Das Bild zeigt auch die lange Zeit weitverbreitete sogenannte Entenfuß-Masseelektrode, bei der die entenfußförmige Verbreiterung dazu dienen sollte, eine zu rasche Vergrößerung des Elektrodenabstands bei Abbrand zu verhindern und doch eine schneidenförmige und für die Spannung günstige Überschlagsstelle zu schaffen. Später ging man aus Preisgründen und weil zu scharfe Schneiden leicht zu Glühzündungen führen, zu der einfacheren Elektrodenform der heutigen Zündkerze über. Die Entwicklung der Zündkerze war dann weiterhin vornehmlich durch Werkstoffprobleme gekennzeichnet, über die im folgenden Abschnitt noch einiges berichtet werden soll.

2. Konstruktionsteile der Zündkerze

Die grundlegenden Konstruktionsteile der Kerze sind: die Elektroden, der Isolator und der Kerzenkörper. Die **Elektroden** bestimmen durch ihre Form und ihren Abstand die zum Überschlag an der Kerze bei gegebenen Gemisch-, Druck- und Temperaturverhältnissen erforderliche Spannung. Je spitzer die Elektroden und je k l e i n e r der Abstand, um so geringer ist die Spannung, die vom Zünder gefordert wird, bei um so kleinerer Magnetzünderdrehzahl, bei um so geringerer Batteriespannung bei Batteriezündung springt der Motor an und um so weniger sind alle Isolierteile der Zündvorrichtungen beansprucht. Der Elektrodenabstand kann mit Rücksicht auf die Gefahr der Überbrückung durch Ölkohle oder sonstige Schlakken[1]) nicht beliebig klein gewählt werden. Auch muß der Zündfunke eine gewisse, wenn auch kleine Länge aufweisen, um das Gemisch sicher zu zünden. Unter diesen Gesichtspunkten wird der Elektrodenabstand in der Regel auf 0,6 bis 0,7 mm eingestellt. Bei kleinerem Elektrodenabstand und armem Gemisch wird meistens der Leerlauf des Motors schlechter, aber bei sehr hoch verdichtenden Motoren ist hin und wieder auch 0,4 bis 0,5 mm Elektrodenabstand gebräuchlich. Dies gilt besonders für den mit hohem Verdichtungsverhältnis arbeitenden Generatorgasbetrieb, bei dem die Zündspannung bei größerem Elek-

[1]) Besonders bei Motorrädern kommt es vor, daß sich Brücken aus Ölkohle, Eisen, Blei, Aluminium und Verunreinigungen aus der angesaugten Luft bilden, die vermutlich als kleinste Teilchen in das elektrische Feld an der Kerze hineingezogen und an den Elektroden festgehalten werden. Diese Erscheinung tritt besonders auf, wenn der Luftreiniger mangelhaft und dem Kraftstoff zuviel Öl beigefügt ist, vornehmlich am Zweitaktmotor.

trodenabstand unzulässig hoch wird[1]). In Ausnahmefällen, bei sehr nieder verdichtenden Motoren dagegen wird bis zu 0,8, ja 1,0 mm Elektrodenabstand gewählt. In Amerika sind in neuester Zeit verschiedene Motorfirmen auch bei ihren hochverdichtenden Kraftfahrzeugmotoren auf diesen übergroßen Elektrodenabstand übergegangen und wollen durch bessere Zündung des sehr armen Gemischs eine noch etwas bessere Beschleunigung aus dem Leerlauf heraus erzielen. Dies bedeutet jedoch, daß der Elektrodenabstand nach kurzer Betriebszeit nachgestellt werden muß. Die Tendenz zur weiteren Vergrößerung des Elektrodenabstands führt zusammen mit der Anwendung immer höheren Verdichtungsgrads und womöglich noch mit einer Vorschaltfunkenstrecke an der Kerze zu ganz gewaltigen, von den heutigen Zündanlagen nicht mehr einwandfrei beherrschbaren Spannungen. Auch hier gilt das, was von Zündspule und Verteiler schon gesagt wurde, daß nämlich Kerze und Zündanlage richtig aufeinander abgestimmt werden müssen, und daß es nicht im Interesse der Motorenindustrie und des Kraftfahrers sein kann, wenn Zündkerzenfirmen, die keine Erfahrung im Zünderbau und keine Verantwortung für die gesamte Zündanlage besitzen, Maßnahmen an der Kerze propagieren, die sich früher oder später verhängnisvoll an der Gesamtanlage auswirken müssen.

Die Einhaltung des Elektrodenabstandes ist sehr wichtig. Er ist, insbesondere mit Rücksicht auf den Abbrand der Elektroden, hin und wieder nachzumessen und richtigzustellen. Wer dies versäumt, wird nicht nur über schweres Anwerfen und Aussetzen bei hoher und niederer Drehzahl mit und ohne Verrußung zu klagen haben, sondern gefährdet auch die lebenswichtigen Isolierteile des Zünders und untergräbt damit die Betriebssicherheit.

Die Elektroden sind in der Regel scharfkantig, werden jedoch durch Abbrand allmählich stumpf, so daß die Zündspannung steigt[2]). Während in Abschnitt I, Seite 28 die Spitzenspannung in Abhängigkeit von Druck und Temperatur für einen bestimmten Elektrodenabstand gezeigt wurde, interessiert hier mehr der Zusammenhang zwischen Elektrodenform,

[1]) Auch bei Motorradanlagen mit Schwungradmagnetzündern wird, besonders am Viertaktmotor, nicht über 0,5 mm Elektrodenabstand empfohlen.

[2]) Über Zündspannung an Zündkerzen berichtet unter anderen: F. B. Silsbee, National Advisory Comittee for Aeronautics, Report 202, Washington. Die einschlägige Literatur ist dort ausführlich angegeben.

Elektrodenabstand und Verdichtungsdruck unter der Bedingung einer ganz bestimmten zur Verfügung stehenden Spannung. Bild 241 zeigt den Vorteil spitzer Elektroden und die Möglichkeit, mit dem Verdichtungsdruck bei gegebener Zündspannung um so höher zu gehen, je kleiner der Elektrodenabstand ist. Dabei kann die zur Verfügung stehende Spannung

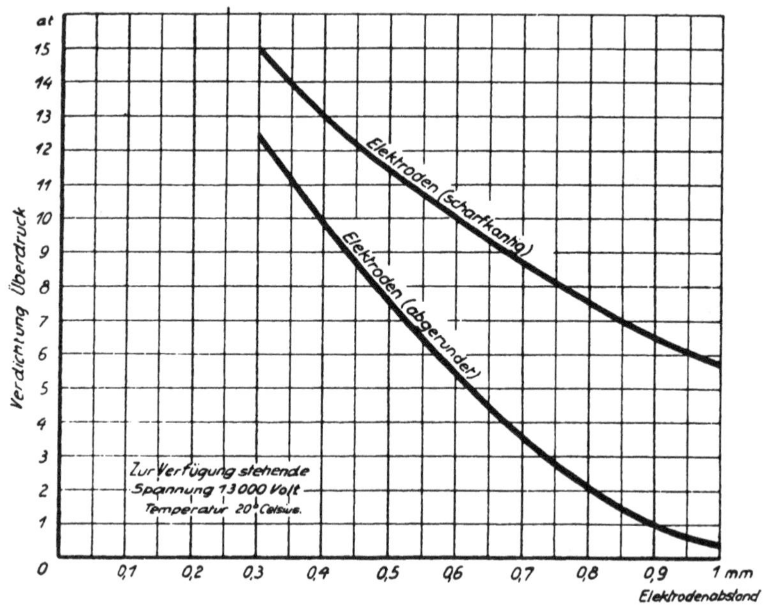

Bild 241. Verdichtungsdruck abhängig vom Elektrodenabstand bei gegebener Zündspannung

durch Überschlagswege oder Kriechwege des Zünders oder durch die Leistung des Zünders begrenzt sein.

Die im Kerzenkörper befestigte Masseelektrode (Bild 242) wird in der Regel aus Nickel oder Nickellegierungen hergestellt. Nickel hat den Vorzug, wenig zu zundern, besitzt einen hohen Schmelzpunkt (etwa 1100° C) und verlangt von allen gebräuchlichen Elektrodenwerkstoffen die geringste Überschlagspannung. Ein Zundern der Elektrode ist gefürchtet, da Zunder rasch zum Glühen kommt und deshalb Glühzündungen erzeugt. Bisweilen benutzt man Platin als Spitzen an Stahlelektroden oder zunderfeste Chromstähle oder Wolfram.

Während die Masseelektrode die Wärme rasch an den Kerzenkörper abführen kann, ist dies bei der Mittelelektrode nicht der Fall, da sie in dem Isolator sitzt, der geringe

Wärmeleitfähigkeit hat. Die Mittelelektrode wird also zumeist heißer als die Masseelektrode. Sie darf mit Rücksicht auf Glühzündungen nicht zu heiß werden, ja sie soll im Betrieb die Temperatur des Isolatorfußes nicht ganz erreichen. Auch für die Mittelelektrode verwendet man häufig Nickel oder Wolfram. Die Wolframelektrode brennt, sofern ihre Temperatur unter etwa 600 Grad C bleibt, weniger rasch ab als die Nickelelektrode, verlangt aber höhere Überschlagspannung als diese. Sie ist weniger empfindlich gegen Bleizusätze im Kraftstoff, hat aber eine geringere Oxydationsfestigkeit. Um die Überschlag-

Bild 242. Verschiedene Elektrodenformen

spannung an den Elektroden zu verringern, wird dem Elektrodenwerkstoff hin und wieder ein ionisierender, radioaktiver Stoff zugesetzt. Manchmal wird auf einem Stahlstift an der der Überschlagstelle zunächst gelegenen Seite der Elektrode ein Nickelstück aufgeschweißt. Zur besseren Wärmeableitung werden auch Kupfermittelelektroden verwendet. Bei der in Bild 235 gezeigten Rennkerze ist, um besonders großes Wärmegefälle zu erzeugen, die Mittelelektrode aus Massivkupfer und trägt einen im Kühlwind sitzenden, mit Kühlrippen versehenen, sogenannten Kühldom. Durch die Länge des in den Zylinder ragenden Teiles der Mittelelektrode kann die Betriebstemperatur der Elektrode genau abgestimmt werden. Je länger die Elektrode ist, desto mehr ist sie den Verbrennungsgasen ausgesetzt, desto heißer wird sie. Zu kurz darf die Elektrode freilich nicht gemacht werden, da sonst die Überschlagstelle zu weit in die Kerzenbohrung zurücktritt und schlecht vom frischen Gemisch umspült werden kann.

Der Abbrand der Elektroden ist abhängig von Form, Betriebstemperatur und Werkstoff der Elektroden, von der Motordrehzahl, dem Gasgemisch sowie von der Stromrichtung und -stärke des Zündfunkens.

Dünne, spitze und scharfe, sowie heiße Elektroden begünstigen den Abbrand. Auch vom Werkstoff der Elektroden hängt ihr Abbrand ab; jedoch kommt ein hochwertiger und gegen

Abbrand widerstandsfähiger Stoff wie Platin seines Preises wegen nur für seltene Sonderfälle in Frage. Das Gasgemisch beeinflußt den Abbrand in der Weise, daß er bei armem Gemisch größer ist als bei reichem; die heute allgemein bestehende Tendenz, den Vergaser arm einzustellen, fördert also den Abbrand.

Da die Mittelelektrode heißer wird als die Masseelektrode, ist bei ihr der Abbrand besonders stark, hauptsächlich, wenn die Stromrichtung von der Mittelelektrode (+Pol) zur Masseelektrode (—Pol) geht. Die in Abschnitt III, Seite 134 besprochene Stoffwanderung tritt auch an den Kerzenelektroden ein, und zwar wandert der Werkstoff von der positiven Elektrode ab. Bei einem Vierzylindermotor und Magnetzündung sind deshalb an zwei Kerzen die Masseelektroden und an zwei Kerzen die Mittelelektroden besonders der Abnutzung unterworfen. Beim Batteriezünder mit seiner stets gleichen Stromrichtung ist der Abbrand in allen Zylindern gleich. Mit Rücksicht auf den Abbrand muß jede Masseelektrode durch Nachbiegen leicht verstellbar sein. Man wählt deshalb gerne die in Bild 242 gezeigten Formen.

In manchen Fällen begnügt man sich nicht mit einer Funkenstrecke in der Kerze, sondern schafft deren mehrere, indem man zwei, drei oder sogar vier Masseelektroden rings um die Mittelelektrode anordnet. Der Funke springt dann immer an der Funkenstrecke, die jeweils die günstigsten Überschlagsbedingungen aufweist, also den kleinsten Elektrodenabstand oder besonders scharfe Elektrodenkanten hat. Die Zündspannung wird durch die Vergrößerung der Elektrodenzahl nicht beeinflußt, vorausgesetzt, daß Elektrodenform und -abstand in allen Fällen gleich sind. Dagegen verringert sich der Abbrand mit zunehmender Masseelektrodenzahl, da er sich bei längerem Betrieb auf die verschiedenen Überschlagstellen verteilt. Dort, wo der Funke einige Zeit gesprungen ist, vergrößert sich durch den Abbrand die Funkenstrecke, und der Funke springt bald an einer anderen, günstigeren Stelle. Die Abbrandverringerung beträgt bei zwei Elektroden gegenüber einer etwa 20% bei mehr als zwei Elektroden jedoch nur noch unwesentlich mehr. Die Gefahr einer Überbrückung der Funkenstrecke durch Rußschichten oder Ölkohle nimmt allerdings mit steigender Elektrodenzahl zu und der Zutritt der frischen Gase in die Kerzenöffnung zwischen Stein und Kerzenkörper (den sogenannten Atmungsraum der Kerze) wird erschwert.

Zur Verringerung des Elektrodenabbrands schlägt man neuerdings Widerstände vor (die Angaben schwanken zwischen hundert und einigen tausend Ohm), die in den Hochspannungskreis eingebaut werden sollen. Diese Verringerung des Ab-

Bild 243. Zerstörung der Mittelelektrode der Zündkerze durch stark schwefelhaltiges Gas

brands, die sich beim An- oder Einbau von Entstörwiderständen von selbst ergibt, ist tatsächlich besonders wirksam dort, wo infolge metallischer Umhüllung der Hochspannungskabel und infolge großer Kabellängen die Sekundärkapazität der Zündanlage sehr groß ist, z. B. bei Flugmotoren. Bei der normalen Kraftfahrzeug-Zündanlage aber, wo die Sekundärkapazität infolge der kurzen Kabel gering ist, kann man auch mit der Anwendung des Widerstands nur einen relativ geringen Erfolg in der Bekämpfung des Elektrodenabbrands erzielen.

Bei den Erscheinungen des Abbrands ist auch die Korrosion der Elektroden zu erwähnen, die durch chemische Einflüsse eintritt, und zwar besonders beim Generatorgasmotor und hier wieder besonders beim Anthrazitgas. Gaszusammensetzung und Güte der Reinigung ist hier von großer Bedeutung. Bei unvorschriftsmäßigem Brennstoff oder schlechter Reinigung muß man mit Schwefelwasserstoff und schwefliger Säure an den Elektroden und sonstigen Motorteilen rechnen, die je höher die Temperaturen sind, desto rascher zur Zerstörung der Metallteile führen. Das blumenkohlartige Ausblühen der Mittelelektrode ist in solchen Fällen (Bild 243) ein charakteristisches Merkmal. Rechtzeitige Entdeckung dieses Merkmals kann schwere Schäden des Motors verhüten. Bessere Reinigung, gegebenenfalls Hinzuschalten besonderer Filter und geeigneterer Brennstoff sind nötig. An der Kerze hilft man sich durch Wahl höherer Wärmewerte, was kühlere Mittelelektroden zur Folge hat, und durch bessere Abführung der Wärme von der Masseelektrode zum Kerzenkörper.

Bild 244. Korrosion zu heiß gewordener Masseelektroden bei gebleitem Kraftstoff

Auch bei Flüssigkraftstoff hat man infolge des heute gegen früher auf das etwa dreifache gestiegenen Schwefelgehalts Korrosionsschwierigkeiten. Dazu kommt, daß als Klopfbremse bekanntlich heute weitgehend dem Kraftstoff Bleitetraäthyl zugesetzt wird. Bei starkem Blei- und Schwefelgehalt des Kraftstoffs zeigen sich besonders bei sehr heiß werdenden Elektroden auffällige Zersetzungserscheinungen. Bild 244 zeigt stark angegriffene Masseelektroden, und Bild 245 die Zersetzung der Mittelelektrode, die typisch ist für konzentrisch um die Elektrode abgelagerte Bleirückstände, die zu der eigenartigen Einschnürung der Mittelelektrode führen. Die Abhilfe ist — abgesehen von der Reduzierung des Bleigehalts — auch in diesen Fällen die Verwendung einer Kerze, deren Elektroden nicht zu heiß werden.

Die Form des **Isolators** ist bei allen Kerzen ähnlich. Man unterscheidet Kopf, Bund und Fuß. Der K o p f ist der außerhalb des Zylinders stehende Teil. Er muß so lang sein, daß ein Überschlag vom Kabelanschluß nach der Masse des Kerzenkörpers nicht möglich ist, und an seiner Oberfläche so glatt, daß sich keine Schmutzschicht daran ansetzt. Der F u ß ist der gegen das Zylinderinnere gerichtete Teil des Isolators. Er soll auch glatt sein, damit keine Ecken Anlaß zu Glühzündungen geben, damit der Ruß sich nicht leicht ansetzt, und vor allem, damit der Ruß beim Reinigen der Kerze leicht entfernt werden kann. Außerdem soll der Fuß zwischen Mittelelektrode und Körper einen genügenden Kriechweg bilden. Von der Formgebung des Fußes ist oben bei der Besprechung des Wärme-

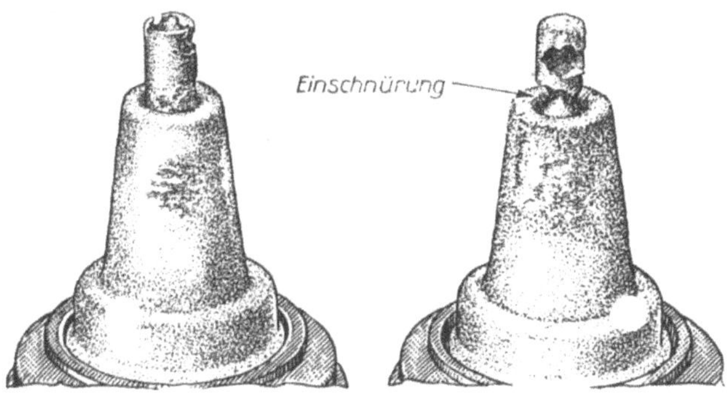

Bild 245. Korrosion der Mittelelektrode durch die Verbrennungsrückstände gebleiten Kraftstoffs (Steinfuß und Mittelelektrode stark vergrößert)

zustandes der Kerze die Rede gewesen. Der Bund muß so ausgebildet werden, daß man den Isolator an ihm in den Kerzenkörper einspannen kann. Er muß nicht nur den Druck der Einbördelung oder der Überwurfschraube aushalten, der mit Rücksicht auf die Dichtheit der Kerze mehrere 1000 kg beträgt, sondern auch den schroffen Temperaturunterschied zwischen dem in der Kühlluft sitzenden Kopf und dem rotglühenden Fuß aufnehmen.

Beim Isolator ist besonders die Werkstofffrage wichtig. Nach dem Werkstoff[1]) unterscheidet man Glimmerisolatoren und keramische Isolatoren. Der keramische Isolator, der heute den Markt beherrscht, wird oft kurz als Stein bezeichnet. Er hat den Glimmerisolator erst verdrängen können, nachdem es gelungen war, keramische Körper zu schaffen, die den schroffen Temperaturwechseln des Betriebs in hochverdichteten Motoren standhalten. Die keramisch-technischen Fra-

[1]) s. a. E. Seiler: Die Isolatoren der Zündkerzen für hochverdichtete und schnellaufende Motoren; Brennstoff- und Wärmewirtschaft, 1932, Heft 2 u. 3, S. 21 u. 43.

W. A. Bychinsky: s. Fußnote S. 352.

gen, die bei der Fertigung des Steins wesentlich sind, stellen ein umfangreiches Sondergebiet dar, das hier nicht in den Einzelheiten behandelt werden kann[1]). Verfolgt man nur die große Linie, die sich heute auf diesem Gebiet abzeichnet, so läßt sich folgendes zusammenfassen: Der Stein wurde früher zumeist aus Magnesiumsilikat, dem sogenannten Steatit hergestellt, dessen Ausgangsstoff der Speckstein war. Lange Zeit hat dann, ausgehend von Amerika, Sillimanit, ein Aluminiumsilikat, weite Befürwortung gefunden. Heute setzt sich nach vielen Um- und Abwegen — porzellanartige Massen, Quarzglas, Zirkonoxyd und dergleichen — mehr und mehr der Stein mit hohem Aluminiumoxydgehalt, der sogenannte Korundstein durch, vor allem auf Grund seiner guten Wärmeleitfähigkeit, die erheblich besser ist als die anderer Isolatoren, und auf Grund seiner mechanischen und thermischen Festigkeit und günstigen Wärmedehnung.

Die Herstellung des Steins erfordert besondere Sorgfalt. Es wird feinste Tonerde oder fein gemahlener, getrockneter und pulverisierter Rohstoff mit geeigneten Flußmitteln versetzt und in die richtige Formbarkeit gebracht. Dann werden die Steine aus vorgepreßten Rundkörpern auf der Drehbank herausgearbeitet oder gegossen. Man versucht heute sogar Steine aus Aluminiumoxyd fertig zu spritzen. Gerade beim Aluminiumoxyd erfordert die Formgebung und Reinhaltung der Masse die größte Vorsicht, will man dichte und beim Brand völlig kristallisierte und zusammengesinterte Steine erhalten.

Nach dieser Formgebung wird der Stein getrocknet und dann in einem Spezialofen gebrannt, gesintert, wobei beim Einbringen und Haltern des Formstücks besondere Vorsichtsmaßnahmen angewandt werden. Die Brenntemperatur ist bei Steatit etwa 1400 Grad C, bei Korund etwa 1650 Grad C und höher. Beim Brennen erreicht der Stein seine volle Härte und Dichte, er schwindet dabei um etwa 17 bis 18%, was bei der Formgebung des Rohlings zu berücksichtigen ist.

Der Stein wird nach dem Brennen am Kopf glasiert, um eine möglichst glatte, porenfreie Oberfläche zu erzielen. Von dem Glasieren auch des Steinfußes ist man heute abgekommen, da die Glasur gegenüber Klopfbremsen des Kraftstoffs, wie Bleizusatz und dergleichen äußerst unbeständig ist. Die früher

[1]) Siehe E. Seiler, Elektrische Zündung, Licht und Anlasser der Kraftfahrzeuge, 1948, Knapp, Halle, S. 181 ff. Dort weitere Literatur.

	Glimmer	Magnesium-silikat (Steatit)	Aluminium-silikat Sillimanit)	Aluminiumoxyd 80 bis 90 % (z.B. Corundite, Pyranit 2)	Aluminiumoxyd 94 bis 99 % (z.B. Sinter-korund, Sintox, Pyranit 3)	
Schmelzpunkt *	600 bis 700	1650	1800	1800	2500	Grad C
Spezif. Gewicht	2,6 bis 3,2	2,6 bis 2,7	2,4	3,3	3,7	
Druckfestigkeit		7500	5000 bis 6000	5000 bis 6000	5000 bis 8000	kg/cm²
Biegefestigkeit		1000	1400 bis 1700	1600 bis 2200	2000 bis 2500	kg/cm²
Warmfestigkeit **		50	120	180	180	cmkg
Wärmedehnung bei 20 bis 800 Grad C		8,5	4,3	8,0 bis 10,0	8,0 bis 10,0	mm/Grad 10^{-6}
Wärmeleitfähigkeit bei etwa 100 Grad C	0,3	1,4	1,4 bis 2,3	7,0	16,0 bis 18,0	Kcal/mh° C
Te-Wert ***	700	500 bis 600	450 bis 500	450 bis 500	500 bis 900	Grad C
Durchschlag-festigkeit	18	13 bis 15	15 bis 18	15 bis 18	15 bis 18	kV/mm

* bei Glimmer Zerfallpunkt
** Fallarbeit für die Zerstörung von Zylindern 26×26 mm im elektrischen Ofen bei 600 bis 650° C
*** je nach Flußmittel

Bild 246. Wichtige Isolatorstoffe

viel angewandte sogenannte Weichglasur (Blei- oder Boraxglasur), die aus weniger hoch schmelzendem Werkstoff besteht und bei nur ungefähr 800 Grad C eingebrannt wurde, ist durch die Scharffeuerglasur, die hochschmelzbar ist, verdrängt worden. Diese wird zumeist ebenfalls nach dem ersten Brand, im sogenannten Scharffeuer eingebrannt, bei nur wenig geringerer Temperatur als beim Hauptbrand.

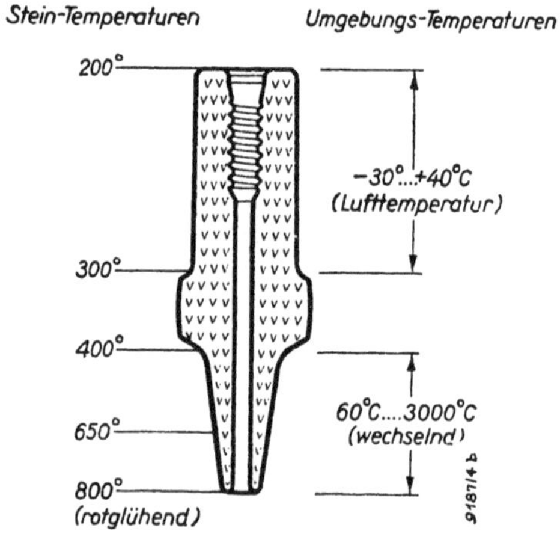

Bild 247. Die Wärmebeanspruchung des Isolators

In Bild 246 sind — lediglich um einen ungefähren Überblick zu geben — die wichtigsten Eigenschaften des Isolatorwerkstoffs auf Grund von Angaben von H. Gerdien[2]) und der Robert Bosch G. m. b. H. tabellarisch zusammengestellt, und zwar zum Vergleich für die besonders beachtenswerten Steinarten, wobei auch die Werte von Glimmer beigefügt sind. Betrachten wir an Hand dieser Tafel kurz die Anforderungen, die an den Isolator gestellt werden! Die thermischen Anforderungen ergeben sich im Zusammenhang mit dem Diagramm Bild 228 und sind in Bild 247 für die einzelnen Punkte des Steins selbst und seiner Umgebung eingezeichnet. Daß diese außerordentlichen thermischen Beanspruchungen nicht nur einen hohen Schmelzpunkt erfordern, sondern auch gewaltige mechanische Beanspruchungen zur Folge haben, ist bei dem sprunghaften Temperaturwechsel und großen Temperatur-

[2]) H. Gerdien, Zeitschrift für Elektrotechnik und angewandte physikalische Chemie Bd. 39, Nr. I, 1933, S. 13.

gefälle vom Fuß zum Kopf einleuchtend. Auf die Festigkeit gegen Stoß und Schüttelbeanspruchung und den Bördeldruck sei nur am Rande hingewiesen. Selbstverständlich muß bei der Formgebung des Steins der Gesichtspunkt der Wärmespannungen vor allem berücksichtigt werden. Scharfe Querschnittsübergänge, Punkte, an denen sich die Wärme stauen kann, machen den Stein von vornherein unbrauchbar. Da die Wärmespannungen hauptsächlich als Zugspannungen an der Steinoberfläche sich auswirken, ist besonders zu beachten, daß ein leichter Anriß des Steins die Festigkeit völlig ungenügend werden läßt. Man beschränkt deshalb sogar das Schleifen und Polieren des Steins neuerdings in der Regel auf die Dichtflächen, um möglichst wenig Anlaß zu Oberflächenrissen durch die Bearbeitung zu geben. Die auftretenden Spannungen hängen in starkem Maße von der Wärmedehnungszahl des Steinwerkstoffes ab. Für die Gasdichtheit der Kerze wäre es das beste, wenn die Wärmedehnung des Steins sich möglichst weitgehend der des Stahlkörpers anpassen würde. Dieser Zustand wird zwar in der Praxis nicht erreicht, die Wärmedehnung neuerer Steinmassen ist jedoch so hoch, daß man häufig ohne die früher verwendeten Zwischenringe besonders großer Wärmedehnung oder Elastizität auskommt und den Stein unmittelbar in den Körper einbördeln kann. Die hohe Wärmedehnungszahl der neueren Steinwerkstoffe ist jedoch nur auf Grund ihrer außerordentlich hohen Festigkeit bei Erwärmung zulässig, da sie sonst unweigerlich zur Zerstörung des Steins in der hoch beanspruchten Kerze führen würde. Die in der Tafel erwähnte sogenannte Warmfestigkeit gibt ein gutes Vergleichsmaß der Empfindlichkeit der verschiedenen Werkstoffe gegenüber der durch die Wärmedehnung entstehenden Gefährdung der Festigkeit des Steins.

Man sieht aus der Tafel Bild 246, daß es beim Korundstein gelungen ist, hohe Festigkeit mit günstiger Wärmedehnung zu erreichen, den Stein also sehr wärmespannungsfest zu machen. Entscheidend für den Fortschritt auf dem Gebiet des Isolatorwerkstoffs im Lauf der letzten Jahre ist jedoch die günstige Entwicklung der Wärmeleitfähigkeit geworden. War schon, wie man aus der Tafel sieht, der keramische Isolator dem Glimmerisolator in dieser Beziehung überlegen, so hat die

Steigerung der Wärmeleitfähigkeit beim Korundstein auf das etwa siebenfache des Steatitsteins ganz neue Möglichkeiten für die Durchbildung der Kerze geschaffen.

Die elektrische Isolierfähigkeit der keramischen Isolatoren nimmt mit zunehmender Wärme ab. Die grundsätzliche Abhängigkeit des spezifischen Widerstandes von der Temperatur zeigt z. B. Bild 248 für Steatit. Man sieht, daß

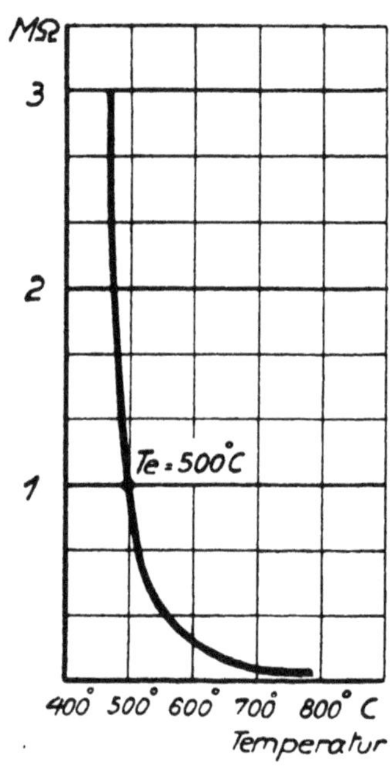

Bild 248. Spezifischer Widerstand abhängig von der Temperatur des Isolators

die Abnahme des Widerstandes mit zunehmender Temperatur außerordentlich rasch vor sich geht. Als Maßzahl zur Beurteilung der Isolierfähigkeit eines Steines bei hohen Temperaturen wird auf Grund von Vorschlägen des amerikanischen Bureau of Standards die Temperatur in Grad Celsius gebraucht, bei der 1 cm^3 des Werkstoffes noch einen Widerstand von 1 Megohm aufweist. Diese Maßzahl heißt der „effektive Temperaturwert" oder kurz der „T_e- Wert".

Der T_e-Wert ist abhängig von der Zusammensetzung des Steines und von der Brenntemperatur. Ist er und damit der elektrische Widerstand des Steines zu klein, so entstehen alle die Nachteile des Nebenschlusses, die von der Besprechung der Verrußung her bekannt sind.

Die Durchschlagsfestigkeit des Isolators ist wesentlich und muß auch bei höchster Temperatur gewährleistet sein. Bild 249 zeigt die kritische Stelle am Übergang vom Steinkopf zum Steinbund, an der die Durchschlagsgefahr von der 25 000 bis 30 000 Volt führenden Mittelelektrode zum Kerzenkörper besonders groß ist. Je kleiner die Kerzenabmessungen sind, desto schwächer wird die Wandstärke des Isolators an dieser Stelle. Bei der heute schon viel geforderten Kerze für 10 mm Einschraubgewinde-Durchmesser ist die Wandstärke nur noch etwa 3.5 mm!

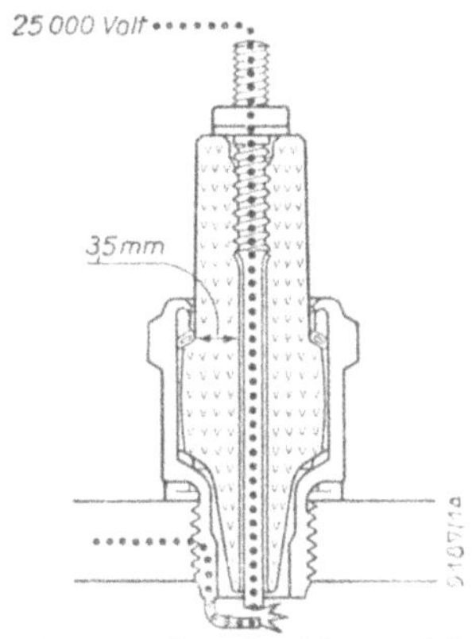

Bild 249. Durchschlagsgefahr am Isolator

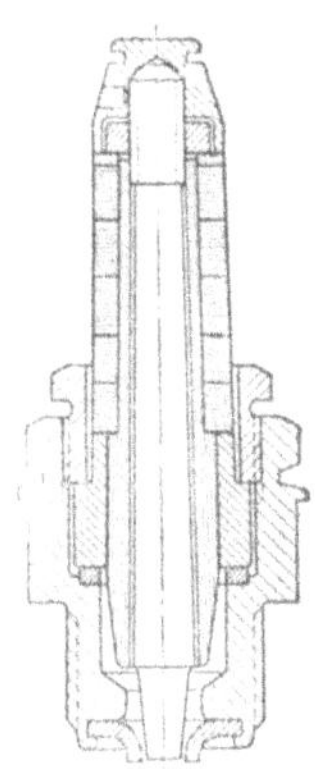

Bild 250. Glimmerkerze

Bild 250 zeigt eine Kerze mit Glimmerisolator. Biegsamer Glimmer wird zu Röhren gewickelt und trennt so Mittelelektrode und Kerzenkörper. Ein Teil des Isolators wird aus aufeinandergeschichteten Glimmerblättchen gebildet, die stramm aufeinandergepreßt sind. Obgleich diese Isolierkörper so glatt wie möglich bearbeitet sind, bieten die Ränder dieser Glimmerscheiben leicht den Verbrennungsrückständen Halt, so daß bei den im Gebrauchsmotor herrschenden verhältnismäßig geringen Zylindertemperaturen die Verschmutzung rasch vor sich geht. Deshalb ist die Anwendung der Glimmerkerze für den Gebrauchsmotor nicht ratsam. Im Hochleistungsmotor fallen diese Bedenken weg. Die Glimmerkerze war deshalb bis vor wenigen Jahren die typische Renn- und Hochleistungskerze (siehe auch Bild 235). Sie gehört aber heute der Geschichte an. Dort, wo es auf große Betriebssicherheit ankommt, hat sich der

Glimmerisolator noch sehr lange neben dem keramischen Isolator gehalten. Er war frei von den Gefahren, die Wärmespannungen und geringfügige Beschädigungen vielen keramischen Isolatoren bringen, und verband, wie Bild 246 zeigt, gute Isolierfähigkeit mit hoher elektrischer Durchschlagsfestigkeit. Da jedoch Glimmer bei hohen Temperaturen spröde wird, kalziniert und zerfällt, ist die Lebensdauer der hochbeanspruchten Glimmerkerze nur klein. Aus demselben Grund

Bild 251. Gleitfunkenkerze

ist der Temperaturbereich, in dem die Kerze verwendbar ist, beim Glimmerisolator wesentlich kleiner als beim keramischen Isolator. Wie oben gezeigt, soll der Isolatorfuß mit Rücksicht auf Verrußung die Temperatur von 500 Grad C nicht unterschreiten und mit Rücksicht auf Glühzündungen die Temperatur von 820 Grad C nicht überschreiten. Die obere Temperaturgrenze ist aber beim Glimmerisolator im Gegensatz zum Stein nicht die Glühzündungsgefahr, sondern die Gefahr des Kalzinierens des Glimmers, die bei etwa 650 Grad C einsetzt. Dies bedeutet, daß ein und dieselbe Steinkerze für Motoren recht verschiedener Betriebstemperatur und für verschiedene Betriebszustände verwendet werden kann, wenn nur die Isolatortemperatur in dem Bereich von 500 bis 820 Grad C bleibt, wogegen unter Umständen mit Rücksicht auf die Kalzinierungsgrenze Glimmerkerzen verschiedener Type bei diesen Motoren eingesetzt werden müssen. Dazu kommt der gegenüber dem keramischen Isolator sehr hohe Preis, bedingt durch den teuren Glimmer und den schwierigen Aufbau. Ausschlaggebend für das Verschwinden des Glimmerisolators wurde aber der zur Erhöhung der Klopffestigkeit bei manchen Kraftstoffen angewandte Bleizusatz, der den Glimmerisolator zerstört. Glücklicherweise ist inzwischen der Aluminiumoxydstein in einer Form entwickelt worden, die ihn befähigt, auch dort voll zu befriedigen, wo früher nur der Glimmerisolator verwendet wurde.

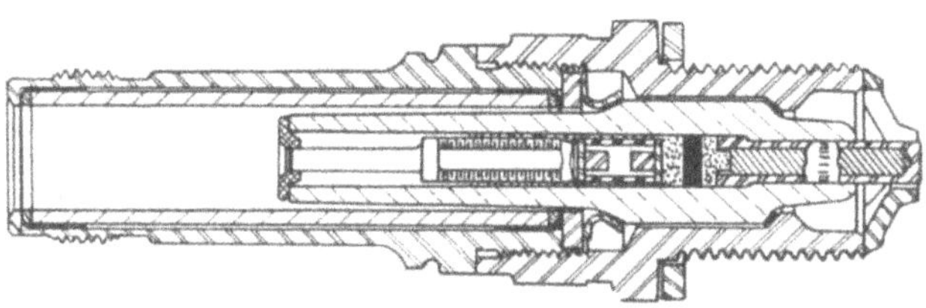

Bild 252. Zündkerze mit eingebauter Vorschaltfunkenstrecke

Während bei der normalen Zündkerze der Isolator nur isolieren soll und weder Strom noch Überschlag auf seiner Oberfläche verlaufen sollen, ist bei der sogenannten G l e i t f u n k e n k e r z e die Isolatoroberfläche das Medium, an dem der Funke entlang kriecht (Bild 251). Ein solcher Kriech- oder Gleitfunke erfordert viel weniger Spannung als der Überschlag über die gleiche Luftentfernung. Die Gleitfunkenkerze ist in neuester Zeit wieder vorgeschlagen worden bei dem Versuch, eine Kondensatorentladung zur Zündung zu verwenden. Dabei soll die Spannung an der Kerze durch den Gleitfunken und sehr kleinen Elektrodenabstand äußerst nieder (einige 1000 Volt oder sogar weniger als 1000 Volt) gehalten werden. Die Kondensatorentladung ist nicht gestört durch Rußbildung auf der Gleitfunkenstrecke. Die hohe Stromstärke der Kondensatorentladung beansprucht die Werkstoffe der Gleitfunkenkerze besonders hoch. Bis heute haben sich Gleitfunkenkerzen gegenüber der normalen Hochspannungszündkerze noch nicht durchsetzen können.

Ein anderer Weg zur Lösung von Verrußungsschwierigkeiten ist schon in Abschnitt V, Seite 320 besprochen: die Anwendung der Vorschaltfunkenstrecke, die umso wirksamer ist, je näher sie der Zündkerzenüberschlagstelle liegt, da dann die Kapazität des vor der Funkenstrecke liegenden Kabels am größten ist. Deshalb hat man neuerdings Kerzenkonstruktionen geschaffen

(z. B. die amerikanische Firma AC, siehe Bild 252)[1]), bei denen die Vorschaltfunkenstrecke unmittelbar in die Kerze unter Unterbrechung der Mittelelektrode eingebaut ist. Um die Spannungsverhältnisse zwischen der Überschlagstelle an den Kerzenelektroden und der Vorschaltfunkenstrecke möglichst genau aufeinander abstimmen zu können, wird dabei die Vorschaltfunkenstrecke häufig in einen luftdichten Raum mit verringertem Druck eingebaut. Bild 252 ist zugleich ein Beispiel für eine sogenannte vollentstörte Kerze, wie sie für hohe Ansprüche der Entstörung bei metallischer Umhüllung der ganzen Zündanlage verwendet wird. Im Gegensatz zu der in Bild 197 gezeigten völligen Metallumhüllung des Kerzenanschlusses, bei der eine normale Zündkerze verwendet werden kann, ist hier die Zündkerze von Anfang an für diese hohen Ansprüche der Entstörung gebaut. Über den Steinkopf ist ein keramisches Rohr geschoben, in das das Hochspannungskabel eingeführt wird, um über eine Feder mit der Mittelelektrode Kontakt zu geben. Das keramische Rohr isoliert diese Kontaktstelle von dem völlig über den Steinkopf und die Anschlußstelle hochgezogenen Metalloberteil des zerlegbaren Kerzenkörpers, an dem das Metallgewebe, das das Hochspannungskabel umhüllt, mit Hilfe einer Überwurfmutter angeschlossen wird.

Endlich noch ein kurzer Hinweis auf den **Kerzenkörper!** — Er besteht aus Stahl und ist mit Sechskant und Gewinde zum Einschrauben der Kerze in den Motor versehen. Er hält den Isolator am Schaft entweder durch Bördelung oder durch eine Überwurfschraube oder ein ähnliches Bauelement, das den Isolator in den Kerzenkörper hineindrückt, wie bereits bei der Frage der Dichtung besprochen wurde. Der Kerzenkörper trägt an seinem in das Zylinderinnere ragenden Ende die Masseelektroden. Die Ausbildung des Kerzenkörpers muß ebenso wie die von Isolator und Elektroden gute Wärmeableitung ermöglichen. Einschnürungen verursachen Stauung der Wärme in bestimmten Teilen mit den besprochenen ungünstigen Wirkungen auf die ganze Zündkerze. Große und gleichmäßige Wandstärke ist erforderlich. Die Außenabmessungen des Kerzenkörpers passen sich den verschiedenen Motorbauarten an, sie werden bei der Frage des Einbaues besprochen.

---

[1]) Aus: W. A. Bychinsky: Factors Effecting The Functioning of Spark Plugs, SAE Qualerly Transactions, April 1948.

3. Einbau und Wartung der Zündkerzen

Es ist zweifellos sowohl im Interesse des Herstellers wie des Verbrauchers gelegen, die **Einbaumaße** der Zündkerzen restlos zu vereinheitlichen. Voraussetzung dafür ist freilich, daß beim Entwurf der Motoren stets rechtzeitig ein zweckmäßiger Platz für die Kerze vorgesehen wird, so daß ohne Nachteile Sonderausführungen vermieden werden können. Die Vereinheitlichung

Bild 253. Zündkerzen verschiedener Größe

hat sich aber noch in keiner Weise durchgesetzt. Nicht einmal im Durchmesser und in der Steigung des Einschraubgewindes besteht Einheitlichkeit. Am ältesten und heute noch verbreitet ist das metrische S. I.-Gewinde mit 18 mm Durchmesser und 1,5 mm Steigung, in Amerika wurde oft das SAE-Zündkerzengewinde mit $^7/_8''$ Durchmesser und $^1/_{18}''$ Steigung verwendet, daneben hatte das Ford-Modell T ein kegeliges SAE-Rohrgewinde von $^1/_2''$ Durchmesser und $^1/_{14}''$ Steigung, Großmotoren dagegen ein Rohrgewinde von $^3/_4''$. Bald kam aber auch das metrische Gewinde $14 \times 1{,}25$ und vorübergehend auch $12 \times 1{,}25$ mm in Gebrauch. Das heute meist verwendete Kerzengewinde ist das Gewinde mit 14 mm Durchmesser und 1,25 mm Steigung. In den letzten Jahren beobachtete man sogar, besonders in Amerika, das Streben nach dem Gewinde 10 × 1,0 mm, das den Wünschen der Motorenbauer nach möglichst kleinem Einbauraum entgegenkommt. Dabei ist allerdings die Ausbildung eines mechanisch und elektrisch genügend festen Steins äußerst geringer Wandstärke eine schwierige Aufgabe. In neuester Zeit ist deshalb auch in Amerika wieder eine Tendenz zur Rückkehr zum 14 mm Gewinde festzustellen, das wohl zwischen Herstellungsschwierigkeiten und zu großem Platzbedarf den richtigen Mittelweg darstellt.

Untereinander völlig verschieden sind Schaftlänge und Gewindelänge dieser Kerzen. Bild 253 zeigt eine Reihe von Kerzenformen, ohne jedoch alle vorkommenden Abmessungen zu erschöpfen. Von rechts nach links sehen wir die 3/4″ Großkerze mit der stattlichen Schlüsselweite von 41 mm, dann die Kerze mit einem 7/8″ Gewinde, dann die 18 × 1,5 mm Wagenkerze, dann die 14 × 1,25 mm Kerze und endlich die 10 × 1,0 mm Kleinstkerze.

Nun zur **Lage** der Kerze im Zylinder! Um die Wärmeverluste an Zylinderwände und Kühlwasser während der Verbrennung auf ein Mindestmaß zu beschränken, ist es nötig, daß die Umwandlung der chemischen Energie in Wärmeenergie möglichst rasch vonstatten geht. Neben anderen Umständen hat die Lage der Zündkerze im Verbrennungsraum einen Einfluß auf diesen Vorgang.

Es ist kaum möglich, eine Regel aufzustellen, die genau angibt, an welcher Stelle die Kerze zu sitzen hat. Der Versuch muß hier die Entscheidung bringen. Um den günstigsten Sitz der Kerze zu finden, ist es gut, am Versuchsmodell von Neuausführungen an verschiedenen Stellen das Anbringen von Zündkerzen zu Versuchszwecken zu ermöglichen. Die bessere Leistung des Motors lohnt später diese Mühe reichlich.

Die Lage der Kerze hat aber nicht nur Einfluß auf die Verbrennung, sondern auch auf die Anlaßverhältnisse und den Wärmezustand der Kerze selbst. Die sich daran knüpfenden Forderungen stehen, wie schon aus Abschnitt I ersichtlich, oft im Gegensatz zueinander. Gute Verbrennung erfordert rasches und gleichmäßiges Vordringen der Explosionswelle in alle Teile des Verbrennungsraumes. Deshalb soll die Kerze möglichst symmetrisch zu ihm liegen. Mit Rücksicht auf Klopfgefahr legt man die Kerzen sogar eher näher an das Auspuffventil. Andererseits kann dies bei kaltem Motor wieder zu Anlaßschwierigkeiten führen, wenn die Kerze zu weit vom Einlaßventil entfernt sitzt. Das hier eintretende Gemisch hat sich, ehe es zur Zündstelle gelangen kann, an den kalten Zylinderwänden abgekühlt und der Brennstoff sich niedergeschlagen: es kommt zu keiner Zündung. Außerdem löst sich das Schmieröl des Motors im kondensierten Brennstoff, so daß es in seiner Schmierfähigkeit beeinträchtigt wird.

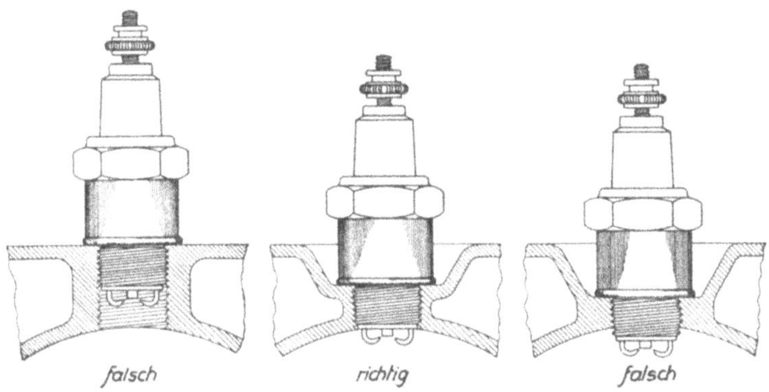

Bild 254. Richtiger und falscher Kerzensitz

Sitzt die Kerze zu nahe am Auslaßventil, so kann sie zu heiß werden und zu Glühzündungen Anlaß geben. Übrigens kann — wie bereits mehrfach erwähnt — nicht nur das Auslaßventil und die Kerze Anlaß zu den geschilderten verfrühten Selbstzündungen geben, sondern jegliche heiße Zone im Verbrennungsraum, die entsteht, wenn dieser Einschneidungen, Taschen, kurz eine zerrissene Form aufweist.

Bild 254 zeigt Beispiele r i c h t i g e n und f a l s c h e n K e r z e n s i t z e s. Die Elektroden dürfen weder zu tief in der Bohrung sitzen, noch zu weit in den Verbrennungsraum hineinragen. Im ersten Fall bleiben Verbrennungsgase auch nach dem Auspuff in der Bohrung zurück und verzögern die Zündung des frisch angesaugten Gemisches, während im zweiten Fall eine schädliche übermäßige Erhitzung stattfindet; das Ende des Kerzenkörpers erhält eine hohe Temperatur, so daß das Wärmegefälle von den Elektroden zum Körper klein ist, die Elektroden zu heiß werden, ins Glühen kommen und Glühzündungen verursachen.

Über die **Wahl** der Kerze ist bei Behandlung der Wärmeeigenschaft schon gesprochen worden. Zu beachten ist hierbei, wie und in welchem Maße der Kerzenkörper gekühlt wird. Daß bei luftgekühltem Motor andere Gesichtspunkte maßgebend sind als bei Wasserkühlung, ist bekannt, aber auch bei Wasserkühlung sind die Verhältnisse je nach dem Sitz der Kerze verschieden. Je heißer der Körper wird, desto geringer ist das

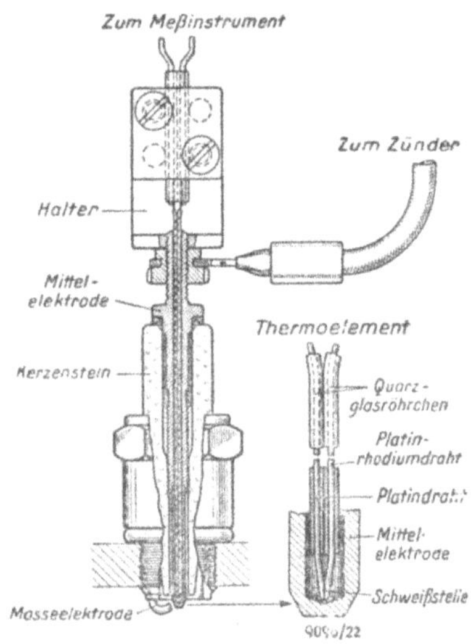

Bild 255. Bosch-Temperaturmeßkerze

Wärmegefälle zum Stein und damit die Wärmeableitung von diesem. Bei Auswahl einer Kerze muß hierauf Rücksicht genommen werden. Ist die Kerze gut gekühlt, so muß eine Kerze mit verhältnismäßig niederem Wärmewert verwendet werden, bei schlecht gekühltem Kerzensitz eine Kerze mit hohem Wärmewert. Wird dies nicht berücksichtigt, so hat man mit Verrußung oder Glühzündungen zu kämpfen.

Über den Wärmewert der Kerze entscheidet der Versuch am Motor. Hierfür und für die Beurteilung der Temperaturverhältnisse im Verbrennungsraum überhaupt leistet die Bosch-Temperaturmeßkerze wertvolle Dienste. Bei dieser Versuchskerze (Bild 255) ist die Mittelelektrode auf ihrer ganzen Länge bis etwa 1 mm vor ihrem im Innern des Zylinders liegenden Ende ausgebohrt und mit einem Thermoelement ausgefüllt, das aus zwei verschiedenen am Ende zusammengeschweißten, sonst aber durch Quarzröhrchen isolierten Edelmetalldrähtchen besteht. Die Kerze kann mit ihrer Mittelelektrode an Hochspannung gelegt werden, also wie eine normale Zündkerze im Motor betrieben werden. Dabei läßt sich die in dem Thermoelement entstehende Spannung, die der Temperatur der Mittelelektrode proportional ist, einem Millivoltmeter zuführen, das in Wärmegraden geeicht sein kann. Auf diese Weise läßt sich die Temperatur am Ende der Mittelelektrode der Versuchskerze, also an der nahezu heißesten Stelle des Motors einfach ablesen.

Beim **Einbau** der Kerze darf die Dichtung zwischen Kerzenkörper und Zylinder nicht vernachlässigt werden. Die Dichtung erfolgt durch einen Kupferasbestring oder einen gefalzten, federnden Eisenring, der vor Einschrauben der Kerze in den Motor über das Gewinde gestreift wird. An manchen Kerzen ist der Dichtring unverlierbar befestigt. Eine brauchbare Abdichtung ist nur dann erreichbar, wenn die Auflageflächen des Dichtungsringes an Kerze und Motor vollständig eben und genau rechtwinklig zum Gewinde sind. Ist dies nicht der Fall, ist das Einlegen des Dichtungsringes vergessen oder die Kerze nicht festgezogen worden, so „bläst“ die Zündkerze und wird durch die Stichflammen, welche durch die undichte Stelle dringen, zerstört.

Zum Festziehen der Zündkerze verwende man keinen Gabelschlüssel, sondern einen gut passenden Steckschlüssel, der nicht schräg gehalten werden soll, damit der Isolator nicht abgedrückt oder zur Seite gedrückt wird. Schlecht passende Steckschlüssel beschädigen den Sechskant. Bei losem Dorn muß das Loch im Schlüssel oberhalb der Kerze liegen, da bei nur einseitig eingestecktem Dorn die Kerze beschädigt wird. Die Zündkerzen, besonders kleine Kerzen, müssen mit Gefühl festgezogen werden. Zu starkes Festziehen führt zum Abreißen der Kerze, unter Umständen zum Lockerwerden des Isolators und Undichtwerden der Kerze. Einen Überblick über das Anziehmoment und die Schlüsselgröße der einzelnen Kerzengrößen gibt die nach Angaben der Firma Bosch gemachte Zusammenstellung Bild 256. Um das Festbrennen der Kerze im Zylinderkopf zu vermeiden und das Lösen der Kerze zu erleichtern, wird empfohlen, das Einschraubgewinde vor dem Einschrauben mit Graphit zu bestreichen. Dabei muß allerdings sorgfältig darauf geachtet werden, daß der Steinkopf und das Innere der Kerze keines-

Gewinde		ausreichendes	maximal zulässiges	zweckmässiger Steckschlüssel		
Durchmesser	Steigung	Anziehmoment		Schlüsselweite	Schlüsselstift	
					Länge	Durchmesser
mm	mm	mkg	mkg	mm	mm	mm
18	1,5	4,0	5,0	$26{,}0^{-0{,}5}$	240	11 bis 12
14	1,25	3,0	3,5	$20{,}8^{-0{,}3}$	210	11 bis 12
12	1,25	2,5	3,0	$19{,}0^{-0{,}3}$	180	10
10	1,0	1,2	1,4	$16{,}0^{-0{,}3}$	140	8 bis 9

Bild 256. Anziehmoment und Schlüsselgröße für verschiedene Zündkerzengrößen

falls durch Graphit verunreinigt werden, da die leitende Graphitschicht zu Nebenschluß führen würde. Das Herausschrauben der Zündkerze soll möglichst erst nach Abkühlung des Motors erfolgen. Sitzt die Kerze fest, so schraubt man sie nur ein ganz kurzes Stück heraus, läßt Petroleum auf die Gewindegänge tropfen, schraubt sie wieder ein und versucht erst nach einiger Zeit das völlige Herausschrauben. Der Fehler, der beim Einbau häufig gemacht wird, durch Vergessen des Dichtrings die Kerze zu tief in den Zylinder einzuschrauben, oder durch Verwendung mehrerer Dichtringe die Kerze nicht tief genug in den Zylinder einzuschrauben, führt zu denselben Nachteilen, die schon bei Besprechung des Kerzensitzes in Bild 254 angedeutet wurden.

Zum Anschließen der Zündkabel an die Kerze ist in der Regel am Ende der Mittelelektrode eine Anschlußmutter (Bild 12, Seite 23) angebracht, mit der der Kabelschuh des Kabels gegen einen Bund der Mittelelektrode festgezogen wird. Zumeist sind Kabelschuh und Mittelelektrode so ausgebildet, daß der Kabelschuh federnd auf die Elektrode oder die Anschlußmutter aufgedrückt werden kann. (Siehe hierüber auch Abschnitt V, Seite 270.)

Es muß darauf hingewiesen werden, daß der Einbau der Zündkerzen nicht unnötig erschwert werden sollte. Immer wieder findet man Motoren, bei denen die Einbaustelle der Zündkerze schwer zugänglich, häufig nur mit langen Sonderschlüsseln erreichbar ist, oder so in einem Sack des Gehäuses sitzt, daß sich rings um die Kerze Öl und Schmutz ansammeln. Diese Ablagerungen müssen dann beim Herausschrauben der Kerze zuerst entfernt werden. Häufig ist der Raum so eng, daß es unmöglich ist, die Zündkabel ordentlich anzubringen. Alle diese Fehler tragen nicht zur Erhöhung der Betriebssicherheit des Motors bei und sind für den Fahrer lästig, weil das Auswechseln oder Nachsehen der Kerze hin und wieder eben doch nicht zu vermeiden ist.

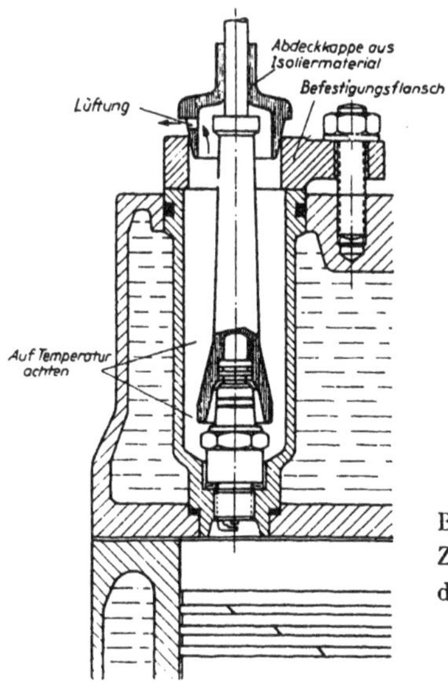

Bild 257. Einbau der Zündkerze an die Stelle der Vorkammer

Bei Dieselmotoren, die auf Generatorgas umgebaut werden, ist der nachträgliche Einbau der Zündkerze zumeist nicht einfach. Die Kerze wird entweder in einen gegen die Vorkammer ausgewechselten Einsatz eingeschraubt oder an Stelle des Düsenhalters oder der Glühkerze eingesetzt. Bei diesen Einbauarten ist vor allem auf möglichst gute Kühlung der Kerze zu achten. Kurzer Wärmeleitweg bis zum Kühlwasser, guter Wärmekontakt zwischen Einsätzen und Zylinderblock, gute Leitfähigkeit der Einsätze und Dichtringe, Vermeidung von Zwischennippeln sind die Forderungen, die in dieser Beziehung gestellt werden müssen. Bild 257 zeigt den Einbau einer Zündkerze an Stelle der Vorkammer. Infolge des vertieften Kerzensitzes sind besondere Isolierteile notwendig, um die Hochspannungszuführung gegen die umgebenden Metallteile abzudecken, so daß keine

Überschläge entstehen. Bild 258 zeigt das Gegenstück zu Bild 257. Die Kerze sitzt hier nicht vertieft, der Zündfunke liegt gegenüber dem Zylinder weit zurück. Um Schwierigkeiten beim Start und Leistungseinbuße, sowie großen Zündverzug in einem engen Schußkanal zu vermeiden und gute Durchspülung

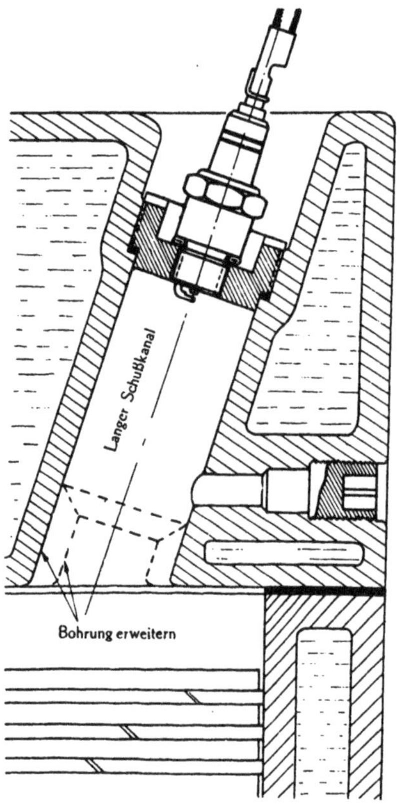

Bild 258. Zündkerzeneinbau im Vorkammerraum des umgebauten Dieselmotors

des Kanals und der Kerze mit frischem Gemisch zu erreichen, ist die Bohrung des Schußkanals nach Möglichkeit erweitert.

Zum Schluß ein Wort zur **Wartung der Zündkerze!** Man kann heutzutage feststellen, daß im allgemeinen der Fahrer seinem Wagen mehr Verständnis entgegenbringt als früher. Er stellt die Ventile nach, reinigt seinen Vergaser und versucht kaum mehr, ohne Öl im Getriebe auszukommen. Aber an die Kerzen denken die wenigsten Fahrer, und doch brauchen sie etwas Pflege, verschwindend genug im Verhältnis zur gesamten Wagenpflege. Vor allen Dingen ist es notwendig, von Zeit zu

Zeit den Elektrodenabstand nachzuprüfen und richtigzustellen. Die Zündkerzenfabriken liefern kleine Lehren und Werkzeuge dazu (Bild 259). Die Elektrodenbiegevorrichung ist als Hebeldrehpunkt stets auf den Rand des Kerzengehäuses, nie auf die

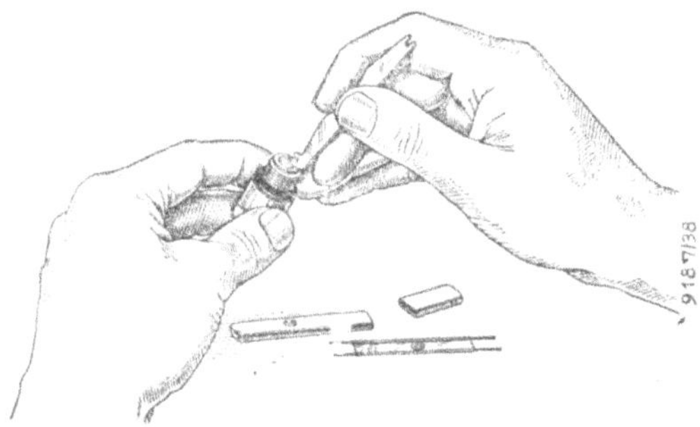

Bild 259. Nachbiegen der Kerzenelektroden

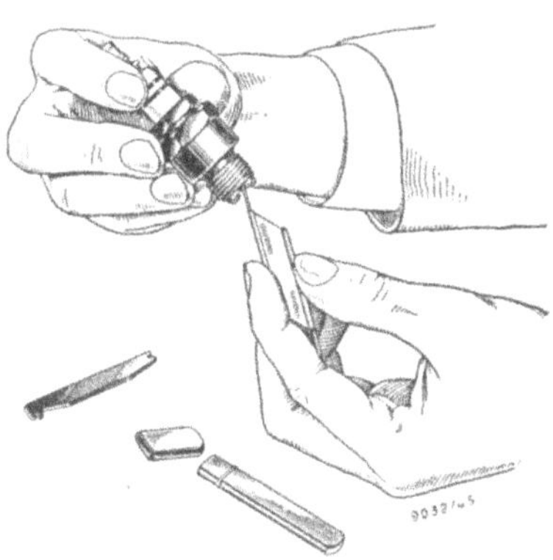

Bild 260. Nachprüfen des Elektrodenabstands mit der Drahtlehre

Mittelelektrode oder den Stein aufzusetzen, da dies zur Zerstörung der Kerze führt. Man nehme dabei die Kerze stets in die Hand! Der Zünder wird geschont und der Motor springt leichter an, wenn die abgebrannten Elektroden auf den vorgeschriebenen Abstand zurechtgebogen sind. Die Lehren sind zumeist kleine Meßdrähte von 0,6 und 0,7 beziehungsweise 0,4 und 0,5 mm Stärke. Die kleine Lehre muß leicht, die große darf nicht mehr in die Funkenstrecke hineingehen (Bild 260).

Außerdem ist es nötig, die Kerze gelegentlich zu reinigen. Hat sich zwischen den Elektroden eine Rußbrücke gebildet, so ist diese zu entfernen, im übrigen aber ist eine Reinigung der Elektroden von Ruß völlig zwecklos. Nur die Rußschicht auf dem Stein gefährdet den Betrieb. Ist die Kerze zerlegbar, so nehme man den Stein heraus und säubere ihn, achte aber wohl darauf, daß keiner der in die Kerze eingelegten Dichtungsringe verloren geht. Beim Zusammensetzen müssen die Dichtungsringe wieder richtig eingelegt werden, und es ist besonders darauf zu achten, daß der Stein nicht durch das Zusammen-

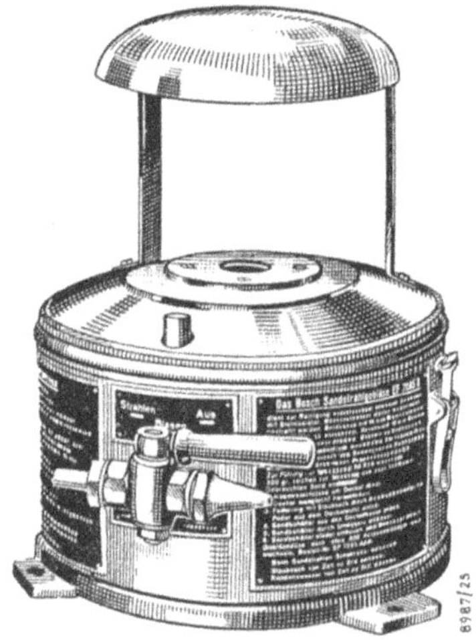

Bild 261. Sandstrahlgebläse zur Reinigung der Zündkerze

schrauben beschädigt wird. Die Mutter ist gut anzuziehen. Auch nicht zerlegbare Kerzen können aber gut gereinigt werden, vorausgesetzt, daß man die Reinigung nicht zu selten vornimmt. Verölte Zündkerzen werden mit Benzin gereinigt und vor dem Einbau mit Druckluft ausgeblasen. Ruß, Ölkohle und Bleibelag sind am besten mit einem Sandstrahlgebläse zu entfernen, das die Kerzenhersteller liefern. Das Bosch-Gebläse (Bild 261) kann an eine Druckluftleitung oder -Flasche angeschlossen werden: die Kerze wird mit dem Einschraubgewinde in eine hierfür vorgesehene Fassung gesteckt und von Hand gehalten. Die für das Sandstrahlen angegebene Zeitdauer und Sandart ist dabei genau einzuhalten. Nach dem Sandstrahlen muß die Kerze mit Druckluft von Sandrückständen sorgfältig befreit werden. Wenn kein Sandstrahlgebläse vorhanden ist, reinigt man die Kerze durch Auswaschen mit Benzin und Entfernen der Rußschicht vom Isolator mit einem Holzspan, der so zugeschnitten ist, daß er zwischen Isolatorfuß und Kerzenkörper eingeführt werden

Bild 262. Gesicht einer Kerze nach Motorbetrieb mit gebleitem Kraftstoff

Bild 263. Gesicht einer überhitzten Kerze nach Motorbetrieb mit gebleitem Kraftstoff

Bild 264. Gesicht einer einwandfrei arbeitenden Kerze nach Motorbetrieb mit flüssigem Kraftstoff ohne chemische Klopfbremse oder mit Treibgas oder mit gut gereinigtem Generatorgas

Bild 265. Gesicht einer überhitzten Kerze nach Motorbetrieb mit flüssigem Kraftstoff ohne chemische Klopfbremse oder mit Flüssig- bzw. Hochdruckgas, u. U. auch mit gereinigtem Generatorgas

Bild 266. Gesicht einer verölten Kerze

Bild 267. Gesicht einer verrußten Kerze

Bild 268. Gesicht einer Kerze nach Motorbetrieb mit eisenkarbonylhaltigem Kraftstoff

Bild 269. Gesicht einer zu einwandfreier Beurteilung zu früh ausgebauten, nahezu neuen Kerze

kann. Metalldrahtbürsten, die früher manchmal benutzt wurden, sind heute nicht mehr zu empfehlen, da der Abrieb von den Metalldrähten an dem sehr harten Stein sich als Metallstaub auf dem Isolatorfuß niederschlägt und damit einen Nebenschluß zur Überschlagstelle bildet, ähnlich wie die Rußschicht.

Über die **Störungen** an den Zündkerzen und ihre Beseitigung wurde schon in Abschnitt V im Zusammenhang mit den Zünderstörungen gesprochen. Ob eine Kerze nicht zündet, zeigt sich an einem Mehrzylindermotor in der Regel daran, daß die nicht zündende Kerze im Betrieb kälter bleibt als die andern. Es sind auch sogenannte Zündkerzenprüfer auf dem Markt. Dies sind mit einem Neon-Helium-Gemisch gefüllte Glasröhren, die aufleuchten, wenn sie in die Nähe einer Zündkerze gebracht werden, an der eine bestimmte Mindestspannung liegt. An einer stark verrußten Kerze wird diese Mindestspannung nicht erreicht, die Röhre leuchtet nicht auf und zeigt damit, wenn auch nicht ganz zuverlässig, an, daß die Kerze nicht in Ordnung ist.

Die Beobachtung der Funken an den Elektroden der herausgeschraubten, an das Zündkabel angeschlossenen Kerze beim Durchdrehen des Motors und eingeschalteter Zündung (s. Seite 280) ist nur eine oberflächliche Prüfung, ob die Zündanlage überhaupt Spannung gibt, und bietet natürlich keine Gewähr für einwandfreies Arbeiten der Kerze im Zylinder unter Verdichtung, bei der viel höhere Zündspannungen erforderlich sind. Die Kundendienststellen der Zünderfirmen haben deshalb vielfach Kerzenprüfgeräte, bei denen die Kerze unter Druck gesetzt und dabei das Überschlagen an den Elektroden beobachtet werden kann.

Das beste Mittel zur Beurteilung einer Zündkerze und ein gutes Mittel zur Beurteilung der Betriebsverhältnisse des Ottomotors überhaupt, ist das Herausschrauben der Kerze nach nicht zu kurzer Betriebszeit und das Betrachten des nach dem Zylinder offenen Kerzenteils, des sogenannten Kerzengesichts.[1]) In den farbigen Bildern 262 bis 269 sind charakteristische Beispiele dieses sogenannten Kerzengesichts zusammengestellt. Betrachten wir zunächst die Bilder 264 bis 267!

Eine Kerze, die richtig arbeitet, wird auf den Elektroden eine kleine weiße Brandstelle aufweisen, ihr Stein soll eine hellbraune

---

[1]) W. Schauer und H. Bruder: Das Zündkerzengesicht — ein Mittel zur Beurteilung der Betriebsverhältnisse im Ottomotor, ATZ, Stuttgart, 25. Juni 1943.

Färbung haben, der in den Verbrennungsraum ragende Teil des Kerzenkörpers ist dunkelgrau, mit einem leichten trockenen Rußbelag. Bild 264 zeigt dieses Gesicht einer einwandfrei arbeitenden Kerze nach einiger Betriebszeit (etwa 1000 km Fahrstrecke).

Im Vergleich dazu zeigt Bild 266 eine verölte Kerze, die infolge des glänzend schwarzbraunen, feuchten Ölkohle- und Rußbelags, der aus unvollständig verbrannten Schmieröl- und Kraftstoffteilchen besteht, zum Aussetzen des Zündfunkens führt. Ausgelaufene Zylinder und Kolbenringe oder zu reichlicher Schmierölumlauf — bei Zweitaktmotoren zu viel Öl im Kraftstoff —, ferner Aussetzen der Kerze bei zu großem Elektrodenabstand, bei Mangel am Zünder, bei Isolatordurchschlag, oder endlich zu hoch gewählter Wärmewert kann die Ursache dieser Verölung sein. Man prüfe vor allem den Elektrodenabstand!

Ebenfalls zum Aussetzen führt der samtartige, stumpfschwarze, trockene Rußbelag, der aus unvollständig verbrannten Kraftstoffteilchen besteht, und den Bild 267 zeigt. Als Ursache kommen in Frage: Zu fett einregulierter oder mangelhafter Vergaser oder ungeeigneter Kraftstoff, ferner undichte Ventile, oder Aussetzen der Kerze infolge der oben genannten Mängel, oder zu hoch gewählter Wärmewert der Kerze. Vor allem prüfe man aber, ob nicht — eine häufige Ursache von Kerzenverrußung — die Starterklappe nach Anlassen des Motors zu öffnen vergessen wurde oder zu lange geschlossen blieb! Wie wesentilch das Freihalten des Kerzenisolators von diesem Rußbelag für die ganze Zündanlage ist, wurde schon in Abschnitt I, Seite 39 besprochen. Die Frage der Belastung des Zünders durch Verrußung ist ja ein grundlegendes Problem der Zündung und zieht sich deshalb durch unsere ganze Betrachtung hindurch.

Die gleiche Nebenschlußgefahr bringt Feuchtigkeit auf dem Isolator. Ist das Kerzengesicht naß, aber nicht verölt, so ist die Ursache bei Flüssigkraftstoff in der Regel unvergaster Kraftstoff an der Kerze infolge unrichtiger Funktion oder Betätigung von Vergaser, Drossel- oder Starterklappe. Bei Holz- und Holzkohlengasfahrzeugen findet man auf dem Isolator oft Niederschläge einer gelblich-weißen Pottascheschicht, die durch Reinigen der Kerze entfernt werden sollte. Tritt der Belag reichlich auf, muß die Gasreinigungsanlage in Ordnung gebracht werden. Die hygroskopische Pottascheschicht zieht Wasser auf den Isolator, das durch Mängel an der Reinigungsanlage, zu nasses Holz, zu frühes Anlassen mit noch nicht zündfähigem Gas häufig in den Verbrennungsraum gelangt. Außer dem Abstellen des Grundfehlers ist bei Feuchtigkeit an den Kerzen zu empfehlen: Trocknen der Kerzen und Durchdrehen des Motors bei ausgeschraubten Kerzen, um die Feuchtigkeit aus den Zylindern zu entfernen.

Ist die Kerze überhitzt und gibt Glühzündungen, so wird ihr Gesicht Erscheinungen zeigen, wie sie auf Bild 265 dargestellt sind: Der Isolator ist weiß gebrannt und hat glasartige Schmelzperlen auf seiner Oberfläche. Die Elektroden zeigen mattgraue Färbung und an den Spitzen beginnende Korrosion infolge hoher Temperaturen. Das Kerzengehäuse zeigt bereits Anlauffarben. Bei wenig widerstandsfähigem keramischem Isolator können Risse im Isolatorfuß auftreten. Das Kerzengesicht beweist, daß für den betreffenden Betrieb eine Kerze zu niederen Wärmewerts gewählt worden ist, wenn nicht aus sonstigen Gründen unnormale Temperatursteigerungen im Motor aufgetreten sind.

Als Ergänzung zu den Bildern 264 bis 267 zeigen die Bilder 262, 263, und 268 das veränderte Kerzengesicht, das man häufig trifft, wenn dem Kraftstoff Klopfbremsen zugesetzt sind. Der gebleite Kraftstoff wird heute schon auch im Kraftfahrzeug viel verwendet und wird eine große Bedeutung erlangen, nachdem die Steigerung der Oktanzahl durch das Streben nach erhöhtem Verdichtungsgrad immer dringender wird. Bild 262 zeigt eine Kerze nach Betrieb mit gebleitem Kraftstoff. Blatternartige graugelbe Stellen von trockenen, pulvrigen Bleiverbindungen bedecken Gehäuse und Isolatorfuß. Rückstände aus dem Bleitetraäthyl sind zu Perlen geschmolzen und auf dem Isolator festgebacken. Die chemischen Einwirkungen der Bleiverbindungen haben zu Rissen in der Mittelelektrode geführt. Die Zunderschicht an den Masseelektroden zeigt, daß die Kerze etwas zu warm geworden ist. Eine Kerze mit diesem Kerzengesicht deutet darauf hin, daß entweder kurzzeitig bereits zu hohe Temperaturen aufgetreten sind oder die Kerze im Dauerbetrieb an der Grenze der zulässigen thermischen Belastung arbeitet. Der Belag hat zwar noch nicht zum Aussetzen geführt, da der heißeste Teil des Isolatorfußes sauber gebrannt ist, so daß kein

Nebenschluß entsteht. Es ist möglich, daß eine derartige Kerze keine Schwierigkeiten ergibt, unter Umständen wird man aber doch eine Kerze höheren Wärmewerts versuchen müssen.

Eine wirklich überhitzte Kerze aus einem Motor, der mit Kraftstoff betrieben wurde, dem als Klopfbremse Bleitetraäthyl zugefügt war, zeigt Bild 263. Sie sieht ganz anders aus, als die überhitzte Kerze bei nicht gebleitem Kraftstoff, Bild 265. Dunkelgraue festgebackene Ablagerungen von Bleioxyd, Bleisulfat und anderen Bleiverbindungen bedecken das Kerzengesicht. Ein brauner Belag ähnlicher Ablagerungen zeigt sich auf dem heißeren Isolatorfuß, der teilweise geschmolzen und deshalb von glasartigen Perlen durchsetzt ist. Das Gefüge der Mittelelektrode ist schwammartig aufgelockert. Der Niederschlag auf dem Isolatorfuß ist leitfähig und führt wahrscheinlich schon zu Schwierigkeiten wegen Nebenschluß, ähnlich wie bei einer verrußten Kerze. Die Abhilfe ist abgesehen von der Verwendung eines Kraftstoffs mit nicht zu starkem Bleigehalt in diesem Fall die Wahl einer Kerze mit etwas höherem Wärmewert.

Der Vollständigkeit halber ist in Bild 268 noch das Gesicht einer Kerze gezeigt, die in einem Motor mit eisenkarbonylhaltigem Kraftstoff betrieben wurde. Eisenkarbonyl wurde früher häufig als Klopfbremse verwendet, hat aber heute keine große Bedeutung mehr. Die ziegelroten Ablagerungen können bei zu starkem Auftreten ebenfalls einen Nebenschluß bilden und zum Aussetzen führen.

Es ist besonders darauf hinzuweisen, daß das Kerzengesicht einer nur sehr kurzzeitig im Motor betriebenen Kerze keine sichere Beurteilung erlaubt. So läßt z. B. die nahezu neue Kerze Bild 269 nur auf Grund des blau angelaufenen Gehäuses vermuten, daß sie sehr heiß geworden ist, sie kann im Betrieb zu Glühzündungen führen: eine Beurteilung, ohne daß im Betrieb typische Glühzündungserscheinungen auftreten, nur auf Grund des Kerzengesichts ist aber hier noch nicht möglich.

Es ist nicht gesagt, daß in jedem Fall die charakteristischen Merkmale des Kerzengesichts so klar und so stark zum Ausdruck kommen, wie sie in den Bildern 262 bis 269 dargestellt sind. Die Bilder geben aber einen Eindruck der wesentlichen Merkmale. Als Faustregel mag gelten: Hellbrauner Steinfuß: Kerze in Ordnung, weißer Steinfuß: Kerze zu heiß, schwarzer Steinfuß: Kerze zu kalt.

Aus den oben gegebenen Hinweisen geht hervor, daß es gut ist, ein zu beanstandendes Kerzengesicht nicht einfach allein und blindlings auf die Wahl einer Kerze mit falschem Wärmewert zurückzuführen. Besonders wenn sich ein Kerzentyp in einem bestimmten Motor schon erprobt hat, und plötzlich eine Änderung des Kerzengesichts auftritt, ist dies ein sicherer Hinweis, daß am Motor oder Kraftstoff irgendetwas nicht in Ordnung ist. Man kann dann auf Grund des Kerzengesichts oft rechtzeitig den Mangel finden und abstellen und bewahrt sich damit vor schlimmen Motorschäden.

Namen- und Sachverzeichnis

(Man suche bei den Hauptworten: z. B. „permanenter Magnet“ bei „Magnet“, „umlaufende Kraftlinienleitstücke“ bei „Kraftlinienleitstücke“ usw. Bei mehreren Seitenzahlen steht die grundlegende Behandlung des Stichwortes an erster Stelle.)

Automobiltechnisches Handbuch

Unter Mitarbeit zahlreicher Fachleute
herausgegeben von
Richard Bussien

16., durchgesehene und erweiterte Auflage
Mit etwa 1800 Abbildungen und Tafeln
Oktav. XX, 1741 Seit. 1945. Geb. DM 56.—

In dem seit Jahrzehnten bekannten AUTOMOBILTECHNISCHEN HANDBUCH wurde besonders Wert darauf gelegt, den Konstrukteuren ein Nachschlagewerk in die Hand zu geben, das sie mittels seiner ausgereiften und erprobten Baubeschreibungen zur Neugestaltung von Kraftfahrzeugen anregen soll. Außerdem will es all' denen, die das Kraftfahrzeug herstellen, vertreiben, pflegen und instandsetzen Aufschluß über die Zusammenarbeit und Aufgabe aller Bestandteile geben. Auf die Prüfung der fertigen Fahrzeuge und ihrer Aggregate sowie der Werkstoffe, Kraftstoffe und Schmiermittel ist besonderer Wert gelegt worden.

Die Unterteilung in Abschnitte ist bei der 16. Auflage des Handbuches weitestgehend durchgeführt. Namhafte Mitarbeiter haben ihre besonderen Fachkenntnisse zur Verfügung gestellt.

„... Es ist das Buch für den Konstrukteur sowohl für den Reparateur, der ein gewisses Gebiet der Kraftfahrzeugtechnik bis ins letzte hinein verfolgen will ...“ (Rundschreiben Nr. 23/1949 des Verbandes des Kraftfahrzeughandels- und Gewerbes).

TECHNISCHER VERLAG HERBERT CRAM / BERLIN W 35

Automobilreifen. Ergebnisse wissenschaftlicher Untersuchungen von Reifen in der Versuchsanstalt für Kraftfahrzeuge der Technischen Hochschule zu Berlin. Von Prof. Dr.-Ing. Gabriel Becker. Mit 97 Abb. Gr.-8°. 95 S. 1927. 4.50

Schwingungen in Automobillenkungen („Shimmy"). Bericht der Versuchsanstalt für Kraftfahrzeuge und des Festigkeitslaboratoriums der Technischen Hochschule zu Berlin. Von Prof. Dr.-Ing. Gabriel Becker, Privatdozent Dr.-Ing. Hans Fromm und Dr.-Ing. Herbert Maruhn. Mit 118 Abb. 4°. 150 S. 1931. 14.—

Motorschlepper für Industrie und Landwirtschaft. Ergebnisse der wissenschaftlichen Untersuchung von Motorschleppern, ausgeführt im Auftrage des Reichsverkehrsministers und des Reichsministers für Ernährung und Landwirtschaft in der Versuchsanstalt für Kraftfahrzeuge der Technischen Hochschule zu Berlin. Von Prof. Dr.-Ing. Gabriel Becker. Mit 192 Abb. Gr.-8°. 221 S. 1926. 8.—

Grundlagen der Federung von Automobilen. Von Dr.-Ing. Herbert Maruhn. Mit 37 Abb. 8°. 111 S. 1932. (Versuchsanstalt für Kraftfahrzeuge der Technischen Hochschule Berlin.) 7.—

Bibliothek für ländliche Reparatur-Werkstätten. Praktische Wegweiser für Landschmiede, Landschlosser, Gutsschmieden usw. zur Ausführung von Reparaturen an Kraftfahrzeugen, Landmaschinen usw. Von Obering. Mayer-Sidd. Herausgegeben im Verein mit ersten Spezialwerkmeistern u. Fachverbänden. Gr.-8°.

1. Band: Werkstatt-Einrichtung. Moderne Arbeitsverfahren. Leichtmetalle. Mit 25 Abb. 39 S. 1928. 1.—

2. Band: Die Bodenbearbeitungsmaschinen u. ihre Reparatur. Mit 43 Abb. 48 S. 1929. 1.—

Das Trolleybus-System. Ein neuzeitliches Verkehrsmittel. Von L. Betz. Mit 96 Abb. im Text u. auf Tafeln. Gr.-8°. 158 S. 1930. 12.—

Automobiltechnische Bibliothek. Die Automobiltechnik in Einzeldarstellungen.

3. Band: Vergaser. Von Dipl.-Ing. Heinrich Dechamps. 2., gänzlich neubearbeitete Aufl. Mit 189 Textfiguren. 231 S. 1922. 9.—, geb. 11.—

7. Band: Die Leistungsverluste und die Abfederung von Kraftfahrzeugen. Von Dr.-Ing. Erich Bobeth. Mit 146 Abb. 234 S. 1913. 8.—, geb. 10.—

9. Band: Die Schmierung leichter Verbrennungsmotoren. Von Ing. K. R. H. Praetorius. Mit 186 Figuren im Text. VIII, 229 S. 1920. 7.—

10. Band: Die Kühlung leichter Verbrennnungsmotoren. Von Ing. K. R. H. Praetorius. Mit 246 Figuren im Text. IX, 281 S. 1920. 7.—

12. Band: Grundlagen des Automobilbaues. Von Prof. Dipl.-Ing. W. Ghittis. Mit 98 Abb. XII, 134 S. 1924. 5.—

www.ingramcontent.com/pod-product-compliance
Lightning Source LLC
LaVergne TN
LVHW060618300926
849162LV00008B/1650